U0754090

懂一点STS
我在故我思

刘

兵◎著

上海科学技术文献出版社

Shanghai Scientific and Technological Literature Press

图书在版编目（CIP）数据

我在故我思/刘兵著．—上海：上海科学技术文献出版社，
2020

（懂一点STS/刘兵主编）

ISBN 978-7-5439-8144-7

Ⅰ.①我… Ⅱ.①刘… Ⅲ.①科学学—文集 Ⅳ.
①G301-53

中国版本图书馆CIP数据核字（2020）第114742号

策划编辑：张　树
责任编辑：姜　曼
封面设计：留白文化

我在故我思
WO ZAI GU WO SI
刘　兵　著
出版发行：上海科学技术文献出版社
地　　址：上海市长乐路746号
邮政编码：200040
经　　销：全国新华书店
印　　刷：常熟市人民印刷有限公司
开　　本：650×900　1/16
印　　张：19.5
字　　数：235 000
版　　次：2020年8月第1版　2020年8月第1次印刷
书　　号：ISBN 978-7-5439-8144-7
定　　价：48.00元
http://www.sstlp.com

序言
STS 的视角、立场 与科学文化传播

我本人本是学习物理出身，在念研究生时转向了科学史专业。毕业后，一直在学校的科学哲学和科学史学科从事教学和研究工作。由于专业的关系，再加上个人的兴趣，在被定义为科学哲学和科学史的学科中，关注的方向有很多，包括科学编史学、物理学史、科学文化传播（科学普及）、科学教育、科学与性别、环境哲学与文化、医学文化、技术与社会、科学与艺术等。这样的罗列看上去确实有些杂乱，更不用说后面还有个"等"的省略，但后来我逐渐理解到，其实如果用"STS"去框，是完全可以把这些看上去杂乱的研究方向纳入其中的。

"STS"是个英文缩写，有两种对应。一种是 Science, Technology and Society，即"科学技术与社

会"。这是比较早就出现的一种说法，它涉及多个学科的交叉，其涉及的内容按字面的意思也不难把握。到后来，国际上又出现了另一种说法，即 Science and Technology Studies，这是很难翻译的。国内有人译为"科学技术学"，有人译为"科学技术论"，有人译为"科学元勘"，还有加了引号的"科学研究"等，不一而足。这里难译之处主要在于，"Studies"这个单词一般在中文中会译成研究，但如果直接这样译，就会与我们中文中用来描述科学家们工作的"科学研究"混淆。其实，这是一个涉及科学哲学、科学史、科学社会学、科学人类学、科学传播（公众理解科学）、科学伦理学、科技政策等一系列的学科（如果把科学替换为技术或医学等也同样成立），并在研究中彼此交叉的研究领域。总而言之，是一个以科学技术为对象的人文研究领域。这样一种涉及多个学科交叉的研究领域，也是 Studies 的重要含义，如果类比另一个研究领域，Culture Studies（文化研究），可能更容易理解这一点。

前一种 STS 与后一种 STS 虽然在涉及的科学上差不多，但人们换一种名称，其实还提示有一些新的不同的存在。简单地讲，如果说前一种 STS 更多的是以赞扬科学和力图以促进科学更快发展为主旨的话，后一种 STS 则更多的是对作为研究对象的科学采取了一种批判性和反思性的态度。这是一种立场的转变！

我认为我的研究工作，更多的是后一种 STS。

以往，除了专业性的研究论文和一些非常专业性的研究著作，我也出版了一些通俗性或准专业性的文集，但时过境迁，现在这些书市面上已经买不到了。承上海科学技术文献出版社的好意，这里从中选出几本，在做了少量修改之后，以"懂一点 STS"为丛书名重新出版。重新出版之际也换了新的书名。为避免读者重复购买，这里将新旧书名对应如下：《鸡蛋里的骨头》（原书名为《触摸科学——刘兵学术自选集》、《我在故我思》（原书名为《两点间最长的直线》)、《万物皆有流》(原书名为《像风一样——科学史与科学文化论》、《左手科学，右手艺术》(原书名为《科学与艺术》，是我与戴吾三先生合著的)。

重新出版之际，在重读这些书的文字时，我发现，其中绝大部分内容应该说并不过时，现在再版也仍有现实意义。这可能有许多原因，包括学术原因和社会文化原因。

希望此丛书的出版能够对国内的科学文化传播的发展起到一些哪怕是有限的积极作用。实际上，在科学文化传播中，STS 的意义是非常需要强调的。

在此，还要特别感谢促成此套丛书出版的上海科学技术文献出版社的张树总编和姜曼编辑，感谢他们的辛勤努力和奉献。

刘兵

2020 年 4 月 7 日

于北京清华园荷清苑

目 录

第三编　我读故我写：序跋

第四编　我写故我谈：对话

第一编 我在故我思：文章

人类自在的天性

——关于科学与艺术之关系的一些思考

（一）

审美和求知是人类自在的天性，与生俱来。当人类睁开惊奇的眼睛面对世界时，对知识的习得和对美的感受是同步的。大自然是人类的生境，也是人类的遭遇。大自然既平淡浅近又神奇多变，温暖明媚和恐怖狰狞在大自然是一体的，而在人类却是难于化解的巨大谜团。为了生存，人类需要条分缕析地去认识和体察自然的细节——分工出现了。分工使科学和艺术异径而走，分工也分化了人类的心智，分化了审美和求知。于是，艺术在追求审美中疏远了规律，科学在追求规律中遮蔽了审美。

在科学认识与艺术创作之间的这种分化，或者说分离的背后，有着更加深刻的文化背景。20 世纪 50 年代末，既是科学家，又是文学家和政府科技官员的英国学者斯诺（C. P. Snow），提出了关于科学文化和人文文化这"两种文化"以及其间分裂的重要论点。其实，人们在传统中主要来自艺术中对"美"的研究与追求，以及在对自然的认识和科学的发展中对"真"的追求，大致就分别属于这两种文化。斯诺在那本关于两种文化讨论的名著中，还提到了科学家阵营和人文学者阵营对各自文化颇为傲慢的良好感觉和对对方文化带有偏见的轻蔑。斯诺提到，那些人文学者会"嘲笑那些从来没有读过一本重要的英国文学作品的科学家太可怜。他们把这些科学家当作无知的专家来看待。然而，他们自己的无知和他们自己的专业化更令人吃惊。……有一两次，我被激怒了，问这些朋友，他们是否能够叙述一下热力学第二定律。反应是冷淡的，结果当然也是否定的。但我提出的问题，不过是相对于问一个科学家：'你读过莎士比亚的著作吗？'而已"。艺术与科学似乎真的在疏远。

但是，我们也看到，一方面，就在这种疏远和分离中，科学的探索与艺术、与审美也一直保持着千丝万缕的联系。另一方面，随着"两种文化"问题的提出，也随着人们的认识的不断升华，在 20 世纪，越来越多的有识之士开始呼吁科学与艺术的重新联姻，并身体力行地为之而努力。即使是更多地站在科学的立场上，我们仍然能够看出这种发展的明显趋势。

2000 年，一本名为《科学与艺术》的画册在中国出版，主编是著名的美籍华裔物理学家、诺贝尔物理学奖获得者李政道先生。在序言中，李政道先生谈道："艺术和科学的共同基础是人类的创造力，它们追求的目标都是真理的普遍性。艺术，例如诗歌、绘画、音乐等，用创新的手法去唤起每个人的意识或潜意识中深藏着的、已经存在的情感……我们现在阅读莎士比亚的著作，或者观赏莎士比亚的戏剧，不论是原文或译文，也有着和几百年前的英国的读者和观众相似的情感共鸣。情感越珍贵，反响越普遍，跨越时空、社会的范围越广泛，艺术就越优秀。"在这里，李政道先生也提到了莎士比亚，似乎并不是一种偶然的巧合。

李政道先生有一个形象的比喻："事实上如一枚硬币的两面，科学和艺术源于人类活动最高尚的部分，都追求深刻性、普遍性、永恒和富有意义。"这一比喻被人们广泛引用。

早在李政道提出这一比喻的几十年前，另一位同样兼有科学与人文双重背景的外国学者，当代科学史的奠基人萨顿（G. Sarton）就曾提出另一个比喻。他将分别对应于"真""善""美"的科学、宗教与艺术形象地比喻为一个金字塔的三个面，并认为：当人们站在塔的不同侧面的底部时，他们之间相距很远，但当他们爬到塔的高处时，他们之间的距离就近多了。在这种比喻中，顺理成章的推论不难想见，随着高度的不断上升，真、善、美将愈发接近，并在最高点达到理想的统一。

在这里，我们看到了关于科学与艺术关系的形象的隐喻。从这种隐喻出发，得到一个显而易见的结论就是，我们以往之所以认为科学文化与人文文化相距甚远，将自然、科学与美分离，只是因为我们站的位置高度不够。

那么，如何提高我们站的高度，以便将科学与艺术、将科学文化与人文文化结合起来呢？不同的学者提出不同的建议。例如，前面提到的那位科学史家萨顿，就认为科学史是连接科学文化与人文文化的有用的桥梁。但是，尤其就科学与艺术来说，更直接也更有效的结合，应该说是来自科学美学的研究。

（二）

在美学的领域中，关于美之本质的争论一直没有停止过，美学的研究者们至今仍未就此问题达成一致。但这种在理论上的争议并没有影响人类实际的审美活动，在人类对自然和科学之美的感悟上也是如此。对美的追求，对美之鉴赏的追求，可以说是人类的天性之一。在像艺术之类的领域中，几乎从远古时代起，对美的追求就是最原初、最基本的目标；但在自然和科学的领域中，与艺术领域有所不同的是，需要有一个先决条件，即对自然的认识要深入到一定的程度，科学的发展要达到一定完善的程度，对自然之美和科学之美的领悟才成为可能，因此人们在这后两个领域中对美的认识要相对滞后一些。

说到科学与艺术，人们常举文艺复兴时期达·芬奇的例子，说明在一个人身上两者可以完美地结合于一体。确实，科学与艺术的分离主要在文艺复兴运动之后，伴随着艺术与科学以各自特有的方式向着不同方向深入发展而出现的。

不过，就在这种疏远和分离中，科学家们与艺术、与审美也一直保持着千丝万缕的联系。在那些最伟大的科学家身上，艺术的修养似乎是天然的组成部分。在这里，我们可以轻而易举地举出很多有代表性的例子。

20 世纪最伟大的科学家爱因斯坦因相对论的提出闻名于世，不过在世人眼里，他那一头乱发似乎有着某种艺术家的气质，而他的小提琴演奏更增加了传奇色彩。

量子概念的提出者普朗克于 1918 年获诺贝尔物理学奖，而他的钢琴演奏也同样达到专业水准，他甚至为一些歌曲和一部轻歌剧谱曲，并担任乐队的指挥。他曾与爱因斯坦等人一起在三重奏小组中合作。音乐不仅仅是普朗克在生活中放松和消遣的手段，更是他精神不受约束的领地，对舒伯特、勃拉姆斯和巴赫的特殊喜爱也代表了他的艺术情趣。

德国物理学家玻恩除了在量子力学的发展中地位突出并获得诺贝尔奖，同样也是一位著名的钢琴演奏者，即使在与职业乐手合作的三重奏中也毫不逊色。

俄裔美籍物理学家伽莫夫是大爆炸理论和遗传密码的提出者之一，他的漫画作品早在哥本哈根的求学时代就非常出名，后来还为自己的科普著作绘制插图。

1965 年的诺贝尔物理学奖获得者美国科学明星费曼更加与众不同。他爱好玩鼓，达到很高的水平，一支由他用鼓声伴奏的芭蕾舞最后竟赢得了美国全国舞蹈设计竞赛的大奖和在巴黎举行的世界舞蹈设计者竞赛的第二名；他学习绘画，最后能达到举办个人画展和出售所绘作品的程度。

如此等等，清单还可以很长地拉下去。虽然在常人心目中科学家们经常被想象成为木讷的书呆子，但在那些科学大师身上，我们确实看到了艺术的光辉。

（三）

但是，科学家个人的艺术修养只是科学与艺术和谐共存的一个侧面。更重要的是，在科学家对自然奥秘进行不懈探索的科学研究中，对美的追求同样起着至关重要的作用。

翻开任何一本科学史著作，除去那些更久远的历史不说，首先引起人们格外关注的，是历史上人类思想文化的第一个高峰——古希腊文明。科学的萌芽，也在这里出现。

例如，毕达哥拉斯，这位古希腊著名的数学家和哲学家，在他创立的学派中，将"数"看作是万物的本原，相信"哪里有数，哪里就有美"。基于对弦的长度与其音高关系的研究，他的学派十分推崇以比例表现出来的"和谐"，认为各行星与地球的距离也一定符合音乐的规律，才能奏出"天体的音乐"，出于一种唯美信念，认为球形是一切几何立体中最美的形体，因而，天体和宇宙都应该是球形的。在所有的几何图形中，他们认为只有圆形才是最美的，因而，高贵的天体只有绕着宇宙的中心做匀速圆周运动才是合理的。毕达哥拉斯学派的这种宇宙和谐观念，对于后来天文学甚至其他自然科学学科的发展，一直具有深远的影响。正如一位当代的数学史家（克莱因）所评论的："他们并不忽视数学在美学上的意义。这学科在希腊时代被人视为一门艺术；他们在其中认识美、和谐、简单、明确以及秩序。""事实上，在希腊人的思想里，对合理的、美的乃至道德上的关心都是分不开的……无疑是由于这门学科在美学上的意义，才使得希腊数学家把有些项目探索到超出理解自然所必需的程度。"

柏拉图，这位大名鼎鼎的古希腊哲学家，也同样是基于对宇宙和谐完美的观点，设计出了同心球式的宇宙结构模型。柏拉图对毕达哥拉斯是极为尊崇的。他明确支持毕达哥拉斯的宇宙观，并鼓励别人也都这样做。他使这样的观点广为人知，即现在世界的无数各种形状的物体，实际上是由有限的几种理想的基本形状形成的。位于其哲学学说的中心位置的，是这样几种形状：正圆形、正球形、正立方体、正四面体、正八面体、正十二面体和正二十面体。柏拉图的完美形体概念，加上借助于欧几里得几何学形成的严密的组织空间的自洽体系，又进而演化成为一种新的观念，即构筑成宇宙的这些理想形体，乃是代表着真、善与美。等到了他的弟子亚里士多德手中，同心球的宇宙模型变成了像水晶球那样透明的实际存在的壳层，它们彼此相连，将彼此的运动相互传递。

此后，以托勒密的地心体系为代表的宇宙观流行开来，这个体系的基本出发点仍是要维护毕达哥拉斯和柏拉图的宇宙和谐观，在其中，完美的圆仍然占据中心地位。为了说明天体复杂的运动，越来越多圆形的"本轮""均轮"被引入，虽然相当繁杂，却基本满足了当时观测的要求。

　　在经过了一千多年漫长的中世纪之后，1543年，伟大的波兰天文学家哥白尼出版了划时代的巨著《天体运行论》，以全新的见解提出了其日心说体系，带来了一场宇宙观上的革命。在这个新理论中，源于古希腊毕达哥拉斯学派的宇宙和谐观的影响同样深刻。其中基本假设大大减少，理论的和谐程度更高，计算上的简化和精确度也大为提高。所有这些特征，都充分地体现了科学之美。也正如哥白尼在这部巨著的开篇中所说的："在哺育人的天赋才智的多种多样的文化与艺术研究中，我认为首先应该用全部精力来研究那些与最美的事物有关的东西。"

　　在哥白尼之后，天文学上最大的进展来自一位叫开普勒的德国年轻人。最开始，在1596年，开普勒在他的《宇宙的奥秘》一书中，就为了实现对天体运动规律的和谐美妙的数学表述，而提出一个以五种规则的多面体的组合来表示行星运行轨道的模型。后来，他有幸获得了丹麦天文学家第谷丰富的天文观测资料，经过多年精心的数学研究，找出了行星运动的三个定律。他打破了圆周运动是最完美的传统观念，提出行星以椭圆轨道运动，在更大范围内的和谐中，得出以数学比率表达的宇宙法则。开普勒就这样解开了天界之谜。与毕达哥拉斯一样，开普勒将形体的运动比作一道和声乐曲，甚至他研究工作本身也是从研究一首古老的名为《和谐的序曲》的乐曲受到启发，并通过他发现的行星运动定律表达了天体音乐的主调。

　　除去那些科学发展早期的情形，当我们直接把目光投向20世纪时，在众多从事具体科学研究的杰出人物那里，我们同样经常可以看到有关体现在科学美的论述，以及对于自然界之美的论述。这在物理学家当中表现得尤其突出，爱因斯坦、海森伯、狄拉克等这样的科学大师就是其中的典型。量子力学的奠基者之一狄拉克曾指出，上帝用美妙的数学创造了世界，描述自然基本规律的方程必须包含伟大的数学美，而这种数学的美对于科学家来说就像宗教一样。这也就是说，美对于发现真的重要意义在一切时代都得到承认和重视。因此，这些科学大师们重点关注的，是在科学理论中，以数学美的形式体现出来的理论之美，以及这种理论之美背后的自然之美。根据科学家们的体会，我们面对一个深刻的问题：真与美的关系。除此之外，当代一些有眼光的数学家们也有类似的论述。

（四）

量子力学的创始人海森伯曾讲过："在过去若干个世纪的进程中，科学和艺术都形成了人类的一种语言，我们可以用它来讨论现实中离我们比较远的那些基本成分。一组连贯的概念和各种不同的艺术风格，就是这种语言的不同单词和词组。"

确实，即使是站在科学的立场上，从认识的角度出发，我们也同样会看到审美艺术与求真在创新的认识过程中，是具有某种共性的。因而，我们也就会看到，同样是通过创新，在科学家对世界进行科学描述之前，常常会有艺术家以自己的智慧用艺术的语言对类似的主题有所表述。几年前，一位醉心于探索科学与艺术异同和相互影响的美国医生，在《艺术与物理学》一书中，站在科学的立足点上，通过几个例子说明，在物理学家发现某种对世界进行思考的新方式之前，艺术家已经给社会提供了某种探视这个世界的新方式。

在《艺术与物理学》这本有趣的著作中，作者曾谈到，19世纪下半叶到20世纪初艺术和物理学都发生了重大革命的阶段，当物理学家们在以自己特有的方式思考和探索自然的同时，艺术家也在以某种既相似又不同的眼光体验着世界。例如，马奈、莫奈和塞尚就是这样三位典型的画家。马奈最先使水平线变成弯曲的，莫奈令清晰的边界模糊起来，塞尚则让桌子的直角出现错位。他们对传统的透视画法和不可侵犯的直线发起了攻击，从而使观者意识到，沿投影几何学线条展开的空间，并不是模拟空间的唯一方式。而人们一旦开始能用非欧几里得的方式审视世界后，也就开始能用这一方式思维了。这三位画家通过形与色所展现的令人惊异的正确性，可以说是以艺术的方式预示了爱因斯坦后来对于相对论的发现。

此后，另外三个画派的出现，也在艺术表现中体现出了物理学进展的相似性。我们可以选择马蒂斯、毕加索和杜尚这三位分别代表野兽画派、立体画派和未来画派的画家。野兽派探索的是光色无穷无尽的表现，立体派展示的是对空间的新分析，未来派进行的则是将时间分割，将现在向过去和将来两个方向同时扩展。这与爱因斯坦狭义相对论的观点有着惊人的相似。

至于再往后，在比利时超现实主义者马格里特那里，绘画几乎成了对科学观念形象的艺术诠释。虽然他声称自己对新物理学没有兴趣，但在他作品中，却提供了许多能帮助观者理解物理学概念，而且比文字解释更有效的图像。他戏谑性的杰作《温室》（1939 年）可以算是对爱因斯坦相对论的形象诠释。

当然，我们还可以举出像画家达利象征时间的本性和意义作品，以及艾舍尔巧妙地在透视原理上做文章的画面。对于后者，也已经有学者将其与巴赫的音乐和数学中的哥德尔定理结合起来讨论，将其视为于物理学对称性问题的象征。

（五）

也许，正像萨顿的隐喻所说的那样，当上升到了人类认识的金字塔高处时，真与美确实统一了起来。探索自然奥秘的科学家在研究中如果也采取艺术与美的标准的话，将有助于他们对自然界真理的发现。

其实，在中国古代哲人那里，如果按照某种现代眼光来分析的话，我们似乎也可以发现类似的观念。《庄子·知北游》中有"天地有大美而不言"之说。当然，对此名句中之"大"与"美"的含义，各家有不同的解说。在这里，我们不妨在其字面含义的基础上做一延伸的理解：取"美"通常的含义，取"大"范围广、程度深的字意。更何况作为中国古代哲学的术语，"大"亦有与"道"相近之义。在这种意义上，"天地"之"大美"既可包括天地造化自身之美，也应包括在人们对于天地之认识——科学体现出来的美。尤其是，我们注意到，《庄子》在"天地有大美而不言"句后，还有"四时有明法而不议，万物有成理而不说。圣人者，原天地之美而达万物之理"的说法，按照上述的理解方式，我们甚至可以将其看作对美与科学以及科学方法联系的隐喻，尽管这种理解是在现代的基础上以现代的眼光重新界定的。其实，对自然之美与科学之美的认识和了解，显然也是有助于我们对自然与科学更加深入的认识和了解。这是科学美学研究的另一种"实用"意义。

一方面，由哲人、数学家和科学的实践者们提出的这些有关思想是非常深刻的。另一方面，我们也应注意到，在大多数情况下，它们又偏于零碎，大多属于个人直觉的体会，还不够系统，更像是一些思想的闪光。

近几十年来，尤其是近年来，在科学界以及在人文社会科学界，有众多的有识之士提出要将科学与艺术相结合。这种结合其实也正是对科学之美的一种认识和把握。但如何实现这种结合是一个需要思考和探讨的重要问题。我们同样也应该看到，科学与艺术的结合可以有不同的方式，是将这两者牵强地硬拉在一起，还是将这两者有机地融为一体，两种结合方式的结果是大不一样的。只有以后一种方式，科学与艺术这两者才能达到理想的结合。我们可以先将那种表面的科学与艺术的伪结合排除在外。虽然本文前面也谈到一些大科学家具有很高的艺术修养的事例，但若是仅以这样的例证，或仅以某某艺术家也因对科学的"爱好"似是而非地在其作品中曲解科学，来论证科学与艺术的结合，那么，像这样的所谓"结合"其实只是对科学和艺术关系的一种很表面的而非本质性的认识。

如果说在初期，人们一般性地谈论自然之美和科学之美还是一种洞见的话，随着认识的发展，则需要将这种认识更加深化，也就是说，需要更加认真地对待，需要在这方面进行深入、具体和细致的研究，将它作为一门学问来思考。这门学问，就是科学美学。

在广义上讲，科学美学可以包括对自然之美和科学之美这两大类问题的研究。而对自然之美与科学之美的认识，应属于科学文化的一部分，而且是非常重要的一部分。

一个显而易见的事实是，目前国内对科学美学领域的深入研究还相对欠缺，还缺少那种真正深入进去，以学术的规范对之进行的系统研究。相比之下，国外的情形要好一些，尽管这些研究也是非常分散的，也还没有像其他一些相关领域，如一般美学和科学哲学等的研究那样形成规模。在这种情形下，一种有效地加速国内科学美学领域学术发展的办法，就是先将他人已有的成果引进。像笔者曾主编出版的《大美译<u>丛</u>》就是出于这样的考虑。虽然由于像获取版权等方面的困难，使得这套丛书涉及的范围和规模受到不少影响。尽管如此，在现有的选题中，这套丛书还是涵盖了几个最重要的方面，如关于自然界之美的典型体现之一——螺旋的研究、关于美与科学革命关系的科学哲学研究，关于人们对天体认识与音乐关系的研究，关于物理学与艺术关系的研究，以及关于数学与音乐关系的研究。这些论题仍然只是科学美学中一部分的内容，当然也是很重要的一部分内容。

当然，像所有的学术领域一样，引进和学习只是第一步。接下来，学术的发展还要靠自己的扎实研究。但在这样的研究中，首先，研究者应同时具备科学与人文的修养，更具体地讲，就是科学与美学的修养。其次，研究必须要按学术的规范进行，而不是只限于随感式的联想。在这方面，像被收入《大美译丛》中的几本书，如那本以物理学和现代艺术的平等发展和相互影响为主题的著作《艺术与物理学》，以及另具一格的科学哲学研究著作《美与科学革命》等，就是可以借鉴的式样。

（载于 2001 年第 5 期《作家》杂志）

普朗克与量子

1998年3月，在美国华盛顿白宫东厅举行的晚会上，著名的剑桥大学物理学家斯蒂芬·霍金发表了题为"想象与变革：在下一个一千年中的科学"的演讲。霍金回顾了科学在过去的发展历程并展望了科学在今后的发展，其中他特别指出："在20世纪初期，人们系统地提出了一种被称为量子力学的新理论。量子理论是一种关于实在的完全不同的图像，因而虽然它应该使所有的人都关注，却在物理学和化学界以外几乎不为人知，甚至在物理学和化学界的许多人也没有恰当地理解它。然而，如果基础科学像我所希望的那样成为一般知识的一部分的话，那么，目前作为量子理论悖论而出现的东西，对于我们孩子们的孩子们来说，就将只不过是常识而已。"这里霍金所说的将来也许将作为我们孩子们的孩子们的常识的量子力学，正是20世纪初物理学革命的最重要的产物之一。量子力学诞生于100多年前，也即1900年12月14日，在柏林的德国物理学会的例会上，德国物理学家普朗克提交了一篇题为《关于正常谱中能量分布定律的理论》的论文。这篇关于黑体辐射公式推导的论文，标志着作为量子力学发端的量子概念的正式诞生。

要追溯量子概念的起源，有两个重要的背景值得注意的。

其一，就是在19世纪下半叶，关于黑体辐射的研究成了物理学中人们关注的重要问题之一。这一问题的出现源于著名的德国物理学家基尔霍夫。与当时对太阳光谱的研究相关，1859 年，基尔霍夫在向普鲁士科学院提交的一篇没有立即导致任何实际应用的论文中，提出了这样一个观点，即"在相同温度下同一波长的辐射，其发射率和吸收率之比，对于所有的物体都是相同的"。一年后，他又发表文章详细地讨论了发射率和吸收率之间的关系，并通过定义吸收了射在上面全部辐射的物体的特殊情形而引入的绝对黑体的概念。例如，有人后来在研究中提出，一个可以吸收绝大多数外来辐射且使得具有尽可能均匀温度的空腔，就可以作为一个绝对黑体来研究，人们可以测量这个空腔的一个开口中放出的辐射。由此，如何找到描述绝对黑体辐射频率与温度关系的函数，就成为基尔霍夫向理论家和实验家们提出的挑战，因为"寻找这个函数是一个很重要的任务。从实验上确定它，还存在巨大的困难。不过，我们有理由希望它有很简单的形式"。在此挑战之下，随后几十年中，理论物理学家和实验物理学家对黑体辐射进行了大量研究。但是，在普朗克之前，各种已有的推算黑体辐射能量按波长或频率分布的理论尝试，都不能很好地概括实验的结果。由于问题悬而未决却又备受关注，在 1900 年，柏林的德国物理学会的会议便成了讨论有关黑体辐射定律问题的主要场所。大约从 1894 年起，普朗克也将注意力转向了黑体辐射问题，这一年，他在向普鲁士科学院求职的演讲中表述了这样一种希望："我们对那些由温度（的作用）直接引起的和特别显现在热辐射中的电动力学过程也能够得到一种更真切的理解，而不需要经过那种电动力学诠释艰苦历程。"不过，在这种选择的背后，也还有更深层的动力。几十年后，普朗克在他撰写的《科学自传》中回顾说："这种所谓的正常能量分布代表一个绝对量。既然在我看来对绝对事物的寻求永远是最美好的研究任务，我就热心地开始处理起它来了。"

另一个重要的背景是普朗克对于热力学的长期研究。早在 1879 年，他在博士论文中就总结了经典热力学的两个原理。第一条原理叙述的是能量的守恒；而第二条原理，则通过定义"熵"这个在所有实际过程中都有增加的量，建立时间方向，普朗克称它具有最普遍的重要意义。而他第一项首创性科学工作，就是他于 1880 年为取得大学授课资格而写的论文，也是专门对"各向同性物体的平衡态"的热力学专门研究。他写的《热力学讲义》一书，曾经被公认为是一本特别清楚、特别系统和特别精辟的热力学专著。1913 年，爱因斯坦在一篇谈论普朗克的论文的结尾处说："最后我们要提到他关于热力学和热辐射的书，这些都是物理学文献中的杰作。没有一个物理学家的藏书室可以没有这些书，在这些书把普朗克最重要的研究成果都概括进去了。当你手中拿着这些书时感受到的那种愉快，大多是由普朗克论文所肯定有的那种纯真的艺术风格所引起的。在研究他的著作时，一般都会产生这样一种印象，觉得艺术性的要求是他创作的主要动机之一。难怪有人说，普朗克在中学毕业之后，对于他是要献身于数学和物理学的研究呢，还是要献身于音乐，曾经表示犹豫。"

正是在这双重背景下，普朗克开始了对黑体辐射问题的研究。至少在 1897 年，普朗克就已经开始认为，协调力学和热力学的问题是当时物理学所面临的最重要的问题，尽管这并非是多数派人士的看法。在不到三年的时间内，普朗克就达到了他要把热力学理论与电动力学理论联系起来的目标。在经历了各种失败之后，1900 年 10 月 19 日，普朗克在德国物理学会的一次会议上，提出了他自己关于黑体辐射的公式。他的朋友连夜核对了实验数据，发现与普朗克的理论完全符合。有人曾指出，普朗克黑体辐射公式的提出，可以说是灵感的猜测、科学的鉴赏力以及清醒的妥协的结果。与其他人的理论相比，普朗克的公式对黑体的一切波长和一切温度均适用，这一点，在以后的几年中被实验物理学家们一次次证实。

到此为止，在对黑体辐射的研究上，普朗克已经远远地走在了其他人前面，取得了空前的成就。曾为爱因斯坦、玻尔等人写传的著名物理学家和物理学史家派斯对此评论说："即使普朗克在10月19日以后什么也没做，他也会因为发现辐射定律永远为人们所怀念。"但普朗克却没有就此止步，"他真正的伟大在于他迈出了更大的一步。"正是这一步使他成为量子概念的发现者。

关于接下来的一步，在大约三十多年后，普朗克在他给某位朋友的信中有很明确的回忆："简单地说，我可以把这整个的步骤描述成一种孤注一掷的动作，因为我在天性上是平和的，是反对冒险的。然而，我已经和辐射与物质之间的平衡问题斗争了6年而没有任何成功的结果。我明白，这个问题在物理学中是有根本重要性的，而且我也知道了描述正常谱中的能量分布的公式，因此就必须不惜任何代价来找出它的一种理论诠释，不管那代价有多么高。"

即使普朗克在当时真是这样想的，恐怕他也还是没有想到，他所说的代价，竟然就是"作用量子"这个新的自然常数的发现，以及由此发现导致的量子力学的诞生。

在寻找他提出的新的、成功的黑体辐射的物理诠释的过程中，普朗克觉得，除了热力学的两条基本定律，他准备放弃以前对物理定律抱的任何信念。他开始求助统计处理方法，在统计推理中，普朗克考虑了一个给定的能量 E 在频率为 ν 的 N 个空腔共振子中间的分配问题："如果 E 被看成一个无限可分的量，则分配可以按无限多种方式进行。然而，我们把 E 看成是由数目完全确定的一些有限的、相等的部分构成的——而这就是整个计算中最重要的点，而且我们为此引用了自然恒量 $h=6.55 \times 10^{-27}$ 尔格秒。"这也就是说，普朗克引用了能量元 $\varepsilon=hv$ 的概念，v 代表所考虑的辐射振子的频率，h 则是一个普适常量，也即我们现在所称的普朗克作用量子或普朗克常数。从能量元出发，普朗克得出了后来以他的名字命名的辐射公式。据学者们考证，普朗克实际上在 11 月中旬以前就已经得到了他的辐射定律物理诠释，但由于这些结果最初的公开是在柏林的德国物理学会 1900 年 12 月 14 日的例会上，因此，我们可以将这一天作为量子物理学诞生的日子。

与作用量子 h 相伴，能量元，或者说能量子概念的提出具有深刻且重大的意义。在传统的经典物理学中，包括能量在内，各种物理量都是连续变化的，这似乎是一种天经地义的观点，经典物理学中的一切因果关系，也无不以这种物理量的连续变化为基础。作用量子 h 的提出，意味着像能量这样的物理量具有非连续性，这显然是一种全新的、革命性的观点。也正是这种革命性，使得像作用量子这样的概念一时难以为人毫无保留地接受。其实，在 19 世纪末，物理学领域中充满了危机，也不断地涌现出新的概念，新的理论。这种局面正如当时英国物理学家洛奇在 1889 年的一次演讲中道出的那样。洛奇说："当前的物理学正处于一个令人惊异的活跃时期，每月、每周甚至每天都有进展。过去的发现犹如一长串彼此无关的涟漪，而今天它们似乎已经汇成一个巨浪，在巨浪的浪头，人们开始看到某种宏大的概括。日益炽烈的焦虑，有时简直令人痛苦。人们觉得自己像一个小孩，长时间在一个已成废物的风琴上胡乱弹奏着，突然琴箱里一种看不见的力量奏出了有生命的曲子。现在他惊奇地发现，手指的触摸竟能引发与思想相呼应的音节。他犹豫了，一半是因为高兴，一半是因为害怕，他害怕现在立即可以弹出的和声会震聋自己的耳朵。"这段文字就像是对普朗克提出作用量子概念后心情的生动描述。

关于普朗克在做出了他这一伟大发现后的心情，还有这样一则由后来量子力学的缔造者、德国物理学家海森伯从某处听来并转述的故事："回忆起那些日子，他的儿子埃尔温·普朗克说道，他俩在格吕内瓦尔德散步时，普朗克很兴奋，滔滔不绝地谈论他的研究成果。据说，他这样告诉儿子：'我现在所发现的那个东西要么荒诞无稽，要么也许是牛顿以来物理学最伟大的发现之一'。"此传说可能并不可靠，史学家们大多只是把它当作一种传奇的逸闻来对待，而且包括普朗克本人在内，当时对于作用量子的更重要意义也还不是马上就很清楚的。但至少，这种说法在某种意义上反映出普朗克当时对自己发现的作用量子与经典物理学冲突的认识，以及内心的矛盾和困惑。

当年，在普朗克还是在慕尼黑大学学习时，曾有一位教授给了他一个忠告，劝说他不要以物理学作为职业，这种劝说的根据是热力学原理的发现已经使理论物理学的结构大功告成了。但普朗克并没有接受这一劝告，他回答说，他并不想做出发现，只想理解已经确立了的基础，或许还想深化它们。尽管普朗克的抱负与他人可能有所不同，但他还是通过自己的工作得出了19世纪末理论物理学最重要的发现之一。普朗克中学时代被唤醒的兴趣，即"探索在数学的严格性和自然规律的多样性之间起支配作用的和谐"，此时真正地表现了出来。此外，宗教对于普朗克也具有重要的影响，这种影响在他晚年的宗教演讲中明确地表现出来。在他80岁时，在一次题为"宗教与科学"的演讲中，普朗克谈到，有创造性的科学家也具有作为前提条件的信仰，相信一个独立的外部世界，相信"一种我们可以在某种程度上了解的普适的秩序"。他也为自己微不足道的小小心灵的能力而惊讶，在这些能力当中，就包括发现基本的建筑砖石，也即发现普适常数，以及识别出一种"理性的世界秩序"的显示。无论如何，早早晚晚的这些说法其实都可以作为普朗克对世界的认识和理解方式的一种注释。

其实，尽管普朗克在新世纪量子物理学创立的革命中迈出了关键性的第一步，但他基本上可以说是一位经典物理学家。不过，说一个生活和工作在世纪之交的物理学革命期间的是经典物理学家，却不一定就意味着说他极端保守，包括在社会生活方面，也包括在科学工作方面。正如一位传记作者所评论的那样："说一个人保守，是指他给人的特殊深刻印象在于：能够接受甚至引导当前的事实，同时保留传统的价值并照其行事。"甚至在某种意义上讲，正是普朗克身上所体现出来的经典物理学特色，才使他顺理成章地走到了提出量子概念这一步。

普朗克在一次纪念物理学家洛伦兹的演讲中，评价洛伦兹说："虽然他积极参与每一个他所注意到的重要创新，并达到深刻的理解，但他对这些创新总是抱着极其谨慎和保留的态度，这与一个真正的经典物理学家非常相称……"这段话本是评价洛伦兹对狭义相对论的态度，但也完全适合描述普朗克本人在一开始时对作用量子的态度。正因为作用量子的发现以及这种发现对经典物理学中传统的基本观点的革命性冲击，普朗克在 1901 年继续对他有关的研究进行了一些深入的延伸之后，也许是出于某种不安，或者说是由于他的某种"保守性"，他试图调和作用量子与经典物理学，但显然这是无法成功的。于是，他暂时地离开了黑体辐射的课题，直到 1906 年才回到这一问题上来。此时，普朗克在新的探索中再次指出："从这样的理论中，人们肯定必须希望得到关于存在于自然界中的共振子构成范围更广阔的信息；这是由下述事实引起的；无论如何，理论必须也对普适作用量子 h 的物理意义给出更深入的解释，这是和电的基元量子的解释具有同等重要性的一种解释。"大约到 1908 年，普朗克才真正将问题想清楚，并不再怀疑。

　　其实，不用说普朗克本人，就连范围更广的物理学界，也要经过相当一段时间才能消化和认清普朗克对作用量子的发现及其深远意义。他直到 1918 年才"因发现能量子而对物理学的发展做出杰出贡献"获得诺贝尔物理学奖。1920 年，在获奖演讲中，普朗克讲道："要么作用量子是一个虚构的量，辐射定律的全部推导也是虚构的，不过是空洞而毫无意义的算术游戏；要么辐射定律的推导是以正确的物理概念为基础。"如果是这样的话，那么，由于作用量子"是一种新的、前所未闻的事物，它要求从根本上修改我们自从牛顿和莱布尼兹在一切因果关系的连续性基础上创立微积分以来的全部物理概念"，因而，作用量子将"在物理学中起根本性的作用"。

　　整个 20 世纪物理学的发展确切无疑证明了这一断言。

（载于 2000 年第 2 期《科学》）

光辉与尘垢

　　到 2001 年，诺贝尔奖走过了整整一百年的历程。在这个值得纪念的日子里，回顾一下诺贝尔奖一百年来的风风雨雨，无疑将有着深远的意义。然而，诺贝尔奖又是一个极大的话题，从中直接或间接地，可以引申出无数的讨论，如今，哪怕是浮光掠影地总结诺贝尔奖百年的历程，也远不是一篇短文，甚至都不是一部专著所能全面涵盖得了的。当然，我们必须承认，在科学界，诺贝尔奖仍然享有盛誉，是科学家心中的圣杯，而在一般社会公众心目中，诺贝尔奖也是令人景仰的桂冠。但或许正是因为诺贝尔奖承载了如此的重负，如此引人瞩目，它也引起了众多直接或间接的非议和纷争。在这里，我们就将从两个特殊的视角对之做些简要的评说。

诺贝尔奖的荣耀与遗憾

　　回想诺贝尔奖的百年历史，我们会发现，诺贝尔奖之所以能够赢得如此的荣耀、产生如此大的影响，是许多原因综合作用的结果。这些原因既包括它设立的巨额奖金，也包括它秘密的评选规则及带有几分神秘色彩的评选结果，甚至还包括每年在斯德哥尔摩举行的盛大颁奖典礼。但是其中真正奠定诺贝尔奖今天地位的，是诺贝尔奖的评选主旨——奖励为人类做出重大贡献的科学家。这一主旨不仅体现了诺贝尔作为一个科学家对后世科学家的鼓励与期盼，也意味着社会对获奖者和他的研究成果的认同。正是在这种主旨的指导之下，诺贝尔奖与无数伟大的名字连在了一起。而在诺贝尔奖奖励这些伟大科学家的同时，这些科学家的成就也彰显了诺贝尔奖的荣耀。

但是在诺贝尔奖历史上的评选操作中，围绕着如何理解"重大贡献"产生了很多问题，而这些问题在很大程度上背离了这一奖项设立的初衷。

首先，如何确定这个"重大贡献"是非常困难的，因为科学对于人类社会的影响是间接的，科学成就的价值或后果都是逐渐显现的。科学家普遍认为诺贝尔奖应该颁给前沿的科研成果，否则它的奖励就失去了意义。因此虽然在最初，诺贝尔基金会曾通过把奖颁给当时已经被公认的科学成就和著名的科学家来提高自己的知名度，但是后来诺贝尔基金会把自己的一条评选准则定为授予"在前一年当中"做出的"发现"、"发明"或"改进"。这在当时成为诺贝尔奖击败各种奖项成为最著名的奖项的原因之一。由于诺贝尔奖励的及时，随着获奖者及其获奖成就得到社会的公认，诺贝尔奖那张杰出的获奖者名单也使诺贝尔奖名垂青史。

不过，这条规定也使得一些有"重大贡献"的科学家与诺贝尔奖无缘。著名的俄国化学家门捷列夫就是这样一个例子，他的元素周期表及对化学的贡献是得到大家公认的，他也曾于1905年和1906年两度被提名，但是诺贝尔基金会以过于陈旧的理由否决了他，而他1907年就与世长辞了，留下终身的遗憾。门捷列夫还只是早期的一个例子，在后面我们会看到这一条规则与另一些规则的共同作用，为更多的科学家造成了终身遗憾。

另外，为了及时地奖励"重大贡献"，诺贝尔基金会必须在科学家与社会的评价中取一个平衡。科学家往往能够较早地认识到一项科学成就的价值，而对它的检验则是由社会来完成的，其中还有一个麻烦是科学家的看法也往往会有不一致。这时诺贝尔基金会为自己定了一条折中的规则，等到科学界取得一致意见的时候再颁奖，而不必等到社会普遍承认，否则恐怕太晚了。这条规则正是诺贝尔基金会在其百年历史中，产生众多问题、遗憾和错误的原因。

这是因为有一些科学成就可能开始并不能得到承认，而等到科学家对它的价值取得一致意见的时候，或许做出该项贡献的科学家已经撒手人寰了。比如，美国生物学家 O. T. 艾弗里，在 67 岁时才做出关于脱氧核糖核酸的研究，而对于他的研究科学界当时有争论，艾弗里最终未能活到诺贝尔基金委员会承认这一工作是正确的和值得授奖的时候。另外还有一些例子是，当某项科研成果得到科学界的普遍承认时，它已不在诺贝尔基金会规定的"在前一年当中"做出的发现之列，那么这位科学家即使在世也只能永远与诺贝尔奖失之交臂。

相反，另外一些成就因为在出现之初，就显示出应用前景，似乎可以帮助人类解决当时的一些大难题，从而受到科学家的高度评价。但是，经过积年累月的社会检验，人们却发现它给人类带来的伤害远远大于它带给人类的福利。1948 年，诺贝尔医学奖授予瑞士化学家米勒，理由是他发明了人工合成剧毒有机氯杀虫剂 DDT 的方法。然而，随着 DDT 的广泛使用，人们渐渐发觉这种剧毒杀虫剂带给地球的不是福音而是灾难。而那本首次系统、深入地揭示 DDT 危害的著作《寂静的春天》，则成为当代环保运动发端的标志。可以说，诺贝尔奖的这次选择几乎成为其历史上最突出的一个污点。

其次，随着科学的发展，"重大贡献"似乎越来越多，到底哪个是"重大贡献"的问题越来越让诺贝尔基金会为难。毕竟诺贝尔奖的奖金数量和获奖科学家的名额都是有限的，这在诺贝尔奖成立之初，曾使它显得弥足珍贵，但是现在却成了诺贝尔基金会最头痛的问题。每当评选的结果出来以后，诺贝尔基金会都会因为把奖授给了这些人而没有授给那些人得到诸多的埋怨和批评。至于做出了能够获奖的成就却不能获奖的人积累到今天已经太多，科学社会学中把他们遗憾地称为"居第四十一席者"（典故来自法国科学院只有 40 个席位，未能入选的就是 41 位以后）。今天，诺贝尔奖人数的限制还遭到了另一种批评，尽管现在大多数科学的重大突破都是集体劳动的结晶，获奖人数的限制却使得很多应该得到褒奖的人甚至整个集体被排除在外。

除了在人数问题上招致批评，授奖领域遭到的批评也很多。诺贝尔奖只设三个科学奖项，数学、天文学和天体物理学、地理和海洋科学等领域都被排除在外，但是毫无疑问这些领域的成就中也有为人类做出的"重大贡献"。当这些优秀领域中的科学家谈及诺贝尔奖时，感情都显得有些复杂。一位获得"信天翁奖"的海洋学家在获奖后诙谐地模仿诺贝尔奖获得者传统的谦逊之词，他为自己做出了杰出的成就却得不到诺贝尔奖感到愤慨，但是话语之中也不禁流露出深深的遗憾。当初诺贝尔确立他的遗嘱时，这些学科还很弱小，数学学科中成果价值的实现则一般需要很长时间，因此诺贝尔将它们排除在外。但是科学发展到今天，已经发生了很多变化，不仅从科学到应用的时间大大缩短，比如数学成果可以直接应用到计算机科学领域，而且天文、地理等学科都已经成熟起来，其成就与人类生活密切相关，此外无数新的、边缘学科、交叉学科不断涌现，诺贝尔奖项领域的限制在面对这些当代科学的最新趋势时，显得有些力不从心。

再次，诺贝尔在他的遗嘱中指出，奖金必须授给一项"发现"、"改进"或"发明"，这条规定使得诺贝尔基金会倾向于授奖给传统的经验性的贡献，而不是授给"重大"的理论贡献。爱因斯坦因光电效应而不是他的相对论得奖，就是这样一种反映。这恰恰与奖项应该授给"重大贡献"的宗旨显得有些冲突。另外，这种倾向也使得诺贝尔基金会显得非常保守，不少科学家认为诺贝尔奖奖金只是授予那些收获者，而不是播种者，只给予那些继承者，而不是创始者。其中最典型的一个例子是，在诺贝尔奖授予分子生物学领域的三位先驱之前，它已经授给了 15 位分子生物学家和生物化学家，包括发现 DNA 双螺旋结构的沃森和克里克，这连他们都感到奇怪。毕竟科学是讲究首创权的，如果不奖励做出开创性贡献的科学家，所谓"重大贡献"的"重大"的意义就非常值得商榷了。

（与节艳丽合作，载于 2001 年第 12 期《书城》，本书有删节）

萨顿对中国科学史家们的影响：
过去、现在与未来

（一）

萨顿（G. Sarton，1884—1956）是在科学史学科领域做出了重要贡献的奠基者。除了个人的重要研究，萨顿最重要的业绩在于他奠定了科学史学科的基础。正如萨顿的学生所言，萨顿的不朽功绩在于，"他创造了一门学科的工具、标准以及批判的自觉性"，"现在科学史已是一个稳定的学术领域。乍一看显不出萨顿影响的痕迹，然而他不仅通过英雄般的劳动业绩创造并收集必要的建筑材料，而且他也把自己看成将科学史建成一个独立的和有条有理的学科的第一个深思熟虑的建筑师，他的确是科学史的第一位建筑师"。

1914 年，由于德国的入侵，萨顿离开了比利时，并于 1915 年来到美国。在美国，萨顿主要是作为哈佛大学的科学史教师和卡内基研究院的研究人员，为科学史事业奋斗，并终其一生。他在科学史领域中做了大量工作，一生中，共写出了 15 部专著、三百多篇论文和札记，编辑了 79 份详尽的科学史重要研究文献目录。其中，具有经典地位的包括他原来计划要完成多卷的《科学史导论》，虽然最终他只写完了 3 卷，在内容上也仅仅才写到了 1400 年，但这部著作成了科学史研究者们重要的参考资料。为了更好地进行研究，他掌握了广博的历史知识，以及包括汉语和阿拉伯语在内的 14 种语言。他是一个难得的人文学者与科学家结合的学者。他坚信科学史是唯一可以反映出人类进步的历史。他最高的目标就是要建立一种以科学为基础的新人文主义，即科学的人文主义。他的学术活动就是为了要实现"全部知识的综合"，使科学史成为联系自然科学和人文科学的桥梁。正如萨顿自己总结的那样，在他的著作中，有四条指导思想一直贯穿始终。这四条指导思想就是：统一的思想、科学的人性、东方思想的巨大价值，以及对宽容和仁爱的极度需要。

在萨顿之前，科学史本身虽然已有很长的发展历程，但还没有作为一门独立的、职业化的学科而为世人所普遍接受。而没有这种职业上的独立性，科学史的发展就会受到极大的限制。除了个人的研究工作，萨顿的重要意义在于，他一生都致力于扮演科学史学科宣传家的角色。他以自己的行动为科学史这门学科的发展提供工具、技术、方法论及理论的方向。他的主要目标是要使人们对科学史这门新学科有统一的认识。1952 年，萨顿撰写的《科学史指南》出版，这本书最早详尽地介绍了科学史这门学科的目的、意义、内容、书目、刊物、研究人员和研究组织。就连他自己的研究，也可以说是为这门新学科的学术性规范提供了样板。

萨顿对于使科学史成为一门独立学科所做的另一重大贡献，是他致力于建立科学史的教学体系。从 1920 年起，他开始在美国哈佛大学开设系统的科学史课程，他不但为科学史课程的建设和科学史学位研究生的培养做出了开创性的贡献，而且也对科学史教学的意义和目的以及科学史教学的许多具体技术性问题做了大量的论述。他曾严厉地批评了在 20 世纪初所存在的那种对科学史教学的重要性的轻视，认为科学史教学是一种留给二流或三流学者的任务的观点，并对科学史教师的资格提出了极高的要求。

可以说，在西方科学史的发展史上，无论就其思想和观念而言，还是就其对科学史建制化所做的贡献和影响而言，萨顿都是起着承上启下作用的重要人物。因此，关注萨顿对中国科学史家们的影响，对于理解科学史在中国的发展，尤其是在思想意识方面的发展，显然是非常有意义的。

（二）

其实，早在 1948 年，中国科学史家就已经注意到萨顿，并将其部分思想和学说介绍到中国。这要归功于中国老一代科学史家钱宝琮先生。钱宝琮先生在 1948 年发表了一篇题为《科学史与新人文主义》的文章。此文是钱先生在读美国科学史家萨顿的名著《科学史与新人文主义》之后的感想与议论。虽然萨顿的这部名著早在 20 世纪 30 年代末就已出版，至这篇文章写成时，已相距约 10 年，但在那时钱先生就能发现和研读该书，并识得其中真知灼见，确实是相当难能可贵的。除转述萨顿关于其科学的人文主义与文化史、科学本质以及科学与社会等属于科学编史学的内容外，钱宝琮亦结合中国的问题做了相当精彩的发挥，如"中国人自发之科学知识，皆限于致用方面而忽略纯科学之探讨。中国几千年真积力久之文化，大致与罗马帝国文化趋向相同，而缺少古希腊人与文艺复兴时代以后欧洲人之学术研究之精神"；"文化界工作者当知埃及、巴比伦、希腊、罗马各国学术之始盛而终衰，欧美列强及日本之所以崛起于近世，勿再以'中学为体，西学为用'为口头禅，则文艺复兴之期当不在远。"由此我们看到，像钱宝琮这样的科学史前辈曾如此迅捷地追踪和关注世界上科学史界的最新学术动态，并将其吸收过来，化为己有。令人遗憾的是，在其之后，我国科学史界很长时间内，既没有保持这种对国际科学史学术动向的及时追踪，也没有将当时钱宝琮先生得出的见解很好地继承、发挥和发展。由此一例，我们可看到前辈的学术功力与敏锐。

新中国成立后，中国科学史的发展进入了另一个发展阶段。但同样令人遗憾的是，除学术见识方面的原因外，科学史的发展在很多年中，像萨顿这样的西方科学史家的观点并没有得到重视。

"文革"结束后，科学史研究在中国得以迅速发展。对萨顿及其学说的介绍和研究，有这样几件相对重要的事。

1984年，天津南开大学的刘珺珺教授撰写了可以说是国内第一篇比较系统地介绍萨顿以及其科学观和科学史观的论文。在这篇论文中，作者首先介绍了萨顿的生平和贡献，然后，在对萨顿的科学观和科学史观的总结中，提出了7条作者认为值得肯定的看法：1. 人类的历史是进步的，而科学的发展又是人类进步的核心；2. 科学是真理性的认识，这种认识是不断发展的；3. 科学是全人类的、国际性的事业；4. 研究科学史的目的是实现人类知识的综合，科学史是联系科学与人文学的桥梁；5. 强调科学史的认识与方法、教育与道德的功能；6. 科学史研究的基本原则；7. 科学史队伍的训练。但限于当时学界思想还不够解放，也囿于传统观点的影响，在此论文的最后一部分，作者还是"从历史唯物主义的观点来考察萨顿的科学观和科学史观"，对萨顿的一些观点进行了批评，认为萨顿"陷入历史唯心主义的错误之中"，存在"局限"等。因而，该文作者认为，"正是因为萨顿在理论上的不足，他的影响就大大地削弱了。"不过，公允地讲，尽管这些批评带有时代的烙印，但由于这是国内第一篇系统介绍萨顿的论文，其重要性仍是显而易见的。

除撰文介绍外，萨顿的思想和观点真正在中国学界得以传播，是人们对其一些著作的翻译出版。略去零星的译文不谈，1984 年，国内自然辩证法界颇有影响的译刊《科学与哲学》出版了一期萨顿著作的译文专刊。编者在前言中，谈到这也是为了纪念萨顿百年诞辰，并对萨顿的观点予以了充分的肯定，认为萨顿的观点"对于僵化愚昧的某些现象无疑具有振聋发聩的清新作用"。这些译文是从萨顿的大量著作中选译出来的，涉及科学与传统、科学史教学、科学史与新人文主义、科学史和当代问题、科学史的研究方法等方面的内容，该专刊也收入了几篇国外学者撰写的评价萨顿的短文。

1987 年，商务印书馆出版了由刘珺珺所译的萨顿著的《科学的生命——文明史论集》一书。其实，这本书是由国外学者汇编的萨顿文章的选本。但由于译者和出版者的权威性，此译本至今仍在国内学术界较有影响。

1989 年前后，国内掀起了介绍国外新观念丛书出版的热潮，其中一套颇具影响力的翻译性丛书《二十世纪文库》中，就包含了由陈恒六、刘兵和仲维光等人翻译的萨顿名著《科学史和新人文主义》。1990 年，科学出版社也出版了由刘兵等人编译的《科学的历史研究》一书，此书是编译者从萨顿的大量著作中精选出来的。但这两本萨顿著作的译本印数都不大，到现在，读者已经很难见到了。

正是随着这三本萨顿著作译本的出版，以及在各书中由译者所写的介绍萨顿的前言，萨顿的观点才得以相对系统地在中国传播。但也只是相对系统而已，因为萨顿还有大量的著作没有翻译成中文出版，仅仅这几个译本显然是远远不够的。

（三）

就萨顿来说，他的科学史观基本上是一种实证主义的科学史观。近几十年来，西方世界持这种带有浓厚的实证主义和理想主义色彩的科学史观的科学史家已为数很少了，而且西方目前较新的关于科学史的有关看法也与萨顿在几十年前的看法不尽相同，新兴的观点和流派层出不穷。但是，由萨顿奠定的科学史学科处于迅速发展阶段，科学史领域的后起之秀正在沿着萨顿所开辟的道路前进。超越并不意味着可以无视萨顿本人在科学史学科的发展和建设中曾经起到的重要作用。

如前所述，在中国，对于科学史这门学科的发展和建设来说，萨顿的有关思想在不同的时期也曾有不同的影响。但总体说来，有关的研究仍很不充分，萨顿的思想在中国的影响也是逐渐形成的。尽管目前在国际上，萨顿有关科学史的见解早已被超越，但在中国，则仍未达到对其思想的充分认识和理想超越，虽然在一些场合，萨顿的观点在学者的文章中被引用，并被用于科学史之外的领域，但就科学史界整体情况来说，仍有不少科学史家们对其思想了解不够。这与科学史的职业化这一重要发展在国内国外有所不同的情形关系很大。可以预见，由于科学史学科在中国发展的特殊性，在未来一段时间中，对于中国科学史界，在学习和吸收国际上更新的科学史理论与思想的同时，仍需对萨顿思想的研究进行补课。

［参考文献从略，此文系提交 2001 年
第九届中国科学史国际会议（香港）的会议论文］

"科学精神"是一个历史的概念

　　科学精神并不是最近才被人们提出的新概念。但由于种种的机缘，近来关于科学精神的讨论开始多了起来，人们在关注这一概念的同时，也纷纷从不同的角度、侧面和着重点出发提出了关于科学精神的种种定义。当然，这种讨论是很有意义的。但是否一定必须给科学精神下一个唯一的定义，这件事本身也许仍是值得讨论的。

　　确实，在人们谈论科学精神的时候，如果真的能有一个被大家共同认可和接受的定义，那显然是一种理想的状态。我们不妨联想到在对科学进行定义时科学哲学家们的窘境。至今，在科学哲学这一专门研究究竟何为科学的领域中，也仍然没有一个唯一被大家普遍接受的定义。那么，在第二个层次上派生出来的关于科学精神的定义，自然也就更加有其不确定性了。

　　尽管存在着这些困难与分歧，但人们似乎仍然热衷于探讨究竟何为科学精神。其实，这倒是一个超出科学研究本身技术性要求的问题。正如在科学界众多的科学家们也许对科学的方法不一定有系统的认识，或不一定能够有条理地总结出几条几款的情况下，却仍可能在实践中坚持科学研究的方法一样；或者，就像尽管对科学的精确定义很难给出，但科学家们仍然可以有一种相对模糊又大可意会的对科学整体性的理解一样；科学精神可能也将面临同样的局面：一方面，很难在短期内有一致且普遍为人们所接受的精确定义，另一方面，人们仍然可以在心目中对于究竟何为科学精神有一种个人的、也许相对模糊同时不易以语言来表达的体会，或者说体悟。与之相关的另一个问题，是这种体悟来自何人，是科学家们，还是其他人。

以上的考虑与观察提示我们注意以下几点。

其一，就目前而言，何为科学精神在不同的人心目中有不同的理解。但大家似乎又在谈论一个有某种共同指向的东西。更具体地讲，在绝大多数人的理解中，科学精神包括有某些相对稳定的成分，在不同人的理解中，又存在着某些差别。例如，一种较为典型的说法，认为美国科学社会学家默顿提出的科学家应该遵守的四条基本行为规范，也即公有主义、普遍主义、无私利性和有条理的怀疑精神，可以作为科学精神的主要代表性内容。其实，默顿提出的科学家应遵守的四条行为规范，本是从相对更实际的社会学或伦理学的角度，而科学精神，却是一种更应属于相对抽象些的文化领域的内容。默顿提出的四条规范也常常被人们批评，不断地补充。像有人认为实事求是的态度，尊重实验结果的态度，认为一切科学理论都要以经验事实为基础的观点等，也可算做是科学精神的内容。当然还有人对科学精神的内容补充更多的东西。那么，一种可能的方案，仿照科学哲学中研究纲领方法论的形式，将科学精神的定义区分为"硬核"和"保护带"两个部分。其中硬核是大家都能够认可的部分，如有条理的怀疑精神、以经过反复检验的经验事实作为科学理论的基础，对科学研究成果的评价和认可不应与研究者本人的身份或社会属性等联系起来（也即普遍主义），如此等等，而那些像无私利性、公有主义等内容，则处于可协商调整的保护带中。当然，这仅仅是一种设想，如果按照这种设想的方式去定义科学精神，究竟什么内容应放在硬核中，什么内容应放在保护带中，也还是需要学者们再去研究的。

其二，为什么要谈论和定义科学精神。其实，强调科学精神的重要性，其意义也许并不在科学界内部，而更多的是对于非科学界的人们而言，是后者要"借用"某种科学的"灵气"。因为在科学界内部，科学家们更为关心的倒不是什么精神，而是研究的成果以及取得这些成果所用的方法是否"合法"。在正常情况下，科学界内部也许会出现对某某人研究方法的批评，并因而认为其成果不可靠，但很少会指责某某人缺乏科学精神而否定或怀疑其研究成果。那么，既然科学精神主要是针对科学界或科学研究本身之外的活动而言才重要，又来自一种相对模糊的"借用"，所以也许对于究竟何为科学精神要求唯一的普遍定义就是一种不可能的事。而且，要谁来研究科学精神的定义问题呢？科学家们在科学研究活动中并不一定必需，而在超出了科学研究活动范畴，他们又不是专家和内行，所以科学家尽管可以根据自己的理解给出提议，却不一定是最合适的研究和定义者。既然科学精神的研究和定义者不是科学家，类似地，科学哲学或科学社会学因其研究的关注点也并非是科学研究中的尚未定义的某种东西在科学研究活动之外的借用，那么，按照前面的分析，最合适的人选，也许只能是科学文化研究者，尤其是关注科学文化对科学界的研究活动之外的其他社会活动影响的研究者。可是，一旦涉及文化的问题，科学精神本身的不确定性或者说可协商性就会不可避免地表现出来。

其三，现在似乎有一种倾向，是拿科学精神作为将科学与非科学进行区分的划界标准。且不说科学哲学中关于科学与非科学的划界问题仍存在着诸多的争议而且其分歧也还不在科学精神上，仅就前面的讨论而言，由于人们提倡科学精神并强调其重要性主要是要将其用于科学研究之外的其他社会活动并对之进行某种价值评判，所以科学精神并不适用于作为将科学与非科学进行划界的依据，甚至这样做也没有什么意义。退一步讲，即使我们假定可以准确地定义科学精神，但由于科学本身始终处在历史的发展中，在不同的时期有不同的形式，所以与之相关的科学精神也必然是一个历史的概念。只有相对于特定时期的科学，才能谈论与相对应的科学精神。在国内学界关于中国古代有无科学的再次讨论中，曾有学者很有见地地指出，一些人偷换了概念，用像"实事求是"之类属于科学精神的东西，代替了科学概念本身，从而得出中国古代有科学的结论。其实，就此具体事例而言，在那些以这种方式论证中国古代有科学的学者们那里，偷换概念的问题显然存在，但更关键的是，他们用科学精神，而且仅仅是用相对于今天的科学而言的精神的一部分内容作为科学划界的标准，才得出了他们的结论。

（载于中央编译出版社 2001 年版《论科学精神》，
王大珩、于光远主编）

引进，还是原创

随着第四届"国家优秀科普作品奖"的评选，不论是在学者中，还是在媒体上，都出现了有关当前科普出版中如何对待引进作品和原创作品关系的一些说法。从狭义上讲，这些说法的出现与评奖的原则、机制和结果有关；从广义上讲，有关的讨论实际上涉及我们在科普出版中应该如何对待引进作品与原创作品关系这样一种事关战略和政策的重要问题。因此，有必要就这样一个似乎不成问题的问题再作些分析和梳理。

实际上，在第四届"国家优秀科普作品奖"的评选中，与以往相比，一个非常重大的进步，就是首次把引进翻译的科普作品列入评奖范围。对此进步及其重要意义，人们并无异议。出现异议的，乃是在获奖作品中翻译作品与原创作品的比例问题。由此，引申一步，也就联带到在我们究竟应该如何采取一种什么样的观念来看待科普出版中引进与原创的关系问题。

就目前的科普出版来说，人们普遍认为仍然存在许多的问题，包括高质量的原创作品数量太少，以及在与某些优秀的引进作品相比时，许多原创性的作品表现出来的思想性、艺术性、可读性、前沿性、科学性较差的问题。平心而论，这种差距的存在是客观的，也是可理解的。因为在这种比较中，毕竟是拿一个国家的科普创作出版与全世界的科普创作出版相比较，就像在体育界国内的比赛与世界大赛相比，竞争的水准通常会有所不同一样。至于造成这种差距的原因，人们已经作了不少的分析，例如像过去很长时间中我们对科普工作的重视不够，对于除传统的知识性科普外其他新的科普类型和观念的重视和研究不够，以及对于当今至少是在一些理论主流的观点中，所强调要在科普中渗透科学精神、科学思想、科学方法和科学文化等人文观念的重要基础，也即有关科学史、科学哲学、科学社会学和科学文化等学术领域的研究与积累的欠缺等。于是，面对这些现实的差距，对于如何发展国内科普出版和提高原创作品的水准，就出现了不同的说法。其中一种说法，是认为我们首先应该学习别人的先进之处，并用以作为借鉴，来提高自己原创作品的水准。而另一种听起来似乎也有些道理的说法是，正因为原创作品的水平较低，才更应该在政策上，比如在评奖的比例上，向原创作品倾斜，以鼓励原创作品的创作和出版。

当然，这两种说法各有道理，关键是，在具体问题上，我们总还是要有一种相对明确的导向，否则，在具体处理像科普图书评奖比例之类的问题时，便会陷入一种两难的困境。

在笔者看来，这个问题其实并不那么复杂。还是与体育相类比，当我们的某些运动项目与国际水准有差距时，我们通常采用的办法，不就是首先要派人出去学习、引进国外教练甚至直接引进国外的运动员吗？如果说，只是强调要自己发展，而不重视国外已有的经验，很可能会闭门造车甚至会出现费尽九牛二虎之力也造不出好车的尴尬结果。同样的道理，在科学的发展中，也是如此，在科普出版中，当然也是一样。这里存在一个优先次序的问题。面对差距，我们首先应该重视对国外优秀科普作品的引进工作，甚至包括像科学哲学和科学史等与科普创作相关的其他一些理论学术研究的著作，在各方面予以优惠的倾斜政策，只有这样，我们才能走一条捷径，以拿来主义尽快消化吸收世界上最优秀的成果，丰富我们的储备和积累，从而可以在一个更高的平台上发展我们自己的原创作品。这才是有利于尽快提高我们自己的原创性科普作品水准的理想的、事半功倍的方式。否则，如果只是一味强调鼓励原创而在政策上忽视了对于引进这种基础性的同时也是满足读者需要的应急性工作，其结果很可能是更加鼓励了那些无视国际水准的低水准的原创作品的大量出版。

因此，在科普出版及相关的工作中，在如何对待引进与原创作品关系上，我们还是采取谦虚、实事求是的态度为好。

（载于 2001 年 6 月 8 日《中国新闻出版报》）

"学术会议"中的"学术"

　　好几年前，很偶然地在书市上看到一本名为《小世界》的小说，也很偶然地想起似乎曾在某份报纸上读到过关于这本书的介绍，于是买下了英国作家、文学批评家洛奇的这本小说。我像这样买下的书也有不少，绝大多数在匆匆读过之后便很快地忘记了，尽管对一些商业化小说——请恕我品位太差，但我确实很爱读那种作品，认为是很好的休息与享受，而且不怕公开讲出这种低品位的嗜好——也还会留下些许模糊的印象。更有许多作品，一旦忙起来，甚至轮不到去细读。不过，没有想到的是，《小世界》这本小说我一读，竟不禁为之叫绝不已。随后，又见过这本小说其他的版本，也曾推荐给一些朋友去读，当然，此书也无一例外地为那些朋友所赞赏。

　　也许主要是由于这本被誉为"西方围城"小说的精彩，几年后，作家出版社出版了洛奇的多卷本文集。正是因为先前的印象，也正是因为《小世界》一书的缘故，我也将包括《小世界》在内的全套洛奇文集买了回来，只是再读其他几本书时，再也没有找到最初读《小世界》的那种感觉。

　　其实，我虽然曾向许多朋友推荐《小世界》，却并非见人就荐，而是对被推荐者颇有选择的。我担心某些很好的朋友，会过于字面化地理解这本书中的情节，而忽视了其更深刻的思想。作者在他这本小说中，将其后现代主义的文学评论的思想，以形象化的语言和情节隐喻式地表现出来，使得只表面地把玩其情节的读者反而不得其真正要义。不过，情节毕竟还是情节，情节本身也是精彩的，各种各样的学术会议以及学者和假学者们在学术会议上和会议之外的各种表现，贯穿全书，也许会给人留下了当代学者匆匆与会并借会议之机放浪的生动形象。对此，作者在该书的"序曲"中，就有一段很精辟的文字：

"现代研究讨论会很像中世纪的基督徒朝圣，能让参加者纵情享受旅行中的各种乐趣和消遣，而看起来这些人又似乎在严肃地躬行自我完善。诚然，它也有一些悔罪式的功课要表演——也许要提交论文，至少要听别人宣读论文。但是，有了这个借口，你便可以到一些新的、有趣的地方旅行；与新的、有趣的人们相会，与他们建立新的、有趣的关系；相互交换流言蜚语与隐私（你老掉牙的故事对他们都是新的，反之亦然）；吃饭，饮酒，每夜与他们寻欢作乐；而这一切结束之后，回家时还会因参与了严肃认真的事业而声誉大增。今天的会议参加者还有古时的朝圣者所没有的额外便利。他们的花费通常都能报销，或至少会得到些补助，从他们所属的机构，如某个政府部门、某个贸易公司，而更普遍的，可能是某所大学。"

洛奇的这段文字已经把成为当代学术研究制度的表现之一，也即学术会议的另一面描绘了出来。身为学者，虽然在国内，毕竟也常常参加各种学术会议，包括国外的学术会议——当然也像洛奇所讲的，要找资助，而这对于国内的学者一般来说并不容易。因此，自然也不难体会洛奇笔下的精彩。不过平心而论，鉴于人文学科经费的紧张，并不是什么会都能去参加，对学术会议的选择也便主要根据内容、地点和人员而综合考虑。

当你参加学术会议时，便会看到许多与洛奇的想法相似或不相似的情景。例如，如果是在国内举行的学术会议，也许你会看到一些并不学术的与会者，在津津有味地高谈阔论伪学术，并同样充分地享受着会议提供各种待遇——这与洛奇笔下的情形倒也差不太多。当你参加在国外举行的学术会议时，你会发现国内的与会者也许并不都是该去的学者——事实上大多数该去的学者因元素无法参会，你会发现许多只是因为官职或因能找钱的活动能力而参会的"代表"，他们甚至连洛奇所说的"至少要听别人宣读论文"的基本要求都做不到。好些的，在会场上拍照留念——这些照片带回去还可以成为某种"学术"资本，或目光呆滞且茫然地听着那些用他们一句也听不懂的外文做的报告或发言。更差些的，干脆在会上就见不到其身影——早就外面玩去了！不过，等到会餐的时候，多半会准时赶回来。这也可以算是某种学术腐败了吧。

不过，与会者，或者更严格地说，某些与会者的腐败并不代表会议的腐败，在我所参加的有上述现象的会议中，基本上还是很有学术，很有水平的，也许正是这种学术和水平使得那些腐败者更加无法融入会议之中。

但是，近几年来，从我不断地接到的各种会议通知中，可以越来越清楚地看到，有越来越多打着学术会议的招牌而本来就不是为真正的学者而准备的会议正在召开或将要召开。有时，其出格的程度绝对超出一般人的想象，也超出了小说家洛奇的想象。

我手头曾有一份会议的"邀请函"，寄自某交流中心。邀请函很聪明地分成两页，头一页显然是为报销做证明用的，几乎看不出什么毛病，邀请函的抬头是发给我所在的单位的，讲我的某篇文章（其实是早两年在某学术刊物上已经发表了的文章）"被确定为本次会议交流文章，特邀贵单位领导、该同志及相关人员作为正式代表出席会议"。唯一可以让人有些生疑的，只是这个交流中心要在几千里之外的哈尔滨市召开的"学术研讨会"的参会费用高达四千八百多元。再看看第二页"附件"上的会议日程安排就很明白了：15 日，全天报到；16 日，上午专家报告，下午代表交流，晚赴绥芬河；17 日，出国、经格城、苏里斯克市赴海参崴；18 日，考察海参崴著名景点等；19 日，考察海参崴市容、市貌等；20 日，赴格城、乌苏里期克市、回国考察绥芬河；21 日，考察哈市太阳岛、松花江等；22 日，早餐后会议结束、返程。

怎么样，相比之下，这原本不是小说的现实，要比洛奇小说中的虚构"浪漫"多了吧！

（载于 2001 年第 8 期《博览群书》）

发言遥控器

——有关用拇指发言的幻想

"用拇指发言"这在今年可是够时尚的。

说时尚也几乎就等于说是年轻人的玩意。你看满大街面对面还发短信的哪个超过 30 岁了？无论拇指也好，发言也罢，在年轻人年轻的心里，交流是用来玩的。其实他们不知道，在某种幻想中，成年人也有拇指情节，只不过是想用拇指来控制发言。

在如今的社会上，最典型的以发言为主的场合，恐怕就是形形色色的会议了。现在，几乎没有什么人没有参加会议的经验。要参加会议，自然要听会议上别人的发言，当然，对于那些到会后便能畅所欲言，畅言完毕后，便可抽身离去，而且有资格随心所欲地畅所欲言和抽身离去的人，自然要另当别论。否则，一旦来到会场，不管是竖着耳朵还是耷拉着耳朵，就都只有听的份了。

有的发言者讲得精彩，对于听众自然是一种享受。但也有些人俨然一副"我在发言我怕谁"的架势，上得台来祭起大叙事、大道理、大方向三杆大旗，向听众频繁使出如坐针毡掌、抓耳挠腮拳、连环瞌睡腿的功夫，任凭你再深的涵养、再背的耳朵也有"听君之言，如临深渊"之感。此情此景，有人"走"为上策，把与会路上花去的时间只当作是必要的赔本；走不了的只好"守"着，睡上一觉倒也不失为一个好办法；守不住的只好"站"起，不时地起来走动，踩死这难熬的时间；站的多了，总得坐下，硬挺着听，这可谓是"降"了；不甘心"降"的，恐怕只有"死"路一条了。

可是我们都不想被烦死。

古代三军统帅"不战不降不守不走不死"者只有被俘一条路，成为一个笑话。幸好，今天科学技术发达，于是，我忽发奇想：为什么我们不利用科学技术这一利器呢？而且，我们还有尚未派上充分用场的拇指。

拇指是健全人生来就配备的。老祖宗为儿孙想得周到，为科技发展预备了几千年，绝不能只会发短信这一招一式。在它的集成功能里一定还有别的功能，只不过需要借助一些外设罢了。

比如说，我们是不是可以制造一种像电视遥控器那样的装置，那一切不就 OK 了？进入会场时，每人发一个。当遇到不想听的发言时，便可按下按键。当有半数以上的人按下按键表示不想听时，会使发言者头晕以致讲不下去，只好下台。像这样的装置，以目前的科学技术水平，想要制造出来恐怕不是什么难事。但让发言者人身受到痛苦显然有些不人道，听我讲这一幻想的朋友们都建议我采用更"温柔"一些的设计，比如说，当有半数以上的与会者按下按键时，发言者面前的麦克风自动关闭，当有三分之二以上的与会者按下按键时，会场上音乐响起（也有人建议用音乐喷泉），使发言者不得不中止发言。这样的建议确实是一种不错的修正。

表面上看，这种方法似乎有点小儿科。看着年轻人实现了拇指发言的愿望之后，可以随时随地表达自己的心愿而不至于影响别人，才更觉得我等"会友"之不易，与"也"用拇指发言之必行。因为这不仅仅是表达自我意愿的问题，更是一种对人性的挑战，一种对会议体制的挑战。以这样的技术性方法来解决会议上不受欢迎的发言问题，虽然只不过是一种机巧的设计方案，但是，我们也不妨连带地想象一下，假如这样一种看上去有些不切实际的发明真的能够相对普遍地得到应用时，将会在会议的组织方式、发言者的心态以及听众的心态方面产生什么样的影响。这样，就有了一种我们现在至少可以在头脑中进行有趣的理想实验。

如果有了这样的装置，并被比较普遍地使用，那么，一些会议，特别是那些组织者自信能够吸引与会者们的会议，将会在会议通知中专门声明：本会议使用发言遥控器！这样的方式将使会议的档次和吸引力大为提高。因为准备前来参加会议的人也会对此会议充满信心并愿意前来与会，即使遇到令人厌烦的发言，也还可以退而求其次，拇指一动，使用遥控器来表达中止它的愿望。相应地，如果准备参会者在会议通知中看不到这样的声明，则表明组织者本来就缺乏自信，不敢在其会议中使用这样的"先进"技术，因而对会议的质量和水平发生怀疑，以至于与会者寥寥。这样的会议，就会因人少或无人参加而被自然淘汰。相反，那些使用发言遥控器的会议，则与会者踊跃。这样，从一开始的组织环节上，就使不同的水准的会议有了一种优胜劣汰的机制。

对于发言者，如果敢于在使用发言遥控器的会议上发言，则表明对自己的发言充满信心，不怕人们不爱听，并且为了做到这点，事前也会更加认真的准备。而那些没有自信，或是屡遭听众用遥控器中止发言的人，也自然会识趣地不做令人讨厌的发言，或是调整使自己的发言受人欢迎。这样，从发言者那方面，这样的装置也会使发言预先有了一种优胜劣汰的机制。

这样一来，还会有前面提到的那种令与会者在听会议发言时倍受折磨的情形吗？

当然会有。因为这样一种理想实验预设了一个前提假定，即与会者自己有选择参加或不参加某个会议的权利。不过在现实中，并非所有会议都能让参会者有这样自主选择的权利。当由于某种原因，与会者被迫要参加某些会议，否则就会带来其他严重的问题时，会议的组织者和会上的发言者当然不必考虑使用这样的发明。不过，这就是需要另外讨论的问题了。

但是，即使如此，这样的发明也还有其积极意义。首先，原则上，它至少可以先在那些参会者有自主选择权的，类似于市场性的、学术性的会议上推广使用，这对提高会议发言的质量，以及提高会议的质量会有很大的推动作用。其次，当这种发明的使用逐渐普及后，可以把那些与会者不得不参加而且绝不肯使用这种发明的劣质会议从一开始就在会议类型上区分开来，使人对之有所意识。而且，即使在后一类会议中，如果组织者和发言者也自愿并敢于使用这样的发明，岂不是一种表明自己的水平非同一般的标志。在这种意义上，对于后一类会议的改革，不是也会有某种推动作用吗？

当我把这样的想象讲给更多的朋友听时，大多数朋友会感到有趣，可见广大受害者对某些会议发言之深恶痛绝。他们一致建议本人去为此而申请专利。不过，就像手机技术一样，假如这样的发明真能问世的话，群雄并起发展发言遥控器的时代也不会很远了。自由竞争，使各种声音都有了存在的理由，拇指发言也是一样。如果这样的发明真的能够得以应用并对社会的发展进步有如此重要意义的话，我本人绝不申请专利，更愿将它奉献给社会。

尽管，这听上去有些异想天开，写出来，倒有些像是科幻作品，也许它在技术上是现实的，但在应用的机制上，有些超越时代了。不过，就算是不能用，还不允许想想吗？

（载于山东人民出版社 2003 年版《社会学家茶座》第二辑）

谁读懂了霍金

很多时候，我们总会为这样那样的擦肩而过扼腕叹息。其实，即使没有带走一片云彩，就这样的一笑而过，也有很多美好的瞬间得以保留。或者说，这样的"未完成"，潜藏着一个更美好的"完成"。

当然，大多数的与人擦肩而过，也只不过是擦肩而过罢了，但其中，如果某些场景在发生的当时自己并没有准备或明确意识，却在后来的反省中不断地被反复重播，或者在工作中连续地成为某种挥之不去的背景，那么，这样的擦肩而过肯定是难得而且值得重视的。

很多年前听霍金的讲座，大概就可归入此类吧。

多年前，我到湖南去讲课，趁讲课的机会，当然要会一会那些久未见面的朋友，而这些朋友中，又是出版社的朋友们居多。当我与最先在湖南科技出版社编辑出版"第一推动丛书"（霍金的《时间简史》一书就是那套丛书中的一种）的李永平先生（他现在已经调到别处工作了），以及当时负责继续编辑出版"第一推动丛书"以及霍金的其他著作的编辑孙桂均女士一起聊天时，有关霍金著作的出版自然是大家都有兴趣的话题之一。当时孙女士说到，他们正在准备霍金的最新著作《果壳中的宇宙》一书的出版，并打算将《时间简史》的修订版和插图版一并重新推出，而且想出了一句广告语，我当即说，那句广告语似乎不太理想。因为我平常也总是不太讲情面地说些自己的看法，这次也是一样，朋友们自然也不会计较。不过，这次这样讲话的代价却是被将了一军：那你帮着想一句好的！

于是，我们三个人便在一起苦思冥想，想了不少说法，又都一一否定。忽然间，我想到，虽然霍金的著作是畅销书，但其实许多人购买之后并不一定都能读懂其中的全部内容，于是一句广告词脱口而出："阅读霍金：懂与不懂都是收获！"此话一出，当即得到李永平的肯定，觉得不错。于是，在后来的出版宣传中，这句广告语被采纳。但与当时急中生智的设想有所不同的是，后来，自己也慢慢地觉得这句话似乎确实有些道理，更没有想到，这一广告语竟然流传甚广，除了出现在出版社的广告中随书附赠的书签上，在许多媒体的标题用语中，也被经常套用，"XX 与不 XX，都是 YY"这样的句式。随着广告流传开来，在有的媒体的 2002 年度岁末盘点排行榜上，这句广告语还被列为年度最有影响的广告语之一。这可的确是我一开始没有想到的。当然，在某种程度上，也许正是因为这句广告语，才有了今天这本书的主题，而且我也被指令写稿一篇，可以算是应了那句"木匠做枷，自作自受"的古话吧。

不过，在说正题之前，除了那句广告语的事，也许还可以回忆一下另外几件自己与霍金有某种关联的小故事，这倒不是因为霍金是名人从而觉得拉上关系便可使自己怎样怎样，其实像霍金那样的天才，普通人再怎样生拉硬拽，也依然是处于仰视的位置。这里谈及这些琐碎的事，只是因为即使它们琐碎，也因为霍金的缘故——毕竟不是每个人都容易遇到，而值得一提。

一件是我第一次看到霍金。那是在 1985 年 5 月 5 日。当时，我念研究生，即将毕业，论文也已经做完了，事情不多，听说在北师大有一个外国人要做关于宇宙学方面的报告，因为我们在上课时，也曾听过北师大的 L 教授讲的广义相对论和中国科技大学的 F 教授关于宇宙学的讲座，其中也曾谈过霍金的贡献。因此，从知识背景来说，对这样的讲座还是很有兴趣的，而且也与自己所学的科学史专业相关。但根本没有想到的是，主讲人竟是这样一个人。那时，他的《时间简史》还未写出，在专业的学术界之外，霍金还远不像现在这般出名。他那时的身体状况至少在我看来很不好，像一摊泥一样，口中讲的话含混不清，头耷拉着，嘴角不时地流出口水，除了他的助手，他讲的话谁也听不懂。演讲时，先要由他的助手把他的话译成英文，再由 L 教授将英文译成中文。记得，当讲座进行了一会之后，F 教授又上台当翻译，以更加顺畅的语言将这次讲座译完。其实，在经过了这许多年之后，当时霍金讲了些什么，我已经完全记不清了，但他的那种身体状况，以及在那样的身体状况下还能做出如此重要的研究甚至来中国办讲座做报告，这种印象却是十分令人震撼，终生难忘的。于是，在讲座之后，正好我带有一架装有黑白胶卷的相机（那时甚至连彩色胶卷也远不普及），于是自己站到了霍金的身后，请同去的同学帮我照下了与霍金的合影。当时，在场的听众中也只有我一个人有此等举动，自然，恐怕大多数人也未曾想过霍金后来会如此闻名。因为我曾买过一本影印的由霍金主编的《广义相对论》的英文原著，在照片洗出后，就把它贴在了此书的扉页上，算作一种纪念，也因此将照片保留了下来，而不至于在混乱的个人照片收藏中再无从寻找。

当我站到霍金身后合影时，我看到助手打开的霍金的一个小箱子，里面有些纸，还有一本书，就是那本由美国物理学家兼物理学史家派斯写的爱因斯坦传记《上帝是微妙的》。这本科学传记也是非常重要的，后来出版过两个中译本。许多年后，我曾在一篇文章中回忆了这一细节，而这一细节，则被报纸的编辑作为大字提要印在了文章的前面。

第二件事，是在 1999 年。在第一次见过霍金之后，虽然也越来越多地听到他的名字，他的《时间简史》一书也在世界上和中国都成为畅销书，但我没有想到自己还会与霍金有什么关联。1999 年，一位出版社的朋友找到我，谈到了一个选题。当时正值新千年话题正热之时，美国白宫举行了一系列由知名学者主讲的晚会演讲。这位编辑想将其中一些从网上很快就可以看到并下载下来的演讲译成中文结集出版，并请我帮助译校其中一些演讲文章。在这位编辑拿来的文章中，就有霍金题为《想象与变革：下一个一千年的科学》的演讲稿，已经由他人译过。在我校此译稿的时候，发现原译稿问题较多，于是推倒重来，几乎是重新翻译了此篇演讲。在此之前，虽然霍金的《时间简史》等书早已成为畅销书，而在我的藏书中也早就收入，但从未认真地读过。翻译霍金的这篇演讲，才是我第一次认真地阅读霍金的文章，而那篇演讲中的内容与思想，也确实让我感觉到一位真正的大家的思想深度。后来，这篇译稿被收入在名为《美国白宫千年晚会演讲选集》中，也曾在一些刊物上发表。

第三件事，是在 2002 年。当时，我到英国剑桥做访问学者。这许多年来，霍金一直在剑桥工作，而剑桥又不是一个大地方，应该说，遇见，或者说，看见霍金的机会是有的，但在那里的半年中，这样的机会我却一次也没遇上，尽管据说霍金住的地方离我租房和工作的地方都不远。更有甚者，在我刚到剑桥不久，那里正好还有一次据说颇具规模的庆祝活动，好像是庆祝霍金的生日（这我还真的记不清了，查一下，发现霍金生于 1942 年，那么，2002 年是他 60 岁的诞辰，差不多会有些纪念活动吧）。可惜当时我初到剑桥，人生地不熟，等听到这个消息时，已是若干天后了。

不过，后来，有一次一位在剑桥大学数学系做访问学者的朋友，邀我到数学系他的办公室去看看，那一片极其现代化的新建筑，都是与数学相关的部门所在。那位朋友在聊天中提到了霍金，说他还经常来上班，于是我提出，是否可以到霍金的办公室门口看看，或许能碰上打个照面呢。可是，那天他并未到办公室。但我注意到他门上的姓名标签，于是忽发奇想，将他的办公室大门用数码相机照了两张相。当时并未觉出什么，等回来后再看，发现也许是潜意识中的某种背景在起作用，或者纯粹是一种巧合，这两张画面上只有抽象几何线条与色块的照片，似乎与霍金的那种抽象的科学工作有着某种隐喻式的潜在关联，当然，这也许只是在有了某种预设的思想背景下的牵强解释，不过，当我把此照片给几位爱好科学摄影的朋友看后，居然也被称赞。看来，就算是牵强的解说，至少也在艺术的意义上说得过去吧，不是说，一件艺术作品创作出来之后，对它的解说就不由原来的创作者控制了吗。最终，当我出版在英国的学术游记《剑桥流水》一书时，将这张照片收入其中。也算是一种纪念或者记录吧。

再往后，就是 2002 年的数学家大会，在中央电视台工作的几位媒体朋友也曾邀几位学界的朋友到一起，策划如何采访霍金及采访的话题，但那毕竟是许多人一起的闲聊，而且由于种种复杂的原因，所策划的方案基本上没能实施，这里也就不必多谈了吧。

对于像霍金这样的名人，牵强地拉上一些与自己的经历联系起来，也许并不说明什么，好在这样的机会并不会很多，而我却遇上了几次，也算是不易吧。这里写出来，也只是一种个人的记录而已。

现在，该言归正传，讲"究竟谁读懂了霍金"这一话题。

也许，这是个非常值得讨论、值得关注，又让许多人感到迷惑不解的问题。究其原因，其实还是因为霍金谈论物理与宇宙学的书（尽管是以科普的形式问世）竟成为空前的畅销书，当这一本本书被摆在各色人等的书架上或其他什么地方，又不知是否被其中的多数购买者阅读过，以及是否真的读懂了其中内容等。这成了一个非常奇特的文化现象，甚至在世界范围内也是如此。否则，有那么多人出了那么多的书，为什么就不会有相应的"究竟谁读懂了（霍金之外的）××？"这样的问题被如此认真地提出呢？

先来就书谈书。以《时间简史》为例（因为相比之下，《果壳中的宇宙》一书在内容上要更深些，写作上似乎也不像《时间简史》那么通俗），对于一个具有大学物理学基础的人，只要认真地读，读懂其中的绝大部分内容应该说是不会有什么问题的。但可以想象，在这本畅销书的购买者中，能有如此知识储备的人肯定不会很多。那么，如果达不到这个基本的要求，要想读懂其中的大部分内容，确实很不容易。但毕竟霍金是在以普及的形式尽可能通俗地介绍物理学与宇宙学的知识，包括最前沿的知识和他的研究工作，所以说，对于一个识文断字的人，要是说一点也读不懂其中的内容，倒也很难想象。当然，这里说的读懂或读不懂，主要还是就物理学和宇宙学的标准理解来说的。可是，在像宇宙学这样的领域中，在科学的内容之外，无可避免地要涉及诸多哲学内容，也正像那句名言所讲的，除了人们心中的道德律，头顶的星空总是让人们感到惊奇与百思不解，从而，也成为人类愿意认真思考的根本性问题。这或许是霍金著作为人们所欢迎的一个理由吧。

当然，上面的理由并不充分。就科普图书来说，有关物理、天文和宇宙学的著作多得是，为什么偏偏是霍金的书大受欢迎呢？恐怕这与霍金的特殊情况有极大的关系。在人们心目中，科学家的形象即使经常受到歪曲，至少也还算正常。而霍金，由于他特殊的病患和极度糟糕的身体状况，而且在这样的身体状况下竟能做出如此抽象、高深而且重要的科学工作，这就不能不令人景仰了。在这种意义上，霍金本身就成了一种英雄形象的象征，用霍金的话来说，他符合大众关于一个疯狂的科学家，或者一个残疾的天才，或者说是一个在身体上受到挑战的天才的常规模式。因而，阅读其著作，当然也是人们希望了解其人、其工作的一种好奇心的表现吧。

其实，除以上的理由外，霍金的著作成为畅销书，在这其中，畅销文化，或者说，一种文化上的从众心理也是非常重要的因素。当越来越多的人购买、谈论霍金的著作时，一些人会觉得，如果自己对之仍然一无所知，会显得非常的落伍和没有"文化"。当然，书买回来之后，究竟是认真地阅读，还是束之高阁，那就是另一回事了。

但是，无论出于任何的理由，像《时间简史》这样的科普著作能够成为畅销书，毕竟是一件好事。它表明以科学为内容的书籍是可以畅销的，是可以为人们所关注的。只要有人阅读，总会有所收获。这里就又回到了那句广告词。其实，与人们在媒体中经常看到的那些虚假广告不同，这句广告词里虽然有某些推销的意味，但并不骗人。确实，一个人阅读霍金的著作，不论他读懂了多少，书中介绍的科学知识，以及在那些字里行间中体现出来的科学意识，总会引发人们进行某种有益的思考。当思考像宇宙是怎样一回事这种问题成为一种时尚，社会文化总水平就将有某种的提高。这难道不是阅读霍金的著作的好处吗？

说到《时间简史》，甚至说到《果壳中的宇宙》，虽然霍金在尽量通俗的叙述中也隐含了哲学的意味（谈论宇宙不可能不带有这种意味），但那两本书毕竟还是以介绍科学知识为主要内容。直到我翻译了霍金在美国白宫的千年演讲，我才更加认识到，其实霍金并不仅仅是一位只关注科学本身的科学家，他同样对科学与社会关系有着很有见地的思考。例如，在谈到发展和外星人时，他虽然谈到自己是一个乐观主义者，认为人类有充分的机会来避免世界末日的善恶大决战和新的黑暗时期，但依然说："就个人来说，关于为什么我们没有与外星人接触，我相信有一种不同的解释，但我不想在这里谈它。不过，就算不考虑这个问题，仍然存在我们将毁灭这个星球上的一切的非常真实的危险，我们拥有做到这一点的技术力量。即使我们没有彻底摧毁自己，却仍有这样一种可能性，即我们可能沦落到一种野蛮的状态，像《终结者》一开始的场景那样丧失人性。"在超出自己研究领域而谈到遗传工程时，他谈道："在今后 100 年中，很可能我们将能够彻底重新设计人类的 DNA。当然，许多人会说，用于人类的遗传工程应该被禁止。但我怀疑他们是否能够阻止这种遗传工程。出于经济原因，用于植物和动物的遗传工程会得到允许，一些人必定会尝试将其用于人类。除非我们有一种集权的世界秩序，否则在某些地方一些人就会计划改良人类。"但他明确地指出："显然，就未被改良的人类来说，发展改良了的人类将带来巨大的社会和政治问题。"同样值得注意的是，在演讲之后的讨论中，美国国立卫生研究院人类基因组计划的负责人曾接着霍金的观点继续展开评论，认为将遗传工程用于人类研究的提议带来一些问题。当然，他认为，这类知识本身无所谓善或恶，它只是知识，"是我们将这种知识诉诸的应用决定其伦理性质的类别。在什么程度上人类的这些改良是道德或不道德的，这是我们必须要努力解决的问题"。"如果要实现改良，人们很快就会有疑问：谁来规定什么是改良，以及在事实上是否允许一群人决定他们的性质与另一群人相比是改良了的，从而需要转移到各种接受者身上。这个问题多少有些把人们置于伦理的两难境地。"

由此可见，霍金绝对不是那样一种只局限在自己专业研究领域中，绝对不是只关心科学知识本身而对人类的科学技术发展和社会发展关联无所思考的人。这也正像白宫千年演讲时说的，对于那些只看到科学研究在直接的工业应用方面价值的人，霍金先生回答说："除了物质上的舒适之外，人类的存在还有另一方面的重要性。"

那么，这种重要性是什么呢？恐怕，读者只有自己在霍金的著作中去寻找答案了。

在这种意义上，谁还能说阅读霍金会没有收获，会认为读不懂霍金呢？

（此文为湖南教育出版社出版的
《谁读懂了霍金》一书所写）

对 1982 年夏天的回忆

曾有过一个夏天——1982 年的夏天。

对于许多人，它也许像每一个夏天一样，并没有什么特殊之处，而对于另一些人，它的意义也许不可磨灭。可是就算有过再鲜明的意义，也会随着生活的皱搓而褪去光泽，混同鱼目。就连附着意义的事件本身，也渐渐蚀尽了细节，甚至需要在逻辑上费力地攀爬，才能确定那记忆确实曾在 1982 年的夏天生长过，而不是什么别的时间。历史，也许就是这样的不可靠，远不像许多人想象的那般确切无疑。

据说，一个没有历史的人，就像一个没有记忆的人一样。于是我冥思苦想：在 1982 年的夏天，真的发生过什么特别的事吗？

也有。但现在我能够想到的，也不过就是两件小事，小到几十年之后，它们在这样的叙述中也许会同样消失得无影无踪。

第一件，发生在聒噪着蝉鸣的，很多人心里也同样喧嚣的 1982 年夏天，那是 78 级大学生本科毕业的时间。我当时在北京大学物理系学习，最后一个学期，是在实验室为完成学位论文而做实验。根据这一逻辑推理，这件在做实验期间的事，应该是发生在这年的夏天。而也只有在这种外热内冷的日子里，才可能发生下面的事。而那一年的夏天，也应该正是这样的季节。

当时在北京大学物理系，大家都算是物理学专业的学生，只是在最后一年选修不同的方向，并因此选择上不同的课并做相关的毕业论文。我选修的是"低温物理学"，具体地讲，毕业论文是做一种叫镧四镓的超导材料的制备与性能测量。这种测量，要在比较复杂的低温条件下进行，要用到高成本的液氦来制冷，所达到的温度，大约是零下二百六十摄氏度。制冷用的液氦，是放在一个密封的杜瓦瓶中，而所谓的杜瓦瓶，就是最初由一位叫杜瓦的科学家设计的把夹层抽成真空的保温瓶，我们日常用的热水瓶就是它的一种类型。为了保持放液氦的杜瓦瓶的低温，在外层，又套了另一个开口的杜瓦瓶，里面放的是便宜一些的液氮。正是这个开口的杜瓦瓶和其中的液氮，让我们几位做实验的学生有了一个想法：为什么不利用这个机会做冰棍呢？

　　说到做冰棍，恐怕要说到 1982 年的冷饮市场。现在，我已经记不清那时有多少个冰棍品种了。但从我们有这个想法来看，当时显然没有如今那么多的"族类"，口感也不会很好。因此，自己动手做的冰棍已经能够满足人们渴望甜蜜的口腹以及有着同样渴望的心理。我们利用实验室里车间的条件，用铜板做了几个相当"专业"的冰棍模子，使做出的冰棍外形不至于太难看。再从宿舍中带来牛奶、糖、鸡蛋，也许还有一些什么现在记不清了的配料——当时市面上卖的冰棍成分里面肯定没有鸡蛋——在实验室中，把这些配料搅拌好，倒进模子里，把模子挂在放有液氮的杜瓦瓶中。因为我们的实验要进行很长时间，要等很久才能测一个数据，在等待的过程中，就可以慢慢地把冰棍做好并品尝了。这样做出来的冰棍，唯一的缺点是太凉了，温度是零下两百摄氏度，吃的时候，一不小心，会粘在舌头上，据说这样的冻伤要比烫伤还厉害。有几次，还真的差一点就闹出这样的危险。不过，从今天我还能站在大学的讲堂上喋喋不休来看，当时至少还没把舌头冻坏到不可恢复的程度。

　　也许，我们这届的学生太馋，也太淘气，虽然指导实验和论文的老师并没有干涉我们在实验的间隙做冰棍，却也忍不住略带责备的口吻说："这么多年，从来没有看到过你们这样的学生！"现在，已经又过了不知多少个"这么多年"，在我们之后，不知那个低温实验室是否还有学生趁实验时做冰棍，更不知如果他们还在做，是否能做到我们当时那么高的水平。可是，如今市场上冷饮的品种如此丰富多样，想来，也不再会有让同学们因馋嘴而自己动手做冰棍的需求了吧。不过说实在的，在那期间，我们自己做的冰棍，是到现在我所吃过的最好的冰棍！

其实，做冰棍只是实验中的小插曲，并没有影响我们的工作。我们几个同学的实验工作，后来都写成了论文，在国内的专业权威刊物上发表。后来，美国物理学会出版的一份介绍中国物理学研究的刊物《中国物理》(*Chinese Physics*)，还在征得我们的同意后，将我们的论文译成英文发表了出来。

上面讲的同时做冰棍的物理实验，是我第一次也是最后一次真正从事物理学的研究。在大学最后一年，更多是因为兴趣的缘故，我报考了中国科学院研究生院的研究生，方向是科学史。记得录取通知寄来时，我的实验还没做完，还在每天白天睡觉，夜里工作，黑白颠倒地在实验室里忙着做实验也忙着做冰棍。指导老师有些困惑地问："你既然将来不做物理学了，为什么还这么玩命干实验？"我的回答是，正因为将来也许没有机会再做直接的物理学研究了，为什么不在这唯一的机会中最后好好干一次呢？

于是，就可以接下来讲另一个回想起来的故事了。我相信这件事也发生在 1982 年的夏天。因为我知道我在 1982 年已经通过了中国科学院研究生院的研究生入学考试，拿到了录取通知书，大学还未毕业，应该是在放假前，研究生院的一位名叫赵中立的老师叫我们去研究生院谈了一次话。因此，这件事大约也应该发生在那年的夏天。可能在我的一生中有过无数次谈话，但至今还在我和我的学生们之间流转的，可能就是发生在 1982 年夏天的这次了。

当时中国科学院研究生院的条件还很简陋，我们所属的教研室还在几间木板房中。我虽然因为自己对科学史这种与原来的科学背景既有交叉，又有很强的人文色彩的学科有兴趣而转了方向，但对于一个从事科学史研究的学者未来与工作究竟会是怎样毫无概念。记得当时几个人坐在一间黑洞洞的木板房中，赵老师与我们谈了很多问题，问我们的想法，回答我们的许多问题。最后，他很严肃地问我们：干科学史这一行可是挣不了什么大钱的，你们有思想准备在将来坐冷板凳从事学术研究，并且甘于一生做个清贫的学者吗？

就像许多年后，我的学生想起我在问他们这个问题时的情况一样，当时我给的答案现在已经记不清了。很可能，是愿意做一个清贫的学者之类的回答。也许每一任导师都曾听过无数次同样的回答，也看过了无数种不同的结局，但在学期开始也还同样要问这个问题一样，作为年轻人，我当时也同样没有意识到这个问题的分量。只是在后来的许多许多年中，我才真正明白了赵老师的用意，才明白了当一个学者的清贫意味着什么——尤其是当你看到周围出现了那么多不清贫的非学者的时候。

现在，一部分学者的经济状况有了部分的改善，但从根本上讲，一个人要想发财，要想过富有的生活，做学者肯定不是一种合适的选择，做研究像科学史这样在许多人看来"无用"的学问的学者，就更不是理想的选择了。因此，当我今天面对那些依然热切地想学科学史的研究生时，我也会常常对他们告诫在先，告诉他们要有做一个清贫学者的思想准备。可是，如今，在 21 世纪开始学习的学生们，与我们那些在 20 世纪 80 年代初开始学习的人相比，社会、经济、文化背景又有了多么大的差别，他们能够真正理解他们未来的前景吗？再过几十年，他们还会像我今天在努力回想几十年前的事情那样，能想起我对他们说过的这样的话吗？我不知道。

一个时代总有一个时代的特色，在任何一个时代，都发生无数或是重大或是平凡的事情，其中，无论是重大的还是平凡的事，绝大多数其实只是对经历了这些事的人才会有某种意义，时过境迁，绝大多数的事情会被人们忘记，就像没有发生过一样。即使有人偶尔记起，讲述出来，对于后来的人，理解起来也会是完全不同的意义。在这种意义上的历史，纯粹是个人性的。对于我自己，关于 1982 年的那个夏天，在几十年后，就似乎只有上面讲的这两件事，而且是两件如此琐细的小事还能记得比较清楚，这也许只是表明了它们对于我个人的某种意义。而且，在今天，还并不是真正按照时间的感觉，而仅仅是按照逻辑的推理，我才会相信，如果这两件事曾发生过的话，那应该是在 1982 年的夏天。

（此文应邀为余世存主编的《中国 1982 年夏》一书所写）

第二编　我思故我读：书话

科学光环背后的真实

报刊上曾有几篇文章介绍国外曾出版的"勾勒姆"（GOLEM）系列。由于头脑里有了这种印象，于是，当笔者在江苏人民出版社推出的《剑桥文丛》第二辑里《人人应知的科学》一书中看到"勾勒姆"字样时，便格外地注意。其实，这本书的书名，如果按其原文，似乎可直译为《勾勒姆：人们对科学应有的了解》。当然，这样一个古怪的书名对于国内绝大部分读者实在有些费解，改译成《人人应知的科学》，倒也是完全可以理解的事，而且并没有很大的偏差，只是其中的"科学"一词所指的并非通常意义上的科学知识，而是科学本身。当然，是否真的人人都应对该书作者所谈的科学有所了解，以及是否人人都能够达到作者希望的了解，也还是一个问题。

"勾勒姆"究竟是何方神圣？在引言中，作者对其做了清楚的解释："勾勒姆是犹太神话中的怪物。它是人通过咒语用黏土和水创造的类人动物。它勇武有力，每天都会强壮一点点。它会遵从命令，为你工作，保护你免遭曾威胁你的敌人的伤害。它笨手笨脚，然而危险。不加控制，勾勒姆会以其连枷般的强大力量毁灭它的主人。"在书中，勾勒姆被用作科学的隐喻："这本书的意图是要解释作为科学的勾勒姆。我们意在表明它并非邪恶之物，只是有点疯狂。勾勒姆科学不会因错误而受责备；那是我们自己的错误。假如勾勒姆尽了力，它也不能受到责备。但我们不能对它期盼太多。尽管是强有力的，勾勒姆也只是我们的艺术与技艺的产物。"

以上的引文已经很确切地讲明了何为勾勒姆，以及为何以勾勒姆作书名。但对于一般读者来说，忘掉这个古怪的名字并不会对此书的理解带来什么影响。虽然《人人应知的科学》涉及的深刻的思想非常之多，但就笔者读后的理解，其最核心、最主要的，还是对一般公众眼中光环笼罩下的科学某种真实的揭示。

《人人应知的科学》一书主要是对七个科学研究案例的分析和重新解释。这些案例我们或是有所了解但又也许了解得并不全面，或是几乎就没有什么了解，它们涉及对记忆的化学转移的研究，涉及对著名的相对论的"实验证明"，涉及曾热门的冷核聚变的研究，涉及历史上有关巴斯德与其对手就生命起源的"自然发生说"理论的争论，涉及争议颇多的对引力波的探测实验，涉及对一种蜥蜴性生活的研究，还涉及关于太阳中微子的实验检测。正是在对上述科学研究案例分析的基础上，作者向公众说明了某种科学研究活动的真相：许多作为科学基础的实验研究，并非一般想象的那般黑白分明和非此即彼，而是在科学界内部一直有争议、有分歧。这些争议和分歧或是由于其他的原因而使一方获得优势，或是不了了之，或是一直延续下来。但在主要是通过大众媒体了解科学的公众观念中，科学的形象却不是如此。各种媒体对于科学的传播也经常是片面的、不真实的。

因此，在传统中，试图让公众通过掌握更多的科学而能够做出更明智决断的希望，便面临着严峻的挑战："我们已经说明了工作在科学前沿的科学家们并不能通过更好的实验装备、更多的知识、更先进的理论或者更清晰的思考来解决他们之间的争端，而要求平民百姓去做得更好简直是荒谬透顶。"在作者看来，当面对分歧和争议而需要由公众做出选择时，公众当然需要掌握足够的信息，"但是这些信息不应该是关于科学内容，而应该是关于科学家与政治家、与媒体、与其余的人的关系"。因而，《人人应知的科学》一书的一个重要目的，就是要"改变公众对科学与政治领域中扮演的角色的理解"。可以想见，由于传统思想，也由于公众平均素质的限制，这种改变当然不会是一件容易的事。不过，像这种一反传统观点的挑战的提出，显然是具有重要的学术和实践意义的。

或许还需要补充说明，以上的观点只是《人人应知的科学》一书通过实例分析总结出的重要观点之一，书中还有许多有趣的观点和论述。稍有些令人遗憾的是，该书中译本中一些地方的翻译实在有些令人费解，那些急于想知道书中精彩见解的读者，也只好付出时间代价，自己去慢慢琢磨吧。

（载于 2000 年 10 月 24 日《中国图书商报·书评周刊》）

关怀的伦理意义与女性主义研究

　　从世界范围来说，女性主义的研究在各个领域中都呈现出逐渐成为显学的趋势。在中国，对于来自西方的女性主义学说的关注也在不断地加强。然而，由于研究力量和研究基础的相对薄弱，我们对于在西方潮水般上涨的相关文献中潜在地存在着的各种女性主义理论流派还缺少基本的了解。像在伦理学这样的传统学科中，女性主义的声音也同样微弱。正因为如此，由清华大学的肖巍女士翻译和撰写的三部关于女性主义关怀伦理学的著作，就显得非常引人注目，这些著作的出版除了对于传统的伦理研究领域是一种"不同的声音"，对于女性主义研究本身，以及对于女性解放的运动，也具有相当重要的理论意义和实践意义。

　　本文，将就这三本著作，以及阅读这三本著作时的某些思考做些颇有选择的议论。

　　首先，是美国女性主义学者吉利根的代表著作《不同的声音——心理学理论与妇女发展》（中央编译出版社，1999 年版）。这部著作既是当代女性主义理论的经典著作，也是当代女性主义伦理学中颇有争议的一部著作。在当时国内对西方严肃的女性主义学术著作译介还很不充分，像这样的著作出版更有雪中送炭和填补空白的作用。其实，严格地讲，正如此书的副标题所示，《不同的声音》还不是一部纯粹的伦理学著作，而更属于女性主义的心理学研究。按照译者的观点，则在"对关怀伦理学的心理学建构"的意义上将此书与女性主义关怀伦理学联系起来。

与整个西方当代学术主流的研究风格接近，更与其他一些女性主义的经典著作类似，《不同的声音》阅读起来似乎并不十分困难，如果不说观点的话，至少其叙述是非常容易令人接受的。全书绝大部分的篇幅是作者对所做访谈的转述，以及一些具体的案例与对这些访谈和案例的分析。对于中国的读者来说，这样的叙述方式可能会有一个问题，因为作者所要阐明的观点隐藏在字里行间，要想真正把握作者的思想，便不得不下一番功夫。这也正像另外一部女性主义科学史著作《情有独钟》一样，那部著作几乎没有使用什么女性主义的学术词汇，却依然因对女性科学家独特的研究风格和方式而跻身于女性主义研究的经典之列，但要真正读懂作者所要言说的内容，离不开对更广泛的女性主义科学史背景的了解。而现实的情况则是，在《情有独钟》那本著作的译本出版后相当长一段时间，许多读者，甚至包括国内的序言撰写者在内，都产生了一定程度的误解。对于女性主义伦理学，或者，对于与《不同的声音》这部著作关系更为密切的女性主义关怀伦理学来说，笔者以为，情况也很可能会是类似的。只有在更广泛的伦理学和女性主义伦理学的背景中，才可能真正了解其实质性的意义，也才可能避免盲目地阅读带来的种种误解。

因此，虽然《不同的声音》一书作为女性主义经典著作的译介意义重大，而且其影响将有较长的持续期，但作为可以带来对该书进一步深入理解的解读背景，以及对西方女性主义关怀伦理学在一般伦理学背景下的特殊性了解，由肖巍女士撰写的另外两部专著《女性主义关怀伦理学》和《女性主义伦理观》的出版，则提供了更方便、更能满足中国读者习惯的阅读条件。尽管可以说随着我们在一般意义上的学术和在特殊意义上的女性主义学术研究逐渐与国际接轨，学者们的阅读习惯、适应性乃至研究风格也会相应地转变，但至少就目前而言，一些辅助性的解读在很大程度上对许多读者来说仍然是必需的。

依然是立足于中国特定的学术背景，《女性主义关怀伦理学》一书开篇便在《概念的界定》一章中相当详细地对何为女性主义、何为女性主义伦理学以及女性主义的流派和关怀等基本的概念和背景进行了分析。像这样的分析，如果是出现在西方的女性主义学术著作中，那多半是作者想要表达自己与他人不同的观点，但在像《女性主义关怀伦理学》这样的著作中出现，可以说更是为了适应当时国内对西方女性主义的一些基本概念仍然在不同程度上陌生的现实。也就是说，像这样一些本来是相当初步的概念，对于中国的学术界也仍然存在着一个普及的问题。在随后展开的各章中，作者选择了几位在关怀伦理学界有代表性的学者及其观点，如吉利根对关怀伦理学的心理建构、诺丁斯对关怀伦理学的系统论述、特朗托对关怀伦理学的政治辩护以及拉迪克对关怀伦理学的母性思考，作为集中讨论的主体内容，并站在作者的立场上对关怀伦理学进行了分析和评价，为读者提供了有关女性主义关怀伦理学的基本内容。当然，伦理问题实在是一个十分基本但又歧义百出的大问题。作为对传统伦理学的一种挑战，针对传统伦理学以"公正"作为基石的背景，女性主义者们从女性"不同的声音"中发现了"关怀"的重要性，并将"关怀"这一为以往的伦理学所忽视了的观念作为其基点。正如作者所总结的："关怀伦理学是伴随着西方女性主义运动而出现于 20 世纪 70 年代的，建构在女性主义视角上的，肯定女性独特道德体验，强调人与人之间的情感、关系以及相互关怀的一种伦理理论。"显然，对于伦理学的发展，人们无法视而不见的。

但是，问题也恰恰在于关怀伦理学是建立在女性主义研究基础之上的。一方面，女性主义在国际上正逐渐成为显学，而另一方面，无法否认，女性主义的各种理论目前依然受到许多人，包括许多非女性主义学者们的批评、误解和非议。出现这种情况的原因有许多，如在意识形态方面男性中心主义传统的影响，望文生义的误解，以及女性主义理论内在矛盾等。仅就女性主义关怀伦理学的核心概念"关怀"来说，在不同的女性主义学者中就有不一样的理解。其实，对于不同的女性主义研究者，即使在相同的名称之下，观点甚至核心观点上存在巨大的差异，这也是目前女性主义各研究领域的一个共同的特征。也许这种局面会长期持续下去，但在多元的标准下，差异的存在也是正常。关键在于，在这些新兴的理论中，人们究竟可以得到多少有益的启示。

　　谈到启示和意义，女性主义研究的特点之一也在于它的研究成果并不仅仅限于女性，而是可以推广到包括女性也包括男性在内的人类的范围。《女性主义关怀伦理学》一书的作者对于关怀伦理学本身就做出这样的评价："它既是伦理学史上两大妇女观斗争的现代成果，又是西方女性主义运动的产物和理论基础，而且伴随它几十年的发展，这一理论已经愈发显示出超越妇女解放运动和女性问题本身，成为时代的伦理抉择。"就此而言，关怀伦理学只是一个特例。至少在一些不那么激进的学者看来，其他女性主义的研究也完全是有可能达到这种理想的推广的。

　　但是，既然有可能进行这种普遍意义的推广，人们也不禁要对女性主义研究的基础进行哲学思考。在《女性主义关怀伦理学》一书中，作者也没有回避这一本质性的问题，而是在"关怀伦理学的哲学基础"一章中，就以关怀伦理学作为特例对女性主义理论的哲学基础进行了本体论、认识论和历史观的讨论。在这些讨论中，有一点最值得人们注意，即关怀伦理学的基本概念和出发点"关怀"本身来自女性"不同的声音",来自女性特有的道德体验。诚如女性主义者们普遍强调的,人类社会长期以来一直是一个男性中心的社会,从社会性别的分析方法来说,女性本身也是社会文化建构的产物,但是,在这样一种男权社会中,女性的道德体验自然会被深深地打上男权的烙印。那么,在这种情况下女性的道德体验,是否反过来可以成为争取男女平等和反对男权中心的出发点呢?这里确实存在有一种逻辑上的悖论。这还仅仅是就女性主义关怀伦理学的特例而言,其实,在女性主义研究的其他领域,也存在着类似的矛盾。这种基础性的矛盾的存在,或许是目前女性主义理论研究的一种普遍性特征,也是女性主义研究者们所必须正视并在未来努力去解决的重大难题之一。《女性主义关怀伦理学》一书在这方面的体察,对于整个女性主义的研究可以说都具有重要的启发意义。

《女性主义伦理观》一书,由于体系化和完整性的需求,在部分内容上与《女性主义关怀伦理学》一书有所重复,但其价值在于,以女性主义伦理观这样一种范围更广的视角,将女性主义性伦理观,与医学伦理学、流产、代理母亲及基因医学工程相关的女性主义生命伦理观,以及女性主义生态伦理观的内容加入进来。应该说,在女性主义的理论框架中对这些我们通常相对陌生的内容进行介绍与分析,也同样不仅对于国内的女性主义研究,而且对于像性伦理学、医学伦理学和生态伦理学等相关领域的研究具有重要的学术意义和实践意义。

最后可以提到,除去对于女性主义伦理学研究自身的意义,像上面评论的这三本书的译者和撰写者的工作范式也值得稍作评论。由于国内对西方女性主义理论的研究目前还处于初级阶段,在这个阶段,像翻译、介绍和评论性的工作有其特殊的价值。而选择一个特定的领域,如关怀伦理学,以著译结合的方法系统地深入进行研究，这可以说是一种值得提倡的学术范式。在这样的研究中，并非不需要创造性，但更为重要的是，这样的工作可以为我国未来更为独创性的女性主义研究成果的出现奠定必要的学术基础。

（载于 2000 年第 5 期《妇女研究论丛》）

我的第一本科学书

　　"文革"结束，恢复高考，我开始"恶补"考试要求的各门知识，不过当时想要找些书参考，实在是难找得很。一个偶然的机会，在一位很多年前曾教过我的老师家中，发现了一本"文革"前出版的关于物理学的辅导书，大致相当于今天热得不能再热的教参或教辅吧。当时我可真是如获至宝，赶紧借了回来。在学习了里面精彩的例题、概念分析之后，我居然对物理学产生了兴趣。事后细想起来，这与我后来误打误撞进入北大物理系学习可能也有某种联系。因此，我更愿意把这本现在已经记不起书名的教辅书当作读过的第一本科学书来看。

　　在一些文章中，经常读到什么什么人因为读到了"第一本"或第某本书而影响了其一生的发展道路。这里面确实有些道理。"文革"时，学了两种民族乐器，最后差一点还干了专业。我倒是确实与别人讲过，如果当时我能够买得起一把小提琴，或者说买得起当时想都不敢想的一架钢琴，再加上能遇到一位真正好的教师，也许我今天会成为一个不错的小提琴或钢琴演奏家呢。反正当时是很向往，却没有条件，如今作为一种没有实现的可能性来随便讲讲也没有什么关系。但我却确实又没有因一本书而影响一生的机会去实践，当然，这与在最容易出现这种情况的那个时期的特殊的条件，因为那时缺少理想的（甚至不那么理想的）科学（科普）书可读关系甚大。这可以算作是终生的遗憾吧。

（载于 2000 年 5 月 31 日《中华读书报》）

忘掉专业之后剩下的东西

对于读书人来说，在不同的时候、不同的心境下，出于不同的目的，即使是读同一本书，也会留下很不一样的印象。在大多数情况下，许多书读过之后，很快就会淡忘，即使在阅读时可能相当投入，并被其吸引。例如，一些翻译过来的商业化的畅销小说就是这样。我尤其喜欢译林出版社出版的那套"当代外国流行小说名篇丛书"，也肯自己掏腰包在书店有选择地买上其中的许多种。当夜深人静时，或者像在车站、机场、火车上、飞机上，拿出一本来读读，确实是一种不可替代的享受。但在享受过后，对于这类书中的绝大多数内容，很快也就忘记了。

阅读学术书或与专业工作相关的书，是另一种境界。出于工作目的的阅读，也会遇到出色的读物，但如果这种出色仅仅是专业上的，那么阅读的收获还总是带有某种功利的色彩。但很偶尔地，也许能够遇到不仅在专业上，而且在超出专业的意义上也非常有趣的读物，这时，就会给人在功利性的需求之外留下很深的印象。因此，我个人认为，最理想的阅读，是在工作收获外，能有一种非功利性的、更纯粹的精神享受。可惜，这样的时候实在是太少了。

由于时间的关系，自己日常阅读的绝大部分书籍还是因工作的需要。一年来，如果从专业阅读的角度，留下深刻印象的书籍可以举出不少例子。例如，在科学史方面，由上海复旦大学出版社出版的"剑桥科学史丛书"（共 11 种）就很突出，这套书中每一单本的篇幅都不很长，但就其反映国际上科学史研究的新观念和满足国内迫切的需要来说，有着特殊的意义。又如在典型的科普读物方面，湖南教育出版社"世界科普名著精选"中的《物理世界奇遇记》（2000 年版），唤起我多年前阅读此书的美好记忆。但当我回想一年来所阅读的、并给自己留下最深刻印象的书时，我宁愿排除出于专业目的阅读的、主要在专业方面留下深刻印象的作品，而是试图在记忆中发现超出专业的阅读印象。这很有些像我曾听过的关于"素质教育"中"素质"概念的一种定义，那种定义大致是说，所谓素质，就是在你忘掉学到的具体知识后剩下的东西。按照这种标准，我发现最能想到的，就是《垃圾之歌》（威廉·拉什杰著，中国社会科学出版社，1999 年版）这本书了。

在印象中，《垃圾之歌》是本由外国人写垃圾考古学的书，很好读，也很有趣。从所涉及的学科来看，被收入"另类丛书"也算是恰如其分。我阅读此书并不完全出于专业目的，虽然垃圾问题与我关注的环保问题关系密切，但印象中那本书谈的主要还不是环保，而更多的是对垃圾考古学这门学科的内容、发现等的介绍。此书给我留下了极其深刻的印象。究其原因，我想：首先，是因为内容的新鲜。面对垃圾这样一个人人熟知又很厌恶的对象，竟有人能研究出那么多有趣、当然也有意义的东西。其次，是因为它的有趣性并不只限于专业的意义，而是在增加了知识和见识的同时，又在有趣的阅读中给人以某种隐约的启发，这种启发既是学术性的，又超出了学术性。

正因为如此，我曾屡次向朋友们推荐此书。但让我有些失望的是，不知何故，至今我还没有听到有人以同样的热情与我谈这本书。

也许，我的阅读感受还是太个人化了。但我仍然以为，一本像《垃圾之歌》那样有趣且能给人以微妙启发的书，才是真正的好书。

（载于 2000 年 12 月 20 日《中国青年报》）

留在底片上的历史

　　历史，是形形色色的。一个人，有一个人的历史；一个国家，有一个国家的历史；一个机构，也有一个机构的历史。虽然就价值评判来说，人们可以根据不同的标准认定不同的历史重要性，但是对于中国，对于中国的科学发展，将作为科学在中国体制化的一个重要组成部分，也即中国科学院和中国工程院的历史记录下来，其价值与意义是不言自明的。但是，科学，又离不开人这个根本，科学是由科学家做出来的，类似地，不管是科学院还是工程院，院士当然可以说从人的方面是最有代表性的。但就像这样的历史，也如同我们身边许许多多其他重要且值得记录下来而又为人们所忽略的历史一样，正在迅速地消失。再过若干年，后人对于新中国这几十年的科技两院也许就只有不完整的模糊的认识了。这并不是危言耸听。例如，当一位位的中国科学元老离去前，我们的史学工作者做了多少像及时的访谈那种拯救史料的工作？其实，除了那种文字性的历史记录，人物的形象，也同样可以说是具有不可替代的历史价值的。否则，当后人只能从文字中抽象地了解我们今天的科学和科学家，而没有一种具象且传神的感性接触，那显然是一种历史的遗憾。

　　由高等教育出版社出版的《中国工程院院士》（1）（2）两册，可以说是为了减少这种遗憾而做的一种值得称道的努力。要证明这种说法并不困难。1995 年，浙江科技出版社曾出版了《院士风采——中国优秀科学家肖像墨迹集》一书，在那本书所选定的范围，即 1955—1980 年当选为院士（原称学部委员）的四百多人中，当时就只剩下 291 人健在。经一位摄影者的努力，总算是以摄影的手段记录了这些健在者的形象，但一百多位去世的空白已不可挽回。幸而，中国工程院直至 1994 年才成立，中国工程院院士的出现也自然相应地晚得多。从 1997 年摄影家侯艺兵先生开始启动记录工程院院士人物肖像的浩大工程，到这项工作完成时，在 1994—1996 年间当选的 332 位工程院院士中，又有 13 人去世，以致在《中国工程院院士》一书出版时，只能以其生前的照片和手迹来补缺，总算是达到了不甚完美的完整。也正是在这种背景下，该书的历史价值才更加凸显出来。

也许，有人愿意将此书作为一种人物肖像摄影艺术的画册来欣赏，那也自有其道理，因为这些摄影作品确实具有不俗的艺术价值。但也正因为如上的理由，笔者更愿意相信，尤其是将价值与时间的流逝联系起来考虑时，此书的历史意义是大于其艺术意义的。

如果说有些不足，这里想到两点，也想到了对之的辩护。其一，此书所录者只是每人一影一手迹，因而仍只能说是一非常初步、粗略的历史记录；反过来想到的辩护是，历史毕竟可以是多样的，而且，倘无此种努力，岂不是连这样的记录都不会存在？其二，该书定价实在太贵，非平常人等所能承受；辩护则是：干脆认为此书并非为我等所出，而主要是为留给后人，至于后人，恐怕就不会在乎这几个我等今天无力支出的小钱了吧。

（载于 2001 年第 2 期《中国大学教学》）

昆虫的魅力

　　20世纪以来，生命科学已经取得了长足的发展，特别是随着分子生物学的诞生，直到今天为人们津津乐道的基因工程，按照某种科学进步的当代标准，生命科学的研究越来越多地是在实验室里做出，越来越依赖于各种尖端的实验技术，理论也越来越精密、严谨，越来越符合向着精密科学靠拢的标准。但与此同时，许多个世纪以来形成的那种博物学研究传统，似乎却越来越为人们所忽视。当然，这并不是说博物学式的生命科学研究已经绝迹，但至少已不再是生命科学的主流。一个突出的例子，也许是麦克林托克。她尽管由于其博物学风格的研究方式而被长期排斥在主流群体之外，最终因其研究的结论与来自当代分子生命学范式的研究殊途同归，而幸运地在有生之年获得了诺贝尔奖，但是，像这样幸运的例子还是太少了。

　　在国内，主要是在科学文化界，也开始有人颇有见地地呼吁复兴博物学传统，但那声音似乎依然微弱。不过，一个有趣的现象是，一些博物学传统的重要著作，却经常是以另外一种面貌——以吸引范围更广的非科学专业读者的文学类或者休闲类读物的面貌出版。其中有代表性者，如由洛伦兹所著并在出版市场上颇为走红而且广受赞誉的《所罗门的指环》《雁语者》等。在这股出版热潮中，著名法国生物学家法布尔的《昆虫记》自然也不会为人们所遗漏。但是，在以前分别由多家出版社出版的法布尔的《昆虫记》，都是以选编的方式经大幅度剪裁后形成的节译本。那些节译本当然也有其像定价低廉之类的优势，并受到读者的欢迎。笔者本人，也曾有选择地掏腰包购买了其中的某个版本。但对于真正热爱法布尔其人其书的读者，由花城出版社极有魄力地推出的《昆虫记》十卷全译本的问世，无疑是一个令人兴奋的好消息。

法布尔的著作受读者欢迎，自然有其道理，这些道理本来也没有必要在这里详述。通常，从可以作为宠物的猫、狗，到只能远远欣赏的狮、虎，动物是招人喜爱的，但在其中，一般而言，昆虫却令大多数普通人有某种厌恶甚至恐惧的感觉，唯恐避之不及。在国内也曾召开过有几千学者参加的国际昆虫学大会，但是，昆虫虽然在我们身边继续萦绕、繁衍，对昆虫的研究在大多数人的心目中是非常陌生的，更不要说对昆虫的了解和热爱了。可是，读者只要翻开《昆虫记》读上几段，绝对会被优美的文字、生动的细节、有趣的描述和作者对自然的热爱吸引。它将昆虫的可爱栩栩如生地展现在人们面前。

也许是为了推销，这套《昆虫记》的全译本在封底专门引用中国的作家周作人和法国戏剧家罗斯丹的话作为广告语。这一方面说明该书在文学界的影响，但另一方面也存在某种问题。法布尔的影响力固然在很大程度上令《昆虫记》这部被誉为"昆虫的史诗"的巨著更为畅销，但这背后多少是因为他是一个昆虫学研究的专家。而对专家的科学著作的科学性的认定，却绝不是可以靠作家或者戏剧家的知名而有保证的。也许是昆虫学研究实在是太专业化的一个学科领域，在通常可见的那些简明科学史甚至于生命科学史著作中，法布尔的名字也很少出现。作为非专业的人士，笔者也不知道在今天昆虫学的专家们是否依然奉法布尔的《昆虫记》为经典，不知道在法布尔之后100多年来昆虫学的研究已经比法布尔的时代又有了多少惊人的新进展，法布尔在科学上的地位也许还需要留给昆虫学史的专家去评说，但对于普通读者，对于哪怕是身在科学界但又不是专门研究昆虫学的读者，也许无关紧要。我们从法布尔那里，学到了如何观察自然，学到了通过对昆虫这样的自然界的小小生灵的观察而获得的对自然界不可思议的美的鉴赏，学到了对自然和自然创造物的热爱，这也就足够了。

（2001 年）

伽莫夫的物理新世界

眼下，由于种种原因和机遇，各种各样科普书籍的出版已经成了时尚的追求。但如果仔细地阅读并品味一下，不难发现，真正能够引起人们兴趣并能带给人收益的作品实在不是很多。当然其他的领域也是一样，正是时间在这种鱼龙混杂的作品中进行淘汰与选择，使得为数不多的经典作品存留下来。如果读者只有有限的时间，阅读经典显然是一种最佳选择。就此而言，湖南教育出版社推出的《世界科普名著精选》对我们的读者，以及对中国科普出版的意义是不言而喻的。

既然是世界科普名著，而且还要加上以中文版问世这一限制，便使得这套丛书也自然而然地与不同时期中国科普出版发展史的特点密切相关。例如，在这套丛书的最初若干种中，相对较多的是来自苏联作者的作品，便不能不说是与我们在建国初期的政策相关，虽然在那些当时最先引进而且后来又被收入这套丛书中的苏联的科普作品里，确实有不少真正的堪称经典精品的佳作。但就个人兴趣而言，也许是由于对那段特殊历史时期缺少一种亲历的感情，对于这套丛书中后来出版的一些更新些的国外作品反而更喜欢一些。在这当中，尤其是伽莫夫的《物理世界奇遇记》一书，可说是特殊中的特殊，尽管这也许更多的是与个人的阅读经历有关系。

记得最初读到《物理世界奇遇记》这本书时，已经是在大学的物理系学习了，只不过因为还在低年级，对于该书之中涉及的物理知识还有些不清楚。当时阅读伽莫夫的这本书，以及他的另外一本《从一到无穷大》，所留下的印象至今依然非常深刻。尽管后来又读过许多优秀科普作品，但由于那段特殊的阅读经历，在个人的主观感觉中，一直认为伽莫夫的科普著作至今仍是我曾读过的最出色的科普读物。如果要对哪本新见的科普著作进行一番评价的话，自觉不自觉总会在心中暗暗地将其与伽莫夫的作品进行比较。

之所以会这样，当然与伽莫夫是一位著名俄裔美国物理学家的学识、修养和想象力有关。如果不谈他那些杰出的科学贡献，仅就科普著作而言，也足以作为一位兴趣广泛的天才而被人们记住。从物理学史的角度讲，他早年在哥本哈根学派中的种种不循常规的做派以及其中表现出来的幽默感，按照他后来在科普方面的表现，也就足以让人们理解了。具体说到《物理世界奇遇记》（原书名为《在平装本里的汤普金斯先生》）这本伽莫夫的代表作，像书中所构想的那个名为汤普金斯的普通职员及其通过聆听科学讲座和梦游物理奇境而初步了解了一些物理学的知识的经历，以及其他种种生动的故事情节和大胆而新奇的想象，在这里不说也罢，留给没有看过此书的读者去直接享受要更好得多。否则，倒有那种先把侦探小说的结果泄漏出来而极大地减少了读者阅读快感之罪。

另外还有一点值得提及的是，这部名著问世 30 年来，整个世界和物理学都发生了巨大的变化，使得原版中的部内容和部分观念显得有些陈旧，为此，在原作者已经去世的情况下，剑桥大学出版社特别邀请了英国著名科普作家斯坦纳德对这本书进行了全面的更新增订。斯坦纳德在保持原作风格和写法的前提下，除对该书原有各章的修订外，又添了 4 章全新的内容，概括了整个

20 世纪物理学和宇宙学的主要研究成果，并更名为《汤普金斯先生的新世界》（中译本名为《物理世界奇遇记》〔最新版〕）。尽管有人不觉得这种做法如何可取，但我以为，斯坦纳德的修订非常成功，而且这种对佳作继续负责的做法，将使伽莫夫的作品在新世纪赢得更多读者的喜爱。

（载于 2000 年 10 月 24 日《中国图书商报·书评周刊》）

游戏之中见环保

对于儿童来说，喜爱游戏是不可抑制的天性之一。关于儿童是否应该游戏，甚至是一个完全不需要讨论的问题。虽然目前种种问题使得儿童的游戏时间越来越少，以至于许多家长也不得不屈从于未来发展的压力转而尽量限制儿童的游戏时间，但即使在这样的情况下，儿童仍会寻找一切的可能来游戏，只不过因为成人对儿童游戏的忽视而使得儿童游戏更多地处于一种自生的境地而已。

其实，谈论儿童的游戏本是一个关于儿童教育的大问题。站在成人的立场，出于教育下一代的社会使命感，把那些事关人类未来发展前途的环境保护知识从小就教给下一代，也是一切具有社会责任感的家长和教育工作者无可推卸的责任。关键只是如何进行这样的教育，使之能为儿童所乐于接受。就此来说，在儿童的游戏中以适当形式加入环保观念，以潜移默化地渗入孩子们幼小的心灵中，应该是一种值得提倡的好方法。

由东方小读者书局制作，吉林美术出版社出版的生态环保游戏丛书《救救地球》(三册)，就正是这样一种努力的结果。在这套印制精美的丛书中，作者和出版者充分地考虑到了儿童以及儿童游戏的特点，将环保的问题巧妙地、有机地融入儿童喜爱的"找找看"游戏之中。在这可以锻炼儿童的观察力的游戏中，以此丛书中的第一册《现代世界》为例，作者就以运输工具、城市、我们的家、消费、工业、垃圾场、干净的水和人类作为主题，通过简单的文字提示，让游戏者在寻找目标的过程中，初步认识到降低运输系统过度膨胀、城市发展带来的种种弊病、合理的居住条件、适度消费的重要性、工业发展对于环境与生态的影响、实施垃圾分类和回收资源对于保护地球的意义以及节约水资源等生态环境保护中的重要内容，并以"环保小词典"和"大考验"问答的方式来进一步普及环保知识。像这样的书籍，如果说儿童能够乐于接受的话，家长们绝对是应该鼓励他们去阅读、去实践的。

游戏只是进行环保教育的可能方式之一，但也很可能是最宜于为儿童所接受的方式之一。既然如此，我们自然希望能有更多这类的优秀作品问世。

（载于 2000 年 9 月 13 日《中华读书报》）

科学的基因和技术的太阳

　　美国人戴森，确实是一位了不起、有见地的科学家。记得第一次读到他的非科学作品——科学专业以外的、但又与科学相关的更有文化意味且带有普及性的作品，还是在几十年前。那时，他的《宇宙波澜》一书刚有中译本，也一时成为大家争相阅读的对象。近些年来，戴森的这类著作陆续又有不少中译本问世，其中，有的难读些，有的通俗些，不过，《太阳、基因组与互联网》一书，倒确确实实是将科学讲给非科学家看的一本好书。

　　说一本书是好书，其实已经是对书的很高评价了，因为我们已经看过无数让人不得要领、满篇废话，或是不知所云，或是处处似曾相识而了无新意的破书。因此，这本由科学家独立思考，且娓娓道来，以特有的方式叙述的书，引起了人们的思考。也许，这只是一家之言，却是有特色的一家之言，也许，这些观点并不一定真能改变什么，却让那些试图思考改变的人多了一个参考点。为了说明这些特色，这里不妨试举几例。

　　其一，是作者戴森带着科学家朴素直觉的对科学哲学和科学史问题的思考。在其名为"科学革命"的第一部分中，观点鲜明地区分了科学哲学中两种流行的科学革命观。一种是以库恩为代表的将科学革命与科学概念的变化相联系的观点，另一种，则是以当代美国科学史家盖里森为代表的，更注重从技术方面，或者说从科学的工具变革、从实验的方面来看待科学革命的观点。戴森毫不掩饰他对后者的拥护，并明言与大多数理论物理学家相反，他在书中描述的科学，是盖里森式的科学，基于灵巧地使用工具而非哲学论证，"科学是高超技巧的实践，更接近锅炉制造而不是哲学"。仅此一点，便已经很有意义了，比如说，在我们国内的学术界，谈论库恩已经有许多许多年了，有谁认真地研究过在其之后更新派的像盖里森这样的观点呢。其实，像盖里林这样的学者的科学史工作在国外本是很有影响的。如果排除信息不畅和滞后这样的因素，像戴森这样的科学家的眼光是要胜过我们许多科学哲学研究者的。

其二，是作者视角的宽阔和独特。作为关心文化而且也有文化——这里讲文化当然不是在非文盲的意义上——的学者，戴森远远超出了他作为一位理论物理学家的专业界限，将视野拓展到整个当代科学的领域，并基于上述注重技术的科学革命观，颇有见地地选择了若干项他认为最有意义、对社会发展影响最大的科学进展进行深入讨论。于是，像以基因组研究和互联网为代表的生物技术的发展，便成为其论述的重点，认为今天最成功的技术产业与软件和生物技术相关。与此同时，他也敏锐地发现目前的生物技术研究，如果与空间观测研究相比较的话，虽然前者比后者在经费的占有上更有优势，但至少就其研究工具手段来说，却要落后于后者，因为大多数生物学家在传统上是购买工具，而不是制造工具，他们在使用着无论什么碰巧可用的工具就开始工作，制造工具不是他们文化的一部分。因此，戴森认为，医学界和生物学界完全可以从天文学家那里学到其他东西，如果他们能够发明一些戴森设想到的基本研究工具的话，他们就会有机会在对病毒和细胞的科学理解方面开始一次革命。

其三，是作者的社会责任感。在书中，同样是基于对技术进步的注重，作者专门将技术与社会公正作为其中一章的标题，详细地讨论了技术发展与社会、与伦理的紧密联系。在这里，作者的社会责任感鲜明地表现出来。他虽然注重技术，但绝不是唯技术论者，通过他的分析，读者可以看到，各种技术的发明和应用如何一方面为社会公正做出贡献，另一方面也为社会公正带来了损害，为社会带来了消极的影响。可以说，正是基于这种社会责任感，戴森认为有三个事实可以为社会的公正做出贡献，这就是在地球上平均分配的太阳能，使太阳能在任何方面都能被利用的遗传工程，以及可以向所有的地方，向每个村庄的人们提供必需的信息和技术互联网。由此我们可以看出，这正是在其书名中所要强调的逻辑线索。

当然，在作者谈论这一切的时候，并不枯燥，也并不艰深，甚至给人信手拈来皆是宝的感觉，将可联想到的许多科学和技术的进展和个人的评论夹在其中，在讲述观点的同时，也相当有效地进行了科学知识的普及。据介绍，戴森的这本著作是基于他为非科学家听众举办的一系列讲座创作的，那么，像这样的"科普"，才真正算得上是"高级"——不是指其知识水平和程度之高，而是指其质量之高——"科普"。

我们还可以想到的是，如上所述，戴森的这些有趣的观点和论述，应该为那些关心科学、技术和社会发展的人们所关注和了解，如果它们真的能受到人们的重视，特别是受到那些掌握权力能对社会发展施加更直接影响的人们（包括科学家和其中的带头者）的重视，并被认识思考、研究的话，显然是一件令人欣慰的事。但是，不知道在美国听戴森的讲座和阅读其作品的听众和读者中有多少，至少在中国，我想情况不会太令人乐观。不过，乐观一点地想，一些观点，一些方面，一些建议，一些预想，如果它们是有价值的话，写出来、印出来、出版出来，总比什么都没有要好一些吧。

（载于 2001 年 9 月 14 日《科技日报》）

ONLY YOU
——荐《中国新疆野生动物》

热爱野生动物需要理由吗？不需要吗？需要吗？当《中国新疆野生动物》这本图文并茂的书摆在人们面前时，不论其读者是否生活在新疆，甚至不论其读者是否曾到过新疆，都会被书中精美的动物图片吸引。因为对于每一个热爱自然的人来说，动物，特别是对于野生动物的热爱都是天然的，而不必受地域划分的限制，甚至，那些距我们很遥远的野生动物，还会因遥远的陌生而更增加几分神秘和因神秘而派生的可爱。

学者们也许会从科学的、哲学的、伦理的甚至审美的角度进行研究。学者们的研究自有学者们的意义，虽然对于普通人，哪怕是极其热爱自然、热爱动物的普通人来说，也许没有必要在学理上那么认真。但即使从直觉的体悟上，人们也不难认识到，自然界是纷繁而生机勃勃的，每种生物都依赖其他生物生活，同时又给世界带来生机。地球并不仅仅属于人类。但由于人类的过错，植被的破坏、水体的污染、环境的恶化、沙漠化和盐渍化不断扩大，使野生动物的生态环境受到严重威胁。更有甚者，有人还要残酷地将枪口指向毫无反抗能力的"人类的朋友"。《中国新疆野生动物》一书的编者在前言中如是说。当然，像这样的情况并不仅仅发生在新疆。可惜人类这种因犯杀戒而得到的"快乐"永远是短暂的，换来的只是无穷无尽的痛苦与长叹！

正是在这样的背景下，一切有利于野生动物保护读物的出版，都是一种值得称赞的努力，也都将为未来能有一个依然充满生机的世界增加几分可能性。具体到新疆，在这片约占我国总面积六分之一的地区，在这片曾经历了从浩瀚的大海到干旱的戈壁沙漠，曾经历了从热带亚热带到温带寒温带历史巨变的土地上的野生动物，更是经历了自然与人类带来的双重劫难。能够幸存下来，并能将其美丽的形象展现在这本图集上的野生动物们，已经是幸运者中的幸运者了。因此，当人们在这本图集中看到这些可爱的野生动物时，在人们心目中就不是一个惊叹号，一个句号，人们脑袋里是不是充满了问号……

阅读像《中国新疆野生动物》这样的图集本来也可以有完全不同的方式。有人会更多地出于对生灵和美丽的热爱而去欣赏，有人会从中学到更多的知识，有人会从此因热爱而投身于对野生动物的保护，也有人会更加对野生动物的未来充满忧虑。但无论是哪一种，都会带来积极的结果。也许，对许多人来说，还没有变得真正投身于对野生动物的保护，是因为还没有遇上那个给予他们转变的契机，当他们遇上这样一本书后他们的一生就会改变。

人们想要拥有一个美好的未来就要从现在做起，人们不从现在做起怎么能说想要拥有呢。虽然人们很有愧意地看着野生动物，可是人们还是对自己说想要拥有的。人们真的想要拥有吗？那人们就从现在做起吧！人们不是真的想拥有吗？难道人们真的想拥有吗？……

如果人类在对野生动物的态度上未能有根本性的转变，也许，若干年后，像这样一本野生动物图集中的绝大多数动物将不复存在，那时，这样一本图集就将变成灭绝动物的图录。那时，人类最多也只能对自己说："曾经有许多野生动物生活在这个世界上，但我们没有珍惜，等我们失去的时候我们才后悔莫及，人世间最痛苦的事莫过于此。如果上天能够给我们一个再来一次的机会，我们会对那些野生动物说四个字：我们错了。如果一定要在我们的话上加一个期限的话，我们希望是在 2001 年之前！"

（载于 2001 年 3 月 14 日《中华读书报》）

医学与科学的瓜葛

　　科学，这个概念现在恐怕实在是太深入人心了。这个概念也在各种不同层次的意义上被人们普遍地使用着。在社会上，很少有人会没有听说过医学这个词，因为它与我们每个人的生活关系实在是太密切了。但对于医学究竟是什么样一门学科，有深入思考的人可能就没有那么多了。比如说，当有人按照某种学科的分类，按照某种对于"科学"的严格而且狭义的理解，说医学不是科学，恐怕就会招来非常多的反对。有时，甚至在一些专家那里也是如此。例如，曾在韩国参加由"东亚科学、技术与医学史学会"主办的"第8届东亚科学、技术与医学史国际大会"时，我在会上与国内一位专门研究医史的学者谈到这个问题时，竟然也引起了对方极大的不理解：医学怎么会不是科学呢？

　　如果说技术不是科学，也许会有更多一些人愿意接受，但讲医学不是科学，接受起来确实有些难。其实，在前面小心地提出的"按照某种对'科学'的严格而且狭义的理解"限定之下，医学又确实可以不被认为是科学的，而且，可以随手举出一些例证来支持这种说法。仍以前面提出的国际大会为例，其主办学会的名称，以及会议的正式名称，就专门将科学、技术和医学这三者区分开。这种看起来甚至有些啰唆的名称，却是严格的。之前，那位以研究中国古代科学史和医学史而闻名的美国学者席文，在北京做的一次报告中，也专门谈过这一问题，并且明确地认为医学不是科学，而是（按照他的理解）一种"术"，一种"仁术"。当然，说医学不是科学是一回事，说医学到底是什么，又是另一回事，席文的观点作为其中一种说法，也还是可以再讨论的。

从相关历史学科的发展来说，似乎也可以证明这一点。几乎从一开始，在学术共同体的学术建制上，医学史的学会以及刊物也是独立于科学史而发展起来的，并且在随后，两者之间的独立性也一直在保持着。这也可以算是另一个证据吧。

在国内，与科学史相比，对医学史的研究，特别是对西方医学史的研究，一直要相对薄弱一些，相应地，医学史的著作也要少一些。只是在一些科学史的著作中，包括一些关于医学发展的内容。记得许多年前，商务印书馆曾出版过一本译自国外的医学史著作，却只是某套多卷医学史的第一卷，而且在那第一卷出版之后，其后各卷，就像相声里所说的那只靴子一样，直到今天也没有再扔下来。正因为如此，由吉林人民出版社出版的《剑桥医学史》这本权威而且可读的西方医学史著作，有着特殊的意义。也正因为如此，当我拿到这本书时，首先想到的，还是那个医学是否是科学的问题。匆匆看过一篇，觉得这本权威的医学史著作也同样再次证明了那种说法。

说医学不是科学，不等于说医学的发展与科学无关。自然，医学史也不会与科学史全无联系，而且这种联系还可以非常密切。不过，说两件事之间有联系，与说两件事就是一回事也是不一样的。在《剑桥医学史》中，也谈到过许多与医学发展相关的科学发展的内容，特别是像人本生理学和解剖学等方面的内容。甚至，这本书里还专门有一章的标题就是"医学科学"。除此之外，也还可以见到临床科学之类的用法。但如果仔细阅读的话，人们还是不难发现，该书作者同样是在加了限定之后，在广义而非狭义的科学的意义上使用科学一词的。看看该书的索引，也印证了这种看法。不过，有趣的是，我们看到，在索引和书中，"urology"一词被译成"泌尿科学"，其实，在像《英汉大词典》这样权威的工具书中，也是同样的译法，但难道能说这里讲的 urology 与 science 是同等意义上吗？这种甚至来自词典的译法，也许正反映了我们日常语言中对科学一词的广义使用，甚至也影响到了专业术语的翻译。

当然，从《剑桥医学史》一书的结构和内容上看，也与上述说法不相矛盾。其实，该书的内容与特色，已有许多人从不同的角度进行过评论了，这里也就不再多说了。

读书，不同的人可以有不同的读法，心得也不一样。像我这样的读法，恐怕不是读医学史的正路，但也可以算是读法之一吧。不过说回来，这只是一点较为突出的感想而已，其实，《剑桥医学史》中丰富精彩的内容，也充实了医学史的知识和从历史的角度加深了对医学的理解。

（载于 2001 年 4 月 26 日《中国图书商报·书评周刊》）

填补空白的辞书精品

　　无论是对于科学史、文学史、经济学史还是政治学史的研究者们来说，有关诺贝尔奖获奖者的各种信息都是非常重要的，甚至对于那些在日常工作或学习中涉及诺贝尔奖内容的非专业研究者，也同样经常会有查阅有关资料的需求。对于诺贝尔奖，虽然也还存在有一些争议，但是，总体来说，其权威性是无可置疑的。甚至许多争议、不服气等也无不与对这种权威性和人们对名望的渴求联系在一起，只不过是以相反的形式表现出来而已。但是，长久以来，有关诺贝尔奖的资料分散于各处，一旦有查找需要时，经常会耗用查找者大量的时间，虽然也有一些书籍，但大多或是不够完整、不够准确，或是只限于某一学科。由杨建邺主编的《20 世纪诺贝尔奖获奖者辞典》的出版，正好填补了当时这方面的空白。

　　《20 世纪诺贝尔奖获奖者辞典》一书有如下几个特点。其一，是其系统性和完整性。该书收录了该奖颁发 100 年来各个学科获奖者的资料，这既是国内首次对诺贝尔奖 100 年来颁奖史的系统整理，也是对经济学奖、和平奖和文学奖等获奖者的信息与科学各分科奖信息的收录。其二，是其学术性和准确性。与那些胡编乱凑的工具书不同，此书每个词条，每个人物，尽可能是依据有关的学术研究文献和其他已经积累的资料而编写的，这种严肃的编写方式保证了其准确性和可靠性。其三，是每个人物（获奖组织和机构除外）都配有照片，这是以往的类似工具书所不具备的优点。其四，是将获奖者的主要著作也附在词条后面，并将编写时参考的主要文献也开列在词条之后，为需要进一步研究的读者提供了查找有关资料的线索。其五，是在每个词条后面均有评述，将编写者的观点和评论简要地展示出来，虽然读者对这部分内容并不一定非同意不可，但至少为普通读者理解其内容提供了某种切入点和参考。其六，是在附录中，包括了诺贝尔年谱、诺贝尔的遗嘱、获奖者按国籍和年龄统计、各国大学获奖人数统计等，内容非常丰富，为研究者以及普通读者提供了极大的方便。另外，本书的索引也做得相当不错。

总之，像这样一部篇幅适中、内容严谨、资料系统而且颇具特色的关于诺贝尔奖获奖者的工具书的出版，实在是一件值得称赞的事。在多年来辞典编纂充斥着不负责任的剪刀加糨糊的风气中，能有这样优秀出色的出版，实为读者的幸事。

（载于 2001 年 6 月 27 日《中华读书报》）

生命在"最后两分钟"

　　莎士比亚曾有名言，生，还是死，这是个问题。其实，换一种角度，对于绝大多数现代人来说，在现代科学充分发达的今天，关于生与死的科学理解，依然也还是一个问题。面对自然界的生命以及生命过程"设计"超出常规想象的精致与协调，一些宗教的信仰者将其归于上帝创造的无所不能。尽管有了像人类基因组计划这样划时代的科学进展，在某种意义上讲我们现在已经破译了人类生命的蓝图，但在总体上，现代科学对于生命的认识也仍然在许多方面处于相当初步的阶段，随便翻开一部有关人类生理的著作，或随便翻开一部医书，总会在许多的地方发现承认像原因不明之类的坦率说法，以至于相当多的科学家，或者说，是那些真正在思考的科学家，而不是那些浅薄的、凭着现代对生命和人类些许的认识就洋洋自得的科学家，也经常会由衷地赞叹生命的神奇与不可思议，并在这种神奇和不可思议面前愈发地觉得自身的渺小，从而对于自然的造化尊敬有加。

　　尽管如此，但毕竟几千年来人们对人体和生命过程的认识还是始终处于不断的进展之中。对于普通公众，了解这些进展，了解人类目前已经掌握的对人体和生命过程的认识，也还是非常有意义的一件事，也一直是各类科普读物所关注的一个重要主题。在这方面，由辽宁教育出版社出版的《内在宇宙——从生到死的非凡旅程》，可以说就是一次成功的尝试。此书原系英国广播公司

BBC 制作的系列科学节目的配套读物《地球的故事》中的一种，在目前国内出版的各类有关人体生理的普及性读物中，这本引进版的图书给人的第一印象，就是插图的精美。该书以 150 幅人体的照片，特别是那些用特殊技巧摄制和制作的人体的微观照片，与正文有机地结合起来，将人类由生到死的历程，以及在这个历程中人生各个阶段令人难以置信的生命活动，极具美感地展示在读者面前。曾在北京轰轰烈烈地举办的"艺术与科学国际作品展览"中，就有艺术家或非艺术家将类似的人体微观摄影作为展品展出，甚至直接将经处理的人体肢体的血管系统标本作为艺术品来展出，当然，这一方面说明人体构造本身确实就像，或者说，就是艺术品。但另一方面，像这样的展品也只是艺术探索初级阶段的某种表现。但类似的插图放在《内在宇宙》这本书中，则显示出内容与形式上和谐的统一，而不是牵强地把科学图片和标本简单直接地作为艺术品，由此给读者留下了生命的历程之美的深刻印象。

除了图片的精美和引人，《内在宇宙》一书文字的叙述也生动可读并颇具感染力，并在正文生动的讲解外，将一些专业的知识甚至故事放在栏目里穿插其中。在叙述框架的设计上，作者可以说是独具匠心，虽然是以人从生到死的时间顺序展开叙述，但在对详略的选择上，却将更多的笔墨放在人生的开端和结局两头。这也正对应了人类对于生，或者说其源起和作为开端的诞生，以及对于谜一样的死亡这一人生旅程的终点格外关注的心理。与我们常见的知识性科普读物有所不同的是，《内在宇宙》在其对人体生理知识的讲解中，尽可能地渗入和贯穿了一种社会和文化的关注。以对于死亡那部分的讨论为例，比如说书中由于社会的变化而带来了人们接受"死亡教育"经历的变化以及这种变化对于人们观念的影响，比如关于变化中的死亡模式、死亡诊断标准的变迁，乃至颇有哲学意味的关于死亡是生命中的一部分的讨论等，与同类的科普著作相比就别具特色。而相对于死亡，在对正是人生华彩乐章的青春期的讨论，在观念和说法上，也与国内常见的标准"科普"叙述颇有差别。

　　阅读这样一本书，会使人们对于自己身体和生命的过程有一基本的初步了解。书中也在一些地方，非常坦率地承认在生命的过程和现象方面知识的限度甚至处于无知的程度，这在某种意义上也提示着我们，现在人类还远远没有达到洞悉生命所有奥秘的程度。此书中文版的序言讲道："法国科学家里夫把地球大约46亿年的历史压缩成一天：在这一天的前四分之一，地球上还是一片死寂；清晨6点时最低级的藻类出现在微有暖意的水中，而直到晚上8点软体动物才开始在海洋与湖沼中蠕动；恐龙于晚上11点半匆匆登场，十分钟后谢幕而去；哺乳动物则在最后20分钟出现并迅速地分化，而灵长类的祖先于晚上11点50分出台，它们的大脑在最后两分钟里扩大了三倍。"当我们以一种发展的眼光将视野放大到整个自然界的演化时，我们实在没有因人类自身智慧而盲目地骄傲自大的充分理由。

（载于 2001 年 7 月 19 日《中国图书商报·书评周刊》）

科普漫画与中国制造

北京少年儿童出版社的《漫画奥林匹克——文明史探险》是给孩子看的漫画书。以前，国产漫画孩子是几乎不看的。

拒斥国产漫画不是没有原因的。首先，不美；第二，不真。

不美就是丑，在孩子的第一印象里，丑的东西是毫无吸引力可言的。而国外的漫画恰恰是极尽修饰之能事，看着满纸吴带当风、达达主义的俊男靓女飘摇在故事情节之间时，看人物本身就是读故事了。

不真就是假。记得旧版初中英语课本中有一课讲蝙蝠为何在夜间出动。课文做了童话意义上的解释：蝙蝠在鸟类和哺乳类征战之际两边讨好，结果两边都要追杀它，它只好夜间活动。其实，孩子也很厌恶混进自己队伍里的投机分子，而很多国产漫画虽然借用了不少可爱的卡通形象，但语言和谋篇布局仍然打着想向孩子灌输知识的大人的思想烙印，即使初看上去与国外那些受孩子们欢迎的漫画有些形似，但在孩子们的火眼金睛的审视下，形似背后的差别却是异常鲜明的。

有了假和丑，再加上恶，国产漫画算是把阴暗面占全了。然而，"国货"恰恰不恶！不仅如此，简直是善莫大焉！打起"国货"的旗帜就是为了弘扬、为了继承、为了让孩子知道。没有日本漫画里的暴力，没有美国漫画里的战争，国产漫画是以纯净视野为己任的，然而，把这样的漫画摆在孩子面前，他们可能只会说两个字："幼稚"！如果一定要有原因的话，大概可以用一本争议颇多的 12 岁孩子原创作品的扉页上引用的罗大佑的歌词：别以为我们的孩子太小，他们什么都不懂，我听到无声的抗议，在他们悄悄的睡梦中。

所以当《漫画奥林匹克——文明史探险》摆在面前时，恐惧"中国制造"的习惯又发作了。何况文明史也不是谁都能改编的。如果想在 8 本一套，每本 30 页的篇幅里容纳 50 亿人的上下五千年，点的选取就是非常重要的。此外，对于漫画这种尚被认为是形式的调遣，也是成败的关键。

曾有一部卡通片叫作《玛亚历险记》，它通过虚拟主人公玛亚的游历，记录了人类发明创造的足迹。玛亚只有圆圆的大头和细骨伶仃的腿脚，长长的头发兼作手臂。她傻乎乎地在一个个故事中摇来晃去，随发明家们的喜怒哀乐而变化，甚至因为她不小心打翻了瓶子，橡胶才得以面世。她既是叙述者，又是"历史"中最调皮捣蛋的一个，受到很多孩子的喜爱。《文明史探险》也采用了这种方式，让两个孩子小文和小明在时空机器的帮助下，到各个人类文明诞生地去参与重大事件的发生，在一个个横断面上铺展历史的画卷。全书分成大河文明、地中海文明、中华文明、宗教世界、东方盛世、西方的崛起、技术的革命和资本的世界 8 个部分，每部分选取当时最有代表性的历史事件加以编辑，以时间为经，以人物为纬，在现代小孩儿和历史人物之间发生交流，很容易有代入感。

细节的真实是这套书最打动人的地方。

只从目录看来，孔子和老子、屈原、焚书坑儒、文艺复兴运动、鸦片战争、明治维新都是躲不了的篇目，和其他介绍文明史的书没有什么不同。但就是在介入的时间上独具匠心。引入孔子和老子是在二人见面之时，一举两得；引入司马迁则是在他将受宫刑之前，极具震撼力；见到康德的时候，他正从那条走了几十年的小路上迎面走来，由于专注思考而对孩子的问题充耳不闻；爱迪生也是因为专心做实验被列车长打聋了耳朵才引起孩子们的注意；伦琴发现 X 光的时候，两个孩子也在旁边悄悄地看。诸如此类，没有烦冗的叙述，直入最激烈的现场。最能体现这一点的要算"泰姬陵"了。这是陵寝文化的一部分，所以从中国的十三陵讲起，老师的提问激发了小文和小明探索"为帝王以外的人修建豪华坟墓"的好奇心，于是重返莫卧儿王朝，亲历了王妃泰姬·玛哈尔出游途中难产死去，国王悲痛欲绝，下令修建泰姬陵的过程。同时，用"小资料"卡片的形式，及时介绍了泰式陵寝的风格和成因。

像这样穿插在大事件、大人物中的"小资料"俯拾皆是。哥特式建筑、巴洛克风格、莫高窟壁画、《四库全书》、徽班进京以及人物贡献、历史背景、发明影响都用或长或短的文字随时插入情节之中，它们虽然与事件的发展没有直接甚至间接的关联，但随着孩子的问题展开，使这一段集中的历史显得既简洁又丰满。在涉及建筑、雕塑、绘画、衣食住行等方面时，还附有实物照片，虽然是浮光掠影，但也有管窥之功，所见的形象足以激发探究实物的愿望了。

作为国产漫画，也许娱乐性是放在最后一位的，而宏大叙事、深刻主题才是各家所长。在结合二者的道路上如果有什么路标的话，这套《文明史探险》可以是一个值得走下去的方向。

（载于 2001 年 9 月 28 日《科学时报》）

人生的高度

——读《树梢上的人生——一个女子的野外历险》

　　《树梢上的人生——一个女子的野外历险》，仅仅从书名上，人们就已经可以体会到其中的非常规特色。确实，在我们看到的国内目前出版了的形形色色的科普图书中，还没有哪一本书有这样的特色。说此书有特色，或者与众不同，只是因为它讲述的，是一个从事树冠研究的女性科学家既富有传奇色彩，又在传奇中显示出其平凡的故事；只是因为这个故事从一位女性科学家的口中讲出，把社会背景、个人生活和最新的科学前沿纠缠在一起，使读者既了解了某一类让普通人感到很陌生的科学家是如何生活和工作的，又有特定指向地了解了在这类科学家中也只作为极少数人的女性科学家是如何面对科学和性别身份，如何克服那些男性科学家甚至无须考虑的困难；只是因为它并没有那种板起面孔的女性主义学术性的晦涩，而是以在热爱并擅长博物学研究传统中和女性的叙事方式中才容易出现的那种细腻，将科学的故事、科学家的故事娓娓道来，使读者全无隔阂感。

　　热带雨林，亚热带雨林，无论是在澳大利亚，还是非洲或拉美，距离我们都太遥远了，而对雨林树冠研究，就更超出了常人的想象。然而，适应于科学更进一步分化、深入发展的需要，确实又有那么一批科学家献身于这种末梢的研究，《树梢上的人生》的作者就是其中的一位。其实，在她的叙述中，我们也许看不到什么让人惊心动魄的情节，只是看到在对自然热爱的驱动下，一位女性科学家平凡甚至琐细的日常工作，再加上那些实际上也并不让人过分吃惊的生活经历，如不如意的婚姻、社会传统的阻力等。书中主人公的科学工作虽然重要，但在波澜壮阔的科学发展史中，也许并不是那么格外的突出和耀眼，我甚至不知道这些工作和贡献是否会写入未来的科学史，但在书中，在那些科学经历和人生故事的背后，我们又实实在在地感受到在当代一个女性科学家的独特思考和感悟，体会到一个或许除因为其性别和在早期就从事树冠研究外，在其他方面或许并不特别超常的科学家是如何在常规的科学研究中进行工作的。自然，像所有的科学工作一样，这些工作也需要创造性和面对挑战。正是在这种表面上平凡的科学研究中，洛曼这位出色的女性科学家，凭着对自然的热爱、对科学的热爱和对生活的热爱，体现出了科学家的人生价值，提升了自己人生的高度。并非什么耸人听闻的传奇，而是这种让普通读者感到陌生的平凡，以及其中蕴含的深层寓意，才是这本女科学家自传真正吸引人的地方。

在此书的封底上，像时下常见的做法一样，印有四条著名人士赞扬此书的引文，或者干脆地讲，就是广告语。在这当中，我最不欣赏的是第三条："本书反映了洛曼不屈不挠向前迈进的精神，她开拓进取，认真生活……"。其实，平心而论，这一条讲的也是实话，只是觉得太直白了一些，以至于带上了一些"太正经"和"太正统"的味道而让人有些距离感。不过，四条广告语中的另外三条对此书的评价则恰到好处："本书带着强烈的感情将科学技术、环境保护和为人父母混为一体，令人不忍释卷"，"这是自然历史与个人冒险的美妙结合；不论是对森林林冠生物学还是对生活本身，梅格·洛曼都显示出了高超的驾驭技巧"，"洛曼描绘了一幅丛林冒险、林冠研究、为人妻女和母亲的奇妙画卷。她塑造了一个既有压力又有魅力的科学家形象。"确实如此，这些评价十分中肯，并无夸大不实之词。因此，我们对于此书，也许就无须再画蛇添足地补充更多的议论了。

（载于 2001 年 10 月 9 日《科学时报》）

难以绕过的经典

——丹皮尔的《科学史》及其他

在中国，在中国的科学史界，甚至范围更广一些，比如说在中国的科学技术哲学（自然辩证法）界，在关于科学史的出版物方面，丹皮尔的《科学史——及其与哲学和宗教的关系》一书的地位和影响恐怕是独一无二的。因此，在广西师范大学出版社重新出版的此书的介绍中，便有说"已成为当代学术研究绕不过去的科学史经典名著"的说法。确实，这种评价有些道理，不过，对此道理也还可以再做一点分析，或者，更准确地说，至少可以认为这本书在中国出版的科学史著作中到目前为止还是一部难以绕过的经典。

为什么要换一种说法，并加上了若干的限制，说此书是在中国出版的科学史著作中目前仍难以绕过的经典呢？实际上，丹皮尔的《科学史》一书最早是在 1929 年由剑桥大学出版社出版的第一版，后来，1949 年问世的第四次修订版本是最后的版本，在此前后，又曾多次印刷，至少在 60 年代和 70 年代还有重印本问世，但因作者在 1952 年去世，1949 年的最后一版再没有进一步的修订。因此，应该说，此书是一本很"古老"的科学通史著作了，从最后一版算起，距今也有六十多年。而科学史，在世界范围内，却是一个不断发展的学科，也像一般历史学一样，对于现实的阅读来说，人们更追求的是新近问世的，包括对历史的"当代"最新理解的著作。像丹皮尔的《科学史》这样一部"古老"的科学史著作，通常至多只是要了解几十年前有代表性的科学史作品，才会成为一种史料意义上的经典。事实也的确如此。若是武断地断言说此书目前在西方已不是流行的科学史通史著作，可能会有争议，但有这样一个旁证：当人们去网上查阅在某种程度上反映包括学术著作在内的流行趋势的像"亚马逊"或"巴诺"书店，就会发现，在亚马逊网上书店此书仅有一本被人用过的旧书待售，而巴诺书店虽然还有若干本旧版的存书，但也更多的是以一种面向收藏的价值取向在销售。

但是，当我们把目光转向中国时，会发现完全不同的情形。丹皮尔的《科学史》一书的第一版早在1946年就有了中译本，三十多年后，商务印书馆于70年代重新出版了根据其第四版翻译的新译本后，此书又不断被重印，并被收入"汉译名著"丛书，为国人了解科学史和研究科学史起到了重要的作用，也产生了巨大的影响。长时间以来，在许许多多涉及科学史的专著、论文乃至科普读物中，此书也一直是最常见的重要参考文献之一。这种情况之所以会出现，主要的原因，一是由于此书被引用得较早，二是由于国内对西方近期科学史著作的翻译引进的缺乏，三是由于国内科学史界研究积累的欠缺，没有可与之相竞争的原创科学通史著做出现。除了那些普及性的著作不谈，通常，在学术界，一般的规范是，首先有大量基础性的研究论文，在这些论文的基础上，人们才会编写出综合性的、通史性的著作。但由于我们长期忽视了对西方科学史研究成果的系统引用和学习，以及国内对世界科学史研究的缺乏，在国内的科学史、科学哲学及其他一些相关的领域中，甚至经常出现一种奇怪的反常现象，即在研究性的论文中，像丹皮尔这样一本在几十年前出版的通史性科学史著作，竟然经常成为重要且常见的参考文献。

当然，公平地讲，丹皮尔这部著作确实是一部扎实的、有分量的科学通史，反映了在 20 世纪上半叶科学史研究的重要成果，代表了当时的国际水准，可以说它是一本难得的经典科学通史著作。作者在书中简要地概述了从原始社会到 20 世纪初科学发展的重要内容，并讨论了科学的发展与宗教，特别是与哲学的关系。在今天，我们阅读此书，也仍然会有许多的收获。但问题是，此书由于出版较早，对 20 世纪初以来科学的发展没有涉及，而且，也没有反映出半个多世纪以来国际上在科学史研究领域中取得的新成果和新观念，所以无论就以学习还是研究为目的的科学史的阅读和参考来说，此书并不一定是最理想的读本。但也正是由于前面所讲的原因和理由，我们一时又确实还不具备马上绕过此部科学史经典著作的条件。例如，甚至目前在上海交通大学科学史系科学史专业的博士生和硕士生的招生考试中，以及在清华大学科学技术哲学专业博士生的招生考试中，此书仍然被列为主要参考书，想来其他院校相关专业、相关学科的考试也会有类似的要求。而且，目前非专业读者学习科学史的需求也正在逐渐增加之中。因此，由于这种绕不过去的需要，广西师范大学出版社以更为现代的形式在其"世界名著译丛"中重新包装出版了这本科学通史的经典旧作，确实是一种很有出版眼光的做法。

在理想与现实之间经常会有矛盾。科学史著作的写作和出版也是一样。对此，丹皮尔的《科学史》一书在中国的特殊意义恰恰是一个例证。当然，在科学史的领域，要想改变现实，让现实更趋于理想化，那就只能是有待中国科学史家们的努力了。我们希望我们能早日绕过丹皮尔的这部科学史经典。

（载于 2002 年 1 月 10 日《中国图书商报·书评周刊》）

神话的学派与学派的神话

——读《一代神话——哥本哈根学派》

武汉出版社继续发扬曾出版过像"科学名著文库"这样的严肃科学性丛书的传统，推出了"世界著名科学学派丛书"，其创意，显然是想将主要源于科学社会学的对科学学派的研究系统化、规模化、学术化，同时，若猜想出版者的潜在用心，也许还可以加上普及化这一条。

不过，该丛书首批推出的五本书中，由中山大学物理学教授关洪先生撰写的《一代神话——哥本哈根学派》一书，与其他四本大有不同。在该书"什么是哥本哈根学派"部分，作者就先对"哥本哈根学派"这样一种在科学界和哲学界司空见惯的说法进行了质疑性的分析，并认为除满足存在一位学派的重要代表人物，和其研究集体拥有足够的财政和物质支持以保证其稳定性这两条判据外，以丹麦物理学家、量子论的奠基者玻尔为首的那个"集体"只不过是一种松散的组织，一种自由的结合，并不满足有关学派存在的其他几项重要条件。基于这个前提，作者与其说是在书中系统地阐述"哥本哈根学派"的历史发展，倒不如说是以自己独特的观点和视角深入分析了量子物理学中"哥本哈根解释"的意义与问题。正如作者所说："通常讲的'哥本哈根学派'，实际指的是以玻尔的观点为代表的对量子力学概念体系的一种看法、观点或者解释，也就是经常讲的'哥本哈根解释'或者量子力学的'正统解释'。"这样一来，这本仍以学派作为副标题的著作，自然而然地就成了某种带有强烈个人色彩的关于量子力学的物理与哲学的普及性著作。

说起量子力学的普及性著作，到目前为止，各种不同层次的著作已经出版了不少。就相对系统全面地介绍量子力学的普及著作来说，国内原创的大多过分普及甚至简化到不那么严谨的程度，而像引进的《命运之神应置何方——透析量子力学》（"支点丛书"之一），至少在我来看，仍然写得并不理想。反倒是少量不求系统、并非专门介绍量子力学的通俗性科学图书，如伽莫夫的《物理世界奇遇记》，其中经常可见闪光点。在写作量子力学的普及性著作甚至哲学研究著作时，人们经常引用美国物理学家费曼的那句名言，"我想我可以放心地说，没有谁理解量子力学"。这句话道出了量子力学面临的困境：一方面在物理学家那里普遍地作为基础理论被使用，另一方面在阐述其深层含义（这也正应当是科普所注重而且必须注重的地方）时不同理解和解释层出不穷。如果套用"互补性"的表述方式，我们甚至可能会怀疑，究竟量子力学能不能真正准确地以大众能够接受方式表达出来？如果我们采用日常的语言、概念，那么代价一定是物理准确性的丧失，反之则又无法让常人哪怕是表面上觉得明白了一点量子力学的人。而且，就算可能通俗地表达，由于物理学家阵营内部对量子力学的深层物理含义与哲学内涵理解上的诸多分歧，到底如何选择呢？普及，还是不普及；准确，还是不准确；看来还都是问题。

但正像活着还是死亡虽然是个问题，但人们依然在问题中努力活着一样，对量子力学的普及性阐述仍然以各种方式努力存在着。《一代神话》可视为其中之一。读者可以感觉到，作者试图在这两者之间找到一种平衡，试图以通俗易懂的方式表达的同时，尽量保持物理的准确性，并反映不同的观点和说法。

在这种意义上，《一代神话》作者在书中鲜明的个人特色，倒在同类的著作中独树一帜。该书在通俗的形式和不那么通俗的叙述中，结合了历史、哲学和物理学方面的知识，对物理学阵营中"正统"的说法提出了种种质疑。有时候，显得颇为不同凡响，甚至有些激进。稍知内情者，亦不难从字里行间中读出作者的言外之意和矛头所指：如认为哥本哈根解释于物理学研究的影响已降到可有可无程度的说法，如对玻尔的互补原理价值的怀疑，如在讨论玻尔与爱因斯坦论战时各自对存在问题的新解说，如基于"非正统"解释而提出的对"正统"解释的挑战，如对玻尔这样的超级物理学家的观点和做法的个人评价，等。当然，作为多元的声音中的一种，这要比那些四平八稳、人云亦云的著作更为有趣。

这种不随大流、勇于质疑的写作态度，在《一代神话》的书名中就明显地表现了出来。解构神话，现在似乎已是一种学术的时尚。无独有偶，一本介绍爱因斯坦为什么如此著名并讨论媒体对此的作用的译作，中译本的书名也起为《一个时代的神话》（尽管那并非该书原名而是来自出版者的理解）。自然，将以往被视为理所当然或无可置疑的东西作为神话来解构，在学术上经常是有积极意义的，也往往会带给人以新思路、新视角和新启发，或者用时髦的词语来说，也即学术上的创新。对此，我们本应持赞同的态度。

不过，反过来想，这本《一代神话》虽然致力于此，但它基本上还在内在的历史、哲学、物理学的框架内进行分析和讨论。而早在几十年前，就有了像福尔曼（P.Forman）那样的将社会文化背景与量子力学发展相联系的外部史研究。如果着眼于这种外部史的立场，或者用"建构主义"或者说"社会建构"之类的分析方法来看，这种用纯内部方法解构"正统解释"并尝试确立的新说法，会不会也是需要等待人们去解构的另一种"神话"呢？

（载于 2002 年 7 月 24 日《中华读书报》）

都是布鲁尔惹的祸

随着"知识与社会译丛"的陆续出版，在西方科学哲学、科学社会学与科学史界影响颇大的"科学知识社会学"（SSK）以及相关的科学的"社会建构论"学说终于系统地在中国登陆了。

回顾这一研究领域在中国的发展，几乎每次重要的转折，都与某些西方学说的系统引进密切相关。例如，"文革"之后，当以库恩为代表的历史主义学派科学哲学著作被翻译引进之后，甚至到今天，其科学革命的理论和范式学说等在国内有关领域仍然占据重要地位。不过，与之相比，虽然科学知识社会学在国外至少从 20 世纪 70 年代起就已开始形成系统的理论，并在此之后产生了越来越大的影响，但在中国，对它的了解、介绍和研究长期以来只有零星的工作。令人欣慰的是，近几年，这种局面开始逐渐发生了一些变化，开始有像赵万里博士《科学的社会建构——科学知识社会学的理论与实践》这样的研究著做出版，在一些高校的研究生中，涉及科学知识社会学或社会建构论的毕业论文也开始多了起来。而精选了科学知识社会学中的代表作的"知识与社会译丛"的出版，则使这种引进与研究的工作更加系统化、规模化。可以想见，若干年后，我们的科学哲学、科学社会学与科学史界必将会极大地受到这套丛书的影响。

在一篇短文中，要全面地谈论科学知识社会学这样一个内容丰富而复杂的学科显然是不可能的，甚至仅仅提纲絜领地讨论

"知识与社会译丛"中已经正式推出的五种著作（尚有几种将要出版），也不大可能。因为曾在笔者指导的两位科学哲学专业的研究生的毕业论文中，也将英国学者布鲁尔的《知识和社会意象》这本早在1976年就已初版问世的经典著作作为核心的研究对象。所以，这里不妨先将视线集中于此，但即使如此，恐怕也只能极有选择地就其与"强纲领"相关的社会建构问题做些最简单的议论而已。

说到布鲁尔的"强纲领"，其实只是支撑其SSK学说的四条"信念"而已，它们分别是：1.应当从因果关系角度涉及那些导致信念和知识状态的条件（因果性）；2.应当客观公正地对待真理和谬误、合理性和不合理性、成功和失败（无偏见性）；3.应当用同一些原因类型既说明真实的信念，也说明虚假的信念（对称性）；4.应当可以把一种学说的各种说明模式运用于它自身（自反性）。虽然抽象地看上去，这四条信念并不复杂，不过如果暂时抛开为保证其学说本身免受质疑但又相对复杂和引起诸多争议的"自反性"，其他三条"强纲领"恰恰构成了科学研究的"社会建构论"的核心主张。

布鲁尔的《知识和社会意象》一书的开篇第一句话，就以问句的形式点明了其宏大的目标，"科学知识社会学能够研究和说明科学知识特有的内容和本性吗"。显然，布鲁尔相信他的理论能够做到这一点，否则他也就不会如此长篇大论喋喋不休地反复论证了。只是与以往其他学说有所不同，他跳出了传统观念对人们思维产生的限制，将一种原则贯彻到底。以往，许多人并不否认科学知识的产生会受社会因素的影响，但习惯性地假定了某种与社会无关的纯"自然原因"带来的科学的"真理"，而只有出现了与这种科学的"真理"的偏离或"谬误"，出现了认识"真理"的失败，才需要去关注认识中的社会因素。布鲁尔则提出，其实，所有的知识都包含社会维度，而且这种社会维度是永远无法消除或者超越的。这种观点的一个直接后果，就是令科学知识失去了"神圣"地位。他的著作，实际上也正是要为这种看上去颇为激进而且大胆的提法提供论证。这些年源于 SSK 的社会建构论在西方学界流行并成为主流倾向，表明了布鲁尔的论证和在其后的发展中其他人的论证确实是相当有让人信服的力量的。

当然，对于布鲁尔等人的论证，人们自然可以有所争议，即使现在在西方学界对之也依然有争议存在，但争议不等于意气用事。一段时间以来，在国内一些与科学和人文相关的争论中，一些自以为是科学代表和捍卫者的人因"无知者无畏"从根本上贬低人文研究的价值，听到社会建构这样的词便暴跳如雷，以为那便是伪科学甚至反科学，殊不知他们自身的观念、信仰以及举止也无法逃脱其社会的建构，恰恰也正好成为社会建构论可以用来说明其意义的典型案例。布鲁尔的《知识和社会意象》就像库恩的《科学革命的结构》一样，因为是创始性的，如果不经他人的再解说（而且这些解说又经常会带来一些误读），文本并不通俗易懂，要理解其真义，是需要下功夫研读的。而且，这种人文学说的学习其实并不比对科学知识的学习更为简单容易，有时反而更为困难，但这种研读是有着重要意义的，因为它使我们可以对过去习以为常的包括科学观在内的许多观念进行重新思考。无论是科学，人文，还是对科学的人文研究，如果我们只是囿于习见的观念而没有反思与创新，那还要研究干什么？

（载于 2002 年 8 月 1 日《中国图书商报·书评周刊》）

"建构"科学新形象

  大约在20世纪80年代，国内曾相对密集地引进翻译了一批以默顿学派为代表的国外科学社会学名著，也随之出现了一批研究之作。至今，在国内学界对科学社会学的理解中，这些著作的观点仍然占据主导地位。值得注意的是，这类经典科学社会学的观念除了为众多科学哲学、科学史及科学社会学领域的研究者所接受外，也为大多数，或者说绝大多数科学家所乐于接受。

  由于种种原因，在此之后，国内对科学社会学的研究和对西方有关学说、思潮的引进一度陷入了低谷。期间科学知识社会学，或者说关于科学的"社会建构论"学说，一直没有引起国内学术界的足够注意，形成了一片明显的空白区域。大约到20世纪90年代末，这种局面才稍有改变。在这种改变中，由赵万里博士撰写的专著《科学的社会建构——科学知识社会学的理论与实践》一书，既是国内第一本对"社会建构论"进行系统研究的重要专著，也可以说是20世纪90年代国内社会学这一领域出版的最重要的有关科学社会学（在包容了科学知识社会学的宽泛意义上）的研究著作。

  尽管科学的"社会建构论"如今已经成为国外学界的主流观点，在西方的影响也已经超出了纯社会学的研究领域，进而影响到科学哲学、科学史、技术哲学、技术史等诸多学科，成为目前这些领域中最引人注目的世界性学术实践之一，但它在科学主义背景鲜明的科学家阵营中，显然不是那么容易被接受，甚至会遇到有力的反抗。因为在那些"社会建构论"的理论发明者和据此理论进行实践研究的学者工作中，"社会"的"建构"这种隐喻被引入并成为核心观念，他们不像过去的科学社会学家那样，只将社会的因素及其影响限制在科学的体制等方面，而是将社会的维度扩展到原来被认为具有客观性和真理性的科学知识本身，认为科学知识的建构也是一种社会过程，认为科学知识是负载着"利益"、"文化"、"实践"或"语境"的社会、历史过程的建构产物，认为科学家并非中立地"发现"了科学知识，而是在各种复杂的背景中"建构"，也就是说"制造"了科学知识。显然，这与科学家和许多传统学者对科学所持有的那种朴素、传统、直觉的看法大相径庭。正如该书作者总结的，"建构主义科学知识社会学给人印象最为深刻的地方，或许是它为我们提供了一个大不同于传统的科学形象"。这不免带给人一种颠覆的感觉，一种与直觉相悖的感觉。无怪乎它会引起如此多的争论和反感，甚至有时竟把它归入反科学的行列。

但是，问题并非如此简单。其实就科学本身来说，它的理论知识也经常是与常人的直觉相悖的。对此，科学家们并不感到那么不自在，反而成为科学艰深的象征，并对那些试图以基于常识来理解科学的公众要不厌其烦地进行普及与教诲。那么，为什么当对科学的社会学理解在初看上去与科学家们的直觉相反的时候，就一定是在科学社会学家那边出了问题呢？其实，那些倡导科学的社会建构论的学者们也并非全部没有科学训练背景，也并非全然不讲道理，否则，科学社会学家的工作恐怕早就不属于严肃的学术研究了。正像科学的研究工作充满了创新一样，科学知识社会学的研究者们的理论与实践也同样在社会学、哲学和历史的意义上充满了难能可贵的创新。只不过这一次创新的结果，使那些习惯于过去朴素地按照常识来看待科学的人们感到了某种恐慌，因为它基于理论分析和对于真实的科学实践的具体研究，对过去科学知识的那种绝对的客观性和合理性的信念提出了挑战。

针对这种让我们许多人不解甚至反感但却又在国外成为主流的"社会建构论"学说，赵万里博士在国内首次系统地进行了梳理和研究，除对其研究纲领理论分析外，还将其大量具体的成果分为"科学争论研究"、"实验室研究"和"文本和话语分析"这三大类，并择其重要者逐一进行了介绍与分析。在国内外对科学的人文研究领域成果表现上的差异中，这部著作也许不像许多国外的科学知识社会学名著那样，既非在理论上是开创性的，也非在选题上是具体案例，但在其研究态度与方式上，如行文方式和引文数量与方式等方面，却是非常之标准地与国际相接轨，并在国内同类著作中所少见的。按照该书后记中的说法，《科学的社会建构》一书是在赵万里的博士论文基础上修改写成的，想来，就算有修改，也不会太多。因此我们甚至可以这样联想，如果国内学界的博士论文都能够做到这个份上，那我们离国际接轨可能也就为时不远了。更为重要的是，它尽管是一种对国外有关成果的初步引进、介绍与研究的通论性专题著作，但这种方式却正满足了国内学界的迫切需要。

说到学界，当然是既包括人文学界也包括科学界。其实像科学的"社会建构论"这样的学说在国内的科学哲学、科学史和科学社会学等相关领域的学者中也未必就能马上被普遍接受，在科学家们当中会遇到阻力和反对自然就更不会让人感到意外了。不过，如果某些科学家还不至于认为人文研究的特点就是胡说，而且乐于对自己的职业进行一点深入的反思的话，认真地读一读和想一想建构主义科学知识社会学，至少可以是一种有趣的挑战。

（载于 2002 年 8 月 1 日《中国图书商报·书评周刊》）

从哲学家写法拉第开始联想

在国际上科学史研究的领域中，由于近代科学诞生的特殊重要性，与之相关的若干重要科学家，例如像法拉第、牛顿、伽利略等等，一直是科学史家们长久以来反复研究的对象，有关的传记和研究专著层出不穷。相比之下，国内对此方面的科学史研究，甚至于对国外已有研究的引进、介绍与再研究，相比之下有着相当大的差距。以法拉第这位在近代电磁学领域中的开拓者为例，国内就一直没有关于他的真正有分量的传记出版。在这种情况下，近来由商务印书馆出版的美国科学哲学家阿加西所著的《法拉第传》一书的中译本，就显得意义重大，为我们了解法拉第提供了重要的中文文献。

但是，当我们在评价这种重要意义，并在未来的研究中利用这本著作时，有些背景和问题却是需要注意和考虑的。

首先，这是一本由科学哲学家所撰写的典型的"科学家传记"。在这里之所以给科学家传记加上引号，是因为它实际上与由科学史家们通常会撰写的那类更为标准的科学家传记是很有些不同的。其实，此书的原书名也并非"法拉第传"，而是《作为自然哲学家的法拉第》，其内容，则更明确地表明了它作为科学哲学中以人物为案例来进行研究的特征。它所关注的，主要是以法拉第作为例子来阐明作者要说明的哲学观点，这种立场决定了它不是一种标准、全面的传记，因此，此书作者也在其序言中承认，只是"为了补偿"该书"缺少连贯性并且在这些研究中摘录出法拉第的传记"的缘故，他才专门增加了一章作为全书之提要的"简要的传记"。

其次，与作者的身份相关的，是其研究的出发点、方法与立场。在科学编史学领域中，阿加西是有些名气的，这主要是因为他在 60 年代初出版的《论科学编史学》一书。作为波普科学哲学学说的追随者，他的主要目标是要表明证伪主义的方法论准确地表征了科学进步的方式。因而，阿加西从波普学派的观点出发，批判了当时为绝大多数科学史家所采纳的归纳主义和约定论的编史学假定。他对于归纳主义编史学把科学史按现代科学的标准写成"黑白分明"历史这种做法的批判与科学史界对反辉格式历史解释的接受形成了某种呼应，但与他此书的标题所暗示的相反，他在此书和随后的一些工作中，主要的目的实际上是大量地利用历史事例来对波普的科学哲学观点进行更深入的说明。也就是说，阿加西的基本取向仍是哲学的，而不是历史的。同样地，在 70 年代出版的他的这本《作为自然哲学家的法拉第》一书中，他也明确地在序言中表示，"宁可这样说，我是故意运用我对于法拉第的研究来阐明一种哲学思想，而且我希望你们发现这种哲学思想是耐人寻味的。""在我的写作中我试图遵循的主要准则是，一个枯燥真相，还不如一个也许会被读到并被纠正的有趣的错误。"他甚至让读者把他的著作"当作一部新式的历史小说来读，它类似于今天的半纪实性的影片"。

因此，在该书于国外出版后，曾引发了一场在科学哲学家和科学史家之间的有趣争论。当时，对于这样一本典型的"为阐述一种哲学而写作的历史"，美国对法拉第有深入研究的科学史家威廉斯（L. P. Williams）写了一篇在科学编史学领域中非常著名的而且经常为人引用的书评，其标题竟是"应该允许哲学家撰写历史吗?"在该书评里,威廉斯详细指出了阿加西在引证史实方面的诸多严重错误,认为它充其量只是"历史小说"而已。他评论说:"哲学家们倾向于对观念、观念的逻辑联系及其逻辑推论感兴趣;而这些观念从何而来,它们是怎样地发展,以及怎样为一些自称是受了其影响人所解释,对这些问题哲学家们似乎就不感兴趣了。因此,在分析一个体系时,他们是最出色的;但正如我们所见,当试图要说明一个体系的演化时,他们就差劲多了……他们倾向于回答问题——即我处在某某人的位置上会怎样去做,而这是一种完全不同的工作。"他认为,与像阿加西这样的科学哲学家不同的是,历史学家必须整体地考虑有关法拉第的事实,而不能随意地挑选适合其论点的那些事实,不论这些论点可能会是多么的有独创性和迷人。因而,威廉斯对他在书评标题中提出的科学哲学家是否应被允许撰写历史的问题毫不含糊地给出了否定的答案。

其实,威廉斯的结论虽然并非全无道理,也还是有些过于强硬了。在各类相关的学术研究中,不同的研究方式与风格本来都有其自身存在的价值。关键只是在于,他的评论提醒我们,当我们要把一部传记作为严格的历史来阅读或引用时,我们必须注意到它是否是历史学家们认可的标准之作。在过去几十年中,商务印书馆曾在翻译引进西方名著方面做出过巨大的贡献,其"汉译世界学术名著丛书"的各个系列,也曾掏去了本人和许多朋友们腰包中不少的钞票,并在同时使人获益匪浅。不过,就科学家传记的翻译引进来说,商务印书馆在选题的选择上,却大有可商议之处,因为并没有最先把我们目前最为迫切需要而且在国外科史界最为经典的科学家传记首先译介过来。以这本并非标准传记的《法拉第传》为例,虽然它也是一部重要而且有特色的法拉第研究专著,但在目前国内还没有一本真正标准的出自历史学家之手的法拉第传记出版的情况下,显然它并非是最先引进出版的最佳选择。

如前所述，这本《法拉第传》的特殊性决定了它不是为一般读者所准备的，在内容上，它其实是相当专深具体的，引用了大量原始的材料（尽管其引用方式不为科学史家所认可）。它本是为有关专家所准备的。但奇怪的是，此书中译本中，却将所有的参考文献一律删去，而且未加任何说明。这一方面使得该译本在形式上就很有问题：在书中的许多脚注中，以及在书中行文里经常出现的那种也被人们戏称为"剖腹注"的注释中引证的文献，却最终不知位于何处。除了这种在形式上的问题，更为重要的是，在这样一本本是为专业人士才写作的著作中，如果没有了参考文献，它对专业研究的价值又岂能不大打折扣？

尽管有上述许多负面的评论，但我们又不能不面对现实。与以前只能读到的那些通俗但缺乏学术含量的中文法拉第传记相比，毕竟这本"传记"还是一本严肃的学术专著，毕竟它还是包含了诸多重要的材料与信息，可以在一定程度上弥补有关法拉第这位重要科学家的中文文献的严重欠缺。这也就像对于饥饿者来说，尽管现实中可找到的不一定总是最美味、最有营养的食品，但有吃的总比没吃的强。只是，在吃的时候，不要因为饿急了就饥不择食地一口囫囵吞下，还是小心一点，慢点咀嚼，别硌着牙，也别让自己食而不化地消化不良。

（载于 2002 年 8 月 9 日《科学时报》）

科普，应该成为流行文化

　　近来，看到作为科学技术部的"十五"科普资助项目，由上海科学技术出版社出版的"看世界"丛书。在该丛书中已正式出版了的前三种作品中，尤其是《全球大脑》一书，其与众不同的写作风格，让人联想到科普作品与流行文化的关系问题。因为以"网络时代的信息河流"为副标题的《全球大脑》一书的作者，恰恰正是努力用与以往常见的科普作品有所不同的语言来讲解知识和讲述故事。实际上，现在的图书市场上关于网络技术、信息技术的各种读物已经不少了，但是像《全球大脑》这本书这样，以科普的形式，能用一种真正具有网络风格的另类语言，用一种带有武侠小说式的叙事风格，以一种散发着新新人类感觉的调侃，将网络、信息技术的发展和知识，将相关的奇闻轶事、网络时尚、价值伦理乃至实际操作娓娓道来，却几乎是国内同类书籍中独一无二的。而且，书中那些与正文若即若离但却耐人寻味的插图，也给该书的阅读带来了一种飘的感觉，让人联想起那些图文精美，在市面上流行了已有一段时间，而且拥有众多读者的休闲型的、在人文社会科学领域中的知识性读物。也许，像《全球大脑》这样的作品，正是为新时期的"飘一代"所准备的新型的、具有某种流行文化特征的科普读物吧。

　　科普，系科学普及，或者按照有中国特色的理解，系对科学技术的普及。既然是一种普及的工作，而且为了达到普及的目的，那么，在工作方式和风格上，或者比如说，在科普作品的形式和风格上，自然应具备某种流行的特色。否则，连流行都做不到，怎么能叫普及呢？但在现实中，我国的科普作品虽然挂着普及的招牌，在大多数情况下，却实在难以称得上有流行特征。这显然是一种悖论。

流行文化，这个词虽然也被人们经常挂在嘴边，深究起来，却也含义不那么清楚。比如说，文化，其定义之多就让人目不暇接。但在不那么严格的定义下，或者说，在人们日常使用这一概念的语境下，它倒也还是可以让人们联想到许多的事物的。比如，在"文革"期间的样板戏（尽管它变得流行的原因另可分析），或20年前邓丽君的通俗歌曲在大陆的传播，或近年来由"星爷"带动起来的大话文化，或是一度火遍网络上下的《东北人都是活雷锋》及捎带推销的酸菜，或是近来受读书人青睐的几米，如此等等，这些大约可算是流行文化，或至少是流行文化的具体体现吧。

既然存在流行文化，既然科普在理想的状态下应该具有流行的特征，那么，这两者之间显然存在某种无可否认的关联。只是，由于种种原因，我们经常出于某些价值判断而否认其关系而已。一种常见的偏见就是对于流行文化的轻视和不屑，不愿与之为伍，认为科普著作应该严格，应该保证科学性的准确，而那些具有大众文化和流行文化特色的东西，则与严肃的科学不相干，甚至会降低科普作品的文化品位。那么，科普与流行文化两者就真的那么水火不相容吗？

当然不是。科普作品，与严格的科学研究著作之间的主要差别在于，前者的受众主要是科学界之外的公众，而后者则是科学共同体中的专家。对于专家，当然不必更多地考虑通俗、普及和喜闻乐见的形式的问题，但当面向公众时，这些问题却是不可回避的。流行文化之所以会变得流行，肯定有其道理，有其规律。当科普作品本身并不流行普及时，我们首先应该从自身找原因，而不只是一味地责备受众缺少什么科学素养和人文品位之类的东西，即使受众真是因为缺少这些而使得科普作品难以流行，那也只能说是科普作品的作者工作没有做到位，没有理想地履行其宣传普及的职责而已。其实，流行文化也并非只是为其身的流行而不负载任何理念。相对来说，在人文社会科学领域中，情况要稍好一些，至少我们还可以看到像蔡志忠对古典人文作品的漫画演绎，看到对艰深哲学的图说等。

在科普工作中，以及在范围更广的教育领域，我们经常听到一种说法，就是寓教于乐。或许这也正是科普作品不能流行的重要原因之一。在这里，认为只有教以及相关的学习，才是最终的目的，而只将乐作为一种达到这一目的的手段，实际上，这样做恰恰是把生活的目的手段相混淆了。如果反过来，以一种寓乐于教的方式来思考和工作，也许效果就会大大地有所不同。在那些理想而有益的流行文化中的情形，恰恰就是乐字当头，教也就在其中了。对于科普，也是同样的道理。

因此，我们既需要研究流行文化与科普工作的关系，也需要在科普的实践中，去探索将科普作品带上流行文化特征的途径，并最终使科普作品也成为真正的流行文化的一部分。

在本文开头提到的"看世界"丛书所体现出来的尝试，或许，就既是这种努力的一部分，也为我们未来的科普写作提供了某种探索的出发点。

（载于 2002 年 8 月 16 日《文汇报》）

传播科学文化的先驱者

——读《科学救国之梦——任鸿隽文存》

《科学救国之梦——任鸿隽文存》（以下简称《文存》），一本厚重的书，在著者去世40年后，终于由科学史的研究者选编出版了。

显然，与一些著者生前仓促选就的集子不同，经过时间的沉淀和研究者的筛选，这些文章在今天能够被人们重新审视，自然有着特殊的意义。《文存》既是可供研究者使用的一份珍贵的历史文献，也向广大公众展示了当年将西方近代科学引进中国的风雨历程。尤其是，能够把这些100年前问世的珍贵文章搜罗整理出来，并以其原来的面目印出，实在不是一件容易的事情。

一般来说，科学总是求新的，总是将目光放在前沿领域，而这本《文存》的价值明显是在其历史意义上。读着这份史料，一个个生动的历史场景会鲜活地呈现在面前，带给我们颇富启示性的思考。

首先，是作者的身份。任鸿隽，按照此书简要的著者介绍，他是"著名的爱国科学家、教育家，中国现代科学事业的倡导者、组织者，'中国科学社'和《科学》杂志主要创建者之一……"在这一串头衔中，恐怕可以略为讨论的身份，倒是第一个"科学家"的称呼——尽管加上了"爱国"这一修饰词——似乎有人会存有异议。

从任鸿隽的简历年表中可以看出，他的教育背景一开始确实是向着科学家的方向发展的：先留学日本，在东京高等工业学校读应用化学预科，后又赴美留学，先是在康奈尔大学文理学院学习，后又分别在哈佛大学、麻省理工学院和哥伦比亚大学的化学工程系就读，获化学硕士学位。虽然后来又曾在北大教书并成为化学系教授，曾先后出任教育部专门教育司司长、东南大学副校长、四川大学校长等职务，但除在北大做化学系的教授外，其他那些职务都是属于教育和科研管理方面的领导职务。

笔者没有对任鸿隽做过专门研究，不知他在学业完成后是否还曾从事具体的科学研究并发表研究成果，但无论在此书中所附的其夫人所撰题为《任叔永先生不朽》的小传，还是由此书选编者之一樊洪业撰写的人物评传《任鸿隽：中国现代拓荒者》中，几乎看不到对任鸿隽科学研究工作的描述。这说明，任鸿隽在今天被人们纪念，主要还是因为他创立中国科学社、创办《科学》杂志，以及在中国的科学建制化建设（科教）与科学传播（科普）等方面的重要贡献。虽然上述贡献极其重要，但只有真正从事具体的科学研究，才是使一个人成为严格意义上的"科学家"的必要条件。从《文存》中收录的文章来看，更为准确而且简要地讲，与其说任鸿隽是一位科学家，倒不如说他是一位早期的科学文化人。

其次，是其工作和工作的特色。既然是科学文化人，那么他的著作就具有鲜明的科学文化特色。这也正如此书选编者在"编者前言"中注意到并予以强调的，任鸿隽的著作中那些货真价实的、应该留下来传下去的"不朽"之作，包括在 20 世纪初就有的在现代国家中"科学是立国的根本"的提法，有 1916 年就发表的倡导科学精神的《科学精神论》，还有要通过科学教育来"普及科学精神、方法与知识"的强调（这提法与今天的口号已经非常接近了）。甚至因其论述涉及科学与工业、科学与教育、科学与近世文化、科学与社会、近代科学发展及其与哲学的关系等诸多内容，而使"他老先生毕竟与 STS（科学、技术与社会）有着先问其道的前缘"。也正是在这种意义上，可以说他是早期的科学文化人，也是传播科学文化的先驱者。

再次，从历史角度来看，作为传播科学文化的先驱者，他的著作中表达出来的一些重要观点，具有特殊的价值并应引起我们足够的关注。例如，在 1914 年发表的《建立学界论》中，他提出中国无学界说："顾吾试问此无数博士硕士翰林进士之中。有能对一特殊问题，就一专门科学，发一论，建一议，令人奉为圭臬。如西方学界所称之 Authority（译言宗师）者几何人。"在 1915 年，发表《说中国无科学之原因》一文，指出"今试与人盱衡而论吾国贫弱之病，则必以无科学为其重要原因之一矣"。"今欲论吾国科学之有无，当先知科学之为何物。"当然，他主要是将中国无科学的原因，归于科学方法的欠缺。这也顺理成章导致他在《科学》等杂志和书籍中不遗余力地宣传何为科学、何为科学方法。又如，他对科学概念的界定："科学者，智识而有统系者之大名。就广义言之，凡智识之分别部居，以类相从，井然独绎一事物者，皆得谓之科学。自狭义言之，则智识之关于某一现象，其推理重实验，其察物有条贯，而又能分别关联抽举其大例者谓之科学。"在这本洋洋 80 万字的《文存》中，像这样的精彩论点、深刻洞见，可谓比比皆是（以至于在短篇评论中，简直无法一一列举详述），足以让我们的读者直接有所获益之余，更加感叹他如此之早就已说出许多今天我们仍在不同程度上重复其说法的"先见"。

说到科学文化人，在当今的含义中，也许应是那些既有科学背景，又受过人文训练，并在从事专业的科学人文研究同时，努力将科学文化向公众普及的人士。在任鸿隽的时代，近代西方科学还处在刚刚被引入中国的阶段，对于科学的人文研究，自然要后于科学的引进，因而在当时也难以有理想并且专业化的研究者。但在任鸿隽的教育背景中可看到，他早年曾在家馆中习八股，后来竟赶上了科举考试的最后一班车，考中秀才，由此可见其国学基础，这也体现在他后来宣传科学著作的文采中。特别值得注意的是，早在 1946 年，他就与李珩等人合作翻译了丹皮尔的《科学史》，而且他本人也致力于对科学家传记的写作，这已经是以科学史的形态体现科学文化专业工作了。令人遗憾的只是，科学人文研究的发展在后来并不顺利。由于在科学史方面我们翻译引进和独立研究工作的滞后，以至于在今天，丹皮尔的《科学史》仍作为经典名著常印不衰并保持着特殊的、重要的地位。任鸿隽在这方面表现出的远见，也足值得当今国内的科学史专业人士学习。

还必须提到的是，任鸿隽致力于科学和科学文化在中国的传播，是抱着"科学救国"的目的，但与今天一些从事科学研究、从事科学传播的学者和管理者们在观念上有所不同的是，他并没有以纯功利的结果作为发展科学的理由和目标。这种倾向在他写于 1916 年的《吾国学术思想之未来》一文中有明确的表述："科学以穷理，而晚近物质文明，则科学自然之结果，非科学最初之目的也。至物质发达过甚，使人沉湎于忘道谊，其弊当自他方面救之不当因噎而废食也。若夫吾国今日，但见功利上之物质主义，而未见学问上之物质主义，其结果则功利上之物质主义，亦远哉遥遥而不可几。或人之忧，亦杞人之类耳。"与写下这些话时的观念相比，在对科学之功能的认识上，今天的价值取向究竟是进步了还是倒退了。也许这确实是值得我们深思的问题。

在阅读这本名为《救国者之梦》的书的时候，我们是否也应该更多地抛开那些更注重功利的习惯呢？如果能够的话，也许阅读的收获就会多一些。

（载于 2002 年第 6 期《科学》）

阿西莫夫：一个不普通的普通人

　　谈到阿西莫夫，这位世界著名的科幻作家和科普作家，确实有许多可说之处。坦率地讲，从一开始，我对阿西莫夫不是很感兴趣。想来，恐怕有以下几个原因。其一，是因为在我刚刚开始读科普类图书时，既看到了阿西莫夫的作品，也同时看到了另一位科普作家（同时也是著名科学家）伽莫夫的作品。我所说的后者的作品，主要是《从一到无穷大》和《物理世界奇遇记》这两本书。相比起来，我觉得后者的作品更有趣味性，也更有思想性。其二，现在想来，也许是一开始读的主要是 20 世纪 70 年代末科学出版社翻译出版的四本一套的小册子，分别介绍了有关宇宙、人体等领域的知识，更多的是一种具体知识的普及。也许，这几本书远远不能代表阿西莫夫的最高水平。其三，是我几乎没有读过阿西莫夫在他最有成就的科幻方面的作品。此外，因为知道阿西莫夫是一个如此高产的作家，也不禁在潜意识中对其作品的质量有所怀疑。

　　但是，我也想到，阿西莫夫作为一位在世界上如此有影响的科幻作家和科普作家，肯定是有他的道理的。而且，在我周围认识的人中，可称为"阿迷"的也不止一位。不过，只是在读过了由上海科技教育出版社出版的阿西莫夫的自传《人生舞台》之后，才在很大的程度上改变了我对阿西莫夫的看法。

　　说到新的看法，我想，最精炼的表述，就是我在此文标题中所讲的：一个不普通的普通人。可以设想一下，按照此书的介绍，阿西莫夫一生共出版了470本书，而且这些书的范围，远远不止科幻和科普。按照他自己的统计，在他开始写作之后，40年间，平均每10天售出1件作品，其中后20年，平均每6天售出一件作品；40年间，平均每天发表1000个词，其中后20年里，平均每天发表1700个词。或者说，我们可以大致估算出来，他1个月左右就要出一本书。连这本50多万字的自传，也还是他在病床上只用了125天就写出来的。一个人达到这样的写作和出版速度也许还不算太难（当然也绝不容易），但是坚持这般勤奋，几十年如一日，恐怕就极少有人能做到了。他确实是将有限的生命投入到无限的为读者写作中去的杰出榜样。仅据此一条便可看出，他显然是一个绝不普通的人。

从《人生舞台》这本自传中，我们可以看到一个相当真实、有血有肉的作家形象，尽管这个形象是由他本人自己勾画出来的，尽管阿西莫夫在自传中也绝不谦虚——他当然有可以不谦虚的充分理由，那就是他一生所取得的、让他人只能望书兴叹的辉煌成就。不过，他也并不需要掩饰自己那些按照通常的标准不那么辉煌的历史和不那么值得骄傲的个人特点，例如他在中学学习期间遇到的困难，他后来大学学习的不够成功，以及终于未能成为一个成功的研究人员，甚至他的恐高症和惧怕旅行等。但也正如阿西莫夫坦率的自我认定那样，他是一个"通才"，而且，我们可以说，他是一个少见的通才。从自传中，我们既可以看到他在许多方面确实是一个非常普通的人，并非不食人间烟火，有着普通人的优点和弱点，也可以看到他远远不是一个普通人的许多侧面，看到他身上那些许多普通人永远也难以具备的天赋和毅力。

《人生舞台》这本自传与我们常见的人物自传有很大的不同。全书由166篇短文构成，每篇短文或是介绍经历，或是讲解观点，或是讲述故事。在这种似乎相当随意的叙述文体中，作者展示了一个极为成功的作家成长历程，也展示了相关的科学和社会文化背景，几乎是一部个人视角中的美国科幻与科普史。它带给读者的信息量，远远超出了通常个人传记所能容纳的程度。

像阅读其他名人的传记一样，人们阅读这本传记也许会有两种可能。一种可能是因为原来读过阿西莫夫的作品并喜爱甚至着迷于这些作品，从而想要更多地了解这位了不起的作者；另一种可能，则是因为他是一位值得注意的名人才去阅读他的传记，但在此之后，却被这个人物本身所吸引，想去阅读更多他创作的作品。其实，哪一种可能都很不错，更何况，阅读这本阿西莫夫自传的过程本身就是一次令人愉快的阅读经历。

（载于 2002 年 12 月 25 日《中华读书报》）

当局者不迷

转眼间，从中国科学院研究生院调来清华已经 3 年多了。在调入清华的 3 年多后，看到《清华地图》一书，才非常惭愧地发现，原来清华里面还有那么多自己平常没有注意到，或者是视而不见的名胜"古迹"或"今迹"，当然，这些名胜后面，又连接着清华在不同时期漫长曲折的历史。按照书非借不能读的道理，也就完全可以理解，为什么"生活在别处"的日子，总要抓紧"观光"名胜，唯恐时间不够，而既然已经身在清华，自然也就不忙着吃"窝边草"了，只是在有朋远来时，或许走马观花式地带着来客匆匆一转，但限于对清华历史的肤浅了解，恐怕那些简要的解说，也只能是"应景"而已。

无论如何，作为一本具有导游意义的书，《清华地图》还是不错的，特别是其中穿插了不少学生味的特有的抒情与议论。但如果以一个北大人的视角来看清华，则要复杂得多。不但有"当局者迷（痴迷），旁观者未必清（清楚）"的迷障，而且要游历大学景观、导以文化内涵，特别是面对一所像清华这样的大学，要在足迹延伸处定位它的文化内涵也绝非易事。更何况是一个北大人"导游"的清华呢。

人们常说，北大与清华之间，隔着的绝不仅仅是一条成府路。风格上的差异使我这个北大毕业生，即使中途经历了中国科学院的"洗礼"，初到清华，还是相当的不适应。这种不适应，表面上讲似乎可以用两校间在自由与严谨、浪漫与现实等风格上的差异来解释，但如果不是亲身在清华待上一段时间，对于一个出身北大的人，反差也不过就是 BBS 上笑话中的词句而已。甚至身受其撼之后，仍然可以将感受还原为那些耳熟能详的词句，但是，别人再也捕捉不到词句背后的澎湃起伏。这种读不到的东西无法诉求于人类依赖的文字记录，无形而有力地存在着。

还是要从文字记录说起，那是清华的昨天。

大致来说，清华的历史大致可以分为三个阶段。第一个阶段，是从建校到 20 世纪 50 年代的院系调整；第二个阶段，是从 20 世纪 50 年代的院系调整到 90 年代重新向综合性大学的转向；第三个阶段，就是从转向到今天。《清华地图》一书的叙述，从形式上看，主要涉及第一个阶段，以及第三个阶段的一部分，而对第二个阶段，则几乎给忽略了。关于第一个阶段，有关的著作已经很多了，尽管它作为清华的重要历史传统的形成阶段，在今天仍为许多人津津乐道，但那毕竟只是过去的辉煌。至于第二个阶段，似乎深入的研究还不多，至少我曾读过并认为深刻的研究不多，虽然它已经过去了，但对于今天清华的影响，绝对不容忽视，而且，你经常不经意间在清华的一个角落，呼吸到它依然浓重的气息。常被人援引的一个例子就是，在那个阶段，许多清华人用这样的评价来肯定清华"家生子"特点，即：听话，出活。你能想象出这种价值观念的分量吗？如今，经常有人对清华的自院系调整以来形成的工科传统大有非议，但工科传统却也难以一概否定其价值。比如说，《清华地图》的作者，那位来自北大的作者，在字里行间，不是也经常流露出对清华人务实和"行胜于言"的赞美之情吗？当然，对于清华目前也正在大力发展的人文社会科学来说，工科传统肯定对其有不利的地方，但问题倒并不一定在于要彻底否定工科的传统，而是在于是否能有多种不同的、多元的传统并存。

　　说到文科传统，在清华历史上的第一个阶段，显然是非常强大而且很有特色的。这也正是如今应该大力恢复和发扬的。不过，说起来容易，做起来，由于今天社会发展和现实的不同，也绝不那么简单。众所周知，陈寅恪先生被列为清华的代表性人物，特别是当回顾过去辉煌的文科成就时。当年的清华也确实有魄力，能够接受虽然学富五车但并无学衔文凭的大师。如果放在今天，人们甚至会难以想象，根据定量考核和注重学历的标准，他的资格是否能够应聘讲师的位置。可是，难道如今只有清华会面临这种悖论？好传统的恢复，是需要时间与条件的，也许，我们只有耐心地等待，并有所努力而已。

　　但令人欣慰的是，清华毕竟还是在改变中，还是在发展中。我以为，这种改变和发展并不一定是体现在更多高楼大厦的修建中，否则人们也不会对像工字厅或荷塘月色那样的历史遗迹如此情有独钟，也不会对传统的恢复和发展那样津津乐道，这种变化，也是在抵抗依然巨大的阻力和惯性过程中，在标准与观念方面逐渐发生着。至少，在我来清华的这段日子，是可以感受到这种渐进的变化。

　　即使拥有传统，时代的不同，也会导致不同的表现形式。清华学生的素质，确实要高于一般水平，这也是我的切身感受。但可以设想，如果几十年前清华学子能够有机会到如今清华的学生们爱去的"水木清华"BBS上看看，绝对想象不出那些灌水者竟会是他们的学弟学妹。

　　还是那句话，要读懂一所像清华这样的有如此久远而又曲折历史的大学文化内涵，实在是太难了。要在一篇两千来字的文章中讲清，就更是不可能的。不过，这样讲其实也是一种遁词，因为我知道，以我这样仅仅 3 年多的资历，是远远不能够真正读懂清华的。因此，尽管《清华地图》一书叙述得非常表浅，但我还是很喜欢它，至少，当再有来访者需要我陪同参观清华时，它能让我显得对清华不是那么无知。

（载于 2002 年 12 月 27 日《中国图书商报·书评周刊》）

后殖民主义视野中的科学

在江西教育出版社出版的"三思文库·科学争鸣系列"中推出的《科学的文化多元性：后殖民主义、女性主义和认识论》一书，可以说是一部阅读起来并不轻松的学术著作，但在目前国内这一领域中，它因国内对有关问题的国外学说的介绍与研究的缺乏而显得与众不同，使人阅读起来充满了因新见解而带来的兴奋感。记得几年前，曾有一本国外关于后现代主义与科学的著作被翻译引进，也同样是因为当时有关后现代主义对科学研究的文献缺乏，那本书在一段时间内，曾成为一些书籍和文章中引用率较高的文献。但实际上，那本书根本算不上有关后现代主义与科学问题的重要著作，只不过因为赶上了特殊的时机，才被予以特殊的关注而已。与此相反，哈丁的这本《科学文化的多元性》（其实，严格地按原书译名，其标题应是《科学是文化多元的吗？》这样一种问句的形式，而不是如此的肯定命题——尽管该书作者对此命题并无怀疑）。虽然因其问世时间不长还很难说已是经典，但无论从作者的知名度还是该书出版后的影响来说，都是值得我们注意的，尤其是，在该书中，作者在对该领域前沿的精彩叙述中，以其新颖的见解讨论了我国学界目前仍很少关注的一些重要问题和学术思潮，因而使它具有特殊的意义与价值。

哈丁本是美国的一位著名女性主义学者，在女性主义研究领域颇有影响，尤其以她提出的科学哲学中的女性主义立场论的认识论学说而知名。但在她的这部新作中，从标题上，也可以看出该书的几个核心的关键词，即科学、文化多元性、后殖民主义、女性主义和认识论。实际上，此书的特色也正在于，作者不是像其他以科学为对象进行女性主义研究的学者那样，仅仅就女性主义谈女性主义，而是将其理论置于后殖民主义研究这样一个更广阔的背景之中，并坚持科学在文化上具有多元性这样一个基本立场，使这种观念贯穿全书，从而，使其富有挑战性的对长期以来主流的科学史和科学哲学观念的批判和对其自身理论的陈述显得更加有说服力。

在国内学界，近些年来，关于女性主义科学史和科学哲学，西方最重要的相关著作基本上还没有中译本，但毕竟也还有人多少做了一些引进和研究工作。相比之下，除在像文学理论研究等少数领域外，在科学史的领域中，后殖民主义研究这一近些年来在西方非常热门的论题，在国内一直鲜有介绍和讨论。虽然后殖民主义研究只是《科学的文化多元性》一书前四章的内容（约占全书篇幅的 1/3），而且只是作为作者展开其女性主义与认识论理论的背景，但鉴于国内的学术环境，这部分内容显得更为新颖，更引人瞩目，也与目前学界和社会上的一些争论关系更为密切。

当然，这也正如作者哈丁承认的，后殖民时期科学技术研究（这又是一个令翻译者头痛的概念，它并非指科学家们的具体"科研"，国内有"科学元勘"或"科学技术学"等不同译法，但似乎都不够理想），只是现在才在美国和欧洲的学术讨论和更广泛的公众知识讨论中赢得听众。但尽管如此，"对后殖民时期科学技术研究的起源的叙述已经表明，它们对我们理解'科学'与其独特的全球性和地方性历史的'整合'做出了重要的贡献。"甚至不仅仅是科学史，就连科技政策在内，意义在于，"后殖民时间研究旨在指出，哪种科学将最能促进文化中最脆弱的群体增长知识和改善社会福利。"因此，中国是绝没有理由对这样的研究视而不见的——尽管为什么后殖民主义研究反而最先出现在发达国家，这倒是另一个值得探讨的话题。

作为一种颇具颠覆性的批判研究，后殖民主义科学史站在与以往传统科学史完全不同的立场，从一种新的视角提出了诸多全新的见解。在哈丁的总结中，虽然不能说面面俱到，却也在若干关键问题上让人耳目一新。例如，在科学的唯一性，或者说一元性的问题上，作者指出，后殖民主义研究使人关注到，假如人类相信有一种并且是唯一一种普遍有效的科学技术传统，那将是多大的悲剧！相应于此，这种研究就必须对"科学"的概念进行重新定义——"这一研究将运用包容性更广的科学定义，这一定义鼓励我们重新考察它何时是有用的、何时求助于一个更有限制性的定义代价太高"。从而，"科学"被用来指称任何旨在系统地生产有关物质世界知识的活动。在这种宽泛的科学定义下，贯穿全书的另一个重要核心概念的引入就很自然了，这个概念就是所谓的"地方性知识"，或者"本土知识体系"。在传统的科学哲学和科学史研究中，往往只关注近现代欧洲的科学，而那种"地方性的知识"，则只在人类学领域才被合法地研究。也正是在这种欧洲中心主义的立场上，才会有甚至在当前仍然有人努力坚持的某些偏见，如"把针灸说成不过是'民间信仰'或把草药学当作迷信，公开地排斥它们的效用"等。而从后殖民主义的研究立场出发，人们则可以得出关于非欧洲文明和技术传统的更为精确和更为全面的描述和解释，并在多元文化的意义上，把"科学"的概念进行泛化，将各种"地方性知识"包容进来。甚至"当代研究项目的后殖民主义时期历史和研究业已表明，与其他文化的系统知识传统一样，现代科学技术从若干重要方面看也属于地方性的知识体系"。

从这种后殖民主义科学史的立场，传统中"标准"的科学史被重新写过，或者说重新审视，或者说重新解释。那种传统的、标准的科学，用作者的话来说，是以"欧洲奇迹"、"愚昧黑暗时代"和"科学革命"这 3 个关键概念来维持的。在后殖民主义科学史中，这些关键概念被一一解构，揭示了世界各地不同文化之间的多向交流，揭示了欧洲现代科学的发展在很大程度上应归功于其掠夺性扩张政策所取得的成功。在这里，甚至也涉及我们经常热衷讨论的"李约瑟问题"（哈丁对李约瑟的工作评价很高，认为他可被看作是后殖民主义科学史的早期开拓者之一，但也同时认为他的科学史存在矛盾情绪，缺少后殖民主义科学史的一些特征）。"就欧洲科学技术发展的原因而言，后殖民时期历史给出了一种更客观的理解。它们还把我们的注意力引向其他传统的伟大成就，引向在这些传统存在的许多地方发生的衰败和消亡的悲剧。"但另一方面，它同样也提醒人们，在多元的框架中，对于不同的文化传统，"文化在异质自然界中的不同位置使它们接触到了不同自然规律性，或者接触到了在它们看来是自然规律性的东西；这里是说，接触这种地方性的环境，对于知识增长可能是一种有价值的资源"。

虽然哈丁只是将后殖民主义科学史作为其女性主义科学哲学研究的一个重要背景和更大的框架，但即使如此，在书中的那些非常简要却凝练的叙述中，已经为我们粗略地提供了世界科学发展的一种全新的画面，而这个画面以及它上面的诸多场景，是在后殖民主义科学史的视角外很难看清的。因此，至少作为一种初步的、入门性的介绍，这些观点也仍然对我们学界具有重要的参考价值。甚至作者哈丁在该书的中译本序中，也意识到，她的著作在其他文化的相关科学技术语境中可能具有迥然不同的含义。也许，由于中国学界的特殊现状，此书中仅作为背景来叙述的后殖民主义科学史的内容对于中国读者的特殊意义，就属于这些迥然不同的含义中的一种吧。

当然，哈丁更为关注的，还是在这种背景中对她的女性主义科学哲学学说的更进一步发展和系统讨论，不过，对这部分同样有重要学术意义的内容，笔者还是另找机会再做评论吧。

（此文的删节版载于 2003 年 2 月 12 日《中华读书报》）

一场持续了半个世纪的战争及其导火索
——斯诺的《两种文化》

　　早在 1987 年，我与念研究生时学科学史的另一位同学一起，将著名英国学者 C. P. 斯诺的《两种文化》一书以及《科学与政府》一书译出，并将两本书合在一起，以《对科学的傲慢与偏见》为名收在当时还算走红的"走向未来丛书"中出版。也还是沾了当时书荒初过的光吧，那个译本虽然只印了一次，印数却将近 11 万册，这对于今天同类图书的出版而言几乎是非常难的事。在此之后，三联书店又出版了此书的另一个译本。而目前我们见到的由上海科学技术出版社出版的《两种文化》一书，已是该书的第三个中译本了。一本书能够在十几年中连续出版三个译本，可以看出该书的重要性与影响力，而这种重要性与影响力并不仅仅在于此书过去具有的地位，更在于人们由此书的历史而预期的其可能会对现实与未来产生的影响。

　　《两种文化》的第三个中译本根据剑桥大学出版社 1998 年版译出，最大的特色，主要在于占全书将近一半篇幅的、由斯蒂芬·科里尼撰写的新导言。这篇导言相当详细地回顾了自斯诺提出两种文化的问题后，与这一问题相关的历史发展，从中可以清楚地看到，在这几十年间，有关两种文化问题研究的发展、有关的历史境况的变化、这一问题的不同含义等，一直是内容非常丰富、复杂的研究课题。

　　实际上，在国际范围内，在今天，人文学科及其相关的文化的地位仍充满了争议的，尤其是在那些比较极端的唯科学主义人士的眼中，更是充满了对人文的蔑视。当然，在中国，这个问题可能表现得更突出，而且在表现形式和意识形态背景上也与西方有所不同。我们很可能注意到，在那篇导言中提到的自从斯诺提出两种文化的命题后引起的一系列争论，特别是利维斯与斯诺的争论。当我们今天重新回过头去审视那一场争论时就会发现，就当时的情形和英国（甚至西方）的具体背景来说，那场争论也许不过是与斯诺相对的另一方站出来表达观点，而且斯诺显然在发展的意义上占有更为引人们注意的位置，但利维斯似乎也并非全无道理，只不过他的道理也只有在今天才会显示出更多一些深意。如果说在斯诺生活的时代，在斯诺的眼中，两种文化的分裂更主要地表现在人文知识分子那方对科学文化的无知与轻视，那么在今天，随着科学在人们的社会生活中和意识形态中所产生的更为巨大的影响，其所导致的对于人文文化的轻视也许比斯诺的时代要更为突出。

　　这一现象似乎也意味着，斯诺所提出的问题有另一种重要意义。一个很有趣的现象是，当下的许多畅销书，与其说它们是内容上有多么重要，倒不如说是其选题立意更有吸引力，甚至有时，重要的只是一个标题，或者说，卖的只是一个新颖的概念。在斯诺的两种文化的例子中，其实也有些这样的特征：在斯诺之后，随着时代的发展，两种文化的沟通、融合问题，也表现出相应的发展与变化，而在不同的时期，这些不同的表现形式与内容仍然在不断地引起人们的注意力，成为斯诺命题的延伸。因此我们可以说，斯诺在几十年前提出的"两种文化"这个在今天仍具有重要影响，并在不同的意义上为人们所关注讨论的问题，其重要性也正在于让人们借题发挥。否则，就不是在研究当代问题，而只是在研究历史了。甚至我们还可以进一步设想：我们今天在阅读这本经典著作时，在原著中仅有的四五万字的内容里，究竟有多少文字是直接与我们的现实直接相关的呢？这个比例似乎并不很大。当然我们可以说阅读原著可以加深我们对历史发展的理解，但历史上的东西实在是太多了，我们不可能对所有的问题都有如此浓厚的兴趣。我们之所以会特殊关注对两种文化问题的理解，其原因就在于这个被斯诺提出的问题在不同的时代可以有不同的内涵，却总是成为某种核心的社会文化焦点。关注这一问题的提出及其争论的历史，除了有其自身的史学意义，重要的是可以帮助我们理解今天的现状是如何形成的，并进而在这种认识和理解的背景中更好地、更恰当地解决当下的问题。

说到当下，两种文化问题是可以有多个方面让人们去特别关注的。在这里，至少我们可以举出它在今天的两个典型例子。其一是教育。事实上，早在斯诺最初提出两种文化问题时，教育就是他强调的领域之一。在西方发达国家，比如美国，从冷战时期开始的科学教育改革，直至前些年颇为引人注目的像"2061 计划"这样的科学教育改革方案，都明显地表现出越来越多地将人文文化的内容引入到科学教育中的趋势，而且这种引入的比例与范围也是持续加大，从最初仅仅涉及科学史，到后来扩展到科学哲学、科学社会学这样一些以科学为研究对象的人文领域中的内容，甚至一些很有前卫意味的内容。类似地，英国等欧洲国家的基础教育发展也表现出这样的趋势。这种动向完全可以看作体现在教育领域的人们在沟通两种文化的持续努力。与之相反，在我国长期以来形成的基础教育体制中，从中学就开始的文理分科可以说是两种文化分裂的最明显、最典型极端的表现，延续下来，在高等教育和其他教育领域中，情形也是类似的。随着国内基础教育改革力度的加大，从新制订的课程标准中，我们可以看到在这方面有所改进的可喜迹象。但冰冻三尺非一日之寒，要想真正达到与国际接轨的程度，现实地讲，恐怕还要有相当的时间，才可能在教育工作者的观念上与能力上形成必要的准备。

另一个值得关注的方面，可以说体现在学界以及在某种程度上扩展到学界之外与科学普及与传播相关联的争论。争论的一方是标准的唯科学主义者，而另一方，则多为具有某种科学训练背景但又逐渐形成鲜明的人文立场的学者。这方面的文章已有不少，在此似乎可以省去不必要的重复。但应该指出的是，这种分歧，在其根本性的基础上，仍然可以说是两种文化的分裂在新时期的具体表现之一。如果这种分裂不能很好地得到弥合，在学界以及在公众中，对于如何理解认识科学、如何发展科学和应用科学的问题就不可能达成理想的共识，而且必将带来严重的后果。特别是，在中国特殊的文化与意识形态背景中，由于历史与现实的种种原因而赋予科学的特殊地位，使得在这种分裂中，对人文文化方面的强调在相当长的一段时间内也仍将是特别需要予以关注的。这也是两种文化命题在当今表现出的另一种新的现实意义。

针对某种社会文化现象，一种理论可以作为一种解释、一种说明。上述两种文化的命题正是如此。但是，在说明现实中的这些现象外，要对这些现象有更加深刻的理解，要找出对症解决的办法，就不是仅仅用两种文化的概念进行说明就可以完成的了。这需要对于这些现象背后的原因、机制的更深入的具体研究——当然，两种文化的说法还是可以作为对这类研究的一种说明或者分类吧。

（载于 2003 年 4 月《中国图书商报·书评周刊》）

"纳米"是个什么"米"

——评《纳米科技的现在与未来》

　　如今，在特定的时间段里，总有些新的概念、新的词汇在社会上流行，被高频率地使用。在社会上各种流行一时的新词汇中，"纳米"一词是来自科技领域却又如此广泛地被谈论的少数特例。一则流传很广的说法，在农村，村干部开会，是先讲大米，再讲小米，最后还要再讲讲纳米。这表现出当时社会上"纳米热"的两个特征，其一，是这个概念或者说词汇传播普及的程度已经如此广泛，其二，就是正是因为这一概念来自科技领域，而且是来自前沿的科技领域，所以在人们对它津津乐道时，也难免存在诸多的误解。尤其是，在某种程度上，也正是由于这些误解，甚至在市场消费方面都为某些过于简单地迷信用高科技形象来包装产品的消费者带来了追求时尚的盲目。一时间，在日常生活消费品中，从洗衣机到冰箱，从饮水杯到鞋垫，诸多产品被商家与纳米联系起来，仿佛人们一下子就已经进入了纳米时代，不管什么产品，若不是纳米的，简直就要马上被淘汰出局一般。

　　与这种盲目的纳米热形成鲜明对照的，是真正准确、严肃地介绍纳米材料技术的普及读物的欠缺——因为连某些打着普及纳米技术知识旗号的书籍，都被以市场化的夸张进行了不恰当的炒作。也正是在这种背景下，由白春礼撰写，由四川教育出版社出版的《纳米科技》一书，就更显示出在科学上的严肃、知识上的准确、叙述上通俗与形式上的新颖的特点。

正如该书作者在后记中所介绍的，这本书本是源于他于2000年底在国务院科技知识讲座上所做的题为《纳米科技其发展前景》的报告。从这就可以看出其普及性和严肃性。作者也意识到，"纳米热"除其积极的方面外，由于此新兴领域中还有许多重大的基础问题没有得到解答，全面走向应用尚需时日，因此，对于"纳米热"应予正确引导，防止将纳米技术的概念庸俗化。应该说，就此目标，此书是比较成功的。由于作者特殊的身份，即作为中国科学院的副院长和纳米技术的专家，在从事这一前沿科技领域知识的普及时，也不同于其他一些读物，有着自己独特的理解。它一反那些常见的简单将纳米技术与传统学科相联系的叙述方式，另行创立了自己独特的叙述框架，以介绍基本知识的"纳米材料"，介绍纳米技术各种可能应用的"纳米器件"和介绍对纳米材料自身进行研究的"纳米检测与表征"三部分构成。为了让读者能对纳米技术的发展趋势和相关政策有所了解，还在附录中简要地介绍了国外纳米科技战略的部署。在叙述中，作者成功地避免了在许多科普著作中常见的那种艰深的专业表达方式，行文深入浅出但又不回避对相关科学原理的介绍，特别是定性的、基于基础科学概念的介绍。这是此书成功的重要基点。

此书的另一特色，是其编排印刷形式上的新颖。目前，许多时尚的出版物采取了各种图文并重、风格现代的编排模式。而这本纳米技术的科普著作，由于作者准备了大量精美的图片，再加上出版者的精心编排和优良的印刷质量，使得它在形式上也具备了某种时尚感，而且因其图片和内容的科学性，更有别于时下常见的普通的时尚图文书。这也应该是未来科普著做出版的一个发展方向。

最后，还可以连带地提到科学家撰写科普著作的态度问题。

许多科学家不屑撰写科普著作，或是写了也经常晦涩难懂。这里面，当然有迫切地需要解决的评价和奖励机制的问题，但那些问题的解决显然也不是一朝一夕的事。社会上又存在对优秀科普作品的迫切需求。至少暂时地，写作科普著作是需要科学家们的某种奉献精神的。在这方面，此书作者也同样因其特殊的身份背景，以其认真的写作态度，起到了某种示范性的作用。

（载于 2003 年 4 月 9 日《中华读书报》）

对现实的科学的现实描述

《真科学——它是什么，它指什么》一书，是由齐曼这位出身于科学家、在科学社会学领域出版了大量著作，但又与主流职业科学社会学家有些疏离的学者写成的一部很有特色、与众不同、值得深入分析的著作。不过，从中译本的标题来看，倒有些容易使人产生误解，这主要是由于"真"这个说不清的复杂概念在汉语中以及在我们相关的意识形态背景中的多义性。其实，如果从原文书名 *Real Science* 来看，其含义倒是比较清楚的，也就是说，作者要讨论的，是现实中的科学，是实际的科学，至少，也是在现在存在的那种意义上的真实的科学，即真正的科学，而不是在理论家们的传统理论中的理想化了的科学。这也正像该书的内容提要中所说的，作者是从自然主义的视角出发，逐一消解了"学院科学"的默顿规范。或者用作者自己的说法，该书是论述用以取代传统遗产原型的新的科学模型。

在《真科学》这本书中，有两个关键词对于理解和把握作者的论述非常重要，这就是"学院科学"和"后学院科学"。前者，按照作者的说法，其许多特征可以追溯到 17 世纪的科学革命甚至更早，而其现代形式，则基本上出现于 19 世纪上半叶的西欧，并随后演变成一种连贯的、精致的社会活动，日益整合到社会之中。而后者，则是作者要讨论的主体，因为"在不足一代人的时间里，我们见证了在科学组织、管理和实施方式中发生的一个根本性的、不可逆转的、遍及世界的变革"。这就是后学院科学的出现，它"并不像很多科学家仍希望的那样，只是短暂地偏离我们一贯熟知的科学前进的步伐。它也不仅仅是'知识生产的一种新模式'：它是一种全新的生活方式"。

因为学院科学是一种历史上的东西，而非现实的存在，它在某种意义上更接近于科学社会学中传统的默顿规范所描述的对象，尽管默顿规范的描述甚至经常比传统的学院科学本身要更加理想化，因而成为人们不断争论的问题。但也许正是由于它的简单化和理想化，以至于人们在试图简化地描述科学时，还是不禁要联系到那些规范，久而久之，便出现了一种颇有些矛盾的局面：一方面，它似乎成为描述科学的标准规范并深入人心，另一方面，实际从事过科学研究的人都会深切地感到这些规范与现实中的科学活动的不符。举一个真正的例子吧。几年前，我曾去美国的达特茅斯学院（那是美国常青藤联盟中的一所著名的大学）看一位在那里数学系教书的朋友，他给我看了一份系里正在申请一项研究基金的申请书草稿。因为只是草稿，而不是要上交的正式稿，美国人的幽默感就表现出来了，封面上开玩笑地打印着这样一个醒目的标题"The dream and lie for a big money"（即为了一笔巨款的梦想与谎言）。这虽然只是一种玩笑，但为了进行研究，甚至为了在学术界生存而申请过各种基金的人都能知道其中真实的苦涩与无奈。那么，这与那种理想化的默顿规范难道不是背道而驰吗？

如前所述，齐曼毕竟是一位曾实际从事科学研究的科学家出身的学者，他显然对于现实中的科学的运行有着直接的、深切的了解，因而，他在这本《真科学》中最重要的贡献，就是以科学社会学的语言对现实中的科学，也就是他所称的"后学院科学"的实际运作生动地、真实地进行了描述与分析，而且，是从默顿规范的框架作为讨论的出发点，并在此框架中详细地分析了现实的科学是如何与传统的认识有所不同，以及现实的科学是怎样运行的，从而与那些与现实的科学的实际情况相距甚远的社会学著作大为不同，既为科学社会学家们提供了一幅更加真实的科学运行图景，并且让对自身的职业的性质有兴趣进行思考的科学家们能够以一种不同的眼光来看待科学，也为更广泛的对科学这种社会活动有兴趣的界外人士能够比较清楚地了解科学，或者说了解现实的科学究竟是什么提供了路径。他确实成功地做到了这一点，而且正如他自己所说的，他是要从那些科学家们的工作中提取出某种能为更广泛的公众所理解和接受的科学模型。虽然说模型这一说法仍然隐含了与真实有所不同的意思，但显然齐曼描述的"模型"要比传统中理想化的科学模型远为更加接近现实。

在这种更接近现实的模型中，科学的形象与我们以往习惯设想的理想化形象相比就有了很大的变化。例如，"如果科学生活中并不渗透着愚蠢荒唐、无能为力、自私自利、道德近似、官僚科层、无政府状态等，它就不是人的生活"。从逻辑上讲，在科学方法中，是不可能完全消灭掉主观性的。"科学并非是比其他所有理解事物方式优越的唯一有特权的方式，其基础也并不比其他人类认识模式的基础坚实深厚。"揭开科学在传统中特殊理想面纱的说法在《真科学》一书中随处可见。但这些观察并没有让作者失去对科学的信心与热爱，而只是对后学院科学的一种客观的描述而已，与那些过于理想化因而脱离了现实的科学模型的差别只是在于，作者"不是试图用一套预设的理想化的哲学原理为科学实践辩护，而是已经从对科学得以运行的社会建制的分析中得出关于科学的认知方法和价值更为现实的说明"。正是在这种意义上，现实的科学这一标题才更贴切地表述了作者的意图。

值得注意的是齐曼这位出身于科学家的作者在跨入科学社会

学的描述时，毕竟与站在风口浪尖上的那些更前卫的职业科学社会学家们有所不同，他毕竟无法坦然地接受过于争端的思想，这在他对时下影响颇大的建构论的看法中有着比较明显的体现，也表现出科学家立场的潜在影响。此处的关键点，正如作者所指出的，集中在对于科学知识究竟是被"发现"的还是被（社会）"建构"的争端的不同看法上。但齐曼此处只是采取了某种折中的立场，认为自然主义的结论只能是：科学知识既是被发现的，又是被建构的，科学是"建构"与"发现"的真实融合。一方面，对建构论的全部辩护，除少数几点外，都不能被接受；另一方面，除少数几点外，试图摧毁建构论的努力也是徒劳的。因而，这两种激烈争论的观点都设法要将对方淘汰出局，因为任何一方都没有令人信服的案例，以使自己在争论中取得压倒性的胜利。于是，科学的力量就体现于"宽容意见的差异"。像这种既不同于典型的科学阵营的极端，也不同于典型的人文学者的极端的立场，也许是齐曼特殊背景和身份的一种典型表现吧。也正因为这种立场的特殊性，倒是更值得我们去思考其合理性与不合理性之所在。

（载于 2003 年 5 月 15 日《科学时报》）

笑，还是不笑，这是个问题

让我们一并设想这样两个句子："1. 你阅读这本书你会发笑；2. 这两个句子都是假的。"

显然，在这两个句子中，第二个句子可能是真的，也可能是假的，而且只有这两种情况。据此，我们可以分别做如下的分析：A. 如果第二个句子是真的，那么，上面这两个句子就都是假的，当然第二个句子也是假的，而要使第二个句子为假，唯一的方式是第一个句子是真的，即，你阅读这本书会发笑。B. 第二个句子是假的，那么，只有在第一个句子是真的情况下这才成立，所以，你阅读这本书还是会发笑。

上面这个论证是根据《我思故我笑》这本书中的一则叙述改写出来的，基本上没丧失什么本意，但是，它可笑吗？也许，有人会笑，有人会会心地微笑，也有人会不出声地暗自在心中偷着笑，更多的人则不会笑。究竟笑，还是不笑，取决于你的逻辑修养和对数学哲学或者语言哲学的理解。

从《我思故我笑》这个书名，读者当然会联想到笛卡儿的名言"我思故我在"，实际上，保罗斯的这本书的副标题是"哲学的幽默一面"，这也恰恰表明了此书的幽默是与哲学相关的。如果你不是一页一页从头读到尾，而只是随机地阅读其中的一些笑话，你也许会发现，其中的一些笑话甚至在那些市场上流行的通俗报纸刊物上也曾出现，或者有似曾相识之感。但当我们在那些流行的报纸刊物上读到其中某些笑话时，却只是感觉到（或者感觉不到）一种难以言说只能意会的幽默，可是当这些笑话出现在《我思故我笑》这本书的恰当位置时，却被用来表明一些相当深刻的哲学理论与哲学问题。按照此书内容提要总结的，它们涉及哥德尔不完全性定理、绿蓝-蓝绿悖论、渡鸦悖论、还原论、可错论、机会主义、随机性、复杂性和贝尔不等式等。把幽默与哲学结合起来，或者说，揭示在艰深的哲学理论背后蕴含着的通俗的幽默，这正是此书不同凡响的独特之处。

幽默，本是人类一种优秀的天性，一种品位，或者说一种能力。关于幽默的意义，人们已经分析过许多，在此似乎不必再予以多谈，但也许仍然值得强调的一点是，人类的这种天性并非与生俱来，而是需要由后天的教育经历与文化环境来开发培养的。不同的民族，甚至不同的群体，其幽默程度和品位是彼此不同甚至差距甚大的，当糟糕到比较极端或恶俗的程度，就只剩下滑稽而绝非幽默了。

要补上幽默这一课的途径可以有许多种，广义的文化的熏陶也许是最有效的办法，而阅读像《我思故我笑》这样的作品，则是一种既简单可操作，又能在同时提高逻辑水准与哲学境界的捷径。当然，阅读此书也可以有多种读法，由于背景知识的不同，甚至由于语言的某种不可翻译性，其中许多理论的叙述并不好懂，一些幽默并不容易体会，但那又有什么关系呢？虽然笔者曾为霍金所写的在许多人看来颇为艰深的宇宙学普及著作提出"懂与不懂都是收获"的广告语，但那是在另一种文化渗透的意义上讲的，如果具体到此书，恐怕就不再成立了。你想，如果你读了一本以幽默为内容的书，却没有理解其中的幽默之所在，那岂不是一无所获？不过，好在这本书中不乏同时需要一定的哲学素养和幽默感才能理解的高级幽默，但也不乏普通人可以理解的幽默，因此，不会有绝对不懂的问题。至少可以说，哪怕只对其中少数的幽默真的深有意会，也应该算是难得的收获。

也许本文开头模仿构造的那个语言与逻辑的例子确实稍难了一些，那么，最后让我们来引用此书中另一个要通俗易懂得多的幽默故事吧：一位统计学家对乘飞机感到恐慌，尤其是飞机出现炸弹威吓事件后。于是，他对一颗炸弹出现在一架飞机上的概率作了计算，由于这个概率合理地小，他消除了疑虑。然后，他又计算了两枚炸弹同时出现在一架飞机上的概率，发现此概率是绝对地无穷小，于是，打这以后，他旅行时，总是在手提箱中携带一枚炸弹！

这回你笑了吗？

（载于 2003 年 6 月 19 日《科学时报》）

造桥，还是挖沟？

——评《第三种文化》

　　无论从分类上来说，还是从创意上讲，《第三种文化》都是一本值得注意的书。此书作者，或者说，是执笔的采访者布罗克曼，以代理许多科学家的版权而闻名，除了经营版权代理，还曾"攒"了不少与科学普及相关的书。就中译本来说，多年前出版的也是由他"编"的《过去 2000 年最伟大的发明》，是以网上提问方式来征答"过去两千年最伟大的发明是什么，为什么？"这一问题，在他选入该书的 100 份答案中，确实有不少新的见解，因而曾引出了不少评论。这一次，如果依然就形式的创意来说，《第三种文化》也还是颇有新意，作者与他精心选择的一些著名科学家一一会面，就他们各自的工作畅所欲言地进行访谈，同时也请被访谈者就在这本书中出现的其他科学家工作进行评论性和感想性的议论，然后，就像译者在译后记中所形容的，在一场开放的"下午茶"中，这些科学家们各抒己见，分别就进化论、人工智能、宇宙起源、达尔文算法（大致是基于复杂性等理论对生命、进化等问题进行的计算）等主题进行了深入的探讨。

　　与其他常见形式的科普作品相比，这样一种形式确实别出心裁，在很大程度上避免了由一两个人长篇大论地自说自话，以更加生动、可读的方式，结合采访者所关心的问题，同时也是就科学家本人心目中最为重视、最想谈论的科学问题，包括科学争论、科学家之间不同的观点、分歧，乃至对他人在科学与科学外人格方面的看法，以极其通俗的方式展现出来，使外行，使普通读者可以在聆听这样一场"下午茶"的交谈中，对科学中某些领域和某些主题有一形象的理解。

如果作者，或者编者，仅仅以这样一种方式来对科学领域中的研究进展、新观念、科学家的工作风格、科学家之间的争端等进行展示，那么，这本书在科普的意义上，就像《过去 2000 年最伟大的发明》一书一样，是一本成功的普及性作品。但问题在于，作者并不满足于仅仅普及这些具体的与科学相关的知识与思想的内容，而是要把这些东西进行一种提升，提升到一种文化，而且是被作者称为"正在浮现的第三种文化"这样一个高度，甚至像在原书的副标题中提示的"超越科学革命"的高度。于是，对于如何理解，便同样可以有一些思考与争论。

早在半个世纪前，英国学者斯诺在 1959 年于剑桥大学的演讲中，以及在随后以《两种文化》为题出版的演讲内容的单行本中，第一次有效地引起了学界甚至公众对"两种文化"概念的注意。在斯诺最初的认识中，两种文化是分别属于"文学知识分子"和自然科学家的不同文化，他认为他在这两种文化之间发现了彼此的怀疑、互不理解甚至敌意，并认为这样的局面将对运用技术来缓解世界上许多问题的前景产生破坏性的后果。斯诺的两种文化命题随即引起了激烈的讨论与争议，尽管他对两种文化及其代表者的认识与后来众多参与讨论的参与者不完全相同，尽管他还是更多地站在科学的立场，也即更多地考虑到社会对科学的巨大重要性及其文化的轻视而提出这一命题，这与后来诸多有关两种文化的讨论与研究的立场也不相同，但斯诺的贡献主要是在于，他引发了这场持续至今的讨论，提出了一个随着时代发展而不断被补充新意的研究课题。

在更后来的理解中，与斯诺最初的认识有所不同的主要有两点，其一，是两种文化中的人文文化并不仅仅局限于"文学知识分子"，而是与历史悠久的整个人文传统相关，与范围更广的有别于自然科学传统的人文、社会科学学者以及他们的主体倾向相关；其二，是尽管在后来的讨论中，依然有不少人带有强烈的偏向于科学一方的倾向，但更多的研究者开始站在相对中立的立场，或者说，站在与斯诺提出这一命题有所不同的立场来进行讨论。甚至在斯诺之前，科学史家萨顿就以类似的方式注意到了科学与人文的分裂，并使用了将科学史作为"桥梁"来沟通两者的隐喻。在斯诺之后，纵观整体的潮流走向，力图沟通这两种文化之间的鸿沟的努力一直表现在诸如教育等领域中，另一方面，就整个学术界的发展来说，像科学哲学、科学史、科学社会学等对科学的人文研究领域的职业化，也为这种沟通带来了新视角与可能性。当然，两种文化之间的冲突也确实从未真正消除过，而且在不同的历史时期以不同的方式表现出来。近些年来，像科学家阵营与持社会建构论观点的人文学者阵营之间的激烈冲突，就是突出的表现，这种冲突甚至可以被冠名以"科学大战"。

那么，在这种一方面需要沟通，另一方面鸿沟仍然存在的情况下究竟应该怎么办？布罗克曼在《第三种文化》一书中，将来自与一般公众直接进行交流的科学家们的思想和工作与"正在浮现的第三种文化"相联系。这里的关键点在于，在布罗克曼看来，第三种文化的代表者，并不严格地等同于科学家，而只是科学家阵营中那些乐于直接为公众写作、与公众交流并因而还时常由于这些工作受到某些其他科学家蔑视的人士。布罗克曼也分析说，"第三种文化的人们引起人们广泛的注意靠的并不仅仅是他们的写作能力，那个传统上被称作'科学'的东西，今天已经变成了'大众文化'。"

先不谈科学的普及如今是否真的已经成为"大众文化"，虽然布罗克曼也承认对第三种文化做出重要贡献的人包括社会科学家、行为科学家和人类学科学家等，可是单就他在《第三种文化》这本书中选择的访谈对象（除一位具有科学背景而且其研究工作与人工智能大为相关的哲学家外，其余的人全为标准的科学家）以及所谈的内容来看，很明显的，依然主要是对科学内容的普及，尽管这种普及已经不是老式的灌输式的普及，而是以通俗的形式进行交谈或交流式的普及，尽管谈话者彼此间也有不同的甚至对立的观点和冲突，而布罗克曼也专门指出第三种文化的力量恰恰在于它能容忍异己，但在这本书中所直接展示的冲突与容忍，范围也只限于不同科学观念之间的差异。换句话说，在他们所谈的内容中，目前来自对科学进行人文研究的那些学者所研究和关心的许多东西都没有包括在内，而目前构成了现实的"两种文化"冲突的很大一部分内容，恰恰是人文学者和科学家两大阵营在那些问题上的严重分歧。

当然，这只是对此书编者布罗克曼所提出的他自己牌号的"第三种文化"的分析，如果仅就此书中对科学内容与思想的普及来说，此书确实是一本不可多得的好书。问题在于，这种对科学内容与思想的普及，还远远不能"超越"和解决历史悠久的"两种文化"的分裂，也远远不是在科学文化与人文文化之间的有效沟通。如果仍用鸿沟和桥梁的隐喻，那么，这样的工作还远不是成功地在鸿沟之间造桥，而只不过是将鸿沟一边的东西比较成功地展示给沟对面的人看而已。撇开多元的科普形式的巨大意义不谈，如果把这样的工作当作"超越"科学革命、消解两种文化之间冲突的努力来过高地看待，至少在极端些的情况下，反而带来把鸿沟进一步挖深的可能。

（载于 2003 年 6 月 25 日《中华读书报》）

第三编 我读故我写：序跋

《刘兵自选集》自序

　　说来惭愧，虽然经常写文章，甚至也还曾几次为友人的著作撰写序言，但轮到为自己的集子写序，却感到有些不知从何说起。因为为自己的书写序与写其他的文章有所不同，自认为要说的话本来都应该已经包括在所收的文章中了，如果要说的话在文章中没有说清楚，没有说到位，那只能是文章写得不好，在文章之外再写序言之类的东西，难免画蛇添足。但像经常遇到的情况一样，有时写自序之类的东西本是整套丛书统一要求的，此次亦然，所以在此便按出版者的要求尽量简单地写些文字，权且说明而已。

　　在中学毕业时，赶上恢复高考，于是用不到一年的时间匆匆地恶补了一遍整个中学课程，本来对文科有所偏爱，却稀里糊涂地随大流学了物理。虽然物理学得也还可以，却总觉得还应有更适合自己的领域。于是，在大学毕业后，念研究生时改学了科学史专业，有幸能投在名师门下，并且也真正喜欢上了这一行。研究生毕业后，在高校从事教学和研究，15年来，个人的研究工作基本上是在科学史领域中。不过话说回来，当初的物理训练绝非浪费。一则至今认为对于思维的训练来说，对物理学的系统学习是最好的训练方式之一，二则对于科学史工作来说，科学的学习背景自然也非常重要。

　　在这本自选集中的文章分为三个部分，大体表现了自己这些年来工作的主线。首先是第二部分，也即低温物理学史的研究。笔者从研究生阶段就进入了这个领域。在写研究生学位论文时，选择了超导物理学史作为研究方向。当时，无论在国内还是在国外，超导都还处于非常"冷"的阶段，幸运的是，毕业后不久，便赶上了因高温超导体的发现而带来的"超导热"。于是便有了某种对于超导史的文章和书籍的"市场需求"。正因为有了预先的积累和储备，便也相应地发表了些东西。结果有人还以为是在超导热起来之后才"追风"的产物。其实，等一个问题热起来再匆忙赶潮流是绝对不会做出精品的。而科学史工作本身的特点之一，也正是要甘于坐冷板凳和研究不那么时尚的东西。能赶上某种"热潮"，只能说是一种偶然的幸运，但"热潮"迟早要退下去的。10来年超导领域也恰恰如此。不过，本人在这个领域的工作还是延续了下来，并向范围稍广些的低温物理学史有所扩展。

关于科学史的具体工作，其实并没有更多好解释的内容，首要而且最基本的要求只不过是扎扎实实的研究。可以提到的是，在国内，从事西方科学史研究的人很少，这固然有多方面的原因，但信息、文献资料的缺乏以及经费等条件的限制显然是非常重要的因素。这些困难的存在导致我们与国外同行在学术研究方面处于一种不平等的竞争之中。早在笔者做超导史的研究生论文时就深切地感受到了这一点。当时，国外也刚刚有人开始认真地对待超导史的研究。但哪怕像在希腊这样并非最发达国家的科学史家，也可以满世界地在各种图书馆、档案馆中利用第一手的资料，而这种研究西方科学史的最基本工作条件当时也是绝大多数中国学者可望而不可即的。因此，在后续的工作中，自己能够做的，只能是尽可能地利用各种机会。例如，在这本集子中收录的《玻尔与超导物理学》一文等，便是这种努力的结果。当然，这些文章讨论的某些问题还是国外科学史家尚未系统研究或研究尚不充分的问题。

在此集子中第一部分的内容，是本人稍后一些开始接触并延续研究至今的内容，即关于科学编史学，或者通俗些讲，是关于科学史的历史、基础理论、思潮、研究方法等问题的研究。之所以关注这些问题，是考虑到国内的科学史界的具体需要。因为长期以来国内科学史工作者们除对西方科学史的研究不够外，对于中国，特别是中国古代科学史的研究表现出来的问题之一，是在研究观念和研究方法上的落后。我们对于西方近几十年来科学史领域中层出不穷、影响甚大的许多新动向、新观念、新方法了解甚少，这种局面严重地影响了国内科学史研究的水平，也影响了我们与国外同行的对话和交流，用流行的话来讲，就是无法"接轨"。但鉴于以往的基础不够，或者说几乎没有什么基础，对于这些问题的研究往往是从零开始，也即从头学习、理解国外文献开始。因此，这部分的内容更多地属于引进、介绍和分析性的，而非独创性的工作。不过，正如前述背景表明的那样，这样的工作对于国内科学史学科的发展又是必不可少和非常重要的。当然，在这方面还有大量的工作需要去做，在今后相当长的一段时间内，本人仍将继续从事相关的研究。

本集子第三部分的内容，包括一些一般性的科学史问题，以及像科学哲学、科技政策、女性主义以及生态环境等方面内容，这些工作因属杂类，不必更多解释。在广义上讲，它们或者本身就是科学史的问题，或者与科学史也是相通的。这也是对本人这些年来曾涉足的某些课题有代表性作品有选择的收录。

总之，编辑这本自选集，可以说是对本人这些年来的工作的一个阶段性的总结。当然，希望它对有兴趣的各类读者也能有哪怕是一点点儿的意义。

2000 年 1 月 6 日于北京清华园

（《刘兵自选集》，刘兵著，广西师范大学出版社，2000 年）

"另类"的科普

——《硬币与金字塔》后记

　　记得上大学不久，大概是在大一，也许是大二的时候，微积分课上老师推荐了一本由著名物理学家和科普作家伽莫夫写的名为《从一到无穷大》的科普书。当时，把书找来后，几乎是一口气像看侦探小说那样地把这本书读完的。在此之前是否看过其他科普书现在已经不记得了，至少也是没有留下什么印象。但自从接触到《从一到无穷大》这本书之后，终于产生了对科普著作的好感和兴趣，也更加因为很少能再遇到像《从一到无穷大》那样高水准的科普著作而遗憾。甚至一时萌生过毕业后干脆去当编辑的想法，当然是为了更多地出版像《从一到无穷大》那样的优秀科普著作。不过，那时从未想过有朝一日自己也会介入科普写作，或者说被承认为介入了科普写作。

　　我大学时学的是物理，但由于自己对于人文学科的兴趣一直也很浓，再加上其他各种考虑，念研究生时报考了科学史的专业。1985 年毕业后，绝大部分时间用在像科学史的教学和研究中，当然，为了能够维持这种兴趣，也还要更多地担任像自然辩证法这样的公共课的教学任务。总之，是以一种在大学中标准的学者的方式来进行研究和写作。

　　第一次介入科普，是 20 世纪 80 年代末当超导热起来时，因为我一直研究超导物理学史，因而被邀写一本通俗的超导发展史。

这就是与我国著名超导物理学家管惟炎先生合作，由知识出版社于 1988 年出版的《超导研究 75 年》那本小册子。后来，又先后写了几本类似的科学史普及读物。现在回过头来看，我以为这些作品还是比较"传统"的，是按照把科学史也包括在内的较为宽泛意义的科普概念。

直到近些年，由于多方面的原因，我开始比较多地涉足科学文化的领域，尽管依然是立足于自己的科学史专业，但这里所讲的科学文化，则包括了学术、准学术和普及的不同层次，也包括了科学教育、科学与艺术、生态环境、社会性别等多个领域，甚至包括了组织出版、撰写书评等多种类型的活动。究其原因，既有在某段时间个人的工作有所变化的因素，有出版业越来越繁荣和市场化以及由此带来资源需求的因素，也有社会上对科学精神、科学方法、科学文化的重视与需求的因素。相应地，也开始有人将科普的观念更加扩大和现代化，将以往那种偏重注意介绍具体科学知识的科普归为"传统"科普，而将更加注重科学精神、方法和文化的作品归入"公众理解科学"类的科普范畴，也有将其干脆以科学文化类作品相称。因而，我的一些写作和活动也就被一些人看作处于广义的科普领域中。这倒是我以前确实未曾想到过的。

但是，在"传统"科普和"非传统"科普之间的某些分歧、矛盾或者说张力也仍然存在。不过我以为，在正常的情况下，不同类型的科普都是为社会所需要的，有多种类型科普存在显然要比只有单一类型更好。在我的理解中，我个人绝大部分的"科普"作品，当然是属于那种"非传统"型的。承蒙湖南教育出版社厚爱，邀请我在"中国科普佳作精选"丛书中出一本集子，我个人确实感到非常荣幸，并以为，这既是对我的工作的某种承认，也是社会上对于"非传统"科普的承认的象征。

　　这本集子以《硬币与金字塔》为书名。其来源是其中所收的一篇讨论科学与艺术关系的文章的标题。同时，用作整本书的标题，也还可以找出某种寓意。因为，在那篇文章中谈到的硬币和金字塔，都是在谈及科学与艺术关系时涉及的隐喻，当然它们也可以作为科学文化和人文文化关系的隐喻。它们意味着，科学和人文是硬币不可分的两面，也是金字塔相互关联又彼此分离的不同侧面。但在金字塔的隐喻中，还有另一层意思，即随着认识高度的上升，其间的距离也将会相应地缩短。而在这本集子中所收的我的"非传统"科普作品中，最明显的特点之一，也正是对科学与人文相结合的关注，是对以人文的视角来看待科学的强调。

　　这本集子的内容选自我发表过且自认为大致属于"非传统"类型的科普作品，包括对两本科普小册子的节选和一些单篇的文章。需要说明的是，其中有些文章也曾收在了我另外几本学术或随笔性的自选集中，但由于科普选集的专题性和读者的不同，经再三考虑，还是把它们包括在了这本集子里。

　　在选编的过程中，特别需要致谢的，还有湖南教育出版社的符本清先生，正是由于他的认可和帮助，才使这本集子的出版成为可能。

[《硬币与金字塔》（"中国科普佳作精选"丛书之一），
刘兵著，湖南教育出版社，2001 年 12 月第 1 版]

认识桥梁的建造者

——《新人文主义的桥梁》后记

　　我最初接触萨顿的著作，还是读科学史专业的研究生时，几位同学在导师许良英先生的指导下有选择地读了一些原著，包括萨顿的著作，并结合著作，对科学史中的许多问题进行了讨论。其后，在纪念乔治·萨顿诞辰一百周年时，我们几位同学又为《科学与哲学》（研究资料）翻译了纪念萨顿的专集，并接着翻译出版了他的《科学史和新人文主义》（华夏出版社，1989）一书，选编并翻译了《科学的历史研究》（科学出版社，1990）一书。在此前后，我们也看到了由商务印书馆出版的科学史前辈刘珺珺翻译的萨顿《科学的生命》一书。因此，今天写作《科学的生命》一书的解读，也算是有着某种前缘吧。

　　作为科学史的专业教学研究者，不可能没有听说过萨顿。但萨顿著作的意义并不只限于科学史的专业人士。其实，萨顿的著作大致有两类，一类是像《科学史导论》那样艰深的专著，在某种意义上，它们并不是为一般的阅读而写作的，甚至在今天连科学史的研究者也只有在必要的时候才会去查阅。另一类著作，例如像前面提到的那几本，则可读性较强，不仅专业工作者，普通读者也可以相对轻松地阅读。当然，说轻松地阅读也许容易有所误导，因为在可读性背后，思想的深度和观点的重要性，是需要反复阅读和思考才能真正有所领会的。这也是笔者写作这本解读的某种必要性。

对于写作萨顿著作的导读来说，显然是有相当大的困难的。例如，虽然萨顿在科学史界是如此重要的奠基者和开创者，但对他的研究并不很多，就笔者所见，甚至还没有一本专门研究他的著作，也没有一本专门的萨顿传记。因此，写作这本解读，只能依靠不多的参考材料，更多地需要自己的思考和分析。

另外需要指出的是，萨顿这位大师虽然重要，但像所有的先驱一样，他毕竟是科学史这门学科早期的研究者，在他之后，科学史的学科又有了极大的发展，要详细地叙述这些后来的发展，就远不是这样一本解读性质的著作所能容纳的了，所以，在本书中并未对萨顿之后的科学史发展做详细的讨论。但我们绝不能无视这些后来的发展，在某种意义上，目前科学史中许多见解存在争议的同时，也远远地超越了萨顿，例如说，实证主义的科学观和科学史观已不再是主流的观点。但在这样说的同时，我们同样也可以说，像任何一位先驱者一样，萨顿的著作中诸多重要的思想，并没有成为过时的东西。在今天，当我们阅读他的著作时，也仍然会为他的许多思想和观点所吸引，为他的热情所感染，因他精彩的叙述和评论而引起共鸣。甚至即使对于中国的科学史界，学习和研究萨顿的思想，也是必须要补上的一课。

因此，在这本解读中，我并没有面面俱到地对《科学的生命》这本原著逐字逐句地分析解释，而是选择其中一些重要的论点，尤其是针对今天的现状，特别是针对国内的现状仍有重要意义，仍有借鉴价值，仍能引起人们深入思考的一些论点，重点进行了分析和评说，并有所发挥。当然，阅读任何一部著作都是仁者见仁，智者见智的事，读者也完全可以做出自己的判断和分析，并得出自己的结论。

自从接受了撰写这本解读的任务之后，由于各种原因和工作的繁忙，一直将写作的事拖了下来，一直等我到英国剑桥李约瑟研究所做访问学者时，才有机会摆脱各种杂务，可以专心地写作，并在这里完成了此书的大部分文字。因此，我必须感谢李约瑟研究所为我提供的良好的工作环境，使我能顺利地完成本书的写作，也感谢办公室窗外那只常常在草坪上出没的小松鼠每天对我的陪伴。

此书得以完成，还要感谢山东人民出版社领导对文化与科学传播的重视，组织这样一套丛书并将对萨顿著作的解读列入其中，要感谢编辑丁莉女士和王海玲女士不断的督促和耐心的等待，否则，这本书的完成恐怕还要继续拖延下去。

最后，恳请各位读者能对本书持宽容的态度，当然，更欢迎对其中存在的问题提出批评与指正。

以后，我希望能有机会再选编和翻译一本更有特色的萨顿的文选。

2002 年 2 月 22 日于剑桥李约瑟研究所

（《新人文主义的桥梁——解读萨顿〈科学的生命〉》，
刘兵著，山东人民出版社，2002 年）

《剑桥流水》后记

在我去英国剑桥李约瑟研究所作为期半年的访问学者之前，河北大学出版社的几位负责人与我谈起一个选题意向，希望我能就国外的一些经历和感受写一本类似于游记的书。由于有了这个背景，我在英国的工作、学习和参观中，可以有意识地想一些东西。于是，在剑桥当我有些感想并有闲暇时，便随手写下了一些相关的文字，也拍了一些照片，并将它们传给了国内的朋友分享。在我回国后，又根据记忆补写了几篇。另一些当时虽有感想但未能及时写下，而回国后记忆已经不很清楚的部分，也许就永远地不会再重现了。而这些写成的文字，汇集起来，就成了现在的这本名为《剑桥流水》的学术游记。

关于英国的游记，已经有了许多种，在这里，我不想把这些文字写成普通的旅游记录或重复那些在常见的游记中已经被人说了许多遍的内容。我所选择的方式，是站在一种学术的背景意识中，从一些特定的视角，去看，去想，去写自己的印象和感受，而且，一个重要的选择标准是，所写的思考和记录，至少要在间接的意义上反映了一种与广义的学术文化，特别是科学文化的关联，哪怕是较弱的关联。至于那些纯粹属于风光或古迹游览的内容，像莎士比亚故乡、海滨城市布赖顿、历史名城巴斯以及伦敦和伦敦周围的宫殿、博物馆等以及一些纯属娱乐的活动，则没有写在这里。

　　书名叫作《剑桥流水》，内容却不仅限于剑桥。限于时间和其他条件，我在英国时并没有特意去追求一定要走得更远，甚至连众人都说绝对值得一游的爱丁堡和苏格兰高地，也最终未能成行。不过，即使只在以剑桥为圆心半径不大的范围里，也还是有许多许多值得看、值得想的东西。由于这些限定，这里所写的内容，显然不是什么重大的题材，相反，倒显得颇有些琐碎，因此，把书名中的"流水"二字理解为流水账也未尝不可。但是，在这些琐细的流水账中，也许还是多少包含了一些新的信息的。

　　在此，作者要感谢河北大学出版社的宫敬才社长、任文京总编和韩健民副总编的创意，以及他们和该出版社为此书提供的出版机会，要感谢众多在英国和国内给我提供帮助、鼓励和支持的朋友。

　　也希望此书的读者能对作者因本人水平有限而在写作中表现出来的种种不足之处予以宽容、谅解。

2002 年 11 月 18 日凌晨于北京清华园

（《剑桥流水——英伦学术游记》，刘兵著，
河北大学出版社，2003 年）

《艺术与物理学》一书的主编附记

经过各方的努力，特别是经两位资深译者的辛勤工作，《艺术与物理学》这本别开生面、引人入胜的佳作终于完稿并将交付出版社了。在此，我想就此书问世的过程再稍做一点补充。

1994年1月左右，我正在美国加州做访问学者，有机会到美国东海岸做短期的工作访问。当时，我在国内念研究生时的同学李世东君正在美国东部新罕布什尔州汉诺威的达特茅斯学院任教。知我到来，他热情地开车将我从波士顿接到他任教的学校做短暂逗留。记得当时美国东部正值大雪纷扬，在到达汉诺威的第二天，早上起来，达特茅斯学院特有的铜屋顶在一片银白的衬映下闪闪发光，给人留下难忘的印象。也正是在那天，我在学校周围的一家书店中发现了《艺术与物理学》这本书，尽管美国的书价之高令人实在不敢轻易问津，但面对这本奇书，我还是忍不住想要将它买下。只是因当时口袋中美元不够，才恋恋不舍地将它放回书架。后来，还与李世东君谈到了这件事，但在匆忙的行程安排下，终于没有再去成那个书店，心想反正美国买书方便，干脆等去别的书店时再买吧。待我回到加州后不几天，突然收到了李世东君寄来的一个邮包，里面正是《艺术与物理学》这本书。李世东君在信中讲，他在听到我的介绍后，去了书店，发现这实在是一本难得的好书，于是就买了一本送我，并说他也要买一本自己留着，等以后带孩子去博物馆时更会有用。

回国后，我就一直想将此书译成中文出版，与更多的国内读者分享其中的思想与智慧。但由于种种原因，此想法在数年中一直未能如愿，直到由我来主编"大美译丛"这个机会的到来。实际上，如果借用物理学概念的话，整个"大美译丛"都是在《艺术与物理学》这个"结晶核"的基础上生长起来的：正是在与责编范春萍女士的讨论中，由《艺术与物理学》这本书出发，才产生了组编这套"大美译丛"的想法。但由于时间所限，我已不可能自己翻译这本书了。幸运的是，由于周惠民先生的引荐，我们找到了吴伯泽先生和暴永宁先生这两位资深译者。他们两人在物理学及物理学普及著作的翻译出版方面久负盛名，暴先生曾是那本伽莫夫的名作《从一到无穷大》的译者，而吴先生则既曾是伽莫夫的《物理世界奇遇记》的译者，又曾是《从一到无穷大》一书的责编。由这两位老先生来译《艺术与物理学》这本书，可谓是名作名译了。暴先生现已旅居加拿大，他在百忙中翻译了本书1—21章和27—29章，已年近七旬的吴先生则翻译了其余的部分，并校读了暴先生的译稿。这两位老先生对译作认真负责的工作态度，确实是如今翻译界难得见到的，而这种工作态度也正是本书翻译质量的保证。

在此，在此书译成并将问世之际，谨向最初赠送此书的李世东君、周惠民先生、译者暴永宁先生和吴伯泽先生表示诚挚的谢意。

2000 年 11 月 21 日于北京清华园

《弗里茨·伦敦：科学传记》译后记

我最初知道弗里茨·伦敦的名字，还是在上大学的最后一年，在我选修超导电性那门课时。后来，在念研究生时，由于选择了超导物理学史作为学位论文的方向，对于伦敦这样一位在超导物理学中如此重要的人物，自然就会以更加细致的方式来寻找有关文献，从另一种观点，也即从历史的角度来考察他。不过，在20世纪80年代初，连超导物理学本身也还处于很"冷"的时期，更不用说超导物理学史了。因此，有关伦敦这位首先以其在超导电性研究方面而著名的科学家的材料非常之少，使人难以全面地对之有所了解。

大约是在20世纪80年代初，希腊学者伽夫罗格鲁等人开始了对超导物理学史的研究。虽然希腊并不是一个科学史研究的大国，但希腊学者的研究却有着相当的有利条件，也取得了很有意义的成果。他们先后写出了一系列文章，编辑了超导电性的发现者卡末林-昂内斯的文集，出版了基于超导物理学史的科学哲学专著，而且，出版了这部在世界上也还可以说是第一部以专著的形式问世的超导物理学家的传记。他们在做这些工作时，采用了国际上标准的当代科学史研究方法，从世界各地的图书馆、档案馆等地方面收集了大量原始论文、笔记、手稿、通信等材料，并以此为基础，再进行细致的科学史分析和研究。以这本伦敦的传记为例，作者在写作中，就从世界各地的档案材料中，找到了三千多封与伦敦有关的通信，及其他大量原始材料，从中发现了大量鲜为人知的重要史料。

因为长期以来，与相对论、量子力学这样"热门"的物理学史论题相比，凝聚态物理学史的研究才处于刚刚起步的阶段，其中的超导电性的历史研究虽然由于超导从 80 年代末因新的高温超导材料的发现也相应地有所"升温"，但毕竟还是相对冷僻的领域。在专业领域之外，连知道弗里茨·伦敦为何许人的人都为数不多。虽然经过提醒，许多受过基本科学训练的人会因为化学中"海特勒—伦敦键"而想起伦敦这个名字，但对伦敦究竟具体做出过什么重要的科学贡献，所知甚少。其实，当我们翻开这部传记，就会发现，弗里茨·伦敦其实是一个非常有特色的科学家。例如，在当代，很少有科学家最初是以哲学研究而获得哲学博士学位并在后来才转向科学研究的，但伦敦是纯哲学研究出身，而且，在这种转向之后，按照伽夫罗格鲁的分析，可以在他后来许多的理论性科学研究中看到早年哲学思维的影响。而且，他又生活在一个特殊的时代，纳粹的兴起与对德国犹太人的排斥，使得他不得不先后流亡英国和法国，并最后在美国定居，而他主要的科学贡献，又是在流亡生活中做出的。再有，他一生的研究横跨几个不同的大领域，既是量子化学的创立者，又是超导理论和超流理论的先驱（包括其对超导唯象电动力学理论的发展，也包括后来对微观教导理论影响甚大的超导量子力学图像的提出，以及对液氦超流动性的玻色—爱因斯坦凝聚理论的研究等），除此之外，还对量子力学的测量理论也有贡献。因此，通过阅读这部传记，可以使弗里茨·伦敦这位在专业领域外"不知名"的科学家走到科学史的前台，为更多的人所了解，而且，伦敦的这部传记，在某种意义上也可以说是早期的量子化学史、超导物理学史和超流动性研究史。对于这些领域的科学史研究和普及也是具有重要意义的。

从写作形式上来讲，伦敦的这部传记可以说是非常专业的，算是标准的"内史"研究，但在这种"内史"的研究中，人们也还是可以看到对相关的社会背景的介绍和分析，尤其是，通过大量的通信内容体现出科学家身上的某种特质，这在伦敦与其他科学家的矛盾和争执中有着特别充分的体现。因此，除对一般科学内史的学习外，这部传记本身也对科学文化、科学家共同体内部的互动等内容提供了大量生动、新鲜的实际材料。

因为从研究生学习阶段开始，一直到现在，低温物理学史一直是我的研究领域之一。因此，在看到了这部很有特色也很专业的超导物理学家传记之后，就一直很想将它翻译出来。经与江西教育出版社协商，出版社同意将其列入由我主持的"三思文库·科学家传记系列"，但由于近几年来在单位的工作繁忙和社会上其他活动占用了我大量的时间，这项翻译工作一直拖了下来。于是我请我的两位研究生参加了部分的翻译工作，并趁在英国剑桥做访问学者的机会，终于将译稿完成。在翻译中，具体的分工是，刘兵：前言、第一章、第三章、第四章、索引，柯志阳：第五章、后记，李正伟：第二章。其中，柯志阳曾对第二章进行了校对。最后，再由我对全书进行统校。当然，在这样一部涉及哲学、科学与社会内容的译著中，翻译的错误在所难免，这当然要由我来负全部的责任。

在此，要感谢江西教育出版社肯出版这样一部相当专业的学术传记，为我国的科学史事业的发展做出贡献（而且江西教育出版社的《三思文库》在整体上对科学文化在国内的传播具有重大的意义）。要感谢编辑黄明雨先生的对此项翻译的支持、不断的督促和在等待译稿时惊人的耐心，否则，这部译作也不可能问世。要感谢首都师范大学李艳平教授帮助我解决了一些法文翻译上的困难。也要感谢剑桥李约瑟研究所为我提供了良好的工作环境，使我能最终完成这部译稿。

最后，欢迎来自专家和广大读者对此译本的批评和指正。

2002 年 1 月 27 日于英国剑桥

（科斯塔斯·伽夫罗格鲁著，《弗里茨·伦敦：科学传记》，刘兵、柯志阳、李正伟译，江西教育出版社，2002 年）

"木犁书系·补天文丛"总序

　　在"木犁书系"中，如今又增加了一个新的子系：补天文丛。单从名称看，其中的寓意似乎不难理解。女娲补天的传说早已经是我们的文化传统中很基本的常识性内容了。有意思的是，同样是在中国的传统文化中，"天"的概念本来就是多义的，既可指自然之天，也可指义理之天。在这里，我们倒不妨站在当代的某种立场上，将其"合一"，借指我们对自然的理解和认识，也就是我们的科学。

　　谈到科学，同样也是在更现代的立场上，我们并不仅仅认为只有那些既成的具体的科学知识才是它的全部。与科学知识相共生的科学精神、科学文化、科学方法、科学态度，也都可以被认为是科学整体的各个重要的组成部分。在科学的普及和传播的过程中，对科学知识的"硬内容"和与之相伴的"软内容"的关注，也是同样需要兼顾而不可厚此薄彼的。对于科学界以外包括其他领域的学者以及范围更广的广大公众来说，后一部分内容甚至更加重要，只有理解了这些内容，才能够更加深入地理解科学究竟是什么和科学究竟意味着什么。

　　但是，在国内以往的科学普及和传播工作中，传统的科普，也即只注重对具体的科学知识的传播和普及，一直占据了主导的地位。随着科学、文化和社会的发展，也随着与国际接轨的过程中对更先进的科普理念的学习，国内现在已经有越来越多的学者开始意识到类似"公众理解科学"的科学传播工作的重要意义。在这样的工作中，占首要地位的，就是对于科学精神、科学文化、科学方法、科学态度的研究和传播。从另一个角度来讲，这种努力也正是国际和国内大背景中所谓要沟通两种文化的努力的一个重要组成部分。

不过，观念上的改变仅仅是第一步，更重要的，是将观念诉诸行动。当然，我们看到，在社会上，在学术界，致力于此的人士很多。他们，就是在科学传播领域中可敬的"补天者"。但无可否认，我们与其他在科学本身的研究和发展、科学传播工作、科学文化研究等方面做得更好的国家相比，在水平上存在不小的差距。这也意味着，要马上就拿出与新观念相适应的大量大部头的著作来满足学术界和公众的迫切需求，一时还有很大的困难。因此，在这部文丛中，我们选择的方法是，将那些已经公开发表的，以及部分尚未公开发表的与科学精神、科学文化、科学方法、科学态度等内容相关的短篇文章，还有一些精彩的访谈等汇集起来。这种集成多人成果，集中而且及时体现在科学文化和科学传播领域中"补天者"们最闪光的思想的做法，也许在目前阶段是可取、可行而且产生效果和影响最快的一种办法。

在我们的科学文化研究和科学传播的领域中，希望能有更多的"补天者"加盟。毕竟，我们是在"同一片蓝天下"。

2001 年 6 月 5 日于清华园

（"木犁书系·补天文丛"，刘兵主编，福建教育出版社，2002 年，共 5 种：《补天——科学文化名人访谈录》《"无用"的科学》《百年科学话题》《跨越鸿沟——文化视野中的科学》及《以生命的名义——中国水资源问题的思考》）

《英国地质调查局的创建与
德拉贝奇学派》序

　　现在，无论对于学术界还是对于一般读者，科学史的研究和相关的著作都已经不是很陌生的东西了。但是，朴素的理解是一回事，准确地把握则是另一回事。例如，关于科学史研究的意义是什么，在目前的状况下国内科学史研究中迫切需要填补的空白领域是什么，国内的科学史研究目前仍存在什么问题，什么样的科学史研究才是规范的，什么样的选题和研究视角更为缺乏，如何正视国内与国外科学研究的差距，如何既做到与国外研究的"接轨"又能满足国内的迫切需要，如何恰当地处理引进和原创的关系等，像这样一些问题，仍然不能说已经完全解决了。而只有对上述问题有了比较清楚的认识，国内的科学史学术研究得以立足于科学史学术研究基础积累之上的普及性工作才可能相对理想、顺利地进行。要做到这一点，只有两种办法：其一，是进一步加强有关的科学史理论研究；其二，就是进行更多具有示范性的具体的科学史案例研究。

　　作为清华大学重点课题"科学史理论与科学史案例研究"的部分成果，由王蒲生博士著的《英国地质调查局的创建与德拉贝奇学派》一书，可以说就是上面所讲的第二种典型的重要科学史研究工作。作为这一课题的负责人，我很高兴地看到王蒲生博士的这一新著能够问世。其实，当初我们清华大学科学技术与社会研究所以及科学史暨古文献研究所的部分同事之所以申请设立这一研究课题，也是出于前面所讲的面对国内科学史研究现实需要的考虑。而王蒲生博士的这一著作，正是这一研究课题的重要工作之一，也正好能够满足解决和回答上述种种问题。

很长时间，国内科学史界对科学发展过程中学派问题的研究还很少见。而学派问题的提出和受人关注，在很大程度上与国外科学社会史及科学社会学的研究关系密切。我们可以看到，王蒲生博士这本名为《英国地质调查局的创建与德拉贝奇学派》的著作中，也正是既立足于相对传统的科学史研究的基础，同时注意更多地吸取国外科学社会史和科学社会学这一研究方向上的成果。

首先，这本书对地质学的早期发展历史做了较为详细的介绍，这一部分内容为那些想了解地质学发展的读者提供了翔实有用的材料，也为后面的阅读提供了必要的科学背景。其次，作者以地质学作为特例，对科学的职业化过程进行了历史回顾，这部分内容也是典型的科学社会史内容。尤其是，这本书的重点内容是对地质学中的德拉贝奇学派的产生、发展和衰微的全面探讨，包括对此学派的创立者和领袖人物德拉贝奇的身世、宗教观和科学观，以及地质学思想的历史追溯。在这一部分中，可以说就是将科学社会学的研究与科学史的研究紧密结合的核心之所在了。而这种结合，也正是此书填补国内科学史研究中空白的关键。像这样的工作，大致可以说有三方面的意义。其一，是纯粹属于科学史和科学社会学等领域的学术引进和积累；其二，可为对有关问题感兴趣的科学界人士，以及科学管理者等人提供必要的借鉴；其三，是以科学史为视角的一种科学文化的普及。

尽管国内学者在从事国外科学史研究时，获取第一手资料的困难几乎是首位而且难以克服的，但服从于此书以及此套丛书设定的读者对象和写作目标，作者仍然立足于大量国外已有的研究文献，较好地吸收了国际科学史界和科学社会学界现有的研究成果，并通过融作者研究心得于其中的再创作，将其表现为适于国内读者阅读的形式。因此，无论是就国内科学史研究和科学社会学研究的需求，或者是就科学工作者和科学管理者参考借鉴的需要，还是就目前国内呼声颇高的科学文化普及来说，此书都可以说是应运而生，而且生得相当健康。

虽然对于这类读物的写作者，不能不考虑到相关学术领域的背景和实际需求，但除了那些可以直接阅读科学史和科学社会学原著的专业学者，对于普通读者，其实倒不必更多地顾及这些背景，而是更需要一种适于阅读而且能够提供大量信息的科学史读物。也正是在这种意义上，王蒲生博士的《英国地质调查局的创建与德拉贝奇学派》一书，内容远不像书名表现的那样似乎要将非专业人士拒之于千里之外，而是颇具可读性，至少从书稿本身来说，具备了为范围更广的读者所接近的可能。讲到可读性，绝不是说它缺少专业水准和学术的严谨性，恰恰相反，它正是在具备了学术严谨的前提下，体现出了作者能用不那么艰深的语言将历史讲清楚的本领，而这种本领并非每一个科学史工作者都具有的。记得英国著名史学家特里维廉（G. M. Trevelyan，1876—1962）表达过同样的意思，他说："有人认为，读起来有趣的历史一定是资质浅薄的作品，而晦涩的风格标志着一个人的思想深刻或工作谨严。实际情况与此相反。容易读的东西向来是难写的……明白晓畅的风格一定是艰苦劳动的结果，而在安章宅句上的平易流畅，经常是用满头大汗取得的。"

上述评论只是作序者本人的看法，究竟此书问世后会在学界和一般读者那里获得什么样的评价和反响，只有在书出版之后才会真正见分晓。虽然也有许多真正有价值的专著要在问世许多许多年之后才引起重视和被高度评价，但由于此书的质量，以及它特定的形式、目标和写法，相信如果没有发行传播等其他边界条件的限制，它显然用不着等很长的时间就会为读者所接受和认可。

也希望读者在读过此书后，能够忘记这篇序言，而是基于自己对这本书的阅读形成自己的见解，并从中获益。

2001 年 1 月 16 日序于北京清华园

（《英国地质调查局的创建与德拉贝奇学派》，

王蒲生著，武汉出版社，2002 年）

科学与性别有关吗？

面对这套"女孩的科学"丛书，许多读者一定会有这样一种疑问：女孩的科学？难道科学还与性别有关吗？

其实，不用太高深地探讨，只从身边经常见到、听到的事，甚至从自身的体会出发，想一想，你就会得出比较肯定的结论。

近一些的事包括：在你身边的同学、朋友中，男孩和女孩在学习科学方面有些什么差别？是不是曾听到老师或其他的大人说过女孩不适合学科学的话？你自己在学校或校外接触科学问题时，是不是特别有兴趣？

还可以想想远一些的事，例如：你知道多少著名的科学家？也许，你会脱口而出地说出像伽利略、爱因斯坦等许多名人的名字，可是，在这其中，又有多少是女科学家呢？如果你能说出居里夫人或其他女科学家的名字，那肯定说明你是关心这方面的问题的。可是，即使绞尽脑汁，你还能想出更多的杰出女性科学家吗？恐怕不会很多吧。

那么，你还会说科学与性别无关吗？

除此之外，我们还可以想一想这样一个问题：一般来说，在人们的心目中，什么样的女孩才是理想的女孩？也许那些外向的女孩的家长，或者别的什么人，经常会这样说，"别那么疯疯癫癫的，没个女孩样！"在社会上对女孩的要求中，强调的是女孩应该是恬静、温柔、内向，富有情感。而对于男孩，则认为理想的标准应该是刚毅、外向、理性等。

在这种"标准"的女孩和男孩的模式下，联系到在学校里的正规学习和在学校外对科学的接触，我们会发现，学习科学似乎更适合人们要求男孩们的那些特征，比如抽象的思考，而不是凭着直觉的感性认知。在这方面，女孩似乎又处在了不利的地位。

但是，如今我们毕竟是生活在一个科学的时代，缺乏对科学的了解，不管你是女孩还是男孩，都无法适应现代社会的要求，也会影响未来的个人发展。

因此，对女孩来说，学习科学也是必须的。问题只是在于怎样学，怎样更容易地学，怎样高高兴兴地学，怎样有兴趣地学。

这套"女孩的科学"丛书，就是为了解决这些问题，针对女孩的学习与心理特点而专门设计的。它把科学、技术甚至数学内容，与日常生活紧密地联系起来，尤其是与那些女性会更为熟悉和关注的饮食、家务、游戏等生活内容相结合，把科学的知识融入其中。而且，在书中还插入了许多有关女科学家的故事。在讲技术时，着重介绍的是与女孩们在未来的发展中更有密切关系的那些知识。数学，通常也被认为是女孩学习的弱项，而在这套书中，作者也经常把数学与女孩周围的事情相联系。当然，书中还有像童话故事般引人入胜的讲述。由此，既可以增加女孩的学习兴趣，也可以增加她们学习科学的自信心。

适合自己的东西，才是最好的东西。这套为女孩而写的科学书，将会为更多的女孩打开一扇门，门内，就是那神秘而又有趣的科学世界。

（此文为北京出版社 2003 年出版的
"女孩的科学"丛书所写的序言）

透过历史理解物理学

对于青少年科普素质教育来说，物理学的教育是非常重要的一环，因为正是在物理学中，体现了近现代科学的标准特征，而且非常有助于培养人们以逻辑的思维方式来看待科学、看待科学研究的方法以及看待自然。就对学习物理学而言，通过历史的方法来学习又是非常易行、有效而且有其不可替代的功能的。

物理学家研究物理学，物理学史家则研究物理学的发展以及物理学家。这是不同的分工。由于这种分工和研究方式的差别，以物理学教科书的形式和以物理学普及读物的形式写出的通俗物理学著作，与物理学史著作相比在许多方面有所不同。前者，更是以一种现有的物理学内在逻辑展开的，而后者则是以历史的线索来叙述。这两种叙述方式可以说各有优点，也各有不足。但一般来说，以历史的方式向普通读者介绍物理学是一种让人更加容易接受且更加容易理解的做法。除理解上的优势外，物理学史还包括了更多人文的因素，使读者能够更加全面地理解物理学，理解物理学家，理解物理学的方法、精神和文化。甚至可以说，不了解物理学史，就不可能全面、深入、透彻地理解物理学自身。当然，通过对物理学史的系统学习，也自然会学习到物理学中那些最重要、最关键的内容。

就物理学史在让读者了解物理学的方法、精神和文化这些功能而言，如果上升到更高的高度来讲，就是对"科学文化"和

"人文文化"这两种文化的沟通。从 20 世纪 60 年代起直到现在，在世界性的范围内，科学教育界一直在为弥合"两种文化"的分裂而努力。甚至在像目前世界上一些极有影响的科学教育改革方案中，这种努力的倾向仍是异常明确的，历史的理解就是其中被强调的一部分内容。长期以来，我国包括物理学教育在内的科学教育在这方面有着明显的缺陷，教学更多的是关注对物理学知识的传授，甚至连大多数传统的物理学普及读物也是如此。因而，像这种以物理学史的方式来普及物理学读物的出版，就有了其更重要的意义。

像科学史中其他的分支一样，物理学史本身也有不同的形态。从学术性和普及性来讲，物理学史既可以是非常专业的只有史学家才会感兴趣的学术性著作，也可以是让物理学家和其他科学家、学者有所获益的作品，当然还可以是面向普通读者的通俗性历史读物。在这种分类的家谱中，随着史学和科学内容的学术性的递减，带来的是通俗性和可读性的增加。这里的《能量守恒——屡建奇功的物理学（上）》和《飞跃时空——屡建奇功的物理学（下）》两书，正是属于那种通俗可读的物理学史读物。其内容几乎涵盖了物理学从产生到今天非常完备的发展历程。前一本书涉及从古代到近现代物理学产生的历史，后一本书则专门介绍 20 世纪物理学的发展。当然，在这种对物理学史的通俗介绍中，一些阶段、事件和细节不得不被略去，例如像物理学在中世纪的历史等，但为了在很短的篇幅和通俗的叙述中突出重点内容，这也许是不得不付出的代价之一。实际上，任何一部历史都是以特定的写作目标而进行过节略的，问题只在于节略的方式是否恰当、理由是否充分。在这两本书中，作者对内容的选取是与其设定的读者对象相适应的。尽管在这样的目标下也还可以有不同的节略方式，但那正表明在通俗性的物理学史读物的领域中，还可以而且需要有更多的优秀著作出版。

虽然目前对于究竟什么是素质教育以及如何进行素质教育尚有不同的说法和较多的争论，但无论如何，以人文的、历史的理解来普及科学肯定是素质教育中不可缺少的重要内容之一。这也正是出版这两本通俗的物理学史普及读物的意义之所在。

2000 年 6 月 25 日于清华园

（此文原应邀为新世界出版社拟出版的《能量守恒——屡建奇功的物理学（上）》和《飞跃时空——屡建奇功的物理学（下）》两书写的序言，出于种种原因，这两本书至今仍未面世）

第四编　我写故我谈：对话

包容性与倾向性的结合

　　针对眼下科学文化出版物的现状与未来的发展，本报记者采访了这方面的专家刘兵先生。刘兵先生兼学者、策划者、作者、译者、书评人等角色于一身，是科学文化出版物的积极参与者和活跃人士。作为学者，他与出版社的编辑和新闻界有着千丝万缕的联系，对于我们研究科学文化出版物这一现象，他的一些见解和观点自有独特之处。以下是记者对刘兵先生的访谈（记者简称"记"，刘兵先生简称"刘"）。

　　记：从近几年的出版发展来看，从"科普"到"公众理解科学"，再到如今的"科学文化"，概念似乎在不断演变，相应的出版物在公众的阅读中已占相当大的比例，"第一推动丛书""科学大师传记丛书""科学大师佳作系列""三思文库""支点丛书"等在读书界已具备相当的口碑。在不久前由清华大学人文学院科学技术与社会研究所举办的"科学文化传播研讨会"上，出版社的编辑和相关学者讨论最多的是科学文化出版物该如何定位的问题。对这个问题您怎么看？

　　刘：这确实是一个非常重要的问题。名称，或者说分类或定位的不同，会直接影响到策划的视角，也自然影响到出版物的内容。我一直在提"科学文化"。其实，这种提法也是有其历史来源的。几十年前，英国学者斯诺就提出了"科学文化"和"人文文化"这两种文化的分裂，以及这种分裂带来的严重后果。所谓科学文化，即是与人文文化相对应的，甚至在传统中与人文文化有某种对立的和科学相关的文化。这是一个很广泛的概念。换一个角度也可以说，科学文化类出版物就是要以人文的、文化的视角来看待科学问题。因为是一个很广泛的概念，它的包容性就很强。像科普、公众理解科学等很大一部分内容，都可以作为它的子类。这个概念对中国当前的出版有着特殊的实用意义。例如，科学哲学、科学史和科学社会学等亦是迫切需要的学术性的著作，也都可以归入科学文化的范畴之内。像江西教育出版社的《三思文库》就分了很多系列，除普及式的公众科学系列和科学前沿系列外，也还包括科学史经典系列、科学家传记系列和科学争鸣系列。这后几个学术性很强的系列也都可以属于范围更大的科学文化的分类。我认为，以这种包容性很强同时又有鲜明倾向性的理念来指导出版工作是一种可取的选择。它至少避免了一些范围狭窄和表述别扭的提法。

记：我注意到作为一名学者，您亲身参与了一些科学文化出版活动，除了著有《克里奥眼中的科学》，翻译了《正直者的困境》等书，还策划、主编或主持了《科学大师传记丛书》《三思文库·科学史经典系列》《三思文库·科学家传记系列》等丛书和刊物《三思评论》。作为学者介入出版，您背后的更广阔的背景和深层原因是什么？在您看来学者介入科学文化出版有什么意义？

刘：谈到学者介入出版，其中既有某种必然性，也有某种偶然性。就个人来说，本来就是从事科学史等与科学文化密切相关的研究，天然对之就有兴趣。而且也看到，从普及的角度来说，传统的科普观念比较陈旧，而像从国外引进的"公众理解科学"观念的新型科学普及读物，在国内由于作为其基础的像科学史等学科研究的薄弱，学术积累不够，达不到理想的水平。因此，有机会亲身参与一些出版的策划和组织工作，也可以说既是本职工作的一部分，也有重要的社会意义。这也可以看作是某种社会责任感的表现吧。学者介入出版工作，可以利用其研究基础，发挥他们熟悉相关领域、了解最新进展和动向的优势，使选题更加合理，更能反映前沿的动态和新观念，自然也就可以提高出版物的档次和水准。因为对于新的出版物类型，出版社和编辑们一时也还不够了解，不好把握。不过，学者毕竟是学者，不是严格意义上的出版工作者，如果能与出版者良好地合作，就可以起到取长补短的作用。当相关领域发展到一定的时候，编辑对科学文化类出版物更加熟悉，可以相对独立地把握选题时，学者也许就可以在很大程度上退出这样的策划工作了。此外，一个值得注意的情况是，当前国内从事科学文化类出版最出色的几位编辑，像上海科技教育社的潘涛、吉林人民社的范春萍等，也都有受过科技哲学教育的背景。这也表明了相关学术背景对科学文化出版的重要性，也说明未来如果科学文化出版要有理想的发展，对编辑的培养也是非常重要的一个前提条件。

记：有人说目前的科学文化出版物还是"小众"市场，即读者范围很有限。可我看到目前引进的此类出版物在国外的发行量都是不错的，可以说是精品，有些可称得上是经典著作，但是在我们这里发行量停留在"一般"水平，是我们引进的书不合适，还是我们的读者市场有待培育？

刘：说到科学文化出版物在国内是"小众"市场是有一定道理的。但这并不意味着情况会永远如此。首先，在我国从出版角度来说，像科学文化和公众理解科学等都是作为新的概念提出和引进的。过去讲科学普及，一般是讲普及具体的科学知识。而科学文化则与此不同，是强调以人文的视角来审视科学，是让读者理解作为文化的科学，理解科学的精神和科学的方法。其实，潜在的市场还是很大的，关键在于对市场的培育和开发。例如，这类读物潜在的读者群应该是很大的，既包括受过良好科学训练的人，也包括那些只有纯人文社科背景的人。当今，科学对我们的社会生活影响越来越大，希望能够从整体上、从宏观上、从精神和方法上了解科学的人应该是很多的。只是由于长期没有科学背景的人对复杂精深的科学知识有一种恐惧感，不知道科学文化类出版物如果做得好，他们也可以读得懂。再加上长期以来科普类图书质量的不理想，使得许多没有科学背景的人一听到与科学相关便马上敬而远之。其实，如果营销、宣传工作做得好，就能够吸引那些对此有潜在兴趣的人阅读，并让他们认识到阅读这类图书的确可以为他们带来一些新观念。不过，要做到这一步，需要有一个相当长的、缓慢的过程。三联书店的《科学人文》丛书相对印数要高，与三联出人文社科精品图书的品牌应该有很大的关系，这使得更多的读者相对偶然地购买了科学文化图书，并接受了这类图书。

另一方面，并不是说有了科学背景的人就一定会自发地愿意去买、去读科学文化类图书。两种文化的分裂也同样表现在科学界。在这种背景下，一些科学工作者的目光相对狭窄，只局限于具体的专业知识，缺少一种人文的视野和人文的关怀，甚至对于科学本身亦是如此。因此，对于这类人，其实也是需要进行宣传的，要使他们意识到从人文视角理解科学的重要性。这不仅对于出版者有意义，而且对于科学在中国的发展，对于理性地认识科学技术的二重性，实现对科学技术合理的社会控制，也都具有重要的意义。

再者，还要认识到，在目前的阶段，重要的是要奠定作为未来普及性作品高水平可持续发展的基础，因此不应短视地仅仅关注当下短时间内的数量的增长，而要有一种长远的眼光。在科学文化这种分类中，作为这种学术积累著作或准学术的著作，更多的是面向有一定文化修养的学者。但是，只有提高了学者的科学文化水平，才可以创作出更多更可读的普及性图书，因为这些书也都是要由学者来写的。这也就是一个从小众扩散到大众的过程，即面向未来的发展过程。

记：目前的科学文化出版物以引进的居多，缺乏原创的根源是什么？

刘：引进并不是为了偷巧，而确实是不得已的，确实人家在这个领域的发展已经非常成熟了，我们目前无法直接越过这个阶段，只好从引进开始做起。一方面满足当下的需要，一方面通过引进而充实我们自己的学术积累。这就是所谓的初级阶段。等我们越过了这个初级阶段，有了足够的积累和储备，高水准的原创性作品的数量自然也就会大大增加。

记：人们谈得较多的还有作者队伍和译者队伍的培养问题。这类出版物中学者介入比较多，似乎已经组成了一个活跃的相对集中的小群体，他们本身具有很高的专业素质，又有较高的文学素养，同时有一些人还有敏锐的目光可以帮助编辑策划选题。如吴国盛、刘华杰等。作为其中的一员，您认为目前这个群体是否太小，太集中了？另外有些翻译作品还存在一些缺憾，就您看来这些如何避免呢？

刘：前面曾谈到了对编辑的培养问题。但是，与对编辑的培养相比，目前，科学文化类出版物作者队伍和译者队伍的缺乏更是一个非常严重的问题。因为科学文化类的出版物具有横跨科学和人文的交叉性质，作为作者或译者，要求你既要有科学的背景，又要求你有更广泛的人文修养，有哲学和历史的功底，对中文要求也很高。这样，你的作品才能真正吸引人。这里需要改变的东西很多。至于介入科学文化出版的学者群体的大小，我想这并不是一个很关键的问题。当然，有更多的人从事这方面的工作，会将发展进程进一步加速。此外，就我所知，除北京外，还有许多学者在从事类似的工作。但是由于信息、资源等方面的限制，可能不是搞得那么轰轰烈烈和那么有影响。但这些外部条件的改善可能非一朝一夕所能实现的。关于翻译的质量，目前可以说确实问题相当严重。这一方面与合格的译者队伍缺乏有关，另一方面也与译者的工作态度有关。笔译毕竟不同于口译，但对那些不懂的地方，对于那些似懂非懂的方面，是否认真地去查字典和有关资料呢。

记：最后一个问题，作为业外人士，你对从事此类图书出版工作的编辑的心态有什么看法？

刘：这是一个有趣的问题，只能试着、猜着回答了。与那些出版能大大盈利的畅销书不同，出版科学文化类图书至少在目前对编辑本人的经济效益显然要差得多。但就我所认识的致力于科学文化出版的编辑来说，发现他们都具有某种理想，具有某种献身精神。这确实是非常难得的。此外，青岛出版社的王一方先生有一个观点非常有意思，他认为，因为科学技术的发展实在太快了，这导致纯科学类的图书有的生命周期非常短，比如计算机类的书，生命周期也就是半年左右，虽然有它当时的市场需要，但很快就过时了，但是把科学作为一种文化来研究的科学文化书籍的生命力却长久得多。因此，对于从事科学出版的编辑来说，科学文化类图书可以说是科学出版这个短命的孩子脖子上的一把长命锁。当然，这把长命锁对以事业为重、看重身后成果的编辑们有一种特殊的吸引力。这种说法听上去挺有道理，是否编辑们真的如此认为，那只有由他们来回答了。

（此访谈由记者戴昕采访整理，

载于 2000 年 4 月 14 日《中国图书商报》）

科学文化：出版与研究相辅相成

王：《科学时报》记者王卉　　刘：刘兵

王：一段时间以来"科学文化"一直是学术界的一个研究热点，也是出版界的一个热点，您身兼学者、组织策划者、作者、译者、书评人等角色，是"科学文化"研究与出版领域的活跃人士。您能否介绍一下"科学文化"这一提法的由来与内涵？

刘：简单地讲，可以将"科学文化"的概念追溯于 20 世纪 50 年代英国学者斯诺提出的"科学文化"与"人文文化"分裂的争论。他对于这两种文化分裂的后果的分析，重新让人们意识到两者融合的必要性。关于"科学文化"这个概念，现在整个社会普遍在提，甚至一些单位也试图把它作为研究方向、研究领域，使之发展。相应地，出版界也在谈论"科学文化"，把它作为一个分类，作为一个出版发展方向和热点。出版界对科学文化的关注是整个社会对科学文化关注的一种反映。

当然，在出版界，对这方面的关注还有不同说法，比如"科学人文"等。我最近写了一些文章较多地在提倡"科学文化"的用法。就出版而言，这个用法有它特殊的概念。也就是说，在特殊时期，我们用科学文化这样一个粗的、泛的分类可以把更多类型的有关科学的方方面面都包括在内。它可以是很普及的，也可以包括有些专业化的甚至某些学术研究的东西。如果它确实涉及科学之外的与社会的关系，那它的发展历史、精神、方法等方面，都可以纳入科学文化这个范畴里来。

王：那么，"科学文化"在中国什么时候开始被关注，您又是什么时候介入的？

刘：就我个人而言，还是从斯诺开始说起吧。在 20 世纪 80 年代，我曾和一位朋友一起把斯诺那本有关两种文化的著作译成中文，作为"走向未来丛书"中的一本出版。那时，我已开始去注意"科学文化"这个事情了。不过，当时本可以用文化的视角接着做专题研究，但很遗憾，由于专业的限制、时间关系及其他原因，我没有接着专门做下去。但我个人从事的是有关科学史的研究，它本身也构成了"科学文化"的一个重要组成部分。当年，美国科学史学科的奠基人萨顿就把科学史当作是连接两种文化的桥梁。作为研究工作的组成部分，自然包括写书、写文章、出版或组织有关东西。当然除这里所谈的那种意义上的科学文化出版物外，以往，国内也有那种专门介绍科学知识的科普著作。我个人的感觉是，科学文化虽然是很泛的分类，但那种只讲具体知识的东西不属于科学文化的范畴。因为它没有涉及具体科学知识之外的那些文化的、社会的、思想的、观念的东西，只纯粹是一种具体的、技术性的知识宣传。也正由于这样一些考虑，我写文章，在一些场合说话，总会打"科学文化"这个旗号，用这个说法做概括。因此，从一开始，我还是从科学史做起的，后来由此拓展，做得有些杂了，兴趣有些广。但我自己研究的主线，或者说作为一个学者看家的东西，还是在科学史这个领域。

广义来说，科学史是科学文化的重要组成部分。但如果我们把视野放宽一些，就会看到，除了学者们在做相应的研究并发表严肃的成果，社会上也还需要有一种普及性的甚至学术性的内容传播，向科学界和科学文化界以外更广泛的社会群体传播科学文化。这种事情既要有人去做，也跟我们的研究工作密切相关。有些学者只埋头做专业学问，这是一种选择，而另一些学者则在自己的一部分写作和研究中兼顾到大众的需要。当你在讲科学的东西，讲科学文化时，实际上你的读者、你的传播对象的很大一部分人可能是非科学人士，比如没有科学背景的人文社会科学工作者。从需要来说，在这个科学影响巨大的时代，他们也需要对科学文化有一些了解，甚至这种接触了解对他们自身的研究领域和工作也有同样重要的意义和潜在的影响。

王：正因为这样的考虑，您才比较多地参与出版？

刘：是的。尤其最近几年，除了自己写作、研究之外，部分也是由于一些偶然的因素，我参与了与出版社合作的一些策划、主编及其他的出版组织活动。也正因为这些活动，才使我认为重要的、能反映自己思想倾向的选题得以确立，最终以书籍的形式推向社会，对社会有所影响。其实，像这样的事情我从很早就已涉足了。在 20 世纪 80 年代，就曾有出版社的编辑与我以及其他一些朋友和同事合作，搞一个科学文化书系。但当时做得很不顺利，虽然也出了几本书。比如，我自己就选择了科学史的重要人物萨顿的一些著作翻译，另外还出版了其他几本书。但限于当时出版界形势，这些工作进展得非常不顺利。要知道当时出书非常之难，不像现在这么市场化。这样，没出几本，整个计划也就不了了之了。

王：看来，学者对出版的介入也有赖于出版界本身的环境。

刘：当然。我最近几年对出版工作参与得更多，实际上与国内出版环境的变化，特别是与出版界开始更多面向市场有关，也与出版者的一些需求有关。在这样的情况下，不同的出版社，不同编辑就会选择不同的发展方向，但都是要做一些更有品位的、更有文化意义的、更具学术积累价值的、更精品的出版物。在一些出版社的选择中，也就把科学文化出版物选择为它的发展方向。在出版社的这种需求下，一些学者，包括我在内，也就被拉了进来，参与到策划、主编、组织等这些事。

王：您属于对"科学文化"出版参与比较多的学者，从您所参与出版的书中，也可以从一个侧面了解到我国科学文化的出版状况，您能否把这方面的情况介绍一下？

刘：单子拉一拉，发现这些年自己也确实参与了不少。如早期曾参与翻译"走向未来丛书"，后来又写作和翻译了其他一些著作。仅就组织工作而言，20 世纪 80 年代末 90 年代初我作为副主编参与了武汉出版社的那套科学名著文库的出版。那套书主要是选择在科学史上有重要意义的一些科学原著，比如牛顿的《自然哲学的数学原理》、哥白尼的《天体运行论》等。后来，又以副主编的身份参与了山东教育出版社出版的"新视野丛书"两批 15 种的组织和策划，这套书的立意是要从人文视角看科学和社会。在其第一批中，还有我自己写的一本关于科学史理论的研究专著。我还参与了"三思文库"系列出版物的策划。"三思文库"张罗起来后，我在其中担任了科学史经典系列和科学家传记系列这两个书系的主持人，差不多也就是主编吧，同时做《三思评论》这样一个有期刊风格的系列出版物的执行主编。尤其是《三思评论》问世以后在学术界普遍反响很好，但令人遗憾的是，由于种种原因，《三思评论》未能继续做下去，出了两卷后就夭折了。以后如有适当的条件，我觉得还可以继续在这个方向做下去。另外，我还在上海东方出版中心主编了一套《科学大师传记丛书》，这套书共出 12 本，都是引进翻译的科学家的传记，比较权威、可靠，也尽量照顾不同领域的读者，不选太专的纯技术性的原著，更注意学术与可读性的统一。传记出版一直是出版界一个很重要的领域。作为科学家传记，选择国外比较严肃有水平有价值的著作，以这样一个规模系统地做下来，在当时国内似乎也还是第一次。这是一个空缺，是一个需要发展的领域。

　　王：您参与的这些出版活动似乎以引进翻译为主？

　　刘：我们这里谈的虽然主要是科学文化，但在具体工作上，我仍然更关注科学史，科学史本身也实实在在地涉及现在人们经常强调的科学精神、科学态度、科学方法等内容。但对后面这些内容的宣传，不能只是凭空想象或随意发挥，而是需要有充分的材料作为基础。特别是，与这些内容相关，我们需要更多注意的是西方的科学，因为现在对我们的社会以及人们的生活和观念影响最大的科学，基本上是源于西方的科学。而对于西方科学的历史研究，国内的资料储备和学术研究积累一直很欠缺。那么，我们就必须从头开始，将西方的科学史研究或者其他相关的研究成果，特别是那些经典先引进介绍过来，使之成为我们发展的基础。这种引进、介绍和研究构成了我的工作中很重要的一部分。

　　我还参与了一些也可以算是属于广义的科学文化范畴的一些出版物的组织和策划工作，如主编了天津教育出版社出版的《绿色未来丛书》，主编了由吉林人民出版社出版的"大美译丛"等。"大美译丛"是一套典型的科学文化类丛书，更严格地讲，实际上属于科学美学的分类，它是从美学的视角和立场——当然广义地说，这也正是人文的视角和立场——来研究科学发展中和科学方法中的一些美学问题，也包括对于自然界的美学研究，即科学之美、自然之美。以往，人们也在关注科学美学问题，但多数是零零星星地谈。但我认为这是一个值得系统地予以关注的领域。要使这个领域发展得比较理想、顺利，也同样要把它作为学问来考虑、来研究。以前我们随意谈得太多了，太过于表面地把科学和美联系在一起，没有认真地拿它当学问来做，这些东西在西方也有人做，但不是很多。我们把西方这些相对零散但确有一定水准的东西汇集起来，做一个系列译介，对国内这方面的研究和普及也是一种基础性的准备。

王：看起来，您比较偏爱对系列书的参与？

刘：此外，我也零零散散撰写了一些书、主编了一些单本的书，比如《保护环境随手可做的 100 件小事》以及其他科学普及类的书籍。当然，我基本上不会选择做那种传统的、只介绍具体科学知识的科普，而是注意让作品能容纳一些文化的、历史的、社会的背景和观念。在像"求知文库""科学之门丛书""金苹果文库"等丛书中，我自己参与撰写了一些更加普及性的著作，这也是另外一种参与吧！

除此之外，因为与各界打交道比较多，很多朋友，特别是出版界和媒体的朋友找到我，希望从书评、书介的角度来对有关科学文化的出版物的发展有所促进。于是，我相应地多写了一系列评论性的文章，这也可以说是对科学文化出版的又一种形式的参与吧。

王：您主要从事科学史研究，同时兼顾科学哲学与科学文化，另外还对生态问题、女性主义问题等比较关注。在您参与的比较多的出版活动中，对各方面也多有涉及。在不少人眼中，您属于关注点比较多、比较杂的学者，因而人们对您也有了继续做"加"法还是做"减"法的不同建议，您认为您的那些被人们认为是很泛的关注有学术上的必然性吗？您是怎么考虑的？

刘：在我种种形式的对出版的参与中，有一个核心，就是科学文化。但我毕竟不是一个出版人，不是出版社的编辑，更不是一个书商。所以更多的是以业余身份参与，或者说，把它作为自己工作的一个组成部分。我仍然把自己定位在一个学者的位置上，当一名教授要上课、教书，那是我的职业。那么就必须做各种课题研究，要申请研究基金，要发表文章。对出版的参与，是一种对科学文化发展的促进。它跟日常的研究、教学活动尤其是研究活动是有联系的。如果这两者之间的关系处理得好，本可以相互促进。我所涉及的那些领域在有些人看来是杂一些、泛一些。但实际上我不像出版社的编辑那样，看什么选题好了，就把它拉过来，我并不是为了出版而参与出版，我所涉及的那些似乎很泛的东西是与我的研究工作、社会活动和学术活动，与教学和研究中涉及的思想和观念有联系的。比如科学史作为我的本业，它涉及很多东西。不管传记也好、经典著作也好，其出版和传播对于科学史界的学术积累、学科发展，我认为都是有重要意义的。包括我自己写的科学史理论著作也是一样。又如，我做过一些专题的科学史研究，如超导物理学史等，那些东西读者面会窄一些。但在可能的场合，如为"金苹果文库"撰写《超导史话》一书，这种纯粹的学术甚至也可以转化为相对普及的形式。又比如，我主编的《保护环境随手可做的100件小事》一书，是关于环境保护的。实际上，环境问题也是我关注的领域之一，在我的学术研究和参与民间环保团体的社会活动中都涉及它。在这个意义上来说，做这样一些更为普及化、更有社会公益性的事情是很自然的。

有人奇怪为什么在我写的文章或汇集的集子里会涉及女性主义问题。实际上我接触到女性主义也是与我对科学史的研究有关，是由科学史向外的自然扩展。就学问来讲，最基础的专业性研究也好，专题性研究也好，一般的科学家传记也好，科学史的理论研究也好，还是生态环境也好，都会涉及性别的问题。在科学史的意义上，性别与科学的发展有着密切的联系。环境与性别问题又有另外一种联系，这就与我对生态女性主义的研究相关。由此，科学史、性别、环境几部分内容就彼此有了一种打通的联系。所以整个学问本身在文化意义上是一个网络性的东西，是相互连通的。做得好的话，各部分之间可以彼此相关，相互促进。在这种意义上，专和杂的关系就有一种特殊的表现形式。这是从学术研究的概念来讲的。如果要将研究的成果具体化、物质化到出版物的形式，那么就可能表现为多样化的参与形式。如果你这个人更活泛一些，更有一种参与意识、更有一种责任感，更希望做一些对社会有贡献的事，那么你就可以再参与一些组织性的活动。除自己单打独干地写一些著作、文章外，再从事组织一些系列性、丛书性的书籍，这样对社会与文化建设的贡献就更大一些，对学科发展、学术促进的速度可以更快一些。所以我想，有些学者按照某种传统的方式，确实冷板凳坐得很牢，坐得很专，进行一些很专题化、很深入的学术研究，我觉得那是值得提倡的。但这只是一个方面，如果说做了很多这样的东西，连出版都很困难，甚至还要自己找钱自费出书，很困难地出版后，也不过是印几百本拉回家堆在床底下，那么这对社会有什么贡献、什么影响。所以也不妨变一变，对研究方式可以有一种细微的变通，但这种变通不能影响到研究工作的严肃性和学术性，在这种前提下，兼顾到严肃与学术的统一，以及社会的需求，就会有更好的传播前景。实际上就是以你的观点和学术研究去影响社会，影响文化的发展。以这种思路，一方面做研究，一方面参与出版，这两者实际上是一体的，是一种事物的不同侧面的表现形式，每一个活动都构成整个活动网络的组成部分。

王：您被认为是有人文关怀的科学文化研究者，这种"人文关怀"与您所关注的领域是否也有专业上的联系呢？

刘：所谓人文关怀，现在人们讲得很多。在我的理解中，对于整个社会来说，或对某些具体的问题如科学的历史和传播来说，我们是否有一种人文立场，是否跳出纯粹技术性的科学知识，关系到你是否以一种更本质、更照顾到人性的立场来考虑问题。比如一种具体的科学发现或技术的发明，它有一些直接或间接的应用，会带来对社会的影响。核物理的研究导致了原子能的发现，会带来核电站，也会带来原子弹；遗传学的研究，涉及后来的基因工程，可能会带来基因技术的种种商业、医疗应用，对我们的生活产生很多影响。那么，对于这些东西，我们是纯粹站在一个科学家的立场上，只要能做什么就做什么，只要什么是前沿就做什么呢，还是有一种更历史性的、伦理的、文化的、哲学的反思和思考？后者，就构成了某种人文的关怀。这在本质上就是两种文化的融合。所以曾有人说，就文化而言，科学文化一开始就是人文的。在近代科学创立初期，那些大科学家，那些先驱人物，如达·芬奇等都是文理兼通的，在文学、艺术、工程、科学、哲学等领域无所不能。也就是说，从一开始，人们确实注重交融。但随着科学不断发展、不断专门化，也就是按斯诺的分析，两种文化逐渐分离，出现了分裂，形成了鸿沟。现在到了一定阶段，反过来需要一种更高层次上的回归，也就是说，对科学，还是有必要站在人文立场上进行一些考察、思考的。说来说去，谈到人文关怀，还是没有跳开两种文化的背景和语境。

（载于 2000 年 12 月 1 日及 12 月 8 日《科学时报》）

科学与技术的分野

清华是一个工科气氛很浓厚的学校，起码在目前是如此。在日常的忙忙碌碌中，我们也许没有机会想一想，我们所学的知识结构究竟是什么样的，在整体的社会性的知识体系中又处于怎样一个位置。我们是不是光学好课本知识，或者再多编点程序，就可以很好地完成我们的学业？也许是的，也许并不是，带着这个疑问，我们走访了人文社会科学学院，科学技术与社会研究所的刘兵教授。

1. 科学与技术的分野

记者：我感觉，科学和技术是不能混为一谈的，但是在清华这样一个工科气氛浓重的学校，大家好像都不怎么重视两者之间的区别。首先能不能请您给出一个科学与技术的分界线？

刘兵：这个问题确实很重要。我们清华大学的硕士生有一门课程，自然辩证法。关于科学与技术的区别，是要在自然辩证法课上讲的核心问题之一。按照经典的讲法，两者的区别在于，科学是认识自然，而技术是改造自然，创造世界上原来没有的东西，应用科学原理来改进人们的生活。中文里科技是一个词，也经常并称。但是在英文里，是"science"和"technology"两个词，即使一起用，也是用一个连词，and。西方国家在中学的教育中，已经引进了这方面的内容，非常重视讲清科学和技术的区别。

但是，在清华大家对这个问题理解得确实不是很清楚。这和我们的学校气氛有关，也和社会上的影响有关。但这个问题确实值得花工夫辨析清楚。都说科技是第一生产力。可是究竟什么对社会的发展有着直接的作用？发展科学确实有助于经济的发展，带来物质利益。但是一般来说，基础科学研究不会直接影响经济的发展。技术与生活更贴近，技术的进步对生活的影响更容易为人们所感知。但是另一方面，技术的变化和进步，也更容易对人们的社会生活造成负面的影响。人们常说科技是一柄双刃剑。其实确切地说，应该说主要是指技术是一柄双刃剑。

记者：按照您的说法，我理解科学主要是一种为知而知的活动，纯粹出自人的好奇心。但是技术要以市场利益为驱动。这两者中间显然是有联系也有矛盾的，您怎么看待这种联系和矛盾？

刘兵：在近代科学发展以前，西方有两种知识传统，一种是哲学的、自然哲学的形而上的传统，我们可以姑且称为与科学相关的前科学传统。另一种就是工匠的传统。其主要特点就是重视熟练的技能、经验，讲究口传心授。这是在近代科学发展之前的情况。到了近代，科学和技术有了更密切的联系和广泛的交流。科学与技术的关系更加密切。科学已经成为技术的一种支撑条件，尤其是对高新技术而言。当然也有相当多的基础科学成就还没有得到转化和应用，至少是在目前看来还看不到它的应用前景。

这就有一个问题，应不应当在研究时过分重视短期的成果，要求立竿见影的效果。我个人认为这种过分的功利性要求对长远的社会发展没有好处。像基因工程，生命科学的理论和技术之间确实有紧密的联系，但也有许多基础科学的研究直到现在还看不出像这种的现实利益，但是，从长远看社会需要这种发展。

记者：就我的感觉来说，美国人搞基础研究有很强的实力，而日本相对来说偏技术一些，他们更强调学习、模仿、改进。我们学习的主要是日本的模式。您能否就这两种模式作一个对比？

刘兵：这里面可能有一个误解。因为日本的大学也有相当多的人在从事基础性研究。当然，这种研究的成果以及社会效应如何，是另外一个问题。牵涉到一个社会的整体机制和文化传统，比较复杂。但是日本的主要技术，不是来自大学，而是来自企业的研究和对从国外买的专利的消化吸收。

记者：您说到了日本的大学。我一直在想一个问题，就是我们的大学究竟应该是怎么一个定位，是做技术还是搞理论研究？我原来听一个美国人抱怨说，牛津、剑桥主要研究基础理论，其教育目的是促进每个人的智力和好奇心的发展。而美国的大学简直就是无穷无尽的讲课。但是我记得 MIT 对于工程的定义，是这么说的，"工程是关于科学知识的开发应用以及关于技术的开发应用，以便在物质、经济、人力、政治、法律和文化的限制内满足社会需要的有创造力的专业"。这么看来美国人的技术教育并不像他们说的那样差。

刘兵：刚才说到日本的大学，他们技术也做得不如企业好，基础研究也不领先，那么他们的优势或者说作用何在呢？可以这么说，日本的大学主要的作用是为企业培养合格的研究人才。如你所说，美国的大学搞研究很有优势。

2. 从历史角度看科学的思维方式

记者：从历史上看，可以说希腊人一开始就以完备的逻辑方式来发展哲学和科学。这种思维方式奠定了后来西方的整体科学基础。而我们中国人之前似乎没有一个完整的思维体系，或者说思维方式始终没有严格化。以致到了近代以后，我们的科技水平远远落后了。您能不能就此做一些评论？

刘兵：这个问题比较大，属于文化传统的问题。一般来说，也就是著名的"李约瑟难题"。这是学界讨论的重点、热点问题。从1949年前到现在，一直在讨论。之所以会有这种讨论，当然首先是由于对自己历史文化传统的一种反思。但是更重要的是对中国现状的关心。在这场讨论中，我也是参与者之一。与此问题相关的争论是，中国古代究竟有没有科学。有两种观点：一种认为中国古代曾有过先进的科学技术，只是到了近代才落后了；另一种则认为中国古代根本没有科技可言。

要讨论这个问题，首先需要严格的定义什么是科学。但在这里我们不必采用这么严格的表述。我们想一想就会发现，我们的现在生活中接触到的科学和技术基本来自西方，而和中国古代联系相对较少。所以说，如果认为我们的古代有科学的话（这里指的是广义的科学，包括技术），至少也不是我们现在这种意义下的科学。说到这里，我想起来曾看到一本美国人编的书，谈两千年来最伟大的各种发明。他们提到了计算机、电的发明，甚至还有干草，因为有人认为有了干草，马在冬天也有了食料，就使远征成为可能。他们也提到了印刷术，但不是指中国古代的印刷术，而是起源于欧洲经过古登堡改进的印刷术。美国人的思维比较发散，各种各样的意见很多。但是这么发散的思维，我们的发明还是不在其中，这就值得我们思考了。我们当然可以指摘他们以西方为中心。但是我们也应该看到，中国的四大发明确实在当时对于整个社会的生产方式，人们的思维方式的改变没有什么作用。

记者：就像鲁迅说的那样。中国人用罗盘来看风水，用火药来做鞭炮。

刘兵：是的，就是说这些发明对中国的社会发展几乎没有触动，从这个角度来说，应该承认我们存在某些缺陷。我们从近代起，就开始引进西学。有这么一个很著名的口号，叫作"中学为体，西学为用"。这个口号直到今天还有着深刻的影响。曾经我们更看重的是西方的坚船利炮，注重的是西方的技术，尤其是应用型的技术。在很多场合注重的是具体知识的应用，比如某个比较科学的计算方法，某种制造技术。而忽视了科学精神、科学方法、科学文化层面的内容。

记者：是不是可以这么说，我们所做的只是把别人家的花摘了下来，这样过不了几天花就肯定会枯萎。但是假如把整棵花树都搬来的话，这株花树就可以继续生长。

刘兵：大致可以这样说的吧。

3. 科学工作者和技术工作者

记者：我觉得爱因斯坦和爱迪生两个人，可以分别作为科学工作者和技术工作者的代表。他们两个人的成就和生活态度、方式对比一下来看，都很有趣。爱因斯坦一次引用叔本华的一句话说，把人们引向科学和艺术的动机之一就是对于俗世桎梏的厌倦和摆脱它的愿望。他喜欢思考本质的东西，他说到之所以选择研究物理而不是数学，就是因为数学有太多的分支，而对于物理他有足够的直觉可以抓住最本质的东西。而爱迪生终生热衷的是造各种各样的新东西，并把这些东西实用化，他也因此赚了不少钱。

刘兵：这两个人确实相当典型。但是你可能不知道，爱因斯坦早年也申请过专利，只是他在科学方面的成就太显著，大家都忽视了他的专利。爱因斯坦确实是一个追逐内心的平静，不愿为外界打扰的人。

记者：爱因斯坦在纪念普朗克的时候写文章说，在科学殿堂里有各种各样的人，许多人只是偶然选择了科学这种职业，但是也有人——像普朗克就是这样的——他们真的可以为科学奉献自己的一生。我记得爱因斯坦是这么说的："普朗克他们每天工作的动力，不是来自其他，而是直接来自激情。"

刘兵：即使是像普朗克这样的人，也不能完全摆脱生活的影响，专心致志只搞学术。因为人是社会的人，一定要与社会打交道，必然要在现实与事业之间做些妥协。科学家也是一定要和社会打交道的，他无法独立存在。尤其是在今天，科学已经高度分工和合作化。科学家当然要注意分工和合作。很多的科学家不得不花很大的精力去拉科研经费。不然，就没有办法进行研究。

记者：我们上面所说的都是特殊的比较极端的个案。一般来说，科学工作者和技术人员的区别也不是很大。是这样吗？

刘兵：他们的研究风格会有些不同。研究的成果对社会的影响和研究者所应负的社会责任也不一样。基础研究的后果难以预料，因为它离我们太远。但是技术人员所负的社会责任就要大得多，因为他们的研究成果和社会生活密切相关。也就更需要他们具有一定的人文关怀和社会意识。比如说核裂变，当爱因斯坦发现能量公式的时候，他并不知道这竟可以导致原子弹的诞生。但是那些具体搞原子弹的人，就必须要考虑这个问题了。

记者：最后一个问题，对我们，清华的理工科学生来说，如何提高我们的科学意识，如何获得一种更宽广的视野，您有什么建议吗？

刘兵：我建议大家：

1. 自觉地开拓自己的视野，将学习、阅读、交往等范围扩大到专业以外，有意识地多接触人文的东西；

2. 努力避免过于功利性的趋向，在一些像阅读和娱乐等不那么"有用"的地方，逐渐打好更长远的"有用"的基础；

3. 以各种可能的方式，接触和思考与科学精神、科学文化相关的问题。

（王栋采访整理，

载于 2000 年 11 月 9 日清华大学《文苑》及人文日新网）

为做幸福愉快的人而学习

——浅谈科学文化的阅读

万圣书园董事长刘苏里：阅读是很多人的习惯，成为生活的一部分。问题是作为生活一部分的阅读应该读什么？

刘教授（刘兵）：从理论上讲读什么都可以，但科学文化毕竟跟农村技术普及不一样。我主张把这种文化阅读作为一种休闲方式。

刘苏里：我觉得有些书读起来不是那么太轻松，比如科学技术类。

刘教授：其实有很多人阅读并不要轻松，比如有人就是要读霍金，懂与不懂都是收获，似懂非懂最有味道。其实严格来讲，总会有一些不懂的成分，但大部分还是读得懂的。

刘苏里：作为生活的一部分或者一种生活方式的阅读，这个我能理解，那么讲到所谓"科学人文"这一类书，你的看法是什么。

刘教授：比较极端地说，作为真正个人化的阅读，可以什么都读，也可以什么都不读，或者只读很专的书，这都没有关系。当然科学文化非常重要，不过由于过去、现在中国特有的文理分化的教育方式，很多人没有接触，没有兴趣，不了解或者不敢了解。从理想的需求来说，为了知识结构的完善，为了修养，甚至为了一般的自我教育，这类东西肯定是应该读的。

　　刘苏里：那我们能不能这么说，之所以一讲到"科学"人们就会产生恐惧，是因为绝大部分人从小学到大学，只在中学阶段相对比较完整地接触过最最基础的数理化，但中学教育一个最大的缺失就是太把它当知识讲了。

　　刘教授：你说得对。《美国国家科学教育标准》里讲，对美国人进行基础科学教育的目的，第一条就是能够获得一种充实感和兴奋感，强调为了做一个幸福愉快的人而学习。咱们今天说的这个"科学文化"比真正技术性的具体科学知识又宽泛了，实际上是通过科学这个对象、载体来关注它所负载的社会文化内容，比纯粹关于自然的知识更靠近人本身。

　　刘苏里：这一类出版物的叫法特别混乱。有"科普""公众理解科学""科学文化"，还有"科学人文"。我想它们大概表达的是一个意思，我更愿意用"科学人文"或者"公众理解科学"。

　　刘教授：这些叫法也不全都是一个意思，它们之间有些明显的差异。我更愿意用"科学文化"这个说法，因为传统"科普"基本上是强调具体的知识性内容而忽略精神文化的层面。"科学人文"泛一点，指向性不清。"科学文化"覆盖面广，也把有关的学术积累包括进来。

　　刘苏里："科学人文"这样的说法是不是也多少反映了人类站在人本位主义看问题？

　　刘教授："科学文化"也应该包容对"科学"负面的认识，这也是站在人文立场的新型科普要素。两种文化的冲突并没有彻底解决，有很多唯科学主义的代表。我对所谓"科学文化人"有一定界定：一是受过科学和人文双重专业训练，二是从事对科学的人文研究专业工作，三是在从事专业工作的同时关注社会、传播等工作的成果。有些人攻击我们是"反科学文化人"，我们确实有一种"反"——反唯科学主义。其实怀疑精神本身也是科学研究中应该具有的。

刘苏里：我觉得这样讲是在戳穿一种僵硬，因为在某种意义上，把科学树立成权威成了我们的通病。科学成为权威实际上是源于科学背后的对科学的一种渴望：你要是怀疑科学，你就是个傻子。

刘教授：可以这么说。近几十年来的科学哲学、科学史、科学社会学的发展相互影响，形成了一种看法，认为不能把科学看成是绝对理想化的，因为人们认识中的科学形成要受到很多社会文化因素影响。

刘苏里：那么，戳穿权威恐怕也是让人亲近科学的重要一步，就是说让科学走下神坛。那么第二步呢，一般意义上的"知识大众"在这个层面如何走近科学呢？

刘教授：让科学走下神坛的工作主要来自科学文化人，从事这种工作的可以是科学家，也可以是科学作家（Science Writer）。而"知识大众"阅读有关的作品恰恰就是另外一个方面。

刘苏里："知识大众"一般来说受过比较好的教育，但他们在面对不熟悉甚至原来就有某种敬畏心理的一类知识时，总感觉摸不到门道，要么一上来就被击倒，要么就绕弯子。怎样才能通过阅读顺利地进入这个门呢？即所谓"师傅领进门，修行在个人"。

刘教授：这个问题我觉得首先还是要从阅读入手。但国内常常一时找不到"知识大众"真正最可接受的理想读物。可从世界范围来看，这样的理想作品是存在的，我们现在也已经引进了许多。

刘苏里：任何人想进入一个对于他原来是外行的领域，一般需要一到三本入门的书。我们设定的问题是针对 70% 至 80% 的有一般智力水准和受教育程度的人，有这方面的内在需求，但自己又不是很清楚，那么他们应该读哪些书才能摸到一些门道。

刘教授：我觉得传记是个比较好的切入点。好的科学家传记中国自己也有，但更多的还是翻译作品。

比如上海东方出版中心我主编的那一套科学家传记，其中《一个时代的神话》从一个另类的角度讲爱因斯坦为什么变得那么有名气，本身解决的是一个大众的而不是专家的问题。再比如说，我翻译的《正直者的困境》是写德国科学家普朗克的，讲这位量子论的创立者怎样在德国工作，以及许多和物理学有关的哲学思考，他的生平经历等，书写得很简要，也非常美，像散文一样。

还有一种就是跟着科学家做智力的游戏。比如科学出版社马上就要出版的美国物理学家伽莫夫写的《从一到无穷大》新译本，这本书在内容上偏难一点，但我觉得它是我曾经读过的最好的科普书。任何一本书都不可能让你马上对科学和科学文化有通盘的了解，但首先打开一个突破口，让你觉得好玩有趣、不神秘不可怕，以后阅读就可以随着你来扩展。

刘苏里：应该把那些书集结起来作为入门读物。我曾经翻过一本英文书叫《科学的信仰》，讲的是诗人雪莱的女儿，有点像法国贵妇人办文学沙龙，各种各样的人围着她，她不断地发布新的研究和运动，几乎推动了整个 16 世纪后期科学文化进步。

刘教授：也许这还不能说是学界的标准观念。举例来说，《伽利略的女儿》的作者是个非常有意思的科学作家。这是她的第二本书，她的第一本书更有名，在国外畅销极了。从一个特殊的小视角来讲经度是怎样在航海过程中被确定的历史，那个叫哈里森（Harrison）的技工造出的精密计时装置现在仍被陈列在格林尼治天文台的展览馆中。咱们缺少这样一种职业化的科学作家。

刘苏里：你算么？

刘教授：我当然不算，我的正常工作是教书和搞研究，许多普及性的工作只是业余的。

刘苏里：那么，我们这里真正靠看书来过生活或补充一种生活的人少了么？

刘教授：我觉得这是暂时的。当一个社会的文化真正发展到一个水准的时候，反而会有一个反向的需求变化，现在只是一个过渡阶段、一个转折期。

（记者徐慧整理，载于 2002 年 10 月 29 日《北京现代商报》）

驻守边缘，我无怨无悔的选择

作为本报的特约作者，清华大学人文学院教授刘兵早已为读者所熟悉。他的两本学术随笔集《触摸科学——刘兵学术自选集》（福建教育出版社）和《驻守边缘》（青岛出版社）的出版，在读者中和出版界引起了很好的反响。

在这两本书里，《触摸科学》由作者自 20 世纪 90 年代以来在科学史、科学哲学和科学文化等方面撰写的各类论文、随笔和书评精选而成。《触摸科学》前面主要是专业性较强的学术性研究论文；后面的内容是属于相对通俗可读的随笔性文章，中间是介于学术论文与随笔之间的过渡型文章，仍有较强的可读性。《驻守边缘》则是作者在学术研究之余撰写的各种"非学术"文章或"准学术"文章的汇集，反映了作者在科学史及科学之外的各类问题上进行的一些独立思考。记者张即弛采访了刘兵教授。

记者：您能介绍一下这两本书的成书背景吗？

刘兵：《触摸科学》原来的设想是出一本纯粹的学术自选集，我自己在选编文章时做了一些变通，使得书的前面是很标准的学术论文——这部分一般读者读起来可能会感到困难一些，但对于一本自选集，它应该占到主体部分，后面是易读的随笔性文章，中间有个过渡带，像"科学与艺术"这一部分，介于学术与通俗之间，关心的读者是可以接受的。有人开玩笑说，读这本书时，

"要从后往前看刘兵"。与其他的学术自选集相比，这本书中可接受的、通俗的东西可能更多一些，其实，就算前面那些标准的学术性论文，除极少数的几篇外，对于有心的读者，认真读下去也还是可以接受其中许多东西的，或许这反映了我自己的风格和做学术的方式吧。《驻守边缘》一开始设计的就是文化类随笔性的书，回避了纯粹学术的东西，读者读起来不会很沉重。

记者：您为什么给这两本书取了这样两个名字呢？

刘兵：《触摸科学》体现了我自己以科学的背景和人文的视线对科学的"触摸"，当然我也希望能通过这本书和所有的读者一起来感受当今社会已无处不在的科学。《驻守边缘》之所以以"边缘"为名，实在是因为我觉得它最确切地描述了我自己的工作和心理状态。我所做的像科学史、科学哲学和科学文化等领域的研究很难说出其研究有什么直接的"应用价值"，而更多的是一种文化的积累，因此在周围的价值取向正变得越来越功利的社会环境中，当然是处于边缘地位，而像我涉及的环境保护和女性主义等研究领域则本来就是典型的边缘地带。我想我是自愿选择了某些领域，而这些研究领域恰好正处于边缘，这是一种不得已，我丝毫不因为自己身处边缘而觉得有什么荣耀，更不是因为这些领域处于边缘我才去选择它们。不过既然已在边缘驻守下来，哪怕为此驻守有时还要付出很沉重的代价，我倒也无怨无悔，因为这毕竟是自己的选择。

记者：有人说您的书涉及了太多的领域，显得很杂，您自己如何看待这个问题呢？

刘兵：两本书里的内容所涉及的领域确实很杂，但是它们是有着内在联系的，主要还是一些关于科学史的研究和话题，因为科学史是我的大本营。而科学史作为历史的一部分，它与社会上的许多问题有着种种非常内在的联系，比如像科学史中就有女性主义的研究流派。至于环境保护、教育等问题，也都是与科学史有关联的。

记者：在您的书里，为什么充满了对科学技术发展的反思和对当今社会的忧患意识？

刘兵：我觉得作为一个做学术研究的人，不仅要能走入书斋还要能走出书斋，学者要脱离现实社会是不可能的，逃避现实也不是很合理的，我对于现实社会的关注，或许反映了我做学问的一种态度，我生活的一种态度。另外，科学史研究的意义之一就在于，对过去的理解，有助于给今天带来借鉴和启发——请注意只是借鉴与启发，基于我自己的历史理论研究，我并不认为过去的历史对现在一定有什么指导作用。但是，历史毕竟教给我们许多东西，让我们对科学的过去和现状进行反思，不过这样的工作还不是太多，感觉与公众的距离较远，这两本书正是通过历史以及相关的手段向着让公众理解科学这个方向的一种努力。

记者：您如何看待自己这两本文集的出版？

刘兵：在今天的出版界，从关注科学史和科学文化这个出版角度出书的还不是很多，经常能见到人文科学的书成套出版，可关注科学文化，宣扬科学精神的著作却寥若晨星。事实上这块出版领域的社会需求正在不断加大，当然欠缺的原因也在于这方面的作者队伍和学术研究力量也还显得很薄弱，还需要我们的继续努力。站在我个人的立场上，我希望读者读了这两本小书后能有所收益。当然，一本书出来以后，解读的任务就不属于作者而属于读者了，我经常说，作者对其作品并不需要讲太多话，如果作者说得太多，只能说明他的书没有写好，因为作者的话都应该在他所写书里面。

（载于 2000 年 7 月 12 日《中华读书报》）

边缘地带的求索

记者：你主编的《保护环境随手可做的 100 件小事》上了三联韬奋图书中心销售排行榜，创造了图书界不俗的业绩。据我所知，你并不是专门从事环境研究的。那么，你做这许多环保的普及宣传，和你的专业之间有着一种怎样的联系？

刘兵：我最早是学物理出身，大学毕业后开始转行学习科学史，至今一直主要从事科学史研究和教学。当然，研究工作本身和环境保护没有直接联系。做环保宣传，对我来讲起初完全是业余的。我关注环保开始于 1994 年左右，走上这条路跟几件事有关。当时，我刚刚到美国做了半年访问学者，以前在国内时对一些问题有些感触，但并不突出。国内外一对比，有些事情便一目了然。我 1994 年就加入了"自然之友"这个民间环保团体，并代表"自然之友"也即中国文化书院绿色文化分院为中国社会科学院的《社会蓝皮书》撰写生态环境保护的章节，结果一做就是 5 年。当然，在"自然之友"这个组织中，也作为志愿者参与了一些环境工作。开始是凭兴趣，以一种业余的方式接触环保，后来觉得就科学史、科学技术与社会的联系而言，环境问题应该有一个坚实的依托，如果将自己的研究范围扩展，这也应该是自己学术的一部分内容。国外生态哲学、生态伦理学已经很成体系，作为环境理论的一个流派，还有生态女性主义，把环境、女性主义、哲学等结合在一起。通过这些年的研究，还有在"自然之友"里做的一些环保普及宣传工作，我编《保护环境随手可做的 100 件小事》是顺理成章的事情。

记者：你现在还有没有编一些涉及环境方面的书？

刘兵：自从我以策划或主编等身份编了一些包括环保科普在内的科学文化类图书后，经常有出版社找我，我成了出版社编辑比较关心的一个作者，不过，我确实也很愿意做这些事。例如，在"三思文库"丛书中，我也选择了环境科学家雷切尔·卡逊的传记。现在，我手头还有一套和别人一起编的环保普及性丛书。这是一套面向中学生的科学普及读物，除了涉及大气、水、野生生物等，也包括汽车与环境跨国界污染等一些比较新的环境问题，毕竟，现在谈环境问题，已不仅仅是治理污染，还要涉及环境保护与利用的"大环境"问题。

记者：你认为我们国家环保还应该注意哪些方面？和国外比较，我们国民欠缺的是什么？

刘兵：我们现在已经从理论上、政策上非常重视环保了，国家制定了相应的法律、法规，做了大量工作，但在实际执行、操作上还存在一些问题，有的地方有脱节。我国国民的生态环境意识与国外相比差别还是比较明显的。记得我作为"自然之友"代表团成员访问德国时，看到那里环保教育的设施、自然保护区的展品安置都相当有特色。当然，他们也是经过了多年的国民素质教育才有一个比较乐观的现状。

记者：你认为我们是否要像一些国家那样，污染到严重的程度，然后再去治理？

刘兵：我个人认为这不是一个必然的途径，但对我们是一个挑战。前人摔跤了，跟着的人不必再去摔跤。然而避免一些失误应当提升我们的价值标准，到底什么样的生活是我们真正想要的？我们要看眼前利益，更要看长远利益。衡量一个社会真正的发展是要从长远着眼的。

记者：我看了一些你的作品，正像你的一本书的书名《驻守边缘》，觉得你研究的领域确实处于边缘，那么你在这滚滚商浪的冲击下能坚持这么多年的研究，动力是什么？

刘兵：相比物理，科学史之类的领域则更为边缘，它们的价值更多地在于一种文化积累。我认为我的工作中最重要也是最有意义的一点是：传播科学文化。以前，我们把科学的地位提得很高，但所谓高，一般是针对科学中技术、知识方面的内容，而较多地忽视了科学作为一种文化、一种精神的传播、讨论、宣称和普及，这也使得科学进一步发展受到了限制，我希望自己驻守在边缘，填补这个空缺。

（记者徐展采访整理，载于 2000 年 11 月 29 日《国土资源报》）

科学史就在你我身边

——关于《过去 2 000 年最伟大的发明》的对话

▲江晓原　△刘兵

▲世纪之交，回顾历史，原是文化人的"应时"工作，搞科学史的人，自然就要和"发明"打交道。1999 年底我参与策划《解放日报》搞"千年百事"专栏，帮助选择了一些科学史方面的事件。后来《南方周末》世纪之交的专版，派给我的主题又是"发明"。接着又应邀在一些地方做关于"发明"的报告（讲稿后来发表在《万象》杂志）。总之，和"发明"打了一番交道。

生活在不同文化中的人，对于历史上重要发明的选择会大不相同。比如美国时代生活出版公司编的那本《人类 1 000 年》中入选的事件，就和《解放日报》"千年百事"专栏入选的事件大相径庭。我在《万象》杂志上的文章中也选过 23 个我认为以往 1 000 年中最重要的发明。

但是这些做法，供个人风格发挥的余地还是太小，而约翰·布罗克曼既省力又讨好的办法就高明多了——他在互联网上提出"什么是过去 2 000 年最伟大的发明"的讨论，各界人士踊跃回答，答案自然争奇斗艳，五花八门，他挑出 100 份来结集成书。这本《过去 2 000 年最伟大的发明》，确实是既好读又有价值。

△这本书之所以好读，很大程度上在于编者的构思。我不知道编者最初是如何设想的，是否在心目中有自己的唯一答案。不

过我想，很可能从一开始编者就想到了答案绝对不会是唯一的。这使得应答很像一场智力的较量。但因为被选入此书的应答者中有许多确实是大人物，如许多诺贝尔奖获得者，以及众多的名人，还有一些也许是由于我们孤陋寡闻而不怎么了解但其实在西方却大名鼎鼎的人，但无论如何，也肯定有一些主要是因其答案出众而被选入者。正因为如此，使得此书中的各种观点在表面上的"自由"之下，蕴含着深刻的，极有启发性的思想火花。其实，像这样的问题，本来就应该是一个仁者见仁，智者见智而没有"标准"答案的问题。答案取决于对什么才是 Greatest 的不同理解（可以注意到，在书的标题中 Greatest 被译成"最伟大的"，而在内文中又常被译成"最重要的"。这两者其实就很不一样），反过来讲，如果问题被换成"Worst"的"发明"，情形可能也是一样的。

▲参与讨论的人，大部分认为自己应该提一个与众不同的答案，"创新是学术的生命"嘛。但布罗克曼的问题后面还有一个"为什么"，这就要求言之成理。在这么多答案中，我觉得最奇特的，也是最刺激的，莫过于邓肯·斯蒂尔的答案，竟是"英国新教 33 年历法"。这是此书中专门术语最多的一篇，大约也是最长的一篇，简述其论证要点如下。

1582 年由罗马教皇格里高利十三世颁布的历法，也就是今天全球通用的公历，并非最完善的历法——事实上这样的历法至今也未产生。就置闰这个问题而言，相传 1079 年波斯诗人欧玛尔·海亚姆（以抒情四行诗《鲁拜集》名垂后世）提出的 33 年 8 闰月的周期更为合理，英国的新教徒出于宗教目的，极力鼓吹采用这种周期的历法，为此就需要寻求一条新的本初子午线来证明这种历法的优越性。由于这条假想的本初子午线约在西经 77°处——靠近北美大陆东岸，因此英国向北美派出了多支探险队。最后的结论是：如果没有新教三十三年历法，英国就不会向北美探险，也就不会有今天的美国，世界历史就会大大不同了。

当然我们都看得出，这位邓肯·斯蒂尔为了标新立异，有点强词夺理了，但总算在形式上尚能自圆其说。

▲我对书中这百余种答案做了统计，入选的前五名依次是：

印刷机（术），6次

计算机，4次

避孕药，3次

微积分，3次

科学，3次

还有不少答案颇出意料之外，比如"篮子""干草""复式记账法""城市""民主""棋""专利局""疑问句"等。但是有一点特别值得注意，绝大多数答案是我们生活中常见的物品、方法或概念。

我想强调的是，这种讨论本来就是一场智力游戏，并不是非要得出一个公认的结论。何况这场游戏是在西方进行的，更何况是在网上进行的，所以答案的多样性令人印象深刻。

△但是，即使在这种表面上"自由"的"游戏"中，应答者给出的许多答案仍然是极有启发性的，它们远远超出了我们通常会选择科学或技术的内容作为答案的"常规"，将选择的范围拓展到更广泛的领域，使得像"自由意志"这样的答案也可以进入其中。但仔细想想，这样的做法确实是有其合理性，甚至是深刻的合理性。

这倒使我想到一个问题。在此书给出的 100 个答案中，偏偏就没有中国古代的"四大发明"，谈到印刷术，也不是指中国古代的印刷术。当然，你可以把原因归为像外国人的歧视、轻视，对中国古代文明的不了解等。但恐怕只以这样的方式来解释又不大说得通。对此，让我们更冷静地做些反思，可能比一味地责怪别人要好得多。假如说，按你的统计，在那前五名的入选答案中，如果有一项是中国发明的（其中印刷术是个可另做讨论的例外），别人就真的会视而不见吗？而且，关于排在第五位的"科学"，我想，应答者心目中所想到的，恐怕也不是"中国古代科学"吧。

▲最后我还有一点联想。春秋时，晏婴对齐桓公谈论"和"与"同"，照晏婴的意见，所谓"和"是指"和谐"，即大家向共同的方向努力；而所谓"同"则是一言堂的局面，君主一个人说了算，其余人一起应声起哄。归结到这本《过去 2 000 年最伟大的发明》，答案固然大大不"同"，但构成了一个和谐的整体，即博采众长，集思广益，共同回顾以往 2 000 年间的进步——中国古代"君子和而不同"的道德格言，其此之谓乎！

（载于 2000 年 10 月 18 日《中华读书报》）

两种文化何去何从

▲江晓原　　△刘兵

▲刘兵兄，C. P. 斯诺的《两种文化》的第三个中译本又出版了。这么多年来，国内的科学史和科学哲学界人士也没有少谈"两种文化"，但我的感觉是，在很长一段时间里，这两种文化不仅没有在事实上相亲相爱，反而在观念上渐行渐远。而且有很多人已经明显感觉到，一种文化正在凌驾于另一种文化上。作为当年此书第一个中译本的译者之一，你对此有何高见？

△我觉得，这倒没有什么令人惊奇的，反而从一个方面说明了斯诺提出的问题的重要意义。说一个方面，是指同时也存在对立的另一个方面，即在某些领域中，两种文化的沟通、融合问题，又确实表现出相当的进步。这里似乎也出现了两种不同的趋势。甚至在国际范围内也是如此。例如，曾闹得沸沸扬扬的索卡尔事件，以及科学界某些人表现出的对人文研究的蔑视和"批判"，可以说是一个极端；而在科学教育改革等领域中，无论国外还是国内（当然国内情况要更复杂些），也都表现出了要努力沟通两种文化的努力。

▲在斯诺讲话的那个年代（第一次讲话是 1959 年），科学还处于被人文轻视的状况中，科学技术被认为只类似于工匠们摆弄的玩意儿。这倒很有点像中国古代的情形——工匠阶层是根本不能与士大夫们平起平坐的。斯诺是要为科学争地位，争名分，要

求让科学能够和人文平起平坐。他的这种主张，自然在之后得到科学界的热烈欢迎。

从那时到现在已经过去了四十多年，斯诺去世（1980 年）也二十多年了。历史的钟摆摆到另一个端点之后，情况就不同了。斯诺要是生于今日的中国，特别是那些以理工科立身的大学中，我想他恐怕就要做另一个讲演了——他会重新为人文争地位，争名分，要求让人文能够和科学平起平坐。

△在由剑桥大学出版社出版的《两种文化》一书（第三个中译本也是据此译出的）中，有一篇很长的导言，由科里尼撰写，其篇幅几乎与正文一样长。此导言相当详细地回顾了自斯诺提出两种文化的问题后，就这一问题相关的历史发展。看来，在这几十年间，有关两种文化问题之研究的发展、有关的历史境况的变化、这一问题的不同含义等，是内容非常丰富、复杂的研究课题。

不过，你刚才讲的看法大致是与那篇序言的观点类似的。对于斯诺若处于今天的中国会怎么样的推测也不无道理。但或许不仅仅是可以设想他若面对今天的中国会怎样讲，实际上，在国际范围内，在今天人文学科及其相关的文化地位也仍是大可讨论的而且充满争议的，尤其是在那些比较极端的唯科学主义人士的眼中，充满了对人文的蔑视。当然，在中国，这个问题可能表现得更突出，而且在表现形式上也与西方有所不同。

▲考虑到斯诺当年演讲的时代背景，几十年后再来读这本书，除引发我们世事沧桑的感慨外，还有多少现实意义呢？我甚至还担心，在今天，这本书会不会被用来为"极端的唯科学主义"张目呢？

△这种担心也许不是完全没有道理的，但也似乎不必过虑。我觉得，考察这一命题提出的历史是重要的，这可以有助于我们更深刻地认识人们观念的发展，但在这种历史的考察中，对这一

问题在不同历史时期的不同表现的关注本身，就反映出这样一层含义：重要的是这个问题提出和引起人们的注意与讨论。在不同时期它的含义不同，却都引起人们的注意，这本身就说明了提出它的重要意义。

尤其是，我们更应该思考它在今天的特殊意义，以及在国际背景下的中国特殊环境中的特殊意义。有了这样的历史与现实的双重思考，阅读此书，不是也同样可以为人文的意义与价值张目吗？当年，科学史家萨顿曾提出"新人文主义"，是指建立在科学基础上的人文主义。这也可以算是两种文化的沟通。今天，我们是不是也可以考虑一种基于人文思考的科学观（因为科学主义已有了其恶名，故这里用"观"来称之）的建设呢？

▲我也希望能够如此。

你知道，旧书重读，或旧事重提，经常能够得出新意，这也正是经典作品被不断重新出版的根本原因。本书第三个中译本的出版，也可以作如是观。这个译本的重要价值，是正文前面科利尼的长篇导言。

这里我还想提到此书的第二个中译本——三联书店 1994 年出版的纪树立译本，那个译本中包括了一些后续的文献，例如有斯诺回应利维斯的文章《利维斯事件和严重局势》等。这些文献第三个中译本里未曾收入。

如果从旧书重读或旧事重提的角度来思考，那么当年围绕斯诺的"里德演讲"发生的一系列争论，比如 1962 年利维斯对斯诺演讲的激烈攻击（被人称为"斯诺-利维斯之争"），在今天看来还有没有意义？或者，能不能赋予它新的意义？

△我觉得，当然那场争论是很有意义并值得我们注意的。在今天的回顾中，如果就当时的情形和英国（甚至西方）的具体背景来说，也许那场争论不过是与斯诺相对的另一方站出来表达观

点，而且斯诺显然在发展的意义上占有更为人们注意的位置，但确实利维斯似乎也并非全无道理，只不过他的道理也只有在今天才会显示出更多的深意。

相关地，我也注意到，虽然我们讲这个第三译本最重要之处在于其序言，而这篇序言的最重要的意义，则又在于它对有关两种文化争论的历史追述。就此书的篇幅而言，此序言所占比例确实是够长的了，甚至有些超出常规。但对于我们来说，也许这样的历史分析仍嫌简单了一些，或许更需要针对我们特殊的历史和现状，进行一些更加详细的分析与解说，比如说像写作出版《两种文化》一书的解读本。当然，更加专业化的研究文章与专著也是迫切需要的。

▲关于长篇序言的问题，我想起一则轶事。当年蒋方震写成《欧洲文艺复兴史》一书，请梁启超作序，梁下笔万言，"不能自休"，将序写得和蒋书一样篇幅，感到"天下古今，固无此等序文"，于是将序言独立为《清代学术概论》一书，反过来请蒋作了序。和梁启超的序比比，科利尼的导言就一点也不算长了。这篇导言若是再进一步充实和展开，那真可以收入《名家解读经典名著丛书》中去了——只是若为四五万字的《两种文化》写一本十余万字的解读，总让人疑心是不是在借题发挥。

△不过，像两种文化这种在几十年前就提出，而且在今天仍具有重要影响，并在不同的意义上为人们所关注讨论的问题，其重要性也正在于让人们借题发挥。否则，就不是在研究当代问题，而只是在研究历史了。甚至，我们可以设想，我们今天在阅读这本经典著作时，在仅有四五万字的内容中，究竟有多少文字是与我们的现实直接相关的呢。似乎比例并不很大。最重要的，就在于这个问题的提出，在于这样一个问题不同的时代可以有不同的内涵，但总是某种核心的社会文化焦点问题。关注这一问题的提

出及其争论的历史，除自身的史学意义外，重要的是可以帮助我们理解今天的现状是如何达到的，也更是为了在这种认识和理解的背景中更好地、更恰当地解决当下的问题。那么，剩下的任务，就是对两种文化及其分裂问题在今天的表现与我们相应的对策作为一个大问题来进行认真严肃的研究了。

（此谈话的删节版载于 2003 年 4 月 4 日《文汇读书周报》）

在科学与人文之间架起桥梁

▲记者杜悦　△刘兵

▲您能否概要介绍一下当代西方科普出版的发展趋势和我国科普出版状况，并在这个背景下谈一谈"哲人石丛书·当代科学思潮系列"的特色所在？

△在我们国家，科普出版中的"科普"这一概念始终处在不断发展变化中。很长时间，我国的科普出版主要关注的，是那种被称为"传统科普"的类型，即主要侧重对具体科学知识的介绍和传播，至多在"普"的意义上，努力让语言更加通俗易懂而已。但近些年来，在国际上，人们开始更加注重"公众理解科学"之类的出版理念，也有在更广泛的意义上将"科学人文"或"科学文化"之类的理念体现于广义科普出版的努力。但总体来看，国内出版界在从事科普出版工作的相关人员中，持"传统科普"观念的人仍占绝大多数。"哲人石丛书·当代科学思潮系列"引进的应当说是一些佳作，也是与国际背景中科普观念的转变相适应的。

高要求的科普创作对作者除科学知识外的人文修养提出了更高的要求。经常遇到的情况是，即使有了较好的出版创意，寻找合格的作者也成为一个困难。因此引进翻译国外优秀科普著作不失为一个明智的办法。

近年来由于国内对科学的重视，科普书出版得越来越多，虽然一般而言远不能说非常畅销，但作为一类出版物，与过去相比，也确实越来越成为一个有潜力的新的热点。但在这种局部热点形成的同时，我们不应回避的现状是，在各种科普类的著作和丛书中，从选题、观念和形式上来看，质量平平者居多，重复选题居多，而且传统的、纯粹知识性的读物仍占据其中的绝大多数。往往出版者更加关注的是科普著作内容是否准确，作者是否权威，再就是更关注写作技巧，即是否具有通俗性，是否吸引人、可读等。从传统观念上，所有科学知识都很重要。可知识是永远学不完的，今天学会了，明天又有一个新的发展。但是和科学相关，还是有许多内容是涉及人文的、精神的东西，它们是相对稳定的，虽然不是那么具体，那么直接，但又和知识紧密结合在一起。

"哲人石丛书·当代科学思潮系列"中的《生物技术世纪》《隐秩序》《从界面到网络空间》《何为科学真理》《混沌与秩序》几本书稍微偏理论一些，显得深一些，这是一个好趋势，它拓宽了对科普单纯单一的理解，让人们不会偏食。就是说不只让人们轻松地读一些好玩的东西，还要促使人们深入思考。另外这类书对研究、创作者科学素养的提高非常有意义，因为任何浅显的著作都要以艰深的学术积淀为基础。原来我国的一些科普读物较少人文关怀，即与这种学术背景欠缺有关。

▲《混沌与秩序》作者说虽然他的思考基于科学的成果，但他写的不是一本纯粹的科学著作，他希望跨越科技与人文"两种文化"之间的鸿沟。您是否觉得我国科学、技术与哲学、人文"两种文化"之间存在更深的隔膜？也就是说一些当代科技思潮更需要为大众为社会所理解？

△自从 20 世纪 50 年代末 60 年代初 C. P. 斯诺提出两种文化问题以来，试图沟通两种文化、减少其间分裂的努力一直延续到

今天。这种努力表现在各个领域中，除了在科普（或称公众理解科学）的领域，甚至在教育普及领域，整个的改革方向也一直是如此。正是在这种背景下，将科学哲学、科学史、科学社会学的思想体现在其中的科普著作越来越多地问世。相应于此，也因为国内在科学哲学、科学史和科学社会学等方面研究力量的薄弱和积累的贫乏，国内一些不同层次的学术性著作近来也常常被归入一种广义的科普范畴。对于这种范围广的出版物，人们时常冠以不同的名称，如公众理解科学，或科学人文等。但笔者以为，用科学文化这一称呼似乎要更确切一些。当然，这种粗略的分类也可能还只是过渡性的。

相对来说，在国外有关科普著作的出版要领先一些，这种领先主要反映在写作和出版的观念上。例如，西方一些发达国家很早就从纯粹知识性的科普著作发展到思想性更强、更多地将社会和文化的内容渗透到科普著作，并提出了公众理解科学的新观念。可以说"哲人石丛书·当代科学思潮系列"就是在科学文化这种概念下，选题意识有所创新的著作。

所谓人文关怀，现在人们讲得很多，在我的理解中，对于整个社会来说，或具体到对某些具体的问题如科学的历史和传播来说，我们是否有一种人文立场，是否跳出纯粹技术性的科学知识之外，关系到你是否以一种更本质、更照顾到人性的立场来考虑问题。比如一种具体的科学发现或技术的发明，它有一些直接或间接的应用，会带来对社会的影响，随着核物理的研究，原子能发现，会带来核电站，也会带来原子弹；随着遗传学的研究，涉及后来的基因工程，可能会带来基因技术的种种商业、医疗应用，对我们的生活产生很多影响。那么，对于这些东西，我们纯粹只站在一个科学家的立场上，只要能做什么就做什么，只要什么是前沿就做什么呢，还是有一种更历史性的、伦理的、文化的、哲学的反思和思考？后者，就构成某种人文关怀。这在本质上就是两种文化的融合。所以曾有人说，就文化而言，科学文化一开始就是人文的。在近代科学创立初期，那些大科学家，那些先驱人物，如达·芬奇等都是文理兼通的，在文学、艺术、工程、科学、哲学等领域无所不能。也就是说，从一开始，人们确实注重交融。但随着科学不断发展、不断专业化，也就是按 C.P. 斯诺的分析，两种文化逐渐分离，出现了分裂，形成了鸿沟。现在到了一定阶段，反过来需要更高层次上的回归，也就是说，对科学，还是有必要站在人文立场上进行一些考察、思考的。

不管从写作水平、文化意义，还是从科学精神的角度考虑，国外在科学文化出版方面确实比我们要领先得多，这主要是因为我们在合格的作者的储备和学术的积累方面与国外差距较大。

因此，实事求是地讲，在相当长的一段时间内，在科学文化出版领域，我们还不得不对引进的、积累性的东西予以更多的关注。

▲《生物技术世纪》一书的导论中说，"生物技术世纪"很像是浮士德与魔鬼签订的协约。它向我们展示了一个光明的充满希望的日新月异的未来。但是，每当我们向这个"勇敢新世界"迈进一步，"我们会为此付出什么代价"这个恼人的问题就会警告我们一次。《从界面到网络空间》一书也谈到计算机的"阴暗面"……或许科技的确是一柄双刃剑，我们与我们的下一代所承受的不只是科技带来的福音，国人没有丝毫理由盲目乐观。您认为，这套书中提到的哪些思想和教训值得我国借鉴？

△在 20 世纪后半叶，与网络相比，确实再没有什么别的发明曾给人们的生活和观念带来如此巨大的冲击。尤其是，对于网络带来的好处与弊端，对于网络是应该大力发展还是严加限制，人们的看法是如此不一致。这些争议其实已经涉及许多关于权利、

自由以及社会控制之类在科学技术及其应用以外更深层次的问题。

随着计算机的普及，特别是网络的普及，带来了许许多多的新问题。而这些正在变得日益尖锐的问题在此之前或是并不存在，或是并不那么尖锐，最多也只是以很不相同的方式存在而已。对于每个上网者，都会不同程度地亲身体会到这些问题，像在网络中传播的形形色色的计算机病毒、像每个上网者可能比在任何其他媒体中都更容易接触到的色情材料和其他通常会受到极大限制的信息，如此等等。近几年来，在各种媒体中，关于网上犯罪、黑客横行和色情信息泛滥的报道与讨论已经有了许多。至少其中许多的报道和讨论带给人们的印象是：网络简直就是一个毫无秩序、充满垃圾、混乱不堪的世界。尤其令人遗憾的是，这些相关的讨论大多就事论事，只限于对具体的事例简单地做出轻率的判断和结论，而没有去发掘网络给人们和社会带来的新问题背后隐含的更深刻的含义。

▲当代科学技术、科学思潮从哪些方面改变了我们的世界和思维方式、生活方式？科学思潮在整个社会发展中起了什么作用？

△关于第一个问题的第一个部分，我想不必更多地解释。只要我们回顾一下人类文明的历史，回顾一下科学技术发展的历史，再看一看我们身边的情形，自然就会对当代科学技术对我们的世界和思维方式、生活方式的重大影响有很深刻的理解。关键的问题在于怎样理解"科学思潮"。如果仅就科学的前沿发展来说，那可以说除了对我们未来生活方式潜在地具有影响外，也对现在我们看待世界的方式有很重要的影响。但如果更加广义理解科学思潮，把与科学前沿发展相关的、我们前面所讲的那些对于科学和技术的人文理解也包括在其中，那可能就意义更加重大了，尤其是在文化方面。它可以影响我们对科学本身、对人类与自然的关

系、对如何应用科学技术成果的看法，甚至可能会影响到我们对人类自身的理解和对生活目的与生活态度的看法。我更愿意在这样一种广义的理解中来看待"科学思潮"及其意义。

（载于 2001 年 4 月 5 日《中国教育报》）

来吧，做一名环保公民

——关于《保护环境随手可做的 100 件小事》的采访

▲记者王洪波　△刘兵

▲近年来，环保主题的图书越来越多了起来，其中如吉林人民出版社出版的"绿色经典文库"、光明日报出版社出版的"人与自然"丛书等，这些图书对推动中国绿色思潮的兴起无疑将发挥重要的作用。那么，您主编的《保护环境随手可做的 100 件小事》与这些图书相比有什么特点，编辑出版该书想达到怎样的目的？

△是的，近年来有关生态环境保护的书籍确实出版了许多。但在已经出版了的各类环保书籍中，主要是一些经典著作、理论性著作以及程度不等的普及性著作。在普及性著作中，又是介绍环保知识的书居多，而直接指导公众行为方式的实用书籍则较少见。一些调查表明，我国公众的生态环境意识还薄弱，这自然对我国的环境保护有很大的影响，也直接地影响到个人的行为和生活方式。其实，在国外，有许多普及环境意识、指导个人具体环保行为的书籍出版，而且很畅销。我们组编这本书，就是为了填补国内这一空缺，要面向普通公众，既包括青少年也包括成年人，以一种特殊的方式向他们进行环境意识普及，并将现实中人们身边随手可做的事具体列出来，使每一个公民都可以有意识地为环境保护做出力所能及的贡献。当公众的环境意识有了较大的提高，并且在个人行为方面都对环保有所贡献，我们国家整个的环保事

业也才可能真正有希望。

▲当捂着鼻子穿行在车流如织的大街上时，当沙尘暴席卷大地之际，当走过散发着恶臭的河水时……我想人们都会想到"环境保护"这个词。不过，大多数人并没有把"环境保护"四个字和自己联系在一起，许多人还是把环境保护当成是政府的事，那么，请问一个老百姓为什么也要关心环境问题呢？

△面对我们周围不断恶化的环境，每个人都会有很深的体会和感触。但正如你所讲的，在很多情况下，并没有与自己的所作所为紧密地联系起来。其实，人们可以以各种不同的方式参与到保护环境的事业中来。例如，那些为保护藏羚羊而浴血奋斗的勇士，在其本职的环保工作中甚至经常要冒生命的危险，他们当然是令人敬佩的。而且，除那些兢兢业业地专业从事环保工作的人外，在"自然之友"等民间环保团体的成员中，也有许多无私地将大量业余时间花在各种环保活动上的人士。不过在现实中，毕竟我们不能要求绝大多数人以专业或半专业的方式从事环保工作，就范围更广的公众来说，如果能够确立环保意识，在日常生活中从一点一滴做起，贯彻有利于环境保护的生活方式，如节约用水、节约用电、不使用或少使用一次性用品等，那同样也是对环境保护的重要贡献，他们同样也是可敬的环保公民。环境保护本质上更是一种利他行为，是一种社会责任，但同时也是在为改善自己和自己后代的生存条件做贡献。仅仅依靠政府而没有公众的普遍参与是不可能真正解决环境问题的。

▲让大家投身环保，改变固有的生活方式，其实是很难的。比如，《100件小事》中的第一个建议就是要我们多使用布袋，少使用塑料袋，实际上这在北京宣传、贯彻了好多年，效果依然不理想。对于这种"知易行难"、随手可做却难做的情况，您怎么看？另外，您认为在公众中普及环保意识和行为最困难的是

什么？

　　△在我们的文化传统中，有许多习惯确实是不利于环保的。现实中，更有诸多陋习影响人们以有利环保的方式生活。不过在这里，关键的还是环境意识问题。我们在书中，在谈"随手可做"的"小事"时，尽可能地介绍有关的背景材料，也正是为了向读者讲明做这些"小事"的意义，当你真正了解了做这些"小事"的意义，以及不做这些"小事"的后果，良心会驱使很多人自觉地改变生活习惯的。当然，改变生活习惯可能会需要一段时间，但在周围，在环保普及工作中，我们确实看到许多人一旦认识到了环境问题的严重性，随之在生活方式上带来的巨大变化。在"自然之友"的成员和朋友们中，就有许多这样的例子。

　　▲蕾切尔·卡逊曾经说过："现在又是一个工业统治的时代，在工业中，不惜代价去赚钱的权利难得受到谴责。"发展是硬道理。环境保护是否终究会沦为当代社会的一个插曲呢？例如书中第 11 条讲，应该尽量购买本地产品，因为长途贩运的产品增加了运输距离，也就多消耗了能量。但是，我们都知道，商品的自由流通正是市场经济的重要特点，也是市场实现其调节功能的一个渠道，这么看，要求人们购买本地产品是否很不合时宜呢？

　　△在经济发展与生活方便、舒适与环境保护之间，确实是存在矛盾的。从经济发展来看，市场经济比计划经济要更合理，但它并不一定就有利于环境保护。在全世界范围内人们都在大谈可持续发展问题。也就是说，发展是不可避免的，但对发展又要有所限制。一般来说，市场的调节也并不是以环境为取向的，这需要我们通过制订适当的政策，通过人们的环境意识的提高而采取的个人行为的作用，对纯粹市场的调节带来某种调节，使之减少对生态环境的破坏影响。正如为了保护环境人们也不得不牺牲某些生活上的"享受"一样，从某种立场看，许多环保行为似乎

"不合时宜"，但为了现实的环境问题的解决和长远的发展，我们却不得不这样去做。

▲作为本书的主编，以及中国民间环保组织"自然之友"协会的理事，我想知道，你在自己的生活中是如何贯彻自己的环保原则的？

△据我所知，我所在的民间环保组织"自然之友"的绝大部分成员，可以说都是身体力行地在自己的生活细节中努力贯彻环保原则的。此外，我许多的朋友也是一样。他们都是我的榜样。就我自己来说，非常惭愧，在许多方面做得还很不够，原因既有现实条件的限制，也有习惯的惰性。但我愿意尽自己最大努力来改进，使自己的生活方式有利于环保。

▲我非常喜欢本书文字和漫画相结合的风格，请问这样编写有没有特别的用意？书中的漫画又是怎样画出来的？

△这个创意出自此书的责任编辑。这样做的目的当然是为了使形式更加活泼，更吸引人，以漫画的方式来表达和阐释环境意识，使书中的内容给人留下更深刻的印象。此书中的漫画有许多确实立意新颖，从题材上和表现形式上都有所突破。漫画的作者是出版社工作的美编，颇有艺术功底，此书插图漫画的创作过程中，也经过与编辑的反复讨论，以便更好地体现所要表达的思想。可以说，这些漫画是一种理想合作的结果。

（载于 2000 年 4 月 26 日《中华读书报》）

关于环境保护的责任与忧思

6月5日，是世界环境日。值此机会，本报特邀记者赖勤学与目前正在福州讲学的清华大学教授、国内民间环保团体"自然之友"理事、《保护环境随手可做的100件小事》一书主编刘兵先生就有关环境保护的一些问题进行了对话，并整理发表。

▲赖勤学　△刘兵

▲6月5日是世界环境日，请您谈谈环境日对于我们中国有些什么意义？

△其实，作为一个纪念日，世界环境日对各个国家都是一种提醒，提醒人们关注我们身边的生态环境状况，以及提醒我们要注意保护环境。但对于像中国这样的发展中国家来说，因为正处在经济迅速发展的阶段，导致生态环境处于不断加速恶化的局面。在这种情况下，有一个特殊的日子提醒我们保护环境可能就具有更加重要的意义。当然，我们不能仅仅只在环境日才关注环境，但这个纪念日本身毕竟还是非常值得我们重视的。

▲作为一位社会科学学者，你是如何看待科学与环境的关系，以及如何将这个问题体现在自己的研究中的？

△其实，严格地讲，我所从事的专业是科学史，属于交叉性的人文学科，既与科学相关，也与人文相关。环境问题只是我研究工作的一个分支，但它也与科学史有着非常密切的联系。讲科

学与环境的关系，可能会涉及几个方面。其一，正是随着科学的发展，才使得更多新技术的应用成为可能，而这些新技术的应用则既带来了经济的发展，使人类对自然的干预能力大大加强，同时也带来了对生态环境的更大破坏。其二，正如现在经常有人讲的，治理环境也要用到科学技术，这当然是不错的，但生态环境问题又绝不是仅仅靠着科学技术的发展就可以彻底解决的，它还涉及许许多多的领域。其三，特别是在我们中国，要有效解决生态环境问题，尤其需要有一种科学的精神、科学的态度来指导。最简单地讲，科学精神和科学态度可以包括实事求是、有条理的怀疑倾向，以及一整套发现问题和解决问题的方法和程序。而在我国就环境保护而言，在某种程度上缺乏的，恰恰正是这些。

▲从你过去发表的文章中，特别是从《触摸科学》这本自选集中，看到你同时也对妇女问题以及妇女与环境关系问题有所涉及。那么，你是怎样看待妇女与环境关系问题的？

△在过去，因为科学史理论研究的需要，我开始在研究中涉及一些西方女性主义哲学与历史的课题。在从事这些课题的研究中，我发现，其实，在西方各种占主流地位的环境理论中，生态女性主义是很重要的一种，而且影响很大。但要在这里详细地说清楚这个理论性很强的问题恐怕有些困难。粗略地讲，生态女性主义大致是从哲学、历史和现实的角度，将对妇女解放与对环境保护结合起来，认为过去很长时间世界上对女性的压迫和对环境的破坏有一种同源的思想基础。只有从根本上改变人们的思想观念，改变基于传统思想观念的行为方式和相应的体制，才可能从根本上解决妇女解放和环境保护的问题。不过，生态女性主义又是一个观点各异、内容丰富的学说，这样简单地讲，可能会略去很多重要的东西。但可以说，像这样的理论对于我们的妇女研究和环境保护工作都具有重要的借鉴意义。还可以提到的是，在国

内的环保界和妇女研究界也偶尔有人将妇女与环境联系起来，但那大多是一种表面的联系，很牵强，与西方的生态女性主义相比，缺少扎实的理论基础。

▲对于目前在媒体上讨论较多的休闲旅游和假日经济的提法，你从环境保护的角度有些什么看法？

△休闲旅游和假日经济的概念之所以成为讨论的热点，自有其道理和需要。作为人类活动的一部分，休闲可以说是随着经济水平的提高而必然出现的一种需求。我们也没有理由反对其发展。但人类的活动总是要对周围的生态环境有所影响，因此，在对休闲旅游的发展中，我们同样应该注意环境保护，避免一些观念上、政策上、经营上的误区。例如，生态旅游就可以说是一种很值得提倡的旅游方式，通过这种旅游，人们既可以领略大自然的美，与自然融为一体，又可以提高环境意识。但目前我们也看到有些地方是打着生态旅游的旗号，旅游内容和方式却是破坏生态环境的。再者，我们也应在观念上有所改变。我记得美国著名生态保护主义者利奥波德就曾说过一段非常精辟的话，他说："发展休闲，并不是一种把道路修到美丽乡下的工作，而是要把感知能力修建到尚不美丽的人类思想中的工作。"像这样的思想对我们发展休闲旅游和假日经济来说，应该是非常有指导意义的。

▲我注意到，除了是学者，你还是国内民间环保团体"自然之友"的会员和理事，你是怎样在一些具体的活动中体现环境保护的意识呢？

△谈到这个问题，不能不谈谈"自然之友"这个团体。这个团体从 1995 年成立，是一个名副其实的民间环保团体，由许多热心环保事业的各界人士自愿组成，有近 500 名成员。我从一开始就加入了这一团体。在其中，我也像其他成员一样，力所能及地参与它所组织的各种环保活动，如与全家一起到内蒙古沙漠种树、

带孩子在北京郊区参加观鸟活动、参加各种环保讲座等，此外，这个团体更多关注面向公众普及环境意识的工作。我也结合自己的专业研究，参与环境报告的撰写、对报刊环境意识调查的课题，以及主编了由吉林人民出版社出版的《保护环境随手可做的100件小事》一书等等工作。确实，在这方面还有着大量的工作可做，与"自然之友"其他成员相比，我还做得很不够。

▲最后一个问题，你认为在贯彻环境保护国策的过程中，目前存在的最重要的问题是什么？

△环境保护现在已成为我国的基本国策之一，但在贯彻这一基本国策的过程中，确实又是有很多的阻力和困难的。在这当中，存在的问题和困难很多，但我认为，普及和提高公众的环境意识是一个非常重要和关键的问题。近年来的一些调查表明，我国公众环境意识的普及程度非常不理想，因此，我们应利用一切可能的机会，包括像世界环境日这样的机会，来向公众进行宣传和教育。其实，环境意识的普及和提高又可以分为两个方面，一是需要提高全民的环境意识，一是需要提高各级官员和管理者的环境意识，两个方面都非常重要。只有提高了环境保护意识，认识到生态环境状况的危急现状，使公众能自觉地在生活中贯彻环境保护的原则，使各级官员在政策的制订和其他工作中真正体现出环境保护的价值取向，我国的环境状况才可能有所改观。当然，与之相关的，也还需要有体制上的措施，如相关法律的制订和严格执行等。

（此访谈的删节版载于 2000 年 6 月 2 日《福建日报》）

解读生命的精彩

——穿越绿色读物的生态环境伦理与环境意识普及的话题

　　新世纪的第一天，北方的一些地区又遭遇了沙尘暴。新世纪的第一份"礼物"使环境问题再次成为人们关注的焦点。不过，当大多数人谈到环境问题的时候，着眼点更多地在于它对实际生活的意义。但事实上，在环境问题的背后其实有着更深层的文化内涵，而以此为基础的种种思考也许会让我们将自己的处境看得更清楚，并学会与人类之外的事物更好地相处。

　　刘兵（以下简称刘）：说到环境，我是"标准业余"的，你是标准专业的，因为从专业来说，你的博士期间就是研究环境伦理学的，而且你从事的研究工作以及写的文章都是关于这方面的。在清华做研究和教学工作的同时，我想你会关注有关环境的各种出版物。

　　雷毅（以下简称雷）：就我个人而言，国外资料接触得相对多些，这是因为国外环境方面的研究做得比我们好。国内环境理论方面，目前大多处在介绍和评介西方理论著作的阶段，原创性的理论著作不多。

　　有关环境教育的通俗作品，国内出版得多些，但思路大多仍是说教和幼儿启蒙式的，常常是以专家的身份去告诉人家应该怎样做、不应该怎样做。不过，也出现了一些既严肃又轻松的环境教育作品，我以为这是我们环境教育思路开始转变的一个好的征兆。吉林人民出版社的《保护环境随手可做的 100 件小事》就是这样一个好的开端。这本书与众不同之处，就在于富有启发性。它讲述的虽是一件件发生在身边的具体小事，但你能感觉到背后的那个"大道理"。读了这样的内容以后，你自然就会有这样一种意识：我应该做什么、不应该做什么。这样的书对公众来说是特别需要的，至少我读后就很受启发。伦理本身就是一种规劝，如果把伦理意识强迫性地灌输到人的头脑里，就容易变成一种说教。所以，写一本好的普及性环境教育书很难，不仅要有文字功底，还要有渗透在文字中的深刻理念。

经典的著作，我所看到的目前译成中文的介绍西方生态思想史或者叫环境思想史、环境运动思想史的有两本，一本就是青岛出版社出的……

刘：《大自然的权利》。

雷：对！这是纳什的作品。纳什在西方名气非常大，这本书在西方的引用率非常高。它从天赋权利、动物保护开始一直讲到当代的环境运动，认为道德关怀的范围应该不断扩展，从过去的贵族、奴隶、妇女、黑人，扩展到动物、植物，最后是非生命及整个自然界。纳什在书中勾画出伦理思想的逻辑延伸过程，正好反映了西方环境意识形态的发展脉络。尽管大家都强调环境保护，但保护环境的出发点和最终目的是不一样的。在纳什的书里，这种思想的演变过程——从人类中心主义到生态中心主义或生态整体主义——实际上反映了整个环境思想变化的不同阶段，或者说它实际上代表了人的道德水准的不同境界。人类中心主义只关怀人，是最低的，动物解放把这样一种道德关怀的对象扩大到动物。道德扩展到最高境界就是生态整体主义，代表人物是利奥波德，他把大地共同体——就是整个自然系统，都作为道德关怀的对象。

人在这个生态共同体当中只是普通一员。这也就意味着人没有任何超越其他物种的特殊权利，这种道德意识的转变是非常深刻的。它不是从过去的传统人际伦理理论逻辑地推演出来，而是立足于一种新的基础，这就是现代生态学的研究成果。

刘：顺着这个思路，可以看到一个整体的发展趋势，这就是权利或者说伦理学的关怀对象从过去以人为中心逐渐扩展到各种生物、非生物，扩展到整个自然界。我还有一个感觉，就是从学术上来讲，这本书有一个特点：它有一种历史感，把环境放到一个历史的发展脉络中，以一种很专业的历史学家的眼光将之梳理得很清楚，这是我们现在出版的这些环境方面的书里不多见的。

还有一本极有特色的书：生态女性主义的《自然之死》。在目前的环境类的书里，这本书从理论上来说是很另类了。这本书应该是生态女性主义早期的经典……

雷：经典之作。

刘：在她写这本书的时候差不多是生态女性主义兴起的时候。早期生态女性主义的特点是以性别视角，站在女性主义的立场对过去的历史做一个梳理，然后重新给予一种解释，颇有一点要把被颠倒的历史再颠倒过来的那种感觉。它完全给出了新的见解，而且它关注的是跟科学发展和其他因素相关的人类的自然概念是怎样被扭曲了的，或者是在有某种偏见的性别意识形态中被塑造成型，以及在这种发展过程当中不同的自然概念与今天我们面临的环境问题的种种关系。

雷：西方的生态女性主义思想的阐述多是以论文的形式出现，像这样的著作不是太多，有这样深度的著作就更少。

刘：这是学术性或者准学术的著作。其实还有一本书跟这些观念基本一致，但属于普及性的书，这就是由天津教育出版社出版的《与孩子共享自然》。它把环境教育变成一种自然教育，这也反映了某种观念的改变：教育孩子们在跟自然接触中形成一种跟自然亲近的意识。这在国外很有影响，国内像"自然之友"等民间环保团体做的"羚羊车"等环境培训，所采用的环保游戏的方式实际上也有许多是学自《与孩子共享自然》这样的书的。

我在德国参观的时候发现，他们在普及式的环保教育中，特别是对中小学这个年龄段的孩子其实很多是采取这种游戏。这些游戏表面上来看也是欢欢乐乐，但其中隐含着一些环境寓意，这种隐含的东西可能更深刻，它在潜移默化中让人们体会到自然是怎样运作的，自然也同样是可以跟我们沟通的、可以理解的。

雷：你说的这种环境教育方式——人跟自然的直接亲近，通过一些游戏亲身感受大自然的方法，其实它有很深远的历史。

19 世纪的时候，美国有一个资源保护的争论，就是很著名的资源保护主义（conservation）和自然保护主义（preservation）之间的分野。西部大开发的时候，政府将资源收归国有，统一管理，提出一个著名的口号：科学管理，明智使用。政府制定了一系列政策，以便管理和利用好资源，这是环境保护的一种思路。另外一种思路就是约翰·缪尔所提倡的自然保护主义，它主张让自然保持原生状态，人不要去干预它，荒野保护运动就是要实现这种理想。

刘：对于荒野意义的强调，不管是在生态女性主义那里，在像《哲学走向荒野》这样一些专门的论著里，还是在像《大自然的权利》这样一种伦理思想史著作里，我们都可以发现荒野、荒野的价值、对荒野的权利的扩展、人们与荒野的关系等论述。

雷：是的，《哲学走向荒野》就是试图为荒野价值和权利提供哲学上的论证。还有一种对荒野价值的理解，就是梭罗的《瓦尔登湖》和缪尔的《我们的国家公园》。缪尔创建了塞拉俱乐部，这是美国一个很有名的民间环保组织，到了 20 世纪 90 年代，它已有将近 70 万的会员。他们当初的宗旨之一就是组织会员远足，到山里去，让大家跟自然亲近、交流，从而去感受、体悟自然，使人们从内心激发出一种与自然的认同感。这就是培养人们的生态意识，让人们把环境保护变成一种内在的要求。

　　刘：我可以补充一下。远足之类的活动英文里叫 hiking，就是那种登山或到野外徒步旅游的休闲方式。我没有做过整体的调查或考察，仅就个人感受来说，我在美国发现普通人中也有很多这样的爱好者。非常有意思的是，他们走的山路或荒野的这些路，他们叫作 dirty road，实际上就是一些土路，很荒凉的小路，与我们这里风景点几乎到处都是石阶路正好相反。在那里，很多地方可能也有风景点的意思，但对风景点这个概念的理解与我们却不一样，不一定像我们非得有多少历史的传说作为积淀，或是哪块石头像个什么神。它就是一种很平凡、很平实的自然概念，但在这一过程中同样有一种跟自然的交流。

　　雷：荒野的令人神往之处就在于它没有人工雕琢的原始特征，是一种纯粹的自然。理解自然，需要一种审美意识，就像你刚才所讲的那样，我们不是要把某种意义赋予某块石头或某个自然景观，而是要让人自己从对石头或自然景观的感悟中去发现隐藏在其中的意义。

　　刘：这样说起来还有一本书我觉得也应该提到，这本书我一直没有读到，但很多人跟我谈到，光明日报出版社的《简朴生活读本》。它倡导的是过一种更简朴、质朴、低消耗的生活，这是一种生活方式的变化。在西方一些国家，这也是若干年前兴起的潮流。

　　雷：对，生态主义者们就是这样要求的。他们中间流行着一句很有意思的话"Simple in means, rich in end"。我的理解就是用一种简朴的手段去达到丰富生活的目的。它表达的是人要高生活质量，而不是高生活标准，生活质量包含精神的东西，而生活标准只是强调物质的东西。

刘：其实这也是一个定义问题，就是说现在咱们也谈生活质量，但可能更多地意味着你的家居装修达到几星级的水平等。

俭朴生活其实也不是今天才有的，比如《瓦尔登湖》的作者梭罗，实际上他就是俭朴生活的代表。只不过现在简朴生活更广泛地成为一种相对有一点规模的潮流，而不仅仅是极少数的个体。

雷：现在人们所说的那种俭朴生活跟梭罗有很大的关系，这就是人们把梭罗看成自然保护主义先驱的缘故。自然保护这条线索非常清楚，从梭罗到缪尔，再到利奥波德，最后到现在的深层生态学。俭朴生活的思想对 20 世纪 70 年代以后的西方激进的环境运动的影响是深刻的。

在理论性著作方面，还有一本书很重要，这就是罗尔斯顿的《环境伦理学》。罗尔斯顿是国际环境伦理学会第一任主席。这部书的主题是谈自然界的价值。他认为自然界不仅具有供我们享用的外在（工具性）价值，而且也具有内在价值。就你刚才说的去郊外远足，跟自然亲近等，还有自然界的审美情趣，自然界对人的人格形成甚至对人生存的意义以及对国家的象征意义，比如说用枫叶、鹰等作为国家的象征等，都表明自然界有自身的价值。

刘：我们在谈到这些书的时候，大致是分为两类：学术的和普及的，而在谈到一个非常好的普及概念、一本非常好的书时，实际上总是跟某种学术思潮、观念联系在一起，人们现在才会认为它是一个非常好的普及著作。

雷：其实这两方面是相互影响的。环境理论研究一直都很关注环境实践中的问题。学术性再强的书，多少总会关注环境运动和环境意识的培养问题，这是区别于其他领域的一个重要特征。《大自然的权利》《自然的经济体系》都涉及环境实践问题。同样，一些好的环境保护普及性图书，都是依据某种环境思想或立场写成的，它实质上是用生动、形象、直观的方式来表达一种深刻的环境理念。

刘：反过来就这个话题说到中国的环境普及读物，因为前面你也谈到，国内对这方面原创性的东西目前来说还不是很理想，更多的是处于一个引进、消化、吸收的阶段，这是一个现实。说起来国内现在原创的普及式的环境读物，一年来，甚至说这几年来出得也不少了，但大多数没有给人留下很深刻的印象。我感觉这里的问题可能恰恰跟我们在环境理论方面的储备和积累不够、观念上的陈旧，以及生态环境意识的缺乏这些背景有很大关系。总的来说，就是我们积淀得很不够。我们知道要保护环境，那么要保护环境什么呢？就普及来说，我们会告诉小孩水污染是哪些化学物质、过程，光化学烟雾污染是什么化学反应过程等，这样一些技术性的科学知识比较多，但背后观念的东西体现在普及性的读物里就比较欠缺，这也造成了目前大多数环境普及读物一个特色，即缺少感染力和思想性。

还有一点呢，我觉得从普及的角度来说，有一件特别值得做的事，就是在可能的情况下把我们面临的环境现状比较完整系统地告诉读者。这个工作对提高人们的环境意识是一种最有用的基础，人们只有感觉到周围的事情真相，真实地认识到危机，才能够真正唤起危机感，有意地提高自己的环境意识。否则的话觉得天下太平，一切没有问题，那不是杞人忧天吗？好像环境离我们很远很远，但就我们所知，情况远远不是这样，确实问题极其严重，而且它的程度远远超出了我们根据自己的体会通常能够想到的程度。只是我们由于信息缺乏、沟通不畅、传播问题，还有很多很多因素使得我们对于事实的真相缺少一种完整的认识。我想这也可以说是环境意识提高比较难或者存在问题的一个很直接的原因。但是这个方面确实做起来很难，还要有分寸，但是我想，对于环境普及来说，从人们的知情权、从对环境意识提高和未来的保护发展来看，这件事情确实值得做，应该有人有意识地去做。

雷：我非常赞同你的看法。

刘兵补记：由记者将我和雷毅先生的以上对话整理完毕之后不久，我又被邀请参加了一本环境著作的新书发布会，并觉得至少应该以补记的形式在这里提到这本新书。它就是由三联书店出版社推出的《阳光经济：生态的现代战略》。此书作者舍尔是一位德国的经济学家和社会学家，也是诺贝尔环保特别奖的获得者。该作者提出，只有立足于可再生能源之上的世界经济，才能够避免一切经济形式和生命形式的自我毁灭，而这一构想能否实现，关键却不在于技术问题，不在于基础经济问题，而是一个政治问题。这本书的内容涉及政治、经济、技术、生态和社会等诸多方面，尤其对于像我们这样的发展中国家来说，在对未来发展政策的制订上，有着重要的启发意义。还可以提到的是，三联书店出版社自 2000 年还曾推出了另一位诺贝尔特别奖获得者卢岑贝格的《自然不可改良》一书，我曾为那本书专门写过书评。三联书店出版社以诺贝尔特别奖获得者为线索出版环保图书，也形成了一种新的出版特色。

（吴燕记录整理，载于 2001 年 2 月 8 日《中国图书商报》）

绿色，还有没有未来？

王洪波（本报记者，以下简称"王"）**孙丽业**（"绿色未来丛书"责任编辑，以下简称"孙"）

刘兵（"绿色未来丛书"执行主编，清华大学科学与社会研究中心教授，以下简称"刘"）

王：不久前你策划运作的《与孩子共享自然》一书成为"'Newton——科学世界'杯科普图书奖"20种推荐图书之一，产生了广泛影响。在那两本书之后，你怎么又想起做这套"绿色未来丛书"？

孙：其实这套书是在《与孩子共享自然》之前着手的。当前生态环境形势日益严峻，提高国民的环境意识，特别是在青少年中进行环境教育，普及绿色意识，显得尤为重要。而且这方面选题，是我们天津教育出版社的整体选题思路——主流选题和价值效益选题的综合体现。

王：刘兵先生，你是怎么想起做这套书的呢？

刘：说来话长。两三年前，在东北的一次生态哲学研讨会上，有个编辑找我，说想要做一套环保类的图书。当时，国内已出了不少这方面的书，但这些书基本是对环境知识的介绍，于是我提出一个想法：把生态伦理思想贯穿在普及读物中，这样在思想性方面会更有特色。但当时这一设想跟出版社沟通起来有些困难，人们对环境伦理观念的认识普遍比较模糊，所以虽有这么一种创意，但一直未能做成。后来就把这个想法跟林京耀先生谈了，他在文化界、哲学界，特别是跟科学相关的领域相当有影响，我俩一拍即合，于是就合作来做这件事。在这之后，又跟一家出版社谈起此事，出版社希望把这套书做成一大本，且要做得非常豪华，然后去评奖，对此，我和林先生都认为，这套书本是环境普及读物，而豪华本对于小读者、经济条件不好的读者，就变成了一种装饰品，成了很奢侈的环保读物，而这样的读物既不普及也不环保。这样又没合作成。然后就有了与天津教育出版社孙丽业的合作。

王：你作为这套书的责编，有什么特殊的感受吗？

孙：这套书虽然有一个很阳光的标题——绿色未来，但书的内容很沉重。因为书中把我们原本只知皮毛的东西展开了，深入了，忽然发现我们现在居住的环境处处隐藏着危机，但这种沉重感可以让我们更清醒地认识我们周围的环境，由此产生危机感，激发我们的环保意识。

刘：她表达得非常准确。现在公众的环保意识不是很强，这有多方面的原因，其中一个重要原因，就是对人类环境的现状缺乏基本的了解。这套书的出发点之一，就是根据真实的资料和数据，把我们生存环境的现状讲清楚，读者了解了这样触目惊心的现状，这套书也就达到了最基本的目的。

王：真的能够达到这种预期的效果吗？

孙：这套书的排版人员曾跟我说过，他看到那些彩色的垃圾图片时，感到特别恶心，他以最快的速度，把彩色图片转成黑白的，就这样也还是影响了他的食欲。不久，他开车去了一趟锦州，回来后告诉我，沿途公路两边的树上都挂着那种白色垃圾，和书中的一模一样。我问他，"有了这种感受，对你今后的言行是否会有什么影响，比如，当你想随手扔垃圾的时候，是否会想起这本书及它对你的刺激"。他说当然会有。如果是这样，那么在一定程度上说我们做这套书的目的就达到了。

王：在操作过程中你对生态环境伦理的观念有什么体会吗？

孙：仔细品读这套书，能感觉到字里行间渗透的生态环境伦理观念。环境普及类的书，大都讲物种的消失多么快，各种物种由于人类的捕杀，其多样性的减少，这对人类的未来是多么的不好，这实际上还是站在以人类为中心的立场上，关注的仍然是我们人类自己。其实鸟类也好，兽类也好，它们也是生命体，作为伦理的底线，对生命应有敬畏之心、尊重之情，只有确立了这样的关系，才能真正与那些有生命的东西去交流，去沟通，达到融为一体的境界。书中有一幅珍尼·古道尔与黑猿交流的照片，看后就会有这样一种真切的感受。

刘：这套书前前后后改了好几稿，在这个过程中我们发现，虽然这些作者都是各自领域的专家，但就生态伦理来说，他们中的一些人也只有一些模糊的意识，这反映出专业人士在人文素养方面，还需有一个逐步提高的过程。这就为实现我们最初的创意又增加了一层困难，不过，我们在做的过程中尽了很大努力，有一些可喜的成果，但是还是有一些遗憾。这也恰恰说明普及这种观念的必要性。而这也正是做这套书的意义之所在。

王：这套书给人的直观印象是图片丰富，版式新颖。这也是一大特点吧？

孙：我们就是想使其产生极强的视觉冲击力，引起读者的阅读兴趣。这样容易给读者留下形象而深刻的印象。比如我们把动物的头像放大，读者可从动物的眼中读出很多内容，像尸横遍野的藏羚羊，令人触目惊心。

王：你对这套书的销售前景怎么看？

　　孙：这套书作者权威，内容全面，文字浅显，图片鲜活，只要我们宣传得力，销售前景应该是比较乐观的。北京发行所曾到我们那里座谈，对这套书也给予了充分肯定。

（载于 2001 年 1 月 8 日《中华读书报》）

商业化科学有时很可怕

▲记者刘增禾

△刘兵

▲转基因在多方争议的大背景下，涉及除科学领域外，经济、人文等方面的问题，焦点主要是转基因技术可能带给人类的一些负面影响，对此您怎么看？

△转基因技术在科学上也许是很复杂，但是争论无外乎三个方面：一是该不该做，二是应该以什么方式去做，三是如何面对转基因技术的各种应用可能带来的潜在风险。科学家没有拿出让人信服的证据来说明转基因食品对人是无害的，同时现在也没有人拿出充分的证据来说明转基因食品对人是有害的。在这种情况下，如果抱着对人类负责的态度和站在如何恰当应用科技成果的立场上，我认为对待基因问题应该慎重，不应只要是高科技产品就一味说好而无视风险。

▲有人认为不应该因噎废食，不能因没有证实的猜测就不发展技术。

△我在电视上看到，一个科学家针对基因问题打了一个比方，他说："什么都有风险，坐飞机还有风险呢，但还是有很多人坐。"我对这种观点有不同的看法。首先，这是完全不同的两种风险。一般坐飞机的人都知道飞机存在的风险，是在有了风险意识

的情况下仍然做出的选择，他们甘愿冒这种风险。其次，一旦出现事故，受损的只是一架飞机上的人。转基因的情况不一样，直接或间接食用转基因食品的人并不都能在有充分知情权的前提下、在对潜在的风险都有意识的情况下接受。转基因技术应用到农作物、医药等领域，非常贴近人们的生活，涉及很多人，一旦真的出现了问题，就不是一架飞机几百人的事情了，甚至可能涉及整个人类。

▲但转基因技术是农业发展的金钥匙，可以从根本上解决人类的粮食需求，这种现实的意义和作用不能忽视。

△我想问：中国现在的状况是不是到了不采用转基因技术就不行的地步？是不是不采用转基因技术每年就会饿死几百万人？如果没到这种程度，是不是可以有充分的时间做好充分的研究之后，到实在不得已的时候再用？为了取得经济进展、解决一个并不是生死攸关的问题，我们应该冒什么样的风险，负什么样的代价？

▲转基因技术的应用只有不到 10 年的时间，这样快的产业化速度正常吗？当经济利益左右科技发展时，我们应该怎样面对诱惑？

△因为人类的进步，科学技术发展应用的周期整体在缩短。但是这里有一个不可忽略的因素，那就是经济利益。科学已不单单是关在实验室中的探索，经济力量的驱动是巨大的。

▲就是说，您认为这样快的产业化速度是因为经济力量？

△没人敢公开说为了经济发展可以污染环境，我认为在转基因问题上也有潜在的这个意思。我们曾经对一些科技成果的应用欢呼过，比如杀虫剂和除草剂。但是，很多年后回头看，这些成果的应用也带来了很多教训。曾经很了不起的促进生产发展、改善粮食供给的技术发明，也曾带来过出乎预料的后果，以至于今

天还在不断努力消除那些很难彻底消除的负面影响。

▲该怎样对待科学研究产生的后果？该怎样认识科学发展以及技术应用可能产生的社会影响？在这些问题上科学家和人文学者是否一直存在分歧？

△一直有争议。本质上的问题是：人们应该从事什么样的发明，人们应该怎样看待发明。当我们没有确切的证据证明这些研究成果是绝对无害的时候，应该慎重对待。不应该只要能带来商业利益就可以毫无顾忌地推广。由于学界的某些分裂，由于历史的原因，科学家和人文学者对待一些科学话题有分歧、有冲突。

▲您认为这种冲突正常吗？

△作为一个人文学者，首先希望能让不同的声音传播出来，其次希望无论是人文学者、科学家或是社会各界都能够认真、诚恳地交流，达成共识，对事情的解决才会真正有帮助。如果一方的观点受到压制，则超出了学术讨论的范畴。

▲您认为中国公众理解科学的定义需要修正吗？

△我刚从英国回来，英国公众对待科学的态度我认为很正常。比如，关于给儿童注射疫苗，科学家一方解释疫苗完全无害，公众和媒体却对此提出质疑。这对于科学发展来说未必是坏事。

就目前中国的实际情况来讲，一般公众由于对科技内容本身欠缺理解，做出理想的、正确的判断比较困难。比如，消费者有可能不知道购买的食品是转基因食品，假如知道，同时又具备了有关的知识背景，被告知了潜在风险，消费者就会做出自主的判断。我们对科学的宣传有一定片面性，传统的教育让人们对科学的理解有理想化的成分，不够客观，容易让人有一种不正确的认识：只要是科学的，就是好的。

▲有些科学家认为数据是检验科学研究的唯一标准，只要数据真实，对科学就是负责的。

△在研究领域是正常的。对科学家伦理道德的要求有不同层次，真实性是一个基本的层次。这种真实性对普通人来说也是最基本的要求。是不是不说谎就一定是个好人、是个理想的人呢？作为科学家，不能仅仅用不说谎这种层次的伦理来要求。科学家要对他的成果负有直接或间接的责任。

▲一个理想的科学家应该具有怎样的社会责任感？

△一个理想的科学家并不应该只以做出新的研究成果为唯一目的，而应该对自己的研究有一种合理的评判标准，这个标准也包括对科学成果可能产生的社会影响。一个对人类发展负责而不只是为了个人的名誉、地位、经济的科学家，应该具有社会责任感。这好像是有点理想化了，但是，科学家的研究经费来自社会，科学家为整个人类利益而工作，我们为什么不应该对他们有更理想化的要求呢？应该明确发展科学发展技术的最终目的。是仅仅为了经济有较快增长，还是为了人类有一个持续发展的环境？

（载于《新远见》2002 年 10 月创刊号）

对面的专家看过来

——《艺术与物理学》三人谈

　　兼顾研究与普及的科学美学丛书"大美译丛"第一辑中的《生命的曲线》《美与科学革命》在 2000 年出版，近来，此译丛中的另外两种图书《艺术与物理学》和《心灵的标符》又相继出版，第五种译作《天体的音乐》也在紧锣密鼓筹备中。那么，在这两本书中力图沟通的双方——艺术家和科学家各自会怎么看呢？他们会怎么看待对面的陌生领域，又会怎么看待这种科学人文的交汇呢？本期，我们首先请清华大学美术学院技术处包林教授、北京大学物理系原系主任赵凯华教授和这套丛书的主编清华大学刘兵教授分别介绍他们对《艺术与物理学》一书和艺术与物理学关系的见解。随后，我们将再邀请音乐和数学方面的有关专家结合《心灵的标符》一书对音乐与数学的关系进行探讨。

1. 上看下看：经典的视角与现代的视角

　　刘兵：像科学与艺术、艺术与物理学这样的话题，很多科学大家都有所讨论，比如杨振宁的文章《美与物理》等。但科学家们更多是从物理角度谈自己的体会，以自身的感受和经验从物理学理论的发展去讲美在科学理论中起着什么样的作用。同样，艺术家们也经常感到科学在他们对艺术的创作和理解的方面有影响。《艺术与物理学》这本书的作者，则是力图站在中立的立场，同时关注这两者。

包林：书中精彩的部分是从爱因斯坦的观念到现代绘画流派的描述，就是现代艺术和近代物理学这一块儿。我比较喜欢的就是，书中通过艺术和物理学对前人的一些纯科学研究，也就是对古典科学进行批判，同时这种批判也表现在对新一轮的物理学理论的探索之中，体现在艺术样式的表现之中。

赵凯华：总的来说，我觉得这本书确实是我看到过的第一本很认真地对整个人类文化历史做了非常仔细的考察，研究艺术和物理学关系的书。

包林：现代科学的新理论越来越多地强调这样一点，即很多事情不是简单的因果关系，而是互为因果。任何事物不会是由一个原因导致的结果，而是由多种原因导致的。而这个结果又是导致其他事物的原因。所以它是一个系统的关系。这种情况就迫使人们在观察、看待事物时不是按照笛卡尔、牛顿的方式，从一个点去看，而是从全局思考问题。同样，反映在我们艺术里面，就是所有作品的表达视点都不是单一的，像我们平时看到的塞尚、毕加索、莫奈的作品就是这样。由各个不同的视角去看待一个事物时，我的视角虽然是唯一的，但我的观察不会因为我在这一点只看到这个图像就表达这个图像，而是我把在不同角度看到的都表现出来。我们觉得这样的图像是摆脱了传统的因果论，摆脱了传统的科学、艺术思维模式后，形成的新图像。

以前的传统必然是成角透视下去临摹它，而现代的，则是把经过我思维形成的特定的观察方法嵌到新的物体上，采取新的表现形式。我对这个事物的观察方法不一样了，感觉不一样了，观察到的东西必然不一样。像书中有一幅名为《温室》的画就很有意思：一般情况下，我只能看见一个人的正面而根本看不见一个人的后脑勺；如果我把一个人的后脑勺翻过来（即在画面上同时看到人的面孔和后脑），就给人一种奇异的感觉。实际上，这种表达是借助了爱因斯坦的时空绵延观念。

艺术的革新能在物理学上找到根据，也可能在科学技术或者其他领域找到根据。现在物理已经不是研究我们能看到的东西，而是在研究我们看不到的东西。小到粒子，还有纳米，这些都是我们看不见的，但他们都存在。假设有艺术家把中子等物质表现出来，可能一种新的艺术形式就出来了。

2. 左看右看：传统的创造与现代的创造

刘兵：请注意这个书名，原文书名副标题跟中译本有一点儿差异。中译本的副标题叫"时空和光的艺术观与物理观"。原文副标题，严格地译应是"关于时间、空间和光的一种平行的观点"。也就是说，在书中，物理学和艺术是作为两条平行线，两条平行的脉络发展。作者要探讨的是，在这样一种平行的发展中，它们有些什么共性，有些什么个性，有些什么关联，有些什么相互作用。时间、空间和光，这几个概念确实是物理学中非常核心的东西。

赵凯华：对于后面的部分，即关于近代的物理学和现代的艺术的部分，我的感觉就不太一样了。应该说现代艺术我是不懂的，我是无法欣赏的。看了之后不知道画的是什么东西。也引不起我美的体验，我就不感兴趣，即使是别人说得多有名的大画家。在这方面，我是"艺盲"。古典的艺术不是说我就懂多少，但至少它让我还愿意看。现代艺术，举例说，毕加索的画，我看了半天，一点也不喜欢。我还到毕加索在巴塞罗那的纪念馆去参观过，花了一个下午看展览，但对他后期的艺术，完全不能欣赏，一点儿都不懂他为什么要这么画。我自己对现代艺术不能理解，所以我对书的后半部分就有不同的理解。像"钟慢尺缩"这些东西都是违反生活经验的，理解起来是需要想象力的。想象力无论对于艺术还是物理学都非常重要。但和艺术有一点不同是：所有这些东西，1.假如在没有实验之前，是严格的逻辑。这一点是没有任意性的，不能像艺术家那样。必须用非常严谨的逻辑和数学把你的东西表达出来，虽然结论可能使人惊讶，但逻辑是非常严密的，让人感觉是无懈可击的。2.你所得出的结论在可能的情况下必须用实验能够证明。物理理论是经过无数实验检验的。

包林：所有的科学现在离不开数学也离不开实验，实验中数据的、逻辑推理的东西是一定需要的，但我们的科学走到一定阶段以后，必须要很多灵感的东西，我如果没有这种想象力，我所有的实验就没有任何意义。我的目标是什么，我需要证明什么东西，这是需要想象力的。需要推翻、怀疑什么或者是推翻以前的理论，所以我必须有一个目标。这是我们说的科学家的价值观。并不是说为实验而实验，而是为了要发现一个新的东西。这个就需要想象力了，不是一般人能够做到的。如果没有这一点，我们只能说他是一个高科技人员而不是一个真正意义上的科学家。与科学家相类似，我们说，真正的艺术家是有一种前瞻性的，或者说是需要一种想象力，也是一种安于现状的冲动，一种否定现有样式的推陈出新的革命精神，这是艺术家需要的。否则技巧再好也是一个画匠，而并不是一个艺术家。

赵凯华：畅想是可以的，但是作为科学原理必须有严格的逻辑上的要求。而且最后的结论还要经过实际检验或者天文观测证明。所以近代物理虽然出现很多外行人不懂的、很难理解的东西，可是我们搞这一行的人都是很清楚的。什么是胡说，什么是真正的物理原理，这里有非常明确的界限，是有客观标准的。这是近代科学和近代艺术不一样的地方。近代物理与经典物理在这一点上是永远保持的：任何物理原理都要反映实在，否则就不是科学。这点是科学永远要遵循的。过去我也写过一些东西，谈从科学家的角度感受科学内在的美。但艺术界也许并不领会这样一种内在的、深邃的美。物理学经常反映的是物质世界非常深层次的一些规律。到了深层次，规律就变得非常和谐，非常统一，非常简洁。别看大千世界非常复杂，但深层的规律带有相当的普遍性，非常简单，我觉得美就美在这个地方。我不知道艺术家怎样看，但科学家自己是这样欣赏的。

3. 这本奇书不简单

包林：这本书实际上是一本普及性读物，是一本科普读物，不是很深的学术理论著作。它不可能给你一个可行的创作之道或者科学的研究之道。作者是一个外科医生，他从自己的角度来理解物理学与艺术。物理学有哪些特点、特性，艺术又有哪些特点、特性，他把它们放在一起比较，居然它们还有异曲同工的地方。总的来讲，我觉得这本书值得一看。而且，特别是对一些搞艺术的人了解科学很有帮助。它里面对科学的解释比较通俗，举的例子也比较通俗。

赵凯华：我对整本书的感觉是：首先，这是一本非常好的书，看书之后，我觉得弄清楚了近代艺术是如何发展的，我从来没有看到过有人从人类文明史的角度认真地去用资料做艺术和物理学的对比；其次，从一个物理学家的角度来看，此书对物理学的理解基本没什么问题。

刘兵：我在这本书的主编后记中曾写到，我发现这本书是1994 年在美国做访问学者的时候。当时我只是觉得这本书特别好，并且跟一个朋友说了。那个朋友在美国一所大学里教数学，当然也是搞数学物理这一类的。他看了以后也深有感触，不但买了一本送我，自己也要买一本。他有一个说法很有意思。他说看过这本书，他以后带着小孩到博物馆参观的时候，就有很多东西可以向他的小孩解释了。在国外博物馆是非常发达的，尤其是那种现代艺术、抽象艺术，人们对它各有各的说法。理解的、不理解的，认为它荒诞的，认为它没有意义的，但至少这本书提供了某些可能的说法，让我们从一个特定的视角去理解它的某些意义。并不是我们教给小孩说什么作品怎样怎样一定是一个真理，也许他们长大了，科学也变了，艺术也变了，也许他们自身也变了，还会给出新的解说。但此书作者至少提供给我们一个与众不同的、以往没有的说法。我觉得这个意义就很重大了。因此，无论是关心对方领域的艺术家还是物理学家，甚至在艺术和物理学专业外的、包括青少年在内的广大读者，都有可能对此书的内容感兴趣，并从阅读中得到不同意义的收获。

（记者许知鱼采访整理，

载于 2001 年 10 月 17 日《中华读书报》）

圈里有个科学家叫伦敦

▲吴砚（本报记者）

△刘兵（清华大学人文学院教授、译者）

以哲学的背景而开始科学研究，弗里茨·伦敦的这种经历本身就十分吸引人。不过，静下心来阅读《弗里茨·伦敦》之后就会发现，这本书的内容显然要丰富得多。

一度"超导"是我们听到的最多的科学名词。如今，"超导"不再时髦，但也许正是因为这样，我们阅读一本在超导物理学史上做出重要贡献的科学家传记时，也有了更多思考的空间。

▲虽然"超导"这个词在国内曾经非常热，但是大多数公众对"弗里茨·伦敦"这个名字十分陌生。所以，首先请简单介绍一下此人的有关背景以及他在科学上的贡献。

△确实，像"超导"这样的科学概念，由于特殊的背景而热过一阵之后，在公众的意义上，已不那么热了。这本来也是正常的。不过，即使有一定科学素养的科学家，如果不是专门研究超导的，恐怕也有许多并不知道弗里茨·伦敦。这本传记比较详细地介绍了弗里茨·伦敦这位虽然曾做出重要的科学贡献，但其知名度远远不如爱因斯坦那样高。这样做的意义，一是对超导物理学史等学科的直接贡献，二是在某种程度上弥补了我们通常只出版那些"众所周知"的大科学家传记的不足。弗里茨·伦敦的生

平并不复杂，先是学哲学，并由于对哲学的研究而得到博士学位，后来，又转向研究科学。在科学中，他最重要的贡献有这样几项：1. 与海特勒合作开创了量子化学的研究，提出了"海特勒-伦敦键"理论；2. 与兄弟海因茨·伦敦合作，提出了第一个成功的超导电动力学唯象理论；3. 提出了基于宏观量子效应的有关超导体的许多理论预见；4. 对液氦超流动性理论的研究。当然，除此之外，他也还有其他的工作，但最重要的，主要是以上几项。不过，能有上述那些成就，就已经不是很容易的事了，这使他与众多更"普通"的科学家相比，已经不是那么"普通"，而是相当重要了。

▲许多物理学家是在"做出确立了他们在科学共同体中的贡献之后，写出了某种哲学作品"，而伦敦的学术经历恰恰相反，他是由哲学而转向科学的。请介绍早期的哲学工作。

△这的确与我们常见的情形有些不同。伦敦上中学时，就开始对一些哲学问题感兴趣，并写下了一些文章。后来，正是在此基础上，他完成了关于演绎逻辑方面的博士论文，论文与著名的现象学哲学家胡塞尔的学说也有密切的关系。不过，要想比较通俗地用几句话来介绍伦敦的哲学工作，倒是一件非常困难的事。这些研究也许只具有特殊的学术意义，甚至现在的哲学史研究者们，也很少去注意伦敦的哲学工作。我甚至觉得，在这本传记中讲他的哲学工作，也没有讲得很清楚。不过，对于一般读者，尤其是对于仅仅因为科学工作而对伦敦这个人感兴趣的读者，伦敦早期具体的哲学研究工作倒并不是最重要的内容。我们知道他曾有过这样的研究经历，有过专业性的哲学研究，大致也就够了，而那些具体的哲学工作，以及这些哲学思考与他后期的科学工作的联系，则是对伦敦进行专门的人物研究才有特殊的意义，而且，目前这种研究仍然不够深入。

▲伦敦是如何由哲学转向科学的？

　　△其实，伦敦虽然因哲学研究获得了他的博士学位，但他真正感兴趣的，更是科学问题。他对哲学问题的思考，也与他对科学的兴趣相关。一开始，他先是以哲学作为切入点来介入对物理学问题的讨论，如关注以演绎的方法找到物理规律的可能性等，但这些早期的工作受到了科学界的冷落。所以，他后来就直接投身于主流物理学的研究。幸运的是，在这种转向的过程中，他能够得到索末菲等物理学大师的指点。再者，他开始工作时，正值量子理论面临具体应用问题的黄金时代，像超导这样的难题理论研究刚刚起步，这也为他后来的科学工作提供了一个理想的舞台。

　　▲在伦敦从哲学而转向科学的20世纪20年代初，科学家与哲学家之间似乎存在着很大的分歧。在这本书里有这样一段细节：爱丁顿爵士建议，在新物理学的入门处要贴一条警告："结构改造——非公莫入。在任何情况下，看门人都不接待窥探的哲学家。"这里所说的"结构改造"指的是什么？这种物理学发展背景以及物理学家与哲学家之间的分歧对伦敦日后的科学工作有哪些影响？

　　△这是一个很有意思的问题。我想，爱丁顿爵士讲的"结构改造"，也许可以理解为当时以量子力学为代表的新物理学正在对旧的经典物理学进行改造的意思吧。当然，从一种幽默的角度，也与我们现在经常看到的"内部整顿，非公莫入"这样的牌子有某种相似之处。就物理学家和哲学家的关系来说，似乎有这样两个方面可以注意。一方面在19世纪，科学家不欢迎自然哲学家的指手画脚的影响在当时还仍然残留着，另一方面，伴随新的量子物理学和相对论的诞生出现的物理学革命，众多的物理学家们又不得不深入思考许多哲学问题。具体到伦敦的情形，主要是因为他当时还没有完成哪怕一项实际的物理学研究，所以科学界对他的观点不太关注。不过，他早年的哲学思考以及由此而形成的哲

学观念，确实对他日后的科学工作的风格和方式产生了不可忽视的影响。但要详细讲这种影响是怎样的，那就是一个太专的话题了。但至少可以由此看出，哲学与物理学，以及与所有的科学的研究，绝不是没有关系，问题只是研究者是否对此有明确的意识而已。

▲"弗里茨·伦敦关于如何进行物理学研究的观点，使他从捍卫歌德的科学工作走到错综复杂的宏观量子现象之中。这是一个长而孤独的旅程，跨越他短暂的一生。"作为全书最后一句话，这似乎是对伦敦一生的概括性总结。这段话我觉得至少包含这样两层意思：其一，伦敦的哲学工作对科学工作的影响是贯穿其科学生涯始终的；其二，伦敦在漫长的科学工作中，一直是一个孤独的探索者。对此，您怎么看？

△这是一个比较困难的问题。我同意你引用的该传记作者在书中最后的结论，也同意伦敦的哲学工作，或者说，他的哲学思考，或者哲学倾向，对他后来的科学工作有重要的影响。正如该传记作者所言："伦敦在他后来的研究中详尽阐述的许多观点，包括对宏观量子现象富有远见的建议和讨论，都可以追溯到早年的哲学漫游。"但这种影响是潜在的，传记作者也只是在像有关"追寻作为整体的理论"的强烈信念的评论中略有涉及。另外，伦敦在其一生中，确实带有"孤独的探索者"的特点。这一方面与他的性格有关，另一方面也与他的坎坷经历有关，再有，这种孤独感尤其是在他到了美国之后，由于对美国当地文化和周围学术环境的不适应，而显得更加突出。不过，作为一位成功的科学家，这种孤独的探索，或许是使他取得众多科学成就的一个不容忽视的因素。

▲这本传记的翻译出版，对于中国的读者有什么特别的意义吗？

△我想，这部传记是一部学术性很强的传记，是一部典型的"内史"型科学家传记。由于它涉及许多专业性的内容，一般读者阅读起来可能会有一定的困难。因此，它首要的价值，是给那些专业的科学史研究者和物理学研究者提供一份重要的文献。这也是国际上第一部关于超导物理学家的长篇专著性传记。但是，如果在某种程度上忽略那些技术性的专业内容，此书也有许多对当时哲学、物理学及社会背景的叙述，更有诸多涉及科学家作为常人侧面的内容，如科学家的生活、科学家彼此间的冲突、社会环境对科学家的影响等。再有，就是这部传记向我们介绍了一个在过去不太为人所知的科学家的生平与科学工作，而不只是锦上添花般地再重复介绍那些为人熟知的科学家。在这种意义上，此传记也仍然可以为一般读者所阅读，并有所收获。毕竟科学史的研究总是要有新的内容增加进来，才能使我们的学术有所积累。江西教育出版社能够愿意出版这样一部科学家传记，应该说是很有学术眼光和魄力的。

▲您如何评价作者伽夫罗格鲁的工作？

△希腊学者伽夫罗格鲁的工作应该说是相当出色的。虽然这部传记与一些西方学者写的更有影响的科学家传记相比也还有些不足之处，如叙述还不够生动，也没有基于伦敦的案例提出什么特别的新观点，但它毕竟是严肃的学术研究，是作者扎实的史学工作，并通过这种工作，填补了科学史研究中的某些空白点。由伽夫罗格鲁的工作，可以联想到我国对西方科学史的研究中的问题。相比之下，我们还少有这样扎实的、基于大量第一手材料的研究。当然，这里有诸多因素，不过，至少与希腊科学史学者的工作条件相比，我们在资金、文献等方面的条件，还是要相差许多的。伽夫罗格鲁在进行他的研究时，可以采用国际上标准的当代科学史研究方法，能够去世界各地的图书馆、档案馆，收集与

伦敦有关的大量原始材料，如论文、笔记、手稿、通信等。为了写这本伦敦传，他从世界各地的档案材料中，仅与伦敦有关的通信，就发现了有三千多封。相比之下，中国研究西方科学史的学者就很难有这样的工作条件。当然，这并不是说仅仅因为这种条件的差别才造成了我们在研究上的落后，我们也还有许多问题，但对于理想的科学史研究来说，这样的工作条件毕竟是不可缺少的。

（载于 2002 年 12 月 27 日《中国图书商报》）

人文因素融入基础科学教育

一、观念的变化

记者：我国基础科学教育课程改革试点已于 2001 年秋季开始，并将逐步全面推广。您作为国家教育部课程改革课题组核心成员并具体参与物理学课程标准和教材的改革工作，请您谈一谈这次基础科学教育课程改革体现一种什么样的精神理念。

刘兵：我只能从个人的理解来说。总体上讲，我认为这次基础科学教育课程改革在观念上变化非常大，比如，从注重面面俱到更多的知识到更注重学生探究能力的培养，更关注将人文的因素渗透其中，体现其中，注重在学习中激发学生的情感。这样一种变化与以往传统有很大不同，当然，具体的不同，更多的要在课程标准中去体会。

记者：这是我国第一次制定基础科学教育课程标准吗？

刘兵：是的，但现在是实验稿，还不是最后的定稿。课程标准对教学不仅提出了最基本的一些要求，而且还有一些规定，包括有什么内容的标准，教学要达到什么目标，怎样实施内容标准以及达到这些目标的建议等。我认为，这次教学改革，特别是科学类的，比如，物理、科学等课程的改革，是在国际大背景下进行的，参考了一些发达国家基础科学教育标准，吸取了人家一些先进的经验。

记者：观念的变化，体现在教育方式上有什么根本的不同？又有什么益处？

刘兵：过去基础科学教育注重的是具体科学知识的传授，就像过去的科普一样，都是讲科学。学校的教育和我们说的科普，大致分别属于正规教育和非正规教育。但从观念上讲，本质都是类似的。过去，强调的是要教给学生越来越多的具体知识，而这种纯粹教授知识的做法目前已经不是一种主流的做法。知识是不可能教得完的，知识始终不断在更新。对科学精神、科学方法的培养，是以前我们的教育中关注不够的。基于新观念的科学教育方法的好处很多，学生在学校不仅仅是只学了一些具体的知识，还至少可以对科学有一种更全面、更深刻的理解。以物理课程标准为例，对学生的思想方法、思考方式有一个基本设想、基本理念，注重全体学生的发展，提倡学习方式的多样化，强调素质，尽量改变学科本位，而不是像过去那样很狭窄，除物理外，什么都不涉及。另外，虽然是教授物理，但是强调从生活走向物理，从物理走向社会。这个理念就体现了不是那种先建立一个纯粹的逻辑体系，然后教授越来越多的具体知识的做法。

二、从"两种文化"到STS

记者：我们的基础科学教育改革是在什么样的国际大背景下进行的？

刘兵：由于科学研究和科学教育重视专业化的东西，使得大多数科学家也越来越重视研究更专门和更带技术性的问题，研究深度日益加深而范围日益缩小。20 世纪 50 年代末，英国学者斯诺

（C. P. Snow）指出，在"科学文化"和"人文文化"之间存在一条相互不理解的鸿沟，而这种分裂对社会则是一种损害，一种损失。他认为产生文化分裂的主要原因之一，就是我们对专业化教育的过分推崇。因而，要改变文化分裂的现状，唯一的方法就是要改变现有的教育制度和教育方法。

当代科学技术的发展对教育的内容、方法、观念及人才的培养都提出了新的要求，现代社会需要更多的是有现代观念、有一定专长、也了解其他领域知识的通才。只了解很窄的领域，不论是领导科学工作，还是参与制定科学政策或政府其他政策的讨论等，都是不够的。科学技术越专业化，越可能使得人们沉迷于技术的发展中，而只看到很窄的方面，甚至忽视了科技发展可能带来的负面影响。正是在时代发展的要求下，近年来，国际上许多国家对基础科学教育的内容与标准都进行了各种形式的改革。这些改革的特色之一，就是将"科学、技术与社会"（STS）的思想内容融入基础科学教育之中，即在科学教育中增加人文思想、人文色彩。

记者：您长期关注国外基础科学教育改革中注入人文因素的问题，请您简要介绍一下国外这方面的情况。

刘兵：在科学教育中引入人文内容，早期是从科学史教学开始的。因为面对斯诺提出的问题，许多科学史家和教育家都是将科学史视为连接科学文化和人文文化的一座重要的"桥梁"。

1952年，美国哈佛大学的科学史教授霍尔顿编写了一部面向文科学生的物理学教材——《物理科学的概念和理论导论》，这部教材被称作科学教育中的里程碑。该书的独到之处之一，就是充分而有效地利用科学史和科学哲学，来向学生阐释物理科学的本质。与这本书相比，影响更大的，是于1970年出版的一套为中学教学准备的物理教材——《改革物理学教程》。这部大量利用科学史内容，具有明显人文取向的教程成了在美国有重要影响的物理教材之一。

另一件值得提及的事，是美国科学促进会于 1985 年开始进行了一项名为 "2061 计划" 的全国性研究，力图彻底改革美国中学的科学教育。1989 年，此计划在一份题为《面向所有美国人的科学》的报告中发表了建议。在此报告中，关于 "科学的本质" 涉及科学哲学、科学伦理学和科学社会学的内容。

在进一步的发展中，我们看到，在基础科学教育中，引入人文内容开始从传统的科学史和科学哲学渐渐扩展到了接近于今天意义上的 STS（科学、技术与社会）领域。

记者：国外基础科学教育中引入 STS 的动向要点是什么？

刘兵：我个人认为，可以概括为：对科学方法的培养；对科学态度的培养；对科学思维习惯的培养；对科学观的培养。还有一些很鲜明的特点是，强调对科学和技术差别的认识；对科学，尤其是技术在社会生活方面的影响；技术对环境的影响；还有对科学本质的强调；对于社会责任感的培养，等等。

从发展的角度来看，在 STS 的内容也是一个不断加深的过程，例如对环境和可持续发展问题越来越明确的强调，等等。

三、理解科学的本质

记者：您讲到对科学本质的强调，能不能讲讲科学本质的问题？

刘兵：在国际基础科学教育中，目前对 "科学的本质" 的看法是一个更加富于理论色彩的例子。曾有国外学者在 8 种国际科学标准文献中总结出来的关于科学本质的一致性看法，它们分别是：科学知识是多元的，具有暂时特征；科学知识在很大程度上依赖于观察、实验证据、理性的论据和怀疑，但又不完全依赖于这些东西；没有一种普适的科学方法；科学是一种解释自然现象的尝试；理论是变化的；观察渗透理论；科学家要有创造性；科学史既表现了科学进化的特征，也表现了科学革命的特征；科学是社会和文化传统的一部分；科学和技术彼此影响；科学思想受到社会和历史环境的影响。

从以上这些关于科学本质的一致性的观点来看，相比之下，在我们国内，其中的许多观点甚至在学术界也仍不无争议。一般来说，在任何一个社会里，只有成为一种普遍共识的东西才能进入基础教育中。按照这样的判据看，一些我们认为比较激进的观点，在他们那里已经成为某种主流的共识。通过这个例子，可以看出，一方面我们在改革之中，另一方面我们的改革与国外相比还有一些距离。

四、问题与差距

记者：那么在我们这次基础科学教育改革中是怎样体现 STS 渗透？怎样体现我们的特色的？

刘兵：我们以往从事基础科学教育的人对科学、技术与社会（STS）关注不够。但确实我们又看到，将 STS 引入基础科学教育是国际上的一个动向。若干有代表性的国际基础科学教育标准，主要是引入一种人文的视角来看待科学和技术，不纯粹关注一个科学自身具体的知识，而是把它放到一个更大的社会文化背景里，研究科学技术领域相互的作用，相互的影响，这样一些要点的引入，使我们对科学的本质、功能、性质、方法对社会的影响、哲学含义、对我们认识世界的更深刻的寓意，有更深刻的理解。虽然我们有自己的具体情况，注重我们自己的特色，与国外的教学改革方案不尽相同，但在最本质的趋势上是一致的。举一个例子，以往我们不论是讲物理，或化学等，都是讲具体的知识内容。现在我们关于科学和技术与社会的关系，有一个重要的理念，就是可持续发展的概念，或者说是绿色的概念，这种可持续发展的概念，并不是原来具体的物理知识，或科学知识，但这又是被人们普遍关注的、应该渗透在教育各个方方面面的。结合物理教育或其他学科的教育，我们能不能把这样一种观念体现在其中？我认为，这是一个非常典型的 STS 渗透的例子。比如，在物理课程标准中，一级主题分成三大块，讲到第三块能量时，最后有一个能源与可持续发展，把很新的科学和技术以及与社会应用可能会带来什么问题，我们应该用什么方法来解决，未来的发展的问题等放在一起讨论，体现出综合性，这些都是很好的认识。

记者：应该说这种科学教育改革方案对科学教师提出了更高的要求，他们自身就应该具有很好的科学史、科学哲学的素养以及人文的情怀。我国的教育管理部门、教师有这样的储备吗？您认为需要采取什么措施加以改进？

刘兵：现在这样一种改革，可能在推广起来以后，仍然有很多教师、很多基层工作者在理解和吃透这些内容方面需要一个培训、学习的过程。随着改革进一步的发展，我认为，特别是像 STS 渗透这种问题，需要有关学界的人的学术积累和学术研究更深入的发展，否则如果没有那样一种基础，这种加入、这种渗透就是很肤浅、很表面的。

我们学术界 STS 研究的力量与国外相比还比较薄弱，体现在我们对于现有成果的评价，如何转化为通俗的基础教育的内容，有先天不足。同时由于学界这种 STS 研究的欠缺、局限，导致了我们在转化过程中，以及转化体现在教学标准和教材以后，会出现教师们、基层具体从事工作的人们怎样把握和理解的问题。有大量的培训、宣传、普及工作要去做。立足于 STS 渗透，学界要及时以合适的方式将最新的研究成果普及到社会各界，尤其是教育界。再者，更广大基层教育工作者对这些传播普及的东西有一个接受、吸收、消化以及体现在教学中的过程，而不是说教育改革方案一出来就万事大吉了。

（记者何自英采访整理，载于 2001 年 11 月 9 日《科技日报》）

生物世纪：美梦？还是终结？

▲记者吴燕　△清华大学人文学院教授刘兵

▲对科学家来说，"人类基因组计划"给他们带来的是对人类自身认识的一次重大飞跃，是人类战胜疾病的希望；而在唯利是图者眼里，研究成功后带来的市场垄断、巨额利润才是第一位的。在经济利益依然是最重要的驱动力的社会，后者的诱惑显然要胜过前者，这就决定了其必然会被利用的命运。

△从目前的发展来看，确实存在有这样的趋势。就我们所见，相关的报道已经不少了。20世纪以来，科学发展的一个重要转变，就是从科学向技术和应用的转变越来越快，科学的研究与技术越来越紧密地结合在一起。而技术，则就其本性而言，是要追求市场和利润的。现在众多的私人企业对应用人类基因研究成果的巨大兴趣，也正说明了这一点。在这种情形下，人们很难说这种研究的成果不被利用。不过，在有可能的情况下，人们总是努力尽快地将科学转化为可应用的技术，问题并不在技术本身，而在于如何去应用。例如，能够增强人类战胜疾病的希望，这当然是好事，但从目前的情况来看，这种技术被垄断而用作追求经济利益的有效手段的可能性显然是极大的。

▲"二战"时期，希特勒曾组织大量科学家研究如何"制造"出最优秀的纯种雅利安人，可当时的科学没有达到那一步的能力，

但借助基因技术、毫微技术等先进的技术手段，我们却有可能在未来的某一天真的实现希特勒没能实现的"梦想"。但是什么才是最优秀的人种？什么人又该从地球上消失？

　　△这是一个非常重要的问题，是一个重要的伦理学问题，只是许多人并没有认真地思考过。当借助基因技术确实可以对人类进行"改良"时，这个问题就会变得异常尖锐了。在美国白宫为迎接新千年到来而举行的系列演讲中，著名英国物理学家霍金就专门谈到过这个问题。他说："如果要实现改良，人们很快就会有疑问：谁来规定什么是改良，以及在事实上是否允许一群人决定他们的性质与另一群人相比是改良了的，从而更需要转移到各种接受者身上。这个问题多少有些把人们置于一种伦理上的两难境地。""除非我们有一种集权的世界秩序，否则在某些地方一些人就会计划改良人类。"既然集权的世界秩序人们并不想要，因此，如果我们对此问题没有充分的认识，那么，一旦这种技术成为可能，再加上某种机缘，"改良"人类就可能成为现实。例如出现希特勒那样的坏人，或另外一些有权有势有钱的人热心于此，即使是一些"好人"，尽管其出发点和愿望可能本是良好的，但在这种技术的应用时，实质上与希特勒的"梦想"并无二致。

　　▲生命是值得敬畏、值得珍重的，但这种敬畏和珍重首先是基于生命的神秘感之上的，如果某天生命再没有神秘可言，而成为可以批量生产的东西，我们将如何承受这种失重的感觉？如果真的到了那一天，人还是人吗？我还是我吗？如果我们利用基因技术制造出一个人仅仅是为了移植他的器官用于治病，那么这样的生命是否还能得到应有的尊重？

　　△这仍然是伦理学的问题和难题，不仅仅是生命神秘感的问题，更涉及生命的意义、价值和本质等根本性的问题，是极需要进行研究的。只怕当人们还未对此达成相对一致时，技术的应用

就已成为可能，那时才会有很大的麻烦。

▲拥有了标准的人类基因图谱，就可以在胎儿形成的最初几周内判断出其是否会带有某种先天性遗传疾病，做到早期诊断，早期治疗。但如果被用于别的目的，后果可能将是严重的。就好像 B 超技术如今是一种常规诊断方法，我们可以通过它去检测某些疾病，但在一些地方，它却成为性别歧视的得力助手。曾有新闻报道说，某考生仅仅因为长相难以被人接受，尽管成绩十分优秀，仍然被多所高校拒之门外。但很可能有一天，利用基因检测技术得知某人有致命的缺陷而使其被校园、被应聘的职位、被理想拒之门外，这一结果更为严重。如何保证技术不被滥用？如何保护基因这种本来属于个人隐私的信息不被侵犯？

△这种情况出现的可能性是极大的。问题仍然不只在于技术本身，技术本身只是提供了种种的可能性，问题在于对技术应用的社会控制。其实，不仅对基因技术，对任何技术的滥用都需要有效的社会控制机制，例如立法。但这种社会控制又是很复杂的，涉及多种因素。现实是，人们似乎并不能因为这种技术有被滥用的可能就有足够的能力也阻止其发展。那么，就只好转向关注社会控制机制吧。

▲以往的事实似乎一再警告我们：科学有时在技术上完全可以做到，但从道德上来说则是不应该做的。因此，并非科学发展到了某一程度就能做到，就一定要去做。但如果约束跟不上科学技术的飞速发展，社会控制体系的建立与完善永远处于相对滞后的处境，同时，这种约束可能将在一定程度上延宕科学技术的进步，那么孰重孰轻，我们应该如何取舍？

△这个问题在前面已经谈到了。如何取舍，不知道。也许，问题并不是我们"应该如何取舍"，而是我们是否有能力、有可能取舍。

▲通常人们在讨论这样的问题时所给出的结尾是：关键看谁掌握了它，如何利用它。但这样的结尾显然不足以让人安心。您能给我们一个与众不同的结尾吗？

△很遗憾，这样的结尾是未来的事，而对于未来的预言总是不那么可靠的，因此，恐怕我给不出什么与众不同的结尾。不过人们至少还可以抱有希望，毕竟这是关乎未来人类命运的事，也许，让更多的人了解真相，认真思考，并在此基础上尽其所能地做可以做的"正确"的事，希望还是有的。反之，最糟的情况，就是人类的终结。我还愿意在此引用美国小说家克赖顿在《侏罗纪公园》中的一段话："我们的星球并没有什么危险，面临危险的是我们。我们并没有力量去毁灭这个星球或是拯救它。但我们或许有能力来拯救我们自己。"

（载于 2000 年 6 月 23 日《北京科技报》）

两性对谈《两性视野》

荒林，女，首都师范大学文学院副教授、诗人、女性主义文学批评家。主编《两性视野》一书，关注中国当代文化转型热点话题，关注女性、环境和弱势群体生态。

刘兵，男，清华大学人文学院教授，中国妇女研究会理事。

近日，就《两性视野》一书中所关注的女性问题及当下女性主义研究的现状，刘兵和荒林进行了这样一次"性别"对话。

刘兵：我注意到，这本书的名字虽然是《两性视野》，但可以看得出，在内容上占压倒性优势的是女性视角，至少从数量上来看只有两篇是关于男性的。

荒林：但是我们的书里有很多男作者啊，他们的文章就是男性视野里的女性问题。

刘兵：我是说除视野外，我们还可以从视域的角度来探讨，也就是他们"看什么"。在这种意义上，这本书似乎仍然主要是在看女性问题？

荒林：这一本《两性视野》主要偏重两性看女性问题，也许下一本就更多偏重两性看男性问题啦。"看什么"是一个方面，"怎么看"是另一个方面，也许是更重要的一个方面。在我们的现实生活中，女性问题更表面化，数量也更多，比例也更大些。

刘兵：所以在这本书里就以更多的女性问题来反衬两性问题

在现实中比例的不对称?

荒林：我们之所以没有选择"社会性别"这个更学术的词，而选择了"两性视野"来命名，就是为了在本土语境面对和思考性别问题，它和其他问题，如城市化问题等纠缠在一起，我希望能在中国的语境中来研究性别问题。"两性视野"是为了清澈起见。在本土语境中，也许首要的是个体问题，两性视野可能在性别/个人的角度展开深入浅出的文化对话。

女性主义还有市场吗?

刘兵：希望大众理解，是否可以解释为何从一开始这本书就有一种市场感?

荒林：学术总还是有一定的市场的。因为要有读者，书的存在才有意义。作为一本性别/个人角度的学术书，我希望有较多读者，因为它谈论的问题与我们的生存质量息息相关。一本书的面貌和编者的编辑思想息息相关。

刘兵：我们可以看到，这本书无论是从可读性还是到文章内容，以及编辑理念、美术设计、插图都有一种杂志化的倾向，能让人更轻松地阅读。而不再是学术大论文，或仅仅起个诱惑的标题。你是否也感到女性主义的市场必须扩展到研究学者之外的读者中去，甚至是把它作为一种闲读推向读者?

荒林：是啊。我注意到目前女性主义存在体制化和集体化甚至模式化倾向。这和女性主义自相矛盾，我希望这本书走出这个怪圈。

刘兵：我还注意到这本书里也表现出一种大胆的趋势。国际上的女性主义者一直都比较大胆，特别是从他们的话语形式，如修辞、用语、隐喻等，这也形成了女性主义的论述特色。但在国内这么大胆言论的却不多见，比如"《阴道独白》观后"这样的文章。你是怎么协调社会对谈论性别问题时的容忍程度和女学者对自己言论的容忍程度呢？

荒林：所以我们强调在中国的情境中谈论性别问题。我希望能把前沿的学术思想传递给读者。前沿的学术思想并不见得就离生活很遥远，相反有可能很密切。我不认为难懂的就是好书。如果说一本好书人们读不懂，很可能是普通人还没有意识到身边存在的问题。知识是有可能接受和被人们接纳的，人们越亟须解决的问题就越容易接受。身体知识是本土情境很需要的，过去很压抑的身体需要一种真正解放的语言，有灵有肉的语言，不是仅有后者就可以。

刘兵：某种意义上说，这本书和一些学人杂志类似，都不是从体制内获得标准，而却因此获得了经济市场和学术文化市场的认同。

荒林：我希望能做到这样。这是一种自觉的选择，而且你也必须相信自己的学术有市场才能继续做下去。

刘兵：你认为女性主义有市场吗？

荒林：我认为女性主义是国内很需要的一种资源和知识。女性主义可说是人道主义的深化运动，它通过探讨性别来探讨人性问题，人性问题是永恒的话题。不过，不用女性主义的标签而能说明性别问题，探讨人性的，我相信国内更加欢迎。因为有些国内读者误认为女性主义是与男性对立，存在反感心理。

女性的身体和研究的深度

刘兵：也许由于题材或是写作者的限制，书中还有相当大的比例是从作者的直接体验出发的。这从行文风格、文献薄弱等方面都能看出来。但是，这样一种体验性文字是否在学术意义上对国际上已有研究成果的参照很有限呢？

荒林：但是这种体验是很多人都意识到的，这样可以引导更多还没有意识到这个问题的人认知自己。

刘兵：初级意义上的引导？

荒林：不是。我相信每个读者都是有能力的、能交流的。

刘兵：我不是指语言形式。书中涉及的这些题目在世界女性主义学术积累中已经有很多了。但书中的文章为什么还多是从感受出发呢？

荒林：在某种意义上，这是中国语境下消化过的女性主义。尽管书中有些文章的作者非常年轻，但他们的写作是一种思维方式的探讨。我们的目标就是想打破学术"隔"的感觉。我曾经创办、主编过《中国女性文化》杂志，也是从激进的女性主义者立场走过来的。我发现，经过中国的男权话语梳理过的女性主义往往模式化了。语言僵化是可怕的。这本书希望让读者获得语言的生命体验，体验阅读生活质量。读者不是被教导而是感受交流，这也是想实践女性主义的一种方式。

刘兵：这里有一个学术本土化的问题。已有的女性主义研究成果大家了解得还不够，而已经完成的又很"隔"。在这个意义上，合理的女性主义应该是什么样的？

荒林：更多介绍国外资源无疑是有意义的，但模式化、僵化，这是女性主义的本质抵触的。

刘兵：也就是说，女性主义学术研究在体制化后也就不是真正的女性主义了。

荒林：是的。特别是当它体制化后可能成为一种控制别人的权力，或被利用的权力，那就走到了它的反面。当然任何资源都可能被权力化和体制化，因此，保持一种清醒和反思才是必须的，女性主义也不例外。

也许我们需要言说中国本土性别处境的女性主义，中国有可能会成长自己的女性主义，事实上二十多年来中国文学领域中已经生发自己的女性主义话语，不过，这个话题需要更多时间来做深入讨论。

最后，刘兵和荒林分别代表读者和编者，代表男性的、女性的阅读品位从《女性视野》中各自挑选了 2 篇最喜欢的文章。他们的答案是这样的：

刘兵：《倾听"V"的独白——反暴力戏剧上海演出记》
　　　《目击成长——喻红作品的叙述与解读》
荒林：《掀起你的盖头来——中国女性思维的误区》
　　　《〈第二性〉写作动机与出版始末》

果然，不同性别即使是对同样的女性主义作品也表现出不同的选择。至于理由，他们没有说，恐怕也不必说了吧。

（《科学时报》记者于彤采访整理，
载于 2003 年 4 月 4 日《科学时报》）

懂一点STS
万物皆有流

刘兵 ◎ 著

上海科学技术文献出版社

Shanghai Scientific and Technological Literature Press

图书在版编目（CIP）数据

万物皆有流 / 刘兵著 . 一上海: 上海科学技术文献出版社，
2020

　　（懂一点 STS/ 刘兵主编）
　　ISBN 978-7-5439-8145-4

　　Ⅰ . ① 万⋯　Ⅱ . ① 刘⋯　Ⅲ . ① 科学学—文集　Ⅳ .
① G301-53

中国版本图书馆 CIP 数据核字（2020）第 114540 号

策划编辑：张　树
责任编辑：姜　曼
封面设计：留白文化

万物皆有流
WAN WU JIE YOU LIU
刘　兵　著

出版发行：上海科学技术文献出版社
地　　址：上海市长乐路 746 号
邮政编码：200040
经　　销：全国新华书店
印　　刷：常熟市人民印刷有限公司
开　　本：650×900　1/16
印　　张：24.5
字　　数：328 000
版　　次：2020 年 8 月第 1 版　2020 年 8 月第 1 次印刷
书　　号：ISBN 978-7-5439-8145-4
定　　价：68.00 元
http://www.sstlp.com

序言
STS 的视角、立场
与科学文化传播

我本人是学习物理出身，在念研究生时转向了科学史专业。毕业后，一直在学校的科学哲学和科学史学科从事教学和研究工作。由于专业的关系，再加上个人的兴趣，在被定义为科学哲学和科学史的学科中，关注的方向有很多，包括科学编史学、物理学史、科学文化传播（科学普及）、科学教育、科学与性别、环境哲学与文化、医学文化、技术与社会、科学与艺术等。这样的罗列看上去确实有些杂乱，更不用说后面还有个"等"的省略，但后来我逐渐理解到，其实如果用"STS"去框，是完全可以把这些看上去杂乱的研究方向纳入其中的。

"STS"是个英文缩写，有两种对应。一种是 Science, Technology and Society，即"科学技术与社会"。这是比较早就出现的一种说法，它涉及多个学科的交叉，其涉及的内容按字面的意思也不难把握。到后来，国际上又出现了另一种说法，即 Science and Technology Studies，这是很难翻译的。国内有人译为"科学技术学"，有人译为"科学技术论"，有人译为"科学元勘"，还有加了引号的"科学研究"等，不一而足。这里难译之处主要在于，"Studies"这个单词一般在中文中会译成研究，但如果直接这样译，就会与我们中文中用来描述科学家们工作的"科学研究"混淆。其实，这是一个涉及科学哲学、科学史、科学社会学、科学人类学、科学传播（公众理解科学）、科学伦理学、科技政策等一系列的学科（如果把科学替换为技术或医学等也同样成立），并在研究中彼此交叉的研究领域。总而言之，是一个以科学技术为对象的人文研究领域。这样一种涉及多个学科交叉的研究领域，也是 Studies 的重要含义，如果类比另一个研究领域，Culture Studies（文化研究），可能更容易理解这一点。

前一种 STS 与后一种 STS 虽然在涉及的科学上差不多，但人们换一种名称，其实还提示有一些新的不同的存在。简单地讲，如果说前一种 STS 更多的是以赞扬科学和力图以促进科学更快发展为主旨的话，后一种 STS 则更多的是对作为研究对象的科学采取了一种批判性和反思性的态度。这是一种立场的转变！

我认为我的研究工作，更多的是后一种 STS。

以往，除了专业性的研究论文和一些非常专业的研究著作，我也出版了一些通俗性或准专业性的文集，但时过境迁，现在这些书市面上已经买不到了。承上海科学技术文献出版社的好意，这里从中选出几本，在做了少量修改之后，以"懂一点 STS"为丛书名重新出版。重新出版之际也换了新的书名。为避免读者重复购买，这里将新旧书名对应如下：《鸡蛋里的骨头》（原书名为《触摸科学——刘兵学术自选集》、《我在故我思》（原书名为《两点间最长的直线》)、《万物皆有流》(原书名为《像风一样——科学史与科学文化论》、《左手科学，右手艺术》(原书名为《科学与艺术》，是我与戴吾三先生合著的)。

重新出版之际，在重读这些书的文字时，我发现，其中绝大部分内容应该说并不过时，现在再版也仍有现实意义。这可能有许多原因，包括学术原因和社会文化原因。

希望此丛书的出版能够对国内的科学文化的传播起到一些哪怕是有限的积极作用。实际上，在科学文化传播中，STS 的意义是非常需要强调的。

在此，还要特别感谢促成此套丛书出版的上海科学技术文献出版社的张树总编和姜曼编辑，感谢他们的辛勤努力和奉献。

刘兵

2020 年 4 月 7 日

于北京清华园荷清苑

目 录

第一篇　科学史

　　科学史是一个人们熟知的概念，即科学发展的历史。但对科学史的理论研究，也即科学编史学，了解的人就比较有限了。关于更为通俗化、时尚化的科学史写作形式，人们也有不同的看法和争议。这一部分所选的几篇文章，将上述几种类型的科学史都包括在内。

赏析普朗克

从 1901 年起开始颁发的诺贝尔物理学奖，基本上可以说是对物理学发展中最重要成果的权威性认可和奖励。被选中授予该奖项的成果，在 19 世纪末以来的物理学发展史上均占有非常重要的地位。相应地，获奖者通常要在授奖仪式上发表一篇演讲。许多演讲后来成为科学文献中的名篇。

普朗克（Max Planck，1858—1947），德国物理学家。1874 年在慕尼黑的一所中学毕业后，进入慕尼黑大学，先是主修数学，后又转学物理学，因病休学两年后，于 1877 年转入柏林大学，并于 1879 年以关于热力学第二定律的论文在慕尼黑大学获得博士学位。1880 年，他成为慕尼黑大学的无公薪讲师；1885 年，任基尔大学副教授；1888 年，作为著名德国物理学家基尔霍夫的继承人，被聘为柏林大学副教授，并担任理论物理研究所所长。1892 年，

图 1　普朗克像

普朗克在柏林大学升为正教授，直至 1926 年因其他任务过多而辞去了这一职位。1894 年，他入选普鲁士皇家科学院；1912 年，当选为普鲁士科学院的四位常务秘书之一，并在这一年成为柏林大学校长；1930 年，当选为威廉皇帝协会主席，在这一重要位置上，他被称为"德国的最高权威和发言人"。

普朗克的主要研究领域包括热力学、热辐射理论、电动力学和相对论。他在这些领域取得的成果中最为著名的是他提出的关于黑体辐射的公式，以及从这一公式中被首次引入物理学中的量子概念。正是由于这些工作，才使得 20 世纪物理学最重要的两项进展之一——量子力学（另一项是相对论）的出现成为可能。

要想理解普朗克的贡献及其意义，首先要对 19 世纪末 20 世纪初物理学的某些历史背景有所了解。

1878 年，当时普朗克刚刚 20 岁，想选择热力学作为博士论文的主题。但当时就有人劝告他不要选择物理学作为职业。这种说法的根据是，当时有一种观点认为，物理学已经发展得差不多了，没有留下更多重要的问题给未来的物理学家。但普朗克却回答说，他并不想做出发现，只想理解已经确立了的基础，或许还想深化这些基础。这里有两点值得注意：一是当时存在物理学已经终结了的观点，而后来以普朗克等人的工作为代表的现代物理学革命恰恰否定了这一观点；二是普朗克本人很早就对热力学特别关注。

19 世纪下半叶，关于黑体辐射的研究成了物理学中人们关注的重要问题之一。这一问题的出现源于著名的德国物理学家基尔霍夫。该问题与当时对太阳光

他被称为"德国的最高权威和发言人"。

要想理解普朗克的贡献及其意义，首先要对 19 世纪末 20 世纪初物理学的某些历史背景有所了解。

19 世纪下半叶，关于黑体辐射的研究成了物理学中人们关注的重要问题之一。

谱的研究相关，1859 年，基尔霍夫在向普鲁士科学院提交的一篇没有立即导致任何实际应用的论文中，提出了这样一条定律，即"在相同温度下同一波长的辐射，发射率和吸收率之比，对于所有的物体都是相同的"。一年后，他又发表文章详细地讨论了发射率和吸收率之间的关系问题，并通过定义吸收了射在上面的全部辐射的物体的特殊情形而引入了绝对黑体概念。例如，后来有人在研究中提出，一个可以吸收绝大部分外来辐射且使得具有尽可能均匀温度的空腔，就可以近似地作为一个绝对黑体来研究，人们可以测量这个空腔的一个开口中放出的辐射。由此，如何找到描述绝对黑体辐射频率与温度关系的函数，就成为基尔霍夫向理论家和实验家们提出的挑战，因为寻找这个函数是一个很重要的任务。从实验上确定它，还存在巨大的困难。不过，当时人们有理由希望它有很简单的形式。在此挑战之下，在随后几十年中，理论物理学家和实验物理学家对黑体辐射进行了大量的研究。但是，在普朗克之前，各种已有的推算黑体辐射能量按波长或频率分布的理论尝试，都不能很好地概括实验的结果。由于问题悬而未决又备受关注，到了 1900 年，在柏林召开的德国物理学会会议便成了最频繁地讨论有关黑体辐射定律问题的主要场所。大约从 1894 年起，普朗克也将注意力转向了黑体辐射问题，这一年，他在向普鲁士科学院求职的演讲中表述了这样一种希望："我们对那些由温度（的作用）直接引起的和特别显现在热辐射中的电动力学过程也能够得到一种更真切的理解，而不需要经过那种电的力学诠释的艰苦历程。"不过，在这种选择的背后，也有着更深层的动力。几十年后，普朗克在他撰写的《科学自传》中回顾说："这种所谓的正常能量分布代表一个绝对量。既然在我看来对绝对事物的寻求永远是最美好的研究任务，我就热心地开始处理起它来了。"

普朗克在对黑体辐射理论的研究上花了很长的时间进行探索。至少在 1897 年，普朗克就已经开始认为，协调力学和热力学的问题是当时物理学面临的最重要的问题，尽管这并非是多数派人士的看法。在不到 3 年的时间内，普朗克就达到了他要把热力学理论与电动力学理论联系起来的目标。在经历了各种失败之后，1900 年 10 月 19 日，普朗克在德国物理学会的一次会议上，提出了他自己关于黑体辐射的公式。有人连夜核对了实验数据，发现与普朗克的理论完全符合。有人曾指出，普朗克黑体辐射公式的提出，可以说是灵感的猜测、科学的鉴赏力以及清醒的妥协的结果。与以前理论相比，普朗克的公式对于黑体的一切波长和一切温度均适用，这一点在以后的几年中被实验物理学家们一次次地证实。

不过，这还仅仅是第一步。虽然有人曾说，即使普朗克在 10 月 19 日后什么也没做，他也会因为发现辐射定律而永远为人们所怀念。但普朗克并没有就此停步。他还要寻找对他提出的新的、成功的黑体辐射的物理诠释。在这一过程中，普朗克觉得，除热力学的两条基本定律外，他准备牺牲以前对物理定律所抱的任何信念。在这里，普朗克引用了能量元 $\varepsilon = h\nu$ 的概念，ν 代表所考虑的辐射振子的频率，h 则是一个

普朗克的公式对于黑体的一切波长和一切温度均适用，这一点，在以后的几年中被实验物理学家们一次次地证实。

普适常量，也即我们现在所称的普朗克作用量子或普朗克常数。从能量元出发，普朗克得出了后来以他的名字命名的辐射公式。据学者们考证，普朗克实际上在 11 月中旬以前就已经得到了他的辐射定律的物理诠释，但由于这些结果最初的公开是在柏林的德国物理学会 1900 年 12 月 14 日的例会上，因此我们将这一天作为量子物理学诞生的日子。正如有人评价的那样，这一天成了物理学史的一个转折点。

与作用量子 h 相伴，能量元，或者说能量子概念的提出具有极其深刻和重大的意义。在传统的经典物理学中，包括能量在内，各种物理量都是连续变化的，这似乎是一种天经地义的观点，经典物理学中的一切因果关系，也无不以这种物理量的连续变化为基础。作用量子 h 的提出，意味着像能量这样的物理量具有非连续性，这显然是一种全新的、革命性的观点。也正因为普朗克的这一成就，1918 年，他"因发现能量子而对物理学的发展做出杰出贡献"荣获诺贝尔物理学奖。

普朗克在诺贝尔奖获奖演讲中，首先对量子理论的起源进行了回顾，特别是对与他工作相关的背景和研究过程进行了比较详细的介绍。在这一部分中，涉及许多的术语和科学概念，即使是对具有专业学习物理学背景的人来说，如果对 20 世纪初的量子物理学史不熟悉，也需要认真地下一番功夫。对于普通读者，可以不必过于深究其中的物理学的细节，重要的是感受一位伟大的物理学家在做出伟大的物理学发现之后，在回顾这段经历时的那种严谨的风格和简练的叙述。

作用量子 h 的提出，意味着像能量这样的物理量具有非连续性……

在普朗克演讲的第二部分，他总结了自量子概念提出后得到的某些重要应用和成果。其中最重要的，一是爱因斯坦等人用量子概念对固体比热的发展，二是爱因斯坦等人利用量子概念对光电效应的解释，三是基于量子概念由玻尔等人发展起来的原子理论及相关成果。

在这部分，值得注意的是，此演讲是在 1918 年发表的。虽然此时量子理论已经有了重要的成果，但距量子力学的诞生还有一段时间。但普朗克依然乐观，正如他在演讲中总结的："在取得这些成果之后，对于一个不愿违背事实的评论家来说，除了肯定作用量子，没有别的选择。"同时，他也清楚地看到："当然，作用量子的引进还没有产生真正的量子理论。事实上，要建立真正的量子理论，研究工作者要走的路程不见得比从勒麦发现光速到建立麦克斯韦理论所走的路程短。"不过，此时普朗克心目中的理想还很难说就是后来的量子理论："要把作用量子纳入经过充分验证的经典理论，开始时当然会出现我谈过的那些困难。在过去的岁月中，困难是有增无减的。在这段时间里，如果说迅速前进的研究已经把某些困难从日程上消除，那么，留待以后弥补缺陷的工作对于严谨的系统论者来说却要更艰巨些。"

其实，尽管普朗克在新世纪量子物理学创立的革命中迈出了关键性的第一步，但他基本上仍可以算得上是一位经典物理学家。不过，说一个生活和工作在世纪之交的物理学革命期间的人是经典物理学家，不一定意味他极端保守，既包括在社会生活方面，也包

说一个生活和工作在世纪之交的物理学革命期间的人是经典物理学家，不一定意味他极端保守……

括在科学工作方面。正如普朗克的一位传记作者所评论的那样："说一个人保守，是指他给人的特殊、深刻印象：能够接受甚至引导当前的事实，同时保留传统的价值并照其行事。"甚至于，从某种意义上讲，正是在普朗克身上所体现出来的经典物理学特色，才使他走到了提出量子概念的这一步。这里所讲的普朗克保留的传统价值，也完全可以理解为传统的关于科学研究的标准价值。而在普朗克的这篇文章中，对此的体现是非常充分的。这种价值表现为：一方面，他尊重基于事实的科学进展；另一方面，又不过分地超出现实的局限，并且有保留地对未来的科学发展持一种乐观的态度。他在文章中的最后一段话异常明确地指明了这种态度，表明了他对科学研究之性质的本质性理解。

虽然量子力学的诞生还要等到 20 世纪 20 年代中期，但在 1918 年的诺贝尔奖授奖仪式上，瑞典皇家科学院院长就在致辞中称普朗克的理论研究是具有划时代意义的研究工作，明确地指出："普朗克辐射理论是现代物理学研究的最重要的指导原则，而且可以看出，普朗克的天才发现作为科学的财富将在以后很长时间内发挥作用。"这一段话说得的确很有预见性，但即使如此，在我们今天看来，普朗克的发现的意义，也还是要远远地超出了当时人们的预期。

因此，现在我们阅读这样一篇虽比专业论文要容易些，但对一般读者而言仍相当困难的总结回顾性经典文章时，能获得更真切的体会，当然，也能感受到科学家的思考方式和他们所特有的精神气质。

普朗克的理论研究是具有划时代意义的研究工作……

从低温研究历史看
2003 年诺贝尔物理学奖

　　2003 年 10 月，瑞典皇家科学院宣布了 2003 年度的诺贝尔物理学奖获得者。在这次宣布的名单中，榜上有名的是拥有俄罗斯和美国双重国籍的物理学家、1990 年移居美国、当时在美国阿贡国家实验室工作的阿布里科索夫（Alexei A. Abrikosov），俄罗斯物理学家、当时在俄罗斯莫斯科的列别捷夫物理研究所工作的金茨堡（Vitaly L. Ginzburg），以及拥有英国和美国双重国籍、当时美国伊利诺大学厄巴拿分校工作的物理学家莱格特（Anthony J. Leggett）。他们三人分享了这一年度诺贝尔物理学奖的奖金，而获奖的原因，是他们在超导和超流体领域中做出的开创性贡献。

这次诺贝尔物理学奖的颁发，更多的是对低温物理学研究工作的回溯再承认。

　　其实，这次诺贝尔物理学奖的颁发，更多的是对低温物理学研究工作的回溯再承认。这三位物理学家的工作分别属于超导物理学史和超流物理学史的范畴。如果向后看一下的话，人们会发现在背后有许多有趣的历史可以追溯。以前两位因超导研究而获奖的物理学家为例，其实令他们获奖的工作在近 50 年前就已经在苏联完成。而诺贝尔奖又只授予在世的科学家，因

此，不得不承认，他们
两人能够得奖，一方面
是由于他们在做出杰出
贡献时还算年轻，当时
阿布里科索夫还不到30
岁，金茨堡也才30出
头；另一方面，则有幸
于他们的长寿（在获奖
时，他们已经分别是75
岁和87岁了），从而能
够在将近50年后看到

图2　卡末林-昂内
斯与范德瓦尔斯

自己的科学工作得到如此级别的承认。而且，在获得
这一奖项时，阿布里科索夫早已移居美国从事研究工
作了。

　　如果要对他们的工作背景和意义稍有些认识的话，
恐怕不得不简要地回顾一下超导研究的历史。早在
1911年，荷兰物理学家昂内斯（H. Kamerlingh Onnes）
最先发现了超导现象。简单地说，所谓超导现象就是
某些金属和化合物在非常低的温度下电阻会突然变为
零的现象。当时昂内斯是在利用他本人最先成功地液
化的氦，从而获得的大约零下269摄氏度的温度下，
在金属汞中发现了这一现象。后来，人们又陆续发现
了这些超导体的一些其他性质，如它们在磁性质上与
正常导体不同等。对于超导现象，人们从一开始就努
力要从物理学理论上予以解释，但在理论研究方面的
进展非常缓慢。直到20世纪30年代，才有了最初的

所谓超导现象就是
某些金属和化合物
在非常低的温度下
电阻会突然变为零
的现象。

关于超导体的热力学和电动力学唯象理论（如基于戈特–卡西米尔的"二流体"模型的热力学理论和伦敦兄弟的电动力学超导理论）。所谓唯象理论，就是指不是从第一性的基本原理（如量子力学等）出发，而是预先做了一些假定（比如说假定了超导体中有超导电子和正常电子），然后再在这些假定的基础上结合其他基本理论来说明物理现象。至于第一个比较成功地从量子力学出发直接解释超导体的微观理论，则直到 1957 年才由巴丁（J. Bardeen）、库珀（L. N. Cooper）和施里弗（J. R. Schrieffer）这三位美国物理学家提出，而他们三人也因此工作于 1972 年获得了诺贝尔物理学奖。

因此，要以一种历史发展的顺序，以便更清楚地叙述与这次诺贝尔物理学奖有关的超导理论工作，更好的做法是颠倒一下次序，先从第二名获奖者金茨堡的工作讲起。

金茨堡 1916 年出生于苏联的莫斯科。1942 年获得博士学位。除超导外，他的研究工作涉及许多领域，如量子电动力学、基本粒子理论、凝聚态的辐射理论与光学、凝聚态理论、等离子体物理，以及天体物理学等，是一位"全能"型的物理学家。1950 年，他与另

图 3　金茨堡

一位苏联的物理学大家朗道（L. D. Landau）考虑到当时已有的超导理论并不令人满意，因为它们无法让人确定正常相和超导相之间边界的表面张力，也不可能很好地描述磁场或电流对超导电性的破坏，因而，他们一起提出了一个比以前已有的超导唯象理论更精致、更实用的超导理论。当然，这也还是一个唯象的理论。这个理论是以朗道提出的二级相变理论为基础的，选择描述超导电子的有效波函数作为有序度参量，得出了两个重要的联立方程，后来它们被人们称为金茨堡-朗道方程。从这两个基本方程出发，金茨堡和朗道成功地计算出了超导体的许多特性，特别是在有外磁场存在时，超导体是薄膜形状时的一些特性。他们发现，在外磁场中，当薄膜的厚度小于某一临界值时，从超导态向正常态的相变是二级的，仅当薄膜的厚度大于这个临界值时，在磁场中的超导-正常相变才是一级的。而且，他们还引入了一个重要的参量 κ，尽管当时对此参量的物理意义并不明确，但它已经隐含了超导体可以有负的界面能的可能。在当时，由于还没有任何详细而且成功的超导微观理论，他们可以说是依靠惊人的物理直觉得出了这一理论。反过来，后来超导微观理论进一步地发展，逐渐反映出他们的理论中一些物理量（如有序度参量即超导电子波函数）的意义。而且，尽管作为一种唯象理论，但与后来的微观理论相比，它却显得更加实用，成为描述强磁场中的超导体、超导薄膜、超导合金等的有效理论，意义和影响甚至超出了超导领域。

在当时，由于还没有任何详细而且成功的超导微观理论，他们可以说是依靠惊人的物理直觉得出了这一理论。

与金茨堡合作提出超导理论的苏联物理学家朗道更是一位物理学的通才，他在物理学研究中涉及的领域更多，贡献也更大，早在 1962 年，就因关于液氦的理论获得了物理学诺贝尔奖。但他于 1968 年就逝世了，因而无法等到 2003 年再与金茨堡分享因超导理论而获得的诺贝尔奖，不过，却也因此在每年最多三位的获奖名额中留出了给其他人的空位子。

正是在金茨堡和朗道的超导理论基础上，才有了后来阿布里科索夫的获奖工作……

正是在金茨堡和朗道的超导理论基础上，才有了后来阿布里科索夫的获奖工作，而且，在这项工作中，还有朗道某种程度的参与，一开始，这种参与所起的作用甚至是负面的。

阿布里科索夫 1928 年出生于莫斯

科大学和苏联科学院物理问题研究所就读研究生，1951 年获博士学位。他的研究领域也非常广泛，但主要是在凝聚态理论方面，包括对超导电性、金属、半金属和半导体等的研究。

图 4　阿布里科索夫

金茨堡和朗道在研究中，只注意在超导相和正常相之间界面能为正的情况。而阿布里科索夫却注意到以前的一些关于金属薄膜的实验与理论之间的不符，从而假定在界面能为负的情况下，计算出超导体的临界磁场和薄膜厚度之间的关系，他从理论上处理的这类具有负界面能的超导体，也就是由他最先命名并且在今天实际应用中使用最广泛的"第二类超导体"。在此之后，阿布里科索夫进一步研究了大块材料的第二类超导体的磁性质，发现其中会出现一种磁通线形成周期性的"格子"的"混合态"。但他的这项研究一时没有得到身边的物理学权威朗道的认可，便暂且搁在一边没有发表，并暂时转向了其他研究领域。后来，由于受到美国物理学家费因曼（R. Feynman）的液氦理论中"元涡旋"概念的启发，他又重新与朗道讨论第二类超导体的问题。这次，朗道没有再表示反对。他发现了在20世纪30年代另外几位苏联物理学家有关实验结果正好构成了对他理论的支持，这样，才最终在1957年发表了他关于理想第二类超导体的理论。这一理论成为人们认识更为实用的第二类超导体的基础，并被认为是低温物理学中最杰出的成就之一。

这一理论成为人们认识更为实用的第二类超导体的基础，并被认为是低温物理学中最杰出的成就之一。

在阿布里科索夫最终发表他的第二类超导体理论的那一年，正好三位美国物理学家提出了第一个成功的超导微观理论（BCS 理论）。美国同行的工作在当时引起了人们更大的兴趣，1972年就因此而获得了诺贝尔奖，而阿布里科索夫的理论在刚提出时并没有引起人们太大的关注。只是在后来，到了1959年，另一位苏联物理学家戈尔科夫在某种近似状态下从 BCS 理论"推导"出了金茨堡-朗道方程，为其提供了微观基础。而且，随着越来越多的第二类超导体的发现，人们又在阿布里科索夫的理想第二类超导理论的基础上发展了非理想的第二类超导体理论，第二类超导体在实践中也越来越展现出应用价值，阿布里科索夫的工作才逐渐为人们所重视。如今，即使在超导研究又有了诸多新的进展之后，即使在已经有了较为成功的超导微观理论之后，以及在新的高温超导体的发现（在 1987年又有两位物理学家因此获奖）之后，在新的高温超导体的发现对超导微观理论提出了新的挑战之后的今天，阿布里科索夫和金茨堡两人因几十年前的"经典"超导理论而获奖，也说明了理论的实用性，以及人们对于超导技术应用更多的关心。

第三位得主是拥有英国和美国双重国籍的科学家莱格特，他是三位获奖者中最年轻的……

图 5　莱格特

2003 年诺贝尔物理学奖的前两位得主都是由于对超导电性这种量子宏观现象的研究而获奖。第三位得主是拥有英国和美国双重国籍的科学家莱格特，他是三位获奖者中最年轻的一位，出生于 1938 年，他的研究领域包括理论凝聚态物理学、低温现象、统计物理、量子测量理论等，而这次获奖的工作涉及的是一个与超导有些类似，而且同样是处于低温领域的量子宏观现象，即液氦超流动性的理论研究。

1908 年，还是那位曾发现了超导现象的荷兰物理学家昂内斯成功地将氦气液化，这是地球上最后一种被液化的气体。但是，在这种奇异的液化气体中，20世纪 30 年代，苏联物理学家卡皮查（P. L. Kapitsa）等人又陆续发现了更加奇异的现象，即超流动性。卡皮查于 1978 年"因为低温物理方面的基本发明和发现"获得了诺贝尔物理学奖。如果说有什么巧合的话，那就是这次的获奖者莱格特出生的那年，超流动性在实验上被正式明确认可的那年。所谓超流动性，就是说在特定的低温下，液态氦的黏滞性会完全消失，并因此表现出一系列令人匪夷所思的神奇现象。液氦的这种与超导有些类似的奇异性质，其实与超导一样，都是宏观的量子现象。对于液氦的超流动性的研究，特别是理论研究，也是多年来理论物理学中的一个难题。前面曾提到，苏联物理学家朗道就是因超流动性的理论研究在 1962 年获得诺贝尔奖的。

但是，在以往的研究中，人们知道的都是有关氦 4 的超流动性，而氦的另一种同位素氦 3 的超流动性，则直到 20 世纪 70 年代才为三位美国物理学家李（D. M. Lee）、奥谢罗夫（D. D. Osheroff）和理查森（R. Richardson）在实验中发现（他们三人也因此获得 1996 年的诺贝尔物理学奖）。氦 3 的超流动性，在物理机制上要比氦 4 的超流动性更为复杂。这次获奖的莱格特，就是于 20 世纪 70 年代在英国工作时最先成功地从理论上根据氦原子自旋和轨道的对称性自发破缺机制解释了新发现的氦 3 的超流动性。他的这种超流动性理论，对于人们理解极端条件下的物质的性质是非常有用的，而且，除对解释氦 3 的超流动性本身的意义外，在其他的物理领域中，例如在粒子物理学和宇宙学中，也被证明是非常有用的。

到 21 世纪初，在超导和超流动性现象发现不到

> 所谓超流动性，就是说在特定的低温下，液态氦的黏滞性会完全消失，并因而可以表现出一系列令人匪夷所思的神奇现象。

> 氦 3 的超流动性，在物理机制上要比氦 4 的超流动性更为复杂。

100 年的时间内，在这种对低温世界的探索中，有关的理论和实验研究者已有 16 人获得了诺贝尔物理学奖，这标志着此领域的研究在物理学中的重要意义。这一次颁发的诺贝尔物理学奖，在低温研究领域，也是有关研究工作的做出距离获奖时间最长的一次，颇有些迟来的、对历史某种"补偿"的意味，但与此同时，也体现出低温领域的研究仍然为人们所重视。

若干西方学者
关于李约瑟工作的评述
——兼论中国科学技术史研究的编史学问题

一、引　言

对于中国科学技术史的研究来说，像科学史的其他领域一样，进行必要的编史学（historiography）思考，既是一种有意义的反思和总结，也可以反过来对过去与现状获得某种理解，并在此基础上对未来有所展望。由于李约瑟在中国科学史研究中的特殊地位，本文将以其工作的编史学问题作为出发点，在对一些国外科学史家的有关文章阅读的基础上，进行某种编史学的提炼与总结，并尝试对中国科学史研究的若干理论性问题进行一些思考。

在这里需要做出的某些限定是，本文主要关心一些大的趋势和重要的理论性问题，一般不纠缠于具体的细节问题，并且，以西方科学史家有限的一些理论性回顾、总结为出发点，更为关注西方研究中国科学史的学者们对这一领域的过去与现状的看法，但除偶尔也会涉及对中国科学史家的工作的一般性评价之外，国外中国科学史研究的问题对于中国的研究者也是很有启发和借鉴意义的。

国外中国科学史研究的问题对于中国的研究者也是很有启发和借鉴意义的。

从李约瑟的工作出发，对其中涉及的一些编史学问题，特别是对"李约瑟问题"的重新思考，意义将超出中国，甚至东亚科学史研究的范围，并与世界科学史研究的编史学研究密切相关，除像"科学革命"这样具体的编史学问题外，也与更为一般的"元编史学"、科学哲学，乃至像后殖民主义等当代的文化思潮密切相关，为人们提供了一个审视这些问题的特殊视角。

然而，在做这样的工作时，有两个涉及这种研究之困难的前提是必须首先指出的。其一，在国际科学史界，与那些研究"主流"课题（如近代西方科学革命等）的科学史家共同体相比，研究中国科学史（这里先在广义上使用"科学"这个术语，包括技术与医学，后面，我们将对此再进行相对详细的讨论）的研究者的共同体仍然相对较小。例如，按照美国的中国科学史专家席文在 1988 年的粗略统计，除在中国研究中国科学史的人数占绝对优势外，在美国与欧洲，主要以中国科学史为研究领域的学者，大约 70 人（其中科学史 40 人，技术史 12 人，医学史 18 人）；在韩国，在其总人数为 330 人的科学史学会的会员以及总人数为 25 人的韩国医学史学会的会员中，研究中国科学史的一共只有 20 人；日本的情形比较特殊，虽然在其医学史学会的 777 名会员中，大约有 100 人研究中国医学，但专业人士只有 15 人，而在其 800 名科学史学会会员中，中国科学史研究者也只有 10 人；至于其他像马来西亚和澳大利亚等国，更是寥寥无几。因此，从人数上来看，即使考虑到在席文的统计之后十几年（21世纪初）的发展，中国科学史研究者的共同体在世界科学史的大共同体中，仍是处于"边缘"的弱势群体。其二，是在这样一个本来就不算大的科学史家共同体中，虽然有大量的中国科学史具体研究的成果问世，但除相对集中地讨论像"李约瑟问题"的文章外，非常关心这一领域研究的理论问题并就此撰写有关编史学文章的学者数目就更少了。绝大多数研究中国科学史的科学家主要关注的，仍是对中国科学史的具体研究。因此，这种情形也给中国科学史的编史学的研究带来了一定的困难。

二、中国科学史研究在西方的兴起与李约瑟

一般地讲，大约在18世纪，科学史这门学科在西方开始形成一些专业学科的学科史，到了19世纪，综合性科学史开始成形。到了20世纪，有关的研究更加深入，特别是20世纪60年代左右美国科学史领域的职业化发展，使得科学史的建制化和学术化走向成熟。但是，在这些过程中，西方科学史家们主要的研究领域，仍是"主流"的西方科学史，对古代科学史的研究，也大多是在与西方近代科学发展相联系的线索与视角下进行的。因而，对于"非主流"的，被认为与西方近代科学发展无关的其他国家和地区的科学史，

长期处于被忽视的状态。中国科学史也基本属于此列。

在此阶段，西方当然也有少量关于中国科学史的，以及一些汉学家们的工作，但汉学家们的主要兴趣并不在科学方面。中国科学史的研究在西方发展的一个重要的转折点，还是李约瑟的出现。

汉学家们的主要兴趣并不在科学方面。

图6　李约瑟半身雕像（在英国剑桥李约瑟研究所门前）

如果略去再早些的准备阶段，从20世纪50年代起，李约瑟的《中国科学技术史》（按其英文标题应为《中国的科学与文明》，而英文标题与其内容更为吻合）开始出版。这部后来在规模上又有了极大的扩展，极大地改变了西方对中国科学史研究的局面。从技术性来说，它一方面极为丰富地选用了东方与西方的各种参考文献，另一方面，更为重要的是，它的出现，首次向西方的学者们展示了中国科学史的丰富内容，使中国的科学在西方受到尊重，使中国历史中科学的成就在国际历史学界得到承认，使西方人意识到中国有自己的科学与技术的传统。

李约瑟的贡献不仅是提出了"李约瑟问题"，而且是把它变成撰写比较科学史的动力。

李约瑟从职业科学家转向从事中国科学史的研究，当然可以从各种背景中去研究其动力。至少在他后来多次的表述中，可以看到，提出如今经常被我们称为"李约瑟问题"，以及他用后半生的努力来尝试找到对这一问题的回答，是他对中国科学史研究的最重要的动力之一。詹嘉玲就曾指出，李约瑟的贡献不仅是提出了"李约瑟问题"，而且是把它变成撰写比较科学史的动力。或者，即使更弱化一点讲，对这一问题之回答的努力，始终是作为一种明显的背景存在于李约瑟大量的研究之中。这一点，在 1954 年出版的《中国科学技术史》第一卷的序言中也有明确的表现：

在不同的历史时期，即在古代和中古代，中国人对于科学、科学思想和技术的发展，究竟做出了什么贡献？虽然从耶稣会士 17 世纪初来到北京以后，中国的科学就已经逐步融合在近代科学的整体之中，但是，人们仍然可以问：中国人在这以后的各个时期有些什么贡献？广义地说，中国的科学为什么持续停留在经验阶段，并且只有原始型的或中古型的理论。如果事情确实是这样，那么在科学技术发明的许多重要方面，中国人又怎样成功地走在那些创造出"希腊奇迹"的传奇式人物的前面，和拥有古代西方世界全部文化财富的阿拉伯人并驾齐驱，并在 3 到 13 世纪保持一个令西方望尘莫及的科学知识水平。中国在理论和几何学方法体系方面所存在的弱点，为什么并没有妨碍各种科学发现和技术发明的涌现。中国的这些发明和发现往往远远超过同时代的欧洲，特别是在 15 世纪之前（关于这一点可以毫不费力地加以证明）。欧洲在 16 世纪以后就诞生了近代科学，这种科学已被证明是形成近代世界秩序的基本因素之一，而中国文明却未能在亚洲产生与此相似的近代科学，其阻碍因素是什么。又是什么因素使得科学在中国早期社会中比在欧洲中古社会中更容易得到应用。最后，为什么中国在科学理论方面虽然比较落后，却能产生出有机的自然观。这种自然观虽然在不同的学派那里有不同形式的解释，但它和近代科学经过机械唯物论统治的 3 个世纪之后被迫采纳的自然观非常相似。这些问题是本书想要讨论的问题的一部分。

虽然关于"李约瑟问题"本身的意义与问题，已有极多的学者进行过众多的讨论，或是赞成并尝试对其进行回答，或是认为其问题本身提法不当，本身是一个伪问题等，但不可否认的事实是，这个问题的提出毕竟带来了某种学术的繁荣。抛开他人的评价不说，仅就其本人而言，正是在这样一种背景下，或者说从这样一个出发点出发，李约瑟在中国科学史研究中的成就，使之在世界科学史界甚至科学史界之外都成为一位功不可没的传奇人物。正如席文所评论的，李约瑟对中国科学、技术与医学的梳理，首次使西欧和美国受过教育的人意识到中国古代的成就。

李约瑟对中国科学、技术与医学居的梳理，首次使西欧和美国受过教育的人意识到中国古代的成就。

然而，如果我们站在今天的立场上来审视的话，会发现李约瑟的著作是建筑在一些最初的假定之上。1988 年，席文曾总结了其中最重要的 8 条假定：

图 7　李约瑟研究所出版物

人类是一个大家庭，科学的世界观明显地超越于所有不同的种族、肤色和宗教文化之上。

科学和技术是不可分离的，跨文化的综合应把这两者都包括在内。

只有通过对科学之外的因素的关注（其范围包括从经济到宗教的广泛领域），才能理解科学变革的原动力。

在公元前 1 世纪到公元 15 世纪，中国文明与西方相比，在应用人类关于自然的知识于人类实践需求方面，要更为有效，这种优势反映了更为高度发展的科学与技术。

为什么尽管有这种优势，但近代科学却没有在中国文明（或印度文明）中发展起来，而只是在欧洲发展起来，这成为一个核心的编史学问题（"科学革命问题"）。

虽然非世袭的儒家国家的"官僚封建主义"非常有利于在前文艺复兴水平的自然科学成长，但它最终阻碍了向近代类型科学的转变。

可以在早期道家著作中发现的态度，鼓励了对自然的无功利的经验观察，所以在各个历史阶段，"道家"在很大程度上对科学和技术的发展起作用。这种情况延续下来，即使社会经济体制"抑制了自然科学的萌芽"，把道家原始的科学实验转变为算命和乡村巫术。

在权衡对科学革命问题有影响的众多因素时，外部因素占更大权重，对中国与欧洲社会和经济模式之

只有通过对科学之外的因素的关注，才能理解科学变革的原动力。

在权衡对科学革命问题有影响的众多因素时，外部因素占更大权重……

差别的分析，将最终说明——就任何可能对此带来的新见解而言——中国科学在早期的突出地位，以及后来近代科学仅在欧洲的兴起。

席文对李约瑟工作假定的总结已经很全面了。如果要详细地理解李约瑟的工作，则有必要对其中的一些假定和概念做进一步分析。而雷斯蒂沃（Sal Restivo），则对其中的假说与要点做了更为全面的梳理。

三、李约瑟的科学概念与中国科学史研究的合法性

李约瑟的巨著，不论是译为《中国科学技术史》，还是译成《中国的科学与文明》，其中，核心的概念依然首先是"科学"。事实上，对于任何科学史的研究，虽然对科学概念的定义可能不会像科学哲学中要求的那么严格，但毕竟每个科学史家对此都有自己的理解，并将这种理解贯穿在其历史研究中。

如果说，在研究和撰写伽利略时代之前的西方古代与中世纪科学史时，虽然所研究的时代还没有近代科学的出现，但在一种与后来近代科学的出现有联系，或者说，至少是有假定的逻辑联系的意义上，科学史家可以把他们所研究的"科学"（或按其原来的名称作为"自然哲学"）视为近代科学的前身，从而使"科学"史的研究合法化，那么，对于那些在西方近代科

学主流发展脉络之外的非西方古代科学的研究，所涉及的对"科学"概念的理解，则要更加微妙，也更需要论证。不久前，国内学术界又出现了新的一轮对中国古代是否有科学的争论。但在那场争论中，如果不谈那些不管其与近代科学之联系和差异或现有的科学哲学对科学概念的研究背景而片面强调中国古代就有科学的观点的话，值得注意的代表性观点，一是以作为西方科学革命产物的近代科学的概念来理解科学，在这种意义上，中国古代当然不会有科学，而与这种观点相对立的代表性看法，则是在扩充了对科学概念规定的前提下，认为中国古代有科学存在，尽管按照科学哲学的标准，其科学的定义还极为模糊。但无论如何，这场争论部分表明在对中国科学史这种非西方古代科学史的研究领域中，科学的定义对其研究之意义与合法性的这种迫切需要。

但对于李约瑟本人来讲，对科学的定义和理解倒是比较清楚的。虽然在1954年问世的《中国科学技术史》第一卷导言中，他还就在与中国古代科学相区分的意义上用了"西方近代科学"一词，几年后，他在《中国科学技术史》的第三卷中明确地指出：

> 在今天至关重要的，是世界应该承认17世纪的欧洲并没有产生在本质上是"欧洲的"或者"近代的"科学，而是产生了普适有效的世界科学，也就是说，相对于古代和中世纪科学的"近代"科学。

对于那些在西方近代科学主流发展脉络之外的非西方古代科学的研究，所涉及的对"科学"概念的理解，则要更加微妙，也更需要论证。

对于李约瑟本人来讲，对科学的定义和理解倒是比较清楚的。

但在大约 10 年后，李约瑟在他的另一本重要著作《大滴定》①中，对科学的概念又提出了更为明确的扩展说法。他认为在通常的科学史研究中，"所隐含的对科学的定义过于狭隘了。确实，力学是近代科学中的先驱者，其他科学都寻求仿效'机械论的'范式，对于作为其基础的希腊演绎几何学的强调也是有道理的。但这并不等同于几何式的运动学就是科学的一切。近代科学本身并非总是维持在笛卡尔式的限度之内，因为物理学中的场论和生物学中的有机概念已经深刻地修改了更早些时候的力学世界图景。"

基于其"普适的"科学概念，用席文的说法，李约瑟又使用了"水利学的隐喻"：虽然他并不否认希腊人的贡献是近代科学基础的一个本质性的部分，但他想要说的是，"近代精密的自然科学要比欧几里得几何学和托勒密的天文学要广大宽泛得多；不只是这两条河流，还有更多的河流汇入其海洋之中。"对于这种普适的科学在中国科学史中的应用，李约瑟写作《中国科学技术史》的合作者之一白馥兰（Francesca Bray）就曾说过，就其意义而言，《中国的科学与文明》使中国科学在西方受到尊重。但是，李约瑟是按照那个时期所熟悉的常规科学史来制订计划的，也就是说，是

李约瑟是按照那个时期所熟悉的常规科学史来制订计划的……

① 《大滴定》一书的书名是李约瑟的一个重要隐喻，此隐喻与其作为生物化学家的出身有关。在化学反应中，把已知含量的试剂从可计量的滴管中滴到要测试的溶液中，直至产生中和反应，使溶液变色。因试剂的滴出量为已知，所以就可知被测溶液中某种成分的未知量。李约瑟用此隐喻，指出对科学史的研究，就像对东方与西方文明的滴定，以确定某人最先做出某事或理解某事的时刻。因此过程是对人类历史和文明的"滴定"，故称为"大滴定"。

根据走向普适真理的进步来制订的。新颖之处，也正在于其前提，即中国对科学中"普适的"进步有重要的贡献。

具体到中国古代的科学来说，李约瑟认为：

> 因此，关于中国的"遗产"，我们必须考虑到三种不同的价值。一种是直接有助于对伽利略式的突破产生影响的价值，一种是后来汇合到近代科学之中的价值，最后一种绝非不重要的价值，是没有可追溯的影响，而是使中国的科学和技术与欧洲的科学和技术相比同样值得研究和赞美的价值。一切都取决于对遗产继承者的规定——不仅仅是欧洲，或者是近代普适的科学，或是全人类。我所极力主张的是，事实上没有道理要求每一种科学和技术的活动都应对欧洲文化领域的进步有所贡献。甚至也不需要表明每一种科学和技术活动都构成了近代普适的科学的建筑材料。科学史不应仅仅是依据一种把相关的影响串起来的线索而写成。难道就没有一种世界性的关于人类对自然的思考与认识的历史，在其中所有的努力都有其一席之地，而不管它是接受了还是产生了影响？这难道不就是所有人类努力的唯一真正继承者——普适的科学的历史和哲学吗？

由此我们可以看出，李约瑟首先将"近代科学"的概念独立出来，并与古代、中世纪以及像中国这样的非西方传统的复数名词的"科学"相区分，但又相信科学终将发展成为一种超越"近代科学"的"普适的科学"。如果说在上述引文中所谈到的第一种价值对于中国科学的遗产来说并不存在的话，那么，无论是在第二种还是在第三种价值的意义上，都可以找到研究中国古代科学史的内在合法性。就像他在《大滴定》一书中所说的，诞生于伽利略时代的是世界性的智慧女神，是对不分种族、肤色、信仰或国家的全人类的有益的启蒙运动，在这里，所有的人都有资格，都能参与。尽管，他依然没有像当代科学哲学家们那样对这种更为含义宽泛的复数的科学概念给出明确的划界定义。

无论是在第二种还是在第三种价值的意义上，都可以找到研究中国古代科学史的内在合法性。

四、中国科学史研究的取向：参照标准与优先权问题

我们在前面曾提到，"李约瑟问题"是李约瑟进行中国科学史研究的一个重要的出发点，它也成为某种重要的动机。在《大滴定》一书中，对于"李约瑟问题"的经典表述是：

……为什么现代科学只在欧洲而没有在中国文明（或印度文明）中发展起来？

> ……为什么现代科学只在欧洲而没有在中国文明（或印度文明）中发展起来？……为什么在公元前 1 世纪至公元 15 世纪，中国文明在应用人类关于自然知识于人类的实际需求方面比西方文明要有效得多？

　　且不说"李约瑟问题"自身的意义，以及由此引出的激烈的学术争论。当然，任何从事如此规模研究的学者自然都会面对来自多方面的攻击，"从第一卷问世起，李约瑟就因他的方法论，他的马克思主义前提，他对中国文化的理解，以及他对科学与技术之等同的坚持而受到批判。"仅就李约瑟的中国科学史研究，以及这种研究背后的潜在假定来说，从"李约瑟问题"中也可以看出值得注意的地方，即在"李约瑟问题"的第二个，或者说第二部分的表述中，首先，潜在地预设了欧洲或者说西方作为参照物；其次，在这种预设的参照物的对比下，更加关心发现的优先权问题。对此，一些国外的学者也有注意和论述。例如，日本科学史家中山茂就将研究者当中的"现代化主义者"（modernizer）定义为，这些人在评价他们的课题时，是以这些课题如何近似地接近西方的科学实践与建制的流行为标准的。与此有所不同的是"现代研究者"（modernist），这只指那些研究近现代的人，而现代化主义者则指把这种意识形态立场用于历史的人。如果我们注意到"客观的和价值中立的学术在科学史中比在任何其他领域中都更不可能"的话，我们就会看到，"直到 60 年代，对于现代化主义者们用来衡量非西方科学的成就的判据是否有效，几乎没有提出任何疑问。在这类研究中，关键的问题是：是否是亚洲的科学家比欧洲对手更早达到了现代知识的某些部分。可以确信，李约瑟扭转了早先利用优先权来论证亚洲文化低下的局面。他依靠对中国文献的广泛掌握，来说服西方读者：在近代以前，东方人的技术比西方人的技术

可以确信，李约瑟扭转了早先利用优先权来论证亚洲文化低下的局面。

更为创新。但问题仍然是优先权问题。李约瑟用近代欧洲的标准来评价古代中国科学的策略，自相矛盾地鼓励了世界各地他的大多数追随者，包括那些在中国的追随者，来无批判地接受现代化的观点。这损害了他自己对比较研究热情的典范价值。"澳大利亚的科学史家洛（Morris F. Low）曾在以"超越李约瑟：东亚与东南亚的科学、技术与医学"为主题的《俄赛里斯》（*Osiris*）专号导言中谈道：

> 李约瑟并未将现代科学等同于西方科学。相反，他认为它是一种世界性的科学，地域性的传统科学，特别是中国的科学，汇入其中。李约瑟想要通过做出机器和装置从欧洲引入到中国以及相反过程的资产负债表，向我们揭示西方文明极大地受惠于中国。他的历史植根于一种偏离当前的世界观。这些历史深究过去，并展示了一种西方人也发现很难忽视的遗产……在李约瑟的著作之前，科学史家经常把"科学"解释为"西方科学"。而其他知识生产者的贡献，尤其是在亚洲的贡献，则倾向于被边缘化。李约瑟开辟了研究非西方科学的道路……为什么我们要高度评价亚洲科学技术与医学史的价值呢？在过去，一种理由是：亚洲科学类似于西方科学，并以某种方式对之做出了贡献。显然，科学技术可以超越文化的差别，为已有知识的共享储水池加料，但社会语境（context）对如何接纳各种观点有所影响……如果我们确实想要超越李约瑟和单一的

李约瑟开辟了研究非西方科学的道路……

科学，我们还需要打破由现代化研究强加的框架。经验表明，进步可以不是线性的。……在撰写全球科学及其进步的线性历史的倾向背后，是对于西方科学取代了传统的、更地域性的知识形式的信仰。……以这种方式写亚洲科学史，我们就是假定了在西方科学中的某种连续性和在亚洲科学中的不连续性。在李约瑟的方案中，地方土生土长知识的重要性，是倾向于以其在多大程度上对现在我们所称的科学的形成有贡献来衡量的。

在李约瑟的方案中，地方土生土长知识的重要性，是倾向于以其在多大程度上对现在我们所称的科学的形成有贡献来衡量的。

这也就是说，李约瑟即使是在其比较科学史的研究中，其比较的参照标准，在某种程度上，也还是辉格式的。事实上，在某些分析中，人们有时是把过去西方中心论的科学编史学观念视为带有某种种族主义色彩的，因而有人论证说，"李约瑟因为未能把他自己与西方科学及其方法的优越与不可或缺性的概念分离开，所以他没有成功地带来对欧洲种族主义的明确突破。"

与这种参照标准相关，是科学史研究中对优先权问题的关注程度与关注方式。李约瑟本人的工作，包括了对中国众多科学技术之发现的优先权的发现，一方面，我们应该充分承认这些发现极大地改变了中国科学技术史在世界上的形象；另一方面，我们也可以说，当中国科学技术史的研究深入到某种程度，发展到某个阶段之后，优先权的发现固然重要，但已经不是唯一重要的内容了。这个问题对于中国学者的中国

图8 中国古代天
文仪器模型

中国天文学史家们
当时主要关心的是
对中国优先权的
确立……

科学史研究也是需要注意的重要问题。正如20世纪
80年代末席文在谈及中国天文学史研究时所说的，中
国天文学史家们当时主要关心的是对中国优先权的确
立，发现目前的天文学知识的先驱者，尽管随着新的
方法论、新的诸如考古学的学科通过通信或个人接触
而被引进，这种强调已经开始有变化。当然，从世界
范围科学史的发展来看，自20世纪50年代起，随着
对科学内部史的兴趣，科学史经常成为对今天常规智
慧先驱者的寻猎。但随着工作的继续，或迟或早，总
会产生先驱者的先驱者问题。其实，可以注意的是，
韩国科学史家金永植在总结韩国的科学研究时，曾这
样讲过：

> 关于韩国科学史的较早期工作的最突出的特
> 征，就是其对韩国科学成就的创造性和原创性的
> 强调。突出了韩国科学的这些特征的论题被研究，
> 而其他的论题则被忽略。这种强调，是对日本殖

民时期的殖民主义编史学的自然反映。……这种
倾向在科学史中持久……它过分强调技术与人造
物，而不是观念与建制，因为前者倾向于表明韩
国成就的独创性，以及它们比其他国家成就的优
先和优越。当然，早期韩国科学史家对韩国科学
史的研究有特殊的背景，其编史学问题也并不完
全等同于目前中国科学史研究中存在的编史学问
题。不过，类似这样的反思，是很值得中国科学
史研究者借鉴的。至少，在研究的价值取向上，
还是存在有某种类似之处的。

五、在李约瑟之后

　　李约瑟研究中国科学史的成就与功绩，是毋庸置
疑的。然而，像其他学科一样，科学史一直处在发展
中，中国科学史的研究也是一样。当人们回过头来重
新审视李约瑟及其中国科学史研究时，自然也会提出
新的、对未来发展有意义的见解。当然，也有人会从
李约瑟的著作中找出一些细节上的技术性错误，但这
是绝大多数科学史研究者的工作中会存在的，更不用
说像李约瑟这样一位外国研究者，其成果超乎寻常的
丰富，甚至在一定程度上可以与之相抵，这更属于枝
节性的问题。更重要的，则是在科学观、研究方法和
研究进路上观念的变化。

　　首先，依然可以从科学的概念谈起。李约瑟所信

奉的那种将走向统一的、普适的科学观念，以及与之
相关的中国古代科学对它的汇入，以及像对自然界的
有机论的态度等，绝大多数时候并不是科学史研究的
主流。美国一位将李约瑟著作中的宗教与伦理作为研
究内容的博士论文的作者，甚至从其所关心的问题以
及处理这些问题的方法出发，将李约瑟归入 19 世纪浪
漫主义学者的行列。也正如白馥兰在李约瑟逝世时写
的短文中指出的：

现在，李约瑟的计
划处于一种悖论的
境地。

> 现在，李约瑟的计划处于一种悖论的境地。
> 后现代对西方至上的元叙述的批判，从对思想的
> 内史论研究到向社会和文化的解释的转向，以及
> 对实践的强调，这一切，都（至少在理论上）给
> 非西方世界在主流科学史中带来了合法的空间。
> 然而，这种修正主义硬币的另一面，是作为来自
> 作为普适的知识形式的"科学"这一概念被提出
> 异议。

但是，这种对李约瑟科学概念的质疑并未给中国
科学史研究的合法性问题带来实践上的困难。虽然科
学哲学界对科学概念的规定仍然充满争议，但在像科
学史和科学社会学等领域的实践中，发展中的科学概
念依然可以应付实用的目的。剑桥大学的科学史家谢
弗（Simon Schaffer）在其一篇面向公众讲述 20 世纪有
多种不同说法的对科学定义的文章中，曾这样介绍科
学的概念：

用纲要性的术语来说，科学可以被看作统一的或形形色色的，可以被看作是在人类的能力中共同具有的世俗方面，或是罕见的、与众不同的活动，可以被看作是非个人的现代化的力量，或是人类劳动和社会群体的技能形式。在这些看法中，一种突出的看法断言，各种科学都具有关于日常生活实践的常识。关于科学态度，也没有什么特殊之处；科学提出的问题，是那些向所有人表现出来的问题。人们争辩说，在使其成功的过程中，科学家只不过是以一种与其同伴相类似的方式来观察、计算和提出理论，只不过偶尔地更加细心。

席文则说得更明确："如果科学的概念宽泛到能包容欧洲从早期到现在对自然思考的演化，那么这个概念就必定可以用于多种多样的中国经历。"从而，中国科学史研究的合法性自然继续存在。当然，这是在宽泛的科学概念与更狭义的西方近代科学概念有明确区分的前提之下。就像有学者在论述科学教育时所言：

> 长久以来，教育者把科学或是看作凭其自身的资格而成为的一种文化，或者是超越文化的。更近一段时间以来，许多教育者开始把科学看作是文化的若干方面中的一个。在这种观点中，谈论西方科学是合适的，因为西方是近代科学的历史家园，讲近代是在一种假说演绎的、实验的研

科学家只不过是以一种与其同伴相类似的方式来观察、计算和提出理论……

……如果"科学"是指通过简单的观察来研究自然的因果，那么，当然所有时代的所有文化都有其科学。

当只有单一的乐器时，人们不能谈论和谐。

究科学的方法的意义上。……如果"科学"是指通过简单的观察来研究自然的因果，那么，当然所有时代的所有文化都有其科学。然而，有恰当的理由将这种对科学的看法与近代科学区分开来。

相应于这种多元化意义上的科学概念，对任何社会中科学史的研究来说可以采用的基本原则就成为："正是关于实力与弱点、关注与忽视的模式，以及关于各个科学学科及其与社会-经济史和文化史的关联，可以给出在一特定社会中的科学史以一种具有自身特色的特征。"李约瑟强调的是普适的科学概念，但目前尽管存在地域性的研究科学的途径，又如何能够把这种地域性的途径与本质上普适的特征相协调呢？有人相信，"答案很简单：只有当人们充分广泛地看到了分化的历史时才会提出普适性的问题。当只有单一的乐器时，人们不能谈论和谐。此时，更重要的是获得更多的乐器。"

除科学概念外，在研究的参照系、标准以及与之相关的目的与方法上，也同样存在有新的思考方式。英国著名科学史家、研究科学革命的重要权威霍尔就曾在大力赞扬了李约瑟成就的同时，也指出了其中的一些倾向问题。举出几个《中国科学技术史》一书中的具体例子，说明其将中国的发明与西方的发明联系与比较的不恰当等。尤其是：

从一开始，正如我们所见的，李约瑟的主要目的，是展示中国科学与技术的丰富多产；与西方的比较对于西方的读者来说是有启发性的（其实上对其自身也是回报），但没有中国材料固有的魅力那么重要。

在与李约瑟的研究，以及背后与他著名的"李约瑟问题"相关的参照标准上，还有其他一些重要的论述。白馥兰在充分地肯定了李约瑟的工作是由一位科学家对非西方科学与技术的最初严肃的历史研究，认为它在对非西方社会的非历史表述的挑战中，绝对是基础性的。但与此同时，也指出它所构成的，是第一步而非一场批判性的革命。在李约瑟的策略中，中国的知识被区分为近代西方纯粹与应用的各学科分支，其中技术是应用科学，如天文学被分类为应用数学，工程被分类为应用物理学，炼丹术被分类为应用化学，农业被分类为应用植物学等。但重要的是：

> 在李约瑟的计划中的目的论带来了两个严重的问题。首先，接受一种知识谱系的革命模式，其各分支对应于近代科学的各学科，这可以让李约瑟辨识出近代科学与技术的中国祖先或者说先驱，但代价却是使其脱离了它们的文化和历史语境。……这种对"发现"和"创新"的强调，是以一种很可能会歪曲对这个时期的技能和知识的更广泛语境的理解的方式。它把注意力从其他一些现在看来似乎是没有出路的、非理性的、不那么有效的或在智力上不那么激动人心的要素中引开，而这些东西在当时却可能是更为重要、传播

在李约瑟的策略中，中国的知识被区分为近代西方纯粹与应用的各学科分支……

更广或有影响力的。其次，在把科学革命和工业革命作为人类进步的一种自然结果的情况下，使得我们在判断所有技能与知识的历史系统时，是使用了从这种特殊的欧洲经验中导出的判据。资本主义的兴起，近代科学的诞生，以及工业革命，在我们的思想中是如此紧密地缠绕在一起，我们发现很难把技术的科学分开，很难想象在工程的复杂精致、规模经济或增加产出之外强调其他判据的技术发展轨迹。于是，从这条窄路的任何偏离都必须被用失败，用受制停滞的历史来解释。那些无可否认地产生了精致复杂的技术储备却没有沿着达到同样结论的欧洲道路发展的社会，便会遇到所谓的李约瑟问题以及与之相关的问题：为什么它们没有继续产生本土的现代性形式？出了什么问题？缺失了什么？这种文化的、智力的或特性上的缺点是什么？

> 于是，从这条窄路的任何偏离都必须被用失败，用受制停滞的历史来解释。

在这种分析中，联系到对李约瑟采用的参照框架，也即欧洲发展道路的分析，实际上在某种意义上消解了作为李约瑟研究出发点的"李约瑟问题"。或者说，在当我们采取了新的、不以欧洲的近代科学作为参照标准，而是以一种非辉格式的立场，更关注非西方科学的本土语境及其意义，"李约瑟问题"就不再成为一个必然的研究出发点，不再是采取这种立场的科学史家首要关心的核心问题了。正如埃岑加（Aant Elzinga）在对"李约瑟问题"的重新估价与分析中所说的那样：

> 在这种分析中，联系到对李约瑟采用的参照框架，也即欧洲发展道路的分析，实际上在某种意义上消解了作为李约瑟研究出发点的"李约瑟问题"。

更新近的科学编史学中产生了文化倾向，以及科学的跨文化研究计划与对现代性更激进的批判之间的联系（这种批判主要集中在基本范畴的表示方式和文化同一性政策）。在这种强调知识的本土性质、鼓吹基于文化的陈述与同一性的交叉的论述中，"李约瑟难题"核心问题的基础变得荒唐可笑。一个人不会问：为什么，又何以在某些文化背景中的科学知识更成功，而在另一些背景中的科学知识却不那么成功。因此，"李约瑟问题"以及它所依赖的进化论和剩余唯科学论的基础已是十分清楚。

而法国的中国科学史研究者詹嘉玲更明确地指出，"许多研究传统中国科学的西方科学史家批评李约瑟陈述他的核心问题的方式。他们选择不同的研究进路，关心对思维模式的更深入的理解胜于关心补充中国对当今科学知识之贡献的清单的补充。在这一领域中，目前被认为是最为创新的研究，集中关注在中国的科学传统中发现了什么，而不是缺失了什么。"虽然关注缺失的传统仍然有影响力，但正处在努力摆脱它的过程中，一些科学史家们的研究力求正面的描述，努力为原来那些由"崇拜西方"的同事们提出的问题找到替代者。替代的问题经常被表述为："中国科学是否做出了……？"或"中国人怎样对待……？"等。不过，"寻找这种替代的问题，并不意味着文化的相对主义：对普适有效模型的研究并不能避免对我们的研究工具提出质疑。"

在这一领域中，目前被认为是最为创新的研究，集中于关注在中国的科学传统中发现了什么，而不是缺失了什么。

从另一个方面讲，白馥兰甚至提出这样的出发点带来了另一种后果："自相矛盾的是，科学技术史家们能够继续忽视在其他社会中发生的事情，恰恰是因为像李约瑟这样的学者们的先驱性工作，因为他们就中国等提出的那些要予以回答的问题，是用宏大叙事（master narrative）所确立的术语来框定的……在技术史学科内，在欧洲与中国或其他非西方社会之间的差别，不是被当作一种恢复带有不同目标和价值的知识与力量的其他文化的挑战，而只是作为对西方而言真正是能动的并因而值得研究的观点的证明。"美国科学史家哈特（Roger Hart）站在更加后现代立场上的分析，也表现出类似的看法，"尤其是在过去几十年中，批判研究中的探索，已经对科学与文明的这些宏大叙事提出了质疑。"他还进一步突出了李约瑟的范式与对西方科学的参照之间的关系，发现那些李约瑟的批评者"看到李约瑟过分夸大地试图为中国科学恢复名誉，却忽视了他最终把近代科学作为西方特有的看法的再度确认"。

与那些更有后现代意味的分析相比，2000 年由席文负责编辑整理的《中国科学技术史》第 6 卷"生物学与生物技术"第 6 分册"医学"的出版，可以说是一件很有象征意义的事。此卷此分册与《中国科学技术史》明显不同。席文将此书编成仅有李约瑟几篇早期作品的文集，对于席文编辑处理李约瑟文稿的方式，学术界当然存在有不同的看法。不过，席文的做法确也明显地表现出他与李约瑟在研究观念等方面的不同。他在此书的序言中，系统地总结了李约瑟对中国科学

尤其是在过去几十年中，批判研究中的探索，已经对科学与文明的这些宏大叙事提出了质疑。

技术史与医学史的研究成果与存在问题，并对当时这一领域的研究做了全面的综述，提出了诸多新颖的观点。按照席文的判断，实证主义渗透在李约瑟对于什么才是恰当的科学与医学史的判断之中。但是，今天的历史学家则比李约瑟和他同时代人更可能以对他们所研究的时期和地点的技术现象的整体理解为目标，并随其目标的要求而规定他们的判据。这一转向极大地限制了李约瑟的方法论对年轻学者的影响。而席文本人的科学与科学史观则与今天大多数研究科学史的西方学者一样，不认为知识（不论在什么地方）是会聚于一个预先确定的国家，不是将今天的知识看作一个终点：

> 我在研究中的经历，使我把科学看作是某种人们一点一点发明和再发明的东西，永远不会受到已经存在了的东西的彻底制约，永远不为某种不可改变的目标牵制，经常犯错误，而且总是处在被废弃的边缘。这种观点使它的历史不是作为一连串预定的成功，而是作为一种曲折的旅程，它的方向经常改变，没有终点，而是在给定的时间在某处产生出来。尽管科学有惊人的严格和力量，在这种开放性的演化意义上，它就像人类所经历的所有历史一样。像人文学家一样，认为错误的步骤和失败就像成功一样吸引人和具有教益。问题不是 A 或 B 怎样出现在现代的 Z 之前，而是人们如何从 A 走到 B，以及我们可以从这种历史变化的进程中学到什么。

席文的这篇序言是值得我们注意的。它表现出与李约瑟有所不同的另外一种编史学立场，分析了李约瑟的研究中从一般性的基础、假定到具体的观念框架与方法中存在的问题，总结了中国科学技术史研究，特别是中国医学史研究的历史与现状，乃至展望了未来研究的发展和未来研究的课题。限于篇幅，本文无法对其一一详细总结转述。但其中至少提到两个值得关注的问题。

其一，是在中国科学史研究中已经有许多人注意到的"考证"方法的意义与局限的问题。席文指出：

> 仍然还有大量类似的工作需要专家去做文本研究（考证）。问题是，对于世界其他地方（甚至非洲）的医学的研究，不再依赖于这种狭隘的方法论基础。随着从历史学、社会学、人类学、民俗学研究和其他学科采用的新的分析方法的结果，其范围在迅速地改变着。这种更广泛视野的无知，使东亚的历史孤立起来，并使得它对医学史的影响比它应该有的影响要小得多。
>
> 少数有进取心的研究东亚医学的年轻学者已经开始了对技能与研究问题的必要扩充。他们开始自由地汲取新的洞察力的源泉，其中包括知识社会学、符号人类学、文化史和文学解构等。我将不在更特殊的研究，像民族志方法论、话语分析和其他他们正在学习的研究方法的力量与弱点方面停留。我只是呼吁关注已经提到了的中国的

这种更广泛视野的无知，使东亚的历史孤立起来，并使得它对医学史的影响比它应该有的影响要小得多。

问题，这样的方法可以带来新见解。

　　另一个这里想点到为止的问题是，在这篇序言中，席文还专门提到了中国医学史研究与性别的问题，而且认为在医学史中，一般来说，性别问题已不再只是女性主义的主题。它们与保健的最基本的特征有关。妇女特有的疾病不仅是生理学的概念，它们还是社会控制的工具等，并指出关于性别的洞见将对医学的所有方面，对于男人以及女人都带来新见解。

　　关于中国科学技术与医学史以及性别研究的问题，这里不拟展开，笔者将另文讨论。但在这里可以看到，这样一个主题出现在《中国科学技术史》中，确实是有着鲜明的象征意义的。

在医学史中，一般来说，性别问题已不再只是女性主义的主题。

六、中国科学技术史研究与人类学

　　在李约瑟之后，和整个国际科学史学科的发展一样，虽然在国际范围内中国科学史的研究还远远没有成为主流，但其研究的内容、视角、方法和指导思想也已经发生了巨大的变化，形成了对李约瑟的某种超越。正如小怀特（Lynn White, Jr.）在20世纪80年代中期就已经指出的那样：

　　　　我怀疑，极少有（至少是更年轻的）科学史家在今天还具有李约瑟的那种带有巴洛克时期欧洲科学风格的全部信心。其原因，不仅仅是一种偶然性的意识对于我们大部分思考的渗透，或是对如此令人兴奋的库恩的范式的争论，或近来对"迷信"——这个最令人误解的词——在 17 世纪科学中的作用的承认。主要的原因是一种对于科学的、生态的、深刻的兴趣的出现，也就是说，对于在任何阶段和地区的理论科学每样形成了其总体的语境，以及客观存在怎样由其环境、文化和其他因素所相互形成的兴趣。近代科学的历史不是对利用伽利略的方法而得到的一个无限系列的对绝对真理的发现之记录的成功过程，它与其他的历史成为整体，在类型上决非与所有其他种类的人类经验有所差别。

而席文也在他那篇重要的序言中指出：

由于对相互关系之注重的革新，内部史和外部史渐渐隐退。

> 由于对相互关系之注重的革新，内部史和外部史渐渐隐退。在 80 年代，最有影响的科学史家，以及那些与他们接近的医学史家，承认在思想和社会关系的二分法使得人们不可能把任何历史的境遇作为一个整体来看待。在这种努力中，他们极大地得到了从人类学和社会学借用来的工具和洞察力的帮助。举最明显的例子来说，文化的观念就提供了一种对概念、价值和社会相互作用的整体的看法。

其实，早些年席文就已经谈到了在中国科学史的研究方法与观念上"跨越边界"的问题。他认为，对科学史研究已经在三个边界的探索中被实践着。其中第一个边界是科学史与科学实践的边界，第二个边界是科学史与历史和哲学的边界，而第三个边界，则是科学史与社会科学，主要是人类学和社会学的边界。跨越这三个边界的研究领域分别出现于不同的时期。尤其是第三个边界，它是与人类学和社会学共有的，直到 20 世纪 60 年代末、70 年代初才从迷雾中出现。而它的出现，也部分地是由于历史学家受到法国年鉴学派的启发。它也逐渐地由结构人类学家和符号人类学家（他们用非常新的方式来解释人类动机和行为的模式）描绘出轮廓。而事实上，新的人类学是如此有力量，在十来年的时间里，它已经彻底削弱了在人类学和社会学之间的壁垒。虽然按照过去的观点，通常认为人类学家研究他们所称的原始人，而社会学家研究"我们"当代人，但随着人类学和社会学的合流，同样的方法、见解和理论体系的拓展，几乎可以应用于所有的人。值得注意的是，在席文倡导的将人类学方法用于科学史研究的看法中，带有比较鲜明的社会建构论背景。席文本人也明确地认为，"也许，历史学家从社会科学那里得来的最有影响的见解，必须涉及所谓的'对实在的社会建构'。"作为科学史研究对象的那些人，是用他们从周围的人那里继承来的素材而使其经验有意义的。"我们所见的他们的世界观或宇宙观或科学，只是人们随着长大而建构的单一实在的一个组成部分。作为更大的结构的一部分，宇宙观不是外来的。他们在他们与其他人的关系中观察到秩序的

也许，历史学家从社会科学那里得来的最有影响的见解，必须涉及所谓的"对实在的社会建构"。

概念使宇宙观形成。他们采纳社会秩序，是他们知道这会使社会之外杂乱的现象有意义——否则就会没有意义。"

确实，无论就一般科学史还是就中国科学史研究的发展来说，与人类学的结合是诸多发展方向中非常值得重视的方向之一。目前已经有了专门从理论上论述科学编史学与人类学之联系的专著。但对这样一个大问题的系统研究，也还需要另外专文讨论。在这里，不妨仅以一个研究实例，来说明人类学方法在中国科学史研究中的具体表现。

恰恰就是那位作为李约瑟写作《中国科学技术史》的合作者之一的白馥兰，在主题为"超越李约瑟：东亚与南亚的科学、技术与医学"的《俄赛里斯》专号中，发表了一篇有关中国技术文化史的论文。这篇论文的出发点，就是将中国技术史的研究与人类学方法结合起来。白馥兰认为，在 1000—1800 年这段时间可将家居建筑视为一种技术，其重要性可与 19 世纪美国的机床设计相比。在以往人们研究包括中国技术史在内的技术史时，都是关注那些与现代世界相联系的前现代技术，如工程、计时、能量的转化，以及金属、食品和丝织品等日用品的生产，换言之，也就是关注那些在我们看来似乎最重要的领域，因为它们构成了工业化的资本主义世界。从而认为西方所走的道路仍然是最"自然的"，与之相反，在所有非西方的社会中（包括中国），技术进步的自然能力以某种方式被阻止走上这条自然的道路。所用的隐喻则是障碍、刹车（制动，闸），或是陷阱。非西方的经验于是被表述

无论就一般科学史还是就中国科学史研究目前的发展来说，与人类学的结合是诸多发展方向中非常突出地值得重视的方向之一。

为一种未能建立成就的
失败，这种失败需要解
释，于是通常受到责备
的，就是在认识论或建
制形式上的文化。她指
出，李约瑟批判了利用
科学来支撑西方至上的
做法，但像他那一代的
其他科学家一样，他也
充分地具有"辉格立
场"的目的论。《中国

科学技术史》中是把技术分类为应用科学，而李约瑟
对技术进步道路的绘制，仍然是按照标准观点的判据，
就在技术史中，这种标准观点把工业化的资本主义的
范畴强加在非西方的社会上，然后，它就通过辨认其
未能走西方道路的原因来不恰当地表述它们。（在对比
中，我们可以联想到，在一篇经常被人们引用、从社
会学角度评论"李约瑟问题"的文章中，就有人总结
说，在"李约瑟问题"背后的社会文化总假说，主要
是想在同西方从封建主义到资本主义发展的对比中，
用社会与经济的因素来进行说明。）

在这种指导思想下，当辨别重要的技术时，关于
那些对社会本性的形成最有贡献的技术，中国技术史
家通常沿袭西方历史学家的样子，关注带来工业世界
的日常用品的技术——冶金、农业、丝织。然而，白
馥兰看到，晚期帝国的中国不是资本主义，它特征性
的社会秩序组织，并不是按现代主义的目标和价值构

成的。在建制中最本质地形成了晚期帝国的社会与文化的是等级联系。因此，她认为，人们完全可以把建筑设计作为一种"生活机器"（machines for living）来看待，它反映了特定的生活方式和价值。人类学和文化批评研究者表明，建筑不是中性的。房子是一种文化的寺院，生活在其中的人，被培养具有基本的知识、技能以及这个社会特定的价值。因此她选择家居建筑中的宗祠作为中国技术史研究的对象，这一对象把所有阶级的家庭联系到历史和更广泛的政策中，它将特殊的意识形态与社会秩序结晶化，规范化了晚期帝国的社会。在对中国家居建筑的具体研究中，她主要是根据朱熹的著作，以及《鲁班经》等文献进行分析。她发现，宗祠是一种家族联系与价值的物质符号，从宋朝开始，中国的知识与政治精英们利用以宗祠为中心的仪式与礼节，将人口中范围广泛的圈子合并到正统的信仰群体中，她同时提出，作为一种物质的人造物，宗祠包含了不明确的意义，对应于道德的流变，帮助它传播，并使它成为一种在面对潜在的破坏力量时使社会秩序重新产生的有力工具。总之，抛开具体的结论，关键点在于，白馥兰所关注的，是那些在传统中被认为是"非生产性"技术起改变作用的影响，以便提出人类学的研究技术及其表现方法。应用了这样的新观念、新方法和新视角来重新思考非西方的技术史，就带来了一系列全新的理解过去的可能性，以及新的与其他历史和文化研究的分支对话的可能性。

然而，像这样的研究兴趣所要解决的问题，就不再是像"李约瑟问题"的预设了。

人类学和文化批评研究者表明，建筑不是中性的。

关键点在于，白馥兰所关注的，是那些在传统中被认为是"非生产性"技术起改变作用的影响……

七、简要的小结

在本文中，基于有关西方学者对中国科学史研究的编史学研究，特别是对李约瑟的中国科学史研究中的概念、假定和指导思想中的问题的研究，以及在李约瑟之后的反思的考察，讨论了中国科学史研究中的几个基础性的编史学问题。对此可以简要地总结为以下几点。

1. 李约瑟对中国科学史研究的重大贡献与意义，主要在于他通过对中国科学史多方面、多学科的系统考察，最先使西方人在某种程度上改变了对中国科学史的态度，为中国科学史的研究在科学史界奠定了基础，也为他完成著作奠定了基础。

2. 李约瑟的中国科学史研究，是以解决其提出的"李约瑟问题"为主要动力与目标的。基础性的科学概念，是一种与"西方近代科学"有别的、有机的、普适的世界性科学，他认为中国古代科学的发展将汇流到这种科学中。这种普适的科学概念以及中国古代的成就与其的关系，使得中国古代科学史的研究得到了合法化的地位。

3. 在李约瑟的研究中，在相当大的程度上仍是以西方近代科学的成就作为潜在的参照标准，在这方面，依然有某种辉格式历史的倾向。

4. 基于李约瑟的前提概念与假定，在其工作中，展示中国古代科学发现的优先权问题是一项重要的内容。与之相关，或者间接相关地，在早期其他西方学者以及更多中国学者对中国古代科学史的研究，或更

在李约瑟的研究中，在相当大的程度上仍是以西方近代科学的成就作为潜在的参照标准……

一般地讲，在许多非西方科学史的研究的早期，有类似的对优先权发现的极度关注，连带地，考证的方法得到重视。

5. 随着国际科学史学科的发展，以及当代科学哲学与科学社会学研究的发展，李约瑟的科学概念、参照标准以及对中国发现之优先权的注意和强调，已经是一些可以讨论的问题，对这些问题的讨论，将为中国科学史的研究带来变化。以科学的概念为例，现在持李约瑟的那种普适的、科学的概念的科学史家人数很少，但在与西方近代科学相明确区分的前提下，在更关注观念、建制、文化等关联时，对非西方科学（甚至对某些西方科学）的历史研究中，在对不同地域和文化的具体历史研究中，科学概念的泛化或多元化已是一种现实，并为众多科学史家所接受。

6. 虽然"李约瑟问题"对中国科学史研究的发展起到过重要的、无可否认的促进作用，带来了学术上的繁荣，但基于新的对李约瑟的前提假定的看法与立场的变化，"李约瑟问题"的重要性已不像以前那样，至少不再是一部分西方学者研究中国科学史时所首先关注的核心问题。

7. 随着对中国科学编史学研究的发展，在国际科学史学科发展的大背景和总趋势下，除了基本观念和指导思想外，相应地在研究方法上，一些西方学者对中国科学史的研究也表现出变化。在诸多变化中，与社会建构论有某种相关的将人类学方法引入科学史，是值得注意的发展之一，与之相关的一些具体研究成果是非常有新意义和启发性的。

科学概念的泛化或多元化已是一种现实，并为众多科学史家所接受。

"李约瑟问题"的重要性已不像以前那样，至少不再是一部分西方学者研究中国科学史时所首先关注的核心问题。

8.中国科学史的编史学研究，对于中国科学史研究的发展具有重要意义。本文只是非常初步的探讨，在未来，还需要更多相关的、更加详细与系统的研究。

献身科学史
——科恩的生平及著述

2003 年 6 月 20 日清晨，美国哈佛大学科学史荣誉退休教授科恩（I. B. Cohen）逝世，享年 89 岁。

科恩于 1914 年出生在美国纽约，1933 年进入哈佛大学求学，1937 年在哈佛大学获得理学学士学位。直到 1936 年，美国哈佛大学才设立了科学史专业的博士学位，当时在那里执教的萨顿以当代科学史学科的奠基者而闻名，不过，萨顿一生中直接指导的科学史专业学生为数甚少，而科恩则是仅有的两位在萨顿的直接指导下获得科学史博士学位的学生之一。实际上，当科恩于 1947 年获得科学史博士学位时，他也是美国本土培养的第一位科学史博士学位获得者。在萨顿之后，他也曾多年负责编辑由萨顿创立的科学史权威刊物 *ISIS*。从 1942 年起，他就开始了在哈

当科恩于 1947 年获得科学史博士学位时，他也是美国本土培养的第一位科学史博士学位获得者。

图 10　科恩

佛大学的任教生涯，此后他一直在哈佛大学工作，于1977 年成为维克多·托马斯教席教授，1966 年，在哈佛大学科学史系建立过程中，科恩也起了重要的作用。

在科学史的研究中，科恩涉及的领域非常广泛，特别是对 17—18 世纪物理学发展，以及美国科学的兴起有着深入的研究。他曾出版有《新物理学的诞生》《牛顿的自然哲学》《本杰明·富兰克林的科学》《相互作用：在自然科学与社会科学之间的某些接触》《科学中的革命》等多部重要著作，据说就在他逝世前一周，还寄出了一部关于数字的手稿。但在他的著作中，他最为看重的，是历时 15 年翻译而成的牛顿的《自然哲学的数学原理》。就科学史的组织活动来说，科恩也一直扮演着重要的角色，他曾担任美国科学史和科学哲学协会主席、国际科学史和科学哲学联合会的第一任副会长（1961—1968）和会长（1968—1971），以及美国历史学会主席等职务。他也曾因出色的成就而获得多项荣誉，特别是在 1974 年获得了萨顿奖章，并于1986 年获得了普利策图书奖。

虽然科恩的科学史研究集中在西方科学史的若干领域中，但他的著作仍然在中国产生了很大的影响。在科恩去世后，一些网站上贴出了一些纪念性的帖子，提到了他著作的中译本，但其中也都有些遗漏，除 20世纪 80 年代像在《科学哲学》等刊物上的一些译文外，科恩的第一本有中译本的著作，是科学出版社于1989 年出版的由葛显良翻译的《牛顿传》。其实，严格地讲，这并不是科恩的一部书稿，而只是他为多卷本的《科学传记辞典》所撰写的牛顿长篇条目！一个

虽然科恩的科学史研究集中在西方科学史的若干领域中，但他的著作仍然在中国产生了很大的影响。

条目居然能够摘出来成为一个单行本的著作，这也算是件难得的事吧。

科恩《科学中的革命》一书原版于 1985 年出版，在 1987 年时，国内有了影印版。笔者记得当时自己在研究科学史中有关科学革命的问题时，就是读的这本影印书，获益匪浅。后来，这本书的第一个中译本于 1992 年问世，由军事科学出版社出版（杨爱华等翻译，黄顺基等校），起名为《科学革命史》，遗憾的是，这个译本把约占全书 1/3 篇幅的"补充材料"和参考文献部分全部略去了。这个遗憾直到 1998 年商务印书馆出版了由鲁旭东等人翻译的《科学中的革命》的全译本后，才得到了弥补。在科恩的著作中，《科学中的革命》也是一部与其他著作很有些不同的著作，是一部理论性很强的科学编史学著作。在此书出版之前，我国学术界对于科学革命问题的看法，主要受美国科学哲学家（当然也是科学史家）库恩等人观点的影响，但库恩虽然也是科学史家，其科学革命的理论却更是一种科学哲学的理论，甚至在他本人的具体科学研究中，也未能得到应用。相比之下，科恩对科学革命的研究则更表现出一种科学史家的特点，因而此书的引进（即使是影印版或者第一个不完整中译本的出版），对于国内学术界的意义显然是非常重大的。完全可以相信，对于科学革命这样一个重要的问题，科恩的工作的影响在未来仍会持续相当长的时间。

对牛顿的研究，是科恩长期关注的一个重要领域……

科恩的另一本书《牛顿革命》原书出版于 1980 年。对牛顿的研究，是科恩长期关注的一个重要领域，他的这本有关牛顿与牛顿革命的研究著作当然也有着重要的学术价值。早在 1987 年，正值牛顿的《自然哲学的数学原理》一书出版 300 周年纪念之际，北京大学的几位研究生（颜锋、弓鸿午和欧阳光明）便将此书译出。笔者当时也曾有幸读过此书的翻译手稿，并在自己的研究文章中引用过有关内容。但当时国内虽然还不存在版权问题，出版界的形势却并不乐观，出书远不像今天这般容易，因此，虽然有了中译稿，正式的出版却一拖就是十多年，直到我在 1999 年为江西教育出版社主持《三思文库》的科学史经典系列丛书时，才将此书收入丛书。在原作出版了二十多年后，这本书的中译本对于中国的科学史工作者和其他关心科学史的人士，也仍然具有重要的参考价值。

　　虽然科恩本人没有来过中国，但他的著作却在中国产生了影响。因此，在此正值科恩刚刚逝世之际，回顾一下他的几本书在中国的经历，也算是对这位美国的科学史前辈的一种纪念吧。

科学史：在学术与普及之间
——读《世界史上的科学技术》的几点随想

随着国内将科学教育与人文教育相结合的呼声越来越强烈，也随着科学普及实践中对科学的文化方面越来越多的注重，科学史教育已经成为更好地理解科学、更好地将科学文化与人文文化相结合、更好地普及科学的最重要的手段之一。这也正好印证了几十年前美国科学史学科的奠基者萨顿在提出他的新人文主义时的设想，即以科学史作为连接科学与人文的桥梁。

遗憾的是，长期以来，在我国面向大学生和相当水平的各界人士进行科学史教育时，适用教材的缺乏一直是一个非常严重的问题。这里讲的"适用"一词包括了多重含义，例如，所讲述的科学史内容是否准确，是否在严肃的科学史学术研究的基础上写成，篇幅是否适当，适应于教育需求的节略是否合理，是否在科学与人文之间保持了恰当的平衡，是否反映出近些年来国际上科学史研究的最新理念，如此等等。曾由上海科技教育出版社推出的《世界史上的科学技术》一书，按照原作者的说法，是"为非专业的读者和大学生们编写的一本科学技术史导论，旨在提供一幅'全景图'，以满足那些受过良好教育的人们的需要……是一本可以自学的教材"。它大致满足了我们在前面开列的那些要求，因此可以说是在某种程度上填补了我们在科学史教材出版方面的空缺。

一、凸显人文性和历史感

大约在半个世纪之前，一位名为巴特菲尔德的历史学家产生了对科学史的热心，并写出了一本很有影响的科学史名著《近代科学的起源》。虽然那本书因为在写作时采取了与作者反对的辉格史观正好一致的立场，曾受到了一些批评，但总的来说，正是由于作者原来作为一般历史学家而非专业科学史家的特殊身份与背景，在书中成功地把科学史结合到一般的历史中去，才使得它同时也受到了广泛的赞誉。类似地，在《世界史上的科学技术》一书中，我们也可以看到作者不是要将科学史的写作更加"科学化"，而是要赋予科学史以更强的历史感的努力。在这本科学史著作中，对于科学和技术的外部史，或者说社会史的侧面就有了相当的侧重，强调了科学和技术在发展中所处的环境以及这些环境对科学和技术本身带来的重要影响。总之，这本书的人文立场是非常明显的。

从内容上讲，此书叙述的范围从人类的起源一直到 20 世纪，这也正好是符合科学通史教育的要求。只不过对近代科学革命到 20 世纪的叙述过于简单，而在这一阶段，科学和技术的许多进展恰恰对于我们今

这本书的人文立场是非常明显的。

天的生活方式和社会环境产生了最重要的影响。一方面，对于作为科学通史的教材来说，这似乎是一个不足之处；但另一方面，在有限的篇幅内，作者对叙述内容的详略做出了这样的取舍，似乎也反映出某种历史学家的谨慎。毕竟，在历史中，更有历史意味的还是那些相对久远而且与我们今天保持了相当长时间的事件。这也许反倒促使我们思考：我们过于关注那些与今天联系密切的科学和技术的进展，是否是以一种历史感的缺失作为代价？或者说，在历史的学术性和历史普及的现实需求之间，是否应该注意保持一种适度的张力？

二、技术并非一定依赖于科学

《世界史上的科学技术》一书的作者身为美国大学科学史教授，属标准的职业科学史家，以这种身份来写作面向非专业人士的带有普及性的科学史著作，当然可以对著作的学术水准有所保证。译者在译后记中专门提到原书作者贯穿全书的一个观点，即认为"技术依赖科学乃是一种亘古通今的关系"这种看法是"没有历史事实根据"的。作者指出，"在 20 世纪以前的大多数历史条件下，科学和技术一直处在彼此要么部分分离要么完全分离的状况中向前发展"，"在人类历史中，技术起到基本推动力的作用"。书中像这样与我们习见的说法不同的地方，也正是值得我们认真思

"技术依赖科学乃是一种亘古通今的关系"这种看法是"没有历史事实根据"的。

考的地方。因此，尽管这只是一本普及性的著作，但无疑已经吸收了科学史界许多研究成果，对于中国的科学史界，也具有不可小视的参考价值。

三、对"美妙的新世界"的忧虑

此书在结构上也具有某种与常见的科学通史不同的创新之处。全书共分四编，分别是"从猿到亚历山大"（从人类的起源讲到古希腊）、"世界人民的思与行"（主要讲述传统科学史中常被忽视的中国、印度和美洲的成就，这鲜明地表现出与传统的西方中心式的科学史的不同）、"欧洲"（从中世纪到第一次科学革命），以及"美妙的新世界"（从工业革命到 20 世纪）。看到最后一编的总标题，让人联想起赫胥黎那部同名的对近代科学的"文明"世界充满忧虑并具有很强批判色彩的科幻名著。由于笔者手边没有原书，为此专门请教了译者王鸣阳先生，得知此编标题的原文果然是 *Brave New World*，与赫胥黎小说的名字完全一样。在这种相同背后，是否表现了作者的某种隐喻或联想呢？是否对科学技术的价值持某种程度的批判呢？当然，这只是笔者的猜测。不过无论如何，作者在书中的表达总是反映出某种倾向性的。例如，在第四编的导语中，作者写道：

在这种相同背后，是否表现了作者的某种隐喻或联想呢？

技术和科学已经结合在一起了，已经产生了

我们今天生活在其中的这个从来没有过的世界。我们对待这个世界的态度也并非那么单一：我们大赞现代科学技术革命带给我们的舒适方便，却又害怕诸如核战争、生物战争或者生态灾难这样的严重后果。思想和制造工具，或者说科学和技术，原本是互不来往，在历史上仅有偶尔的接触，所以，它们结合在一起给予我们的确实是一个非常美妙却不够安全的世界。

在正文中，作者还指出，20 世纪 60 年代以来，

> 在科学哲学以及科学及充满科学知识的社会学方面所做的认真细致的工作，动摇了科学原来那种至高无上的地位，认为科学在探索或者说猜测任何终极真理时，作为一种手段，并非有什么特别优越之处。大多数思想家认为，科学的知识断言是相对的，是有可能出错的，是人产生出来的，而且不是对客观自然界的最终陈述。

类似的说法还有其他一些。从这些叙述来看，笔者对此书作者在写下最后一编的标题时心中可能的联想的猜测，也许还不是完全没有道理的吧。

在科学哲学以及科学及充满科学知识的社会学方面所做的认真细致的工作，动摇了科学原来那种至高无上的地位……

科学史：综合的可能与虚幻
——读《科学史的向度》有感

与科学史研究相关，在对科学史的理论问题进行研究时，就有了所谓的科学编史学，这也正像与历史学研究相关就有了一般的编史学研究一样。对于这种元史学研究的意义，人们的看法并不相同。有人以为它与实际的科学史研究工作并不相干，是一种"无用的"理论，更有人对此采取了视而不见的策略，只是依旧埋头从事自己具体的科学史研究。当然，这些看法是颇为狭隘的，究其最重要的一点，那些自以为可以不顾理论而直接从事科学史研究的人，却未必意识到任何人都不可能在没有任何理论背景的情况下从事研究，只不过是对于作为他们的"缺省配置"的理论基础没有一种明确的意识而已（"缺省配置"这个概念曾是刘华杰教授最先在指称受过科学教育的人的科学主义倾向时所用的隐喻，但用在这里，似乎也是非常合适的）。显然，盲目而不自觉地受某种理论的支配来从事研究，和对构成研究之基础的理论背景有一种相对有意识的认识，两者当然是不一样的。对于科学史工作者来说，科学编史学应该说是为这种意识的明确提供了可能性。

任何人都不可能在没有任何理论背景的情况下从事研究……

但是，科学编史学的研究并不容易，目前可以见到的有关专著也不多见。如果就西方来说，他们那里的科学史家在受到更有人文意味的训练过程中也逐渐形成了另一种并不一定明确言说的"缺省配置"，因而以专著形式问世的科学编史学著作数量不多，倒也还不是大问题。而在科学史的系统教育刚刚开始形成中的中国，科学编史学的意义似乎就要更为重大得多了。因此，袁江洋先生的著作《科学史的向度》一书，可以说是国内在这方面研究的重要进展，因而也值得人们予以相应的关注。尤其是在袁江洋先生的研究中，提出了一些颇具原创性的观点，如对于科学史的"向度分析"和"变焦分析"等。当把这些新的观念或者说分析手段用于对科学史的分析时，也确实得出了一些富于启发性的见解。从对相关参考文献的掌握和阅读来说，也显示出作者袁江洋先生对此领域的熟悉和把握。

其实，对于一部优秀的理论著作来说，其中的观点与其说是让所有的人都完全接受，倒不如说能够让人由此出发带来更多的思考。在人文的研究中，很难说哪些观点是最后不变的、为所有的人所接受的，更为经常出现的情况，倒是一种观点引起了更多的争议，反而更有助于学术研究的深入。而且，评价一部理论著作，在有限的篇幅内面面俱到也是不现实的。因此，笔者倒愿意借此机会，讲一讲在阅读这本著作时产生的一种联想，或者说对一个非常根本性的问题的某些思考。这个问题，就是作者袁江洋先生贯穿于全书的一个"理想"，即科学史的"综合"，或者用作者的话说，"科学史正面临着一场新的综合。"

关于这种综合，作者似乎并未给出非常明确的定义，但从书中各处的论述中，我们还是可以看到其基本倾向。例如，"基于变焦分析……要求科学史家将多个层面的史学研究（如从关于个人科学家整体思想及行为的显微研究到科学-文明史的宏观考察）以有机的方式结合在同一研究之中，要求他们将对种种小写的科学历史理解联结成某种整体认识。""科学史所要理解并重建的是人类科学活动的整体的历史及意义。""科学史家应坚持从理解与特定的历史时间、历史空间、历史人物联系在一起的人类科学活动出发，亦即从理解小写的科学出发，理解大写的科学。""理解种种小写的科学的独特性与个性，理解体现于其中的主体性与主体间性或客观性，将为我们理解科学及其在历史中的整体运作提供一个基础。我们应将主视线从知识真正转向知识的主体亦即人（时间中的人），从科学合理性转向科学活动，从理性转向人性；因为只有通过对凝聚在科学事业背后的人类主体意识域的揭示，科学史才能获得其终极意义上的价值与意义。""新的综合作为科学史学意义上的一场自觉的整合，意味着要通过重审科学史学史并以新的方式回答科学史元问题，从总体上校正科学史的发展方向以及它与相邻学科乃至与社会的关系，消除那些介于不同编史程序之间并非必要的张力，并重构新的综合性的编史进路。从史学实践上讲，新的综合将表现为具体史学研究层面上的各种整合：在对它们所固有的问题集取得综合性的理解。"

大致可以说，作者心目中的综合，是一种"科学-

文明史"。但是，这样的综合是否可能呢？还是回过头来看科学史自身的发展。确实，科学史这门学科，从最初分科的科学学科史到萨顿等人的"综合性科学史"的出现，体现出一种综合的倾向。但在此之后，却明显地表现出一种分化的趋势。越来越少有科学史家（当然不是指中国的科学史家）写出辉煌的通史或者说"综合性科学史"的巨著，相反，科学史家们开始注意的是那些更为具体、更为不同、更有独特性的课题。至少到目前为止，这样的趋势还没有逆转的迹象。而且，在此局面的背后，结合着科学史研究中观念的变化，特别是与科学哲学家们习惯的抽象总结方式相反，科学史家们在其形形色色的研究中，隐含着对于多种不同的"科学"的关注。相应地，像"科学的多元文化性"（其实不妨理解为"文化中多元的科学"）这样的概念在逐步加强。如果说只有一种科学，那么，尽管有着对其历史研究在方法上的不同，综合总还是可能的。但如果在一种多元的科学的意义上（其实早已有科学史家将科学的概念扩充至人类获得的各种有关自然的系统知识），这样的综合是否还有其基础、是否还是可能的呢？

从人们的心理习惯上讲，人类似乎确实有一种追求综合的理想倾向。物理学中对于统一理论的追求就是最典型的表现之一。但是，在一种对于与科学相关的复杂的人类活动的人文研究中，是否能够最终实现这样的综合呢？而且，综合的背后是不是也隐藏着对于复杂性的过度简化甚至歪曲的危险呢？也许这还是一个值得思考的问题，而且是一个与人们对于科学的理解之不同密切相关的问题。

但是，这样的综合是否可能呢？

科学史家们开始注意的是那些更为具体、更为不同、更有独特性的课题。

人类似乎确实有一种追求综合的理想倾向。

综合的背后是不是也隐藏着对于复杂性的过度简化甚至歪曲的危险呢？

剑桥的一角，名人的归宿

　　也许只是因为在那座英国小城中有著名的剑桥大学，不仅仅是对于外国人，对于中国人来说，剑桥这个地名，也同样是如雷贯耳的，而且对于中国人来说，剑桥的名字，还与徐志摩那脍炙人口的诗作联系在一起。

　　剑桥这个地方，有历史，出名人。随便什么地方，一不留神就会遇到一些名人的踪迹。

　　当然，名人们的最终归宿还是墓地；而活着的人出于各种理由凭吊历史上的名人，也大多是去他们的墓地。我就曾遇到过一位中国的访问学者，他来自中央党校，为了瞻仰马克思在伦敦的墓地，一连去了三次，前两次都由于各种原因而未得亲见，终于在第三次如愿以偿。而我出于科学史的专业背景，在去伦敦的威斯敏斯特教堂时，于匆忙之间找到了法拉第、麦克斯韦和牛顿这三位物理学史上的大师的墓或纪念碑；也是在匆忙之间错过了据说就在旁边不远处的另外几位科学大师的墓，他们是：J. J. 汤姆孙、卢瑟福、W. 汤姆孙（开尔文勋爵）、W. 赫歇尔、J. 赫歇尔和C. R. 达尔文（进化论的提出者）。遗憾的是，威斯敏斯特教堂不允许拍照，也许这就是为什么我们总是听

剑桥这个地方，有历史，出名人。

说这些科学名人的墓地在威斯敏斯特教堂，却又从来没有形象化的印象的原因。但去过那里的人，总是会把瞻仰的那一幕场景牢牢地记在心中的。

像威斯敏斯特教堂那样的地方固然是一些顶级名人安葬的地方，因此游人不断；而在剑桥，其实也同样有着相当有声望的名人的墓地——只是游人要少得多，甚至连地点都很难找。

一个非常偶然的机会，我在一座名叫圣吉尔（St. Gile）的建于 11 世纪的老教堂门口，看到了一张为参观者而贴的告示，说维特根斯坦的墓不在此地，要想找他的墓得去这个教堂所属的另一个墓地，并指示该如何如何前往。看到这则告示，我突然意识到，那不正是我每天从住所去李约瑟研究所路上的必经之处吗？

于是一天早上，在去李约瑟研究所之前，我拐进了这个也许可以将其名称译为"升天墓地"（Ascension Cemetery）的地方。直通墓地的小路名叫"万灵巷"（All Souls Lane），倒也真是名副其实，只是显得有些荒凉，也极为清静。那天早上，除了我，墓地里再没有第二个人。在那里，除了维特根斯坦的墓之外，我还意外地发现了包括科学家在内的其他一些名人的墓。

第一次去没带相机，所以只待了一会便离开了。想到很快就要搬住处，以后可能不会经常路过此地，于是在第二天，我带上相机再次来到这个墓地。

这一次的运气要好得多。这是一个晴天，虽然墓地的草丛里露水很重，一会儿就把鞋整个打湿了，但却是一个照相的好天气。更为幸运的是，刚进去不久，

那天早上，除了我，墓地里再没有第二个人。

就遇到了一位在这个墓地工作、主要负责雕刻墓碑的工人。很遗憾我忘记了他的名字，不过，因为他说自己以前是从德国来这里的，姑且就称他为 G 先生吧。

也许来这里参观的人确实不多，G 先生多半也有些寂寞，看到我挂着相机在这里拍照，他十分热情地上来打招呼，还从他的工作室里专门取出一份介绍这个墓地的材料给我，并陪着我到处寻找那些材料上提到的名人的墓。结果这次我又有了更多的发现：就在这片不怎么起眼的墓地里，竟然安葬有两位诺贝尔奖获得者、7 位荣誉勋位（The Order of Merit）获得者、8 位剑桥大学著名学院的院长、15 位英国的爵士以及39 位在《国家传记辞典》里收录的名人。虽然这里名人甚多，但就我有限的知识与专业背景和特殊的兴趣，在"按图索墓"的过程中，我发现至少有下列这样几位人物是我想记下的。

数学家与天体物理学家爱丁顿（Sir Arthur Stanley Eddington，1882—1944）。读过一点科学史的人可能都会对他的名字有些印象。他曾在剑桥的三一学院学习，后在格林尼治天文台做过一段时间助手，然后又回到剑桥，成为三一学院的 Fellow，并在剑桥的天文台工作。他在天体物理方面颇有

图 11 爱丁顿之墓

建树，发展了关于时空的数学理论，并对相对论也有所贡献。其实，要说起来，他所做的更为有影响的事还是 1919 年率领一个观测队到西非对日全食进行观测，其观测结果证实了爱因斯坦广义相对论的一个推论，即光线会在引力场中偏转。这一结果在当时曾引起了很大的轰动，而据某种说法，爱因斯坦在世界范围内的公众中的真正扬名，也只是从那时才开始的。而且，爱丁顿也写过面向公众的通俗科学著作，他的著作好像在中国也有译本。由于他的科学成就，他在 1914 年当选为英国皇家学会会员，1930 年被授予爵位。

因为年代久远，爱丁顿墓碑上的字迹已经很不清晰了。

物理学家科克罗夫特（Sir John Douglas Cockcroft，1897—1967）。20 世纪 20 年代，他曾在剑桥的圣约翰学院学习。如果说到他的科学贡献，最有影响的也许就是他在卡文迪什实验室与瓦耳顿（E. T. S. Walton）合作建造了第一台高压粒子直线加速器，为此他们获得了 1951 年的诺贝尔物理学奖。加速器的建成，使得原子核与粒子的研究有了新的实验手段，因此当人们提到他时，经常说他是"分裂了原子的人"。也有人认为从他在卡文迪什实验室研制粒子加速器时起，科学开始进入了"大科学"的时代。当卡文迪什的蒙德实验室负责人卡皮查在 20 世纪 30 年代回到苏联而且不再被获准出国时，科克罗夫特接任了蒙德实验室的负责人并担任物理学教授。在第二次世界大战期间，他曾参加英国雷达的研制，而雷达也常被人们认为是这

因为年代久远，爱丁顿墓碑上的字迹已经很不清晰了。

一战争期间最重要的科学成就之一。从 20 世纪 40 年代开始，科克罗夫特又转向了原子弹的研制，被英国政府派往加拿大，加入到与加拿大和法国合作的研究队伍。第二次世界大战结束后，他成为设在哈韦尔（Harwell）的国家原子能实验室的负责人，20 世纪 50 年代初，在布拉格退休之后，他曾有机会就任卡文迪什实验室的主任，但由于在哈韦尔负责原子能研究工作，使得他未能就任此职。科克罗夫特 1948 年被封为爵士，1959 年成为剑桥大学丘吉尔学院的第一任院长。

图 12　科克罗夫特墓碑

　　我留意到，在科克罗夫特的墓碑上，记录了他作为英国皇家学会会员以及曾担任丘吉尔学院第一任院长的经历，但却没有提到他作为诺贝尔奖获得者的身份。这种似乎没有把获诺贝尔奖当回事，或者说认为英国皇家学会会员以及丘吉尔学院院长的身份要比诺贝尔奖更重要的做法，不知是出于被安葬者本人的意愿，还是出于安葬他的人的想法。如果在中国，这样的事恐怕是不可想象的。

　　与爱丁顿和科克罗夫特不同，生物化学家霍普金斯（Sir Frederick Gowland Hopkins，1861—1947）不是在剑桥上的学，但他在 1898 年成为剑桥的化学生理学讲师，后来又分别成为伊曼纽尔学院（Emmanuel College）的 Fellow，再后来又到了三一学院，1914 年成为生物化学教授。在他的工作中，最著名的是对维生素的发现。1912 年发表在《生理学杂志》上的论文，使他获得了 1929 年的诺贝尔奖。他的学生中就包括后来以研究中国科学史而闻名的李约瑟。霍普金斯于 1905 年当选为皇家学会会员，1925 年被封为爵士。

霍普金斯的墓位于这块墓地的一个角落里。也许同样是因为年代的关系，在墓碑上已经长满了常春藤，人们只能从攀缘而上的常春藤的空隙中去辨认墓碑上依稀的字迹。而我虽然很想给这座墓碑好好地拍张照片，却也不愿将长在墓碑上的常春藤扒掉，于是只将带着常春藤的墓影照下来留念。

以上这三位都是荣誉勋位获得者。

达尔文因提出进化论而闻名于世，他的两个儿子先后安葬于此。F. 达尔文（Sir Francis Darwin，1848—1925）在兄弟五人中排行老大，是一位植物学家，也是他父亲的传记作者。他早年曾做过父亲的秘书和助手，在父亲去世后，他出版了三卷本的关于父亲生平和书信的著作，后来，又负责编辑父亲的其他书信。作为植物学家，他也有大量的著述出版。H. 达尔文（Sir Horace Darwin，1851—1928）是老达尔文五个儿子中最小的一个，他毕业于剑桥的三一学院，后来主要从事科学仪器的制造，并建立了剑桥科学仪器公司。那位将名字与剑桥的科学史博物馆连在一起的科学仪器收藏家惠普尔，就曾当过他的私人助手。这两个达尔文兄弟，都是皇家学会的会员，都被封为爵士。

在墓地的一个角落里，一座墓碑造型与其他的有所不同，安葬着亚当斯（John Couth Adams，1819—

霍普金斯的墓位于这块墓地的一个角落里。

在墓地的一个角落里，一座墓碑形式与众有所不同的墓里，安葬着亚当斯。

1892）。亚当斯曾在剑桥大学圣约翰学院学习数学。在19世纪中叶，牛顿的力学理论已经被人们普遍接受。但在人们对天王星的观测中发现，它的运行轨道似乎与牛顿理论有所矛盾。如果牛顿的引力理论确实正确的话，那么，对此唯一的解释，就是有另一颗还未为人们所知的行星存在，它以引力的方式干扰了天王星。亚当斯从1842年开始研究这一问题。1845年，年仅26岁的亚当斯刚刚从大学毕业，他根据牛顿的引力理论计算出了这颗未知行星的位置，并向一位皇家天文学家寻求帮助，希望对此进行观察。但那位皇家天文学家并不相信他的结果，而在格林尼治和剑桥等地，也因为对他的结果有所怀疑而迟迟未进行观察。1846年，在亚当斯得出结果的大约10个月后，另一位法国的青年天文学家勒威耶也得出了他的计算结果，

图 13　亚当斯之墓

预测了这颗未知行星的位置。法国人也同样对勒威耶的结果将信将疑。最后，还是在德国的柏林天文台最先观测到了这颗行星，并将它命名为海王星。因为在此行星被观测到之前，亚当斯没有正式发表他的文章，在预言此行星之存在的预言的优先权方面，还曾有过一些争论。现在人们一般公认是亚当斯与勒威耶各自独立地"发现"了海王星。

　　在海王星被观测到之后，亚当斯的事业一帆风顺，他成为剑桥大学的天文学教授，短期担任过剑桥天文台的台长。他于1849年成为英国皇家学会成员，但谢

绝了爵士的封号，也谢绝了皇家天文学家的职位。

虽然已经过去了一百多年的时间，处在墓地一角的亚当斯墓依然突出，也许是因为其墓碑的特殊造型和所占的面积较大，当然墓碑上的字迹已经斑驳，被深绿的青苔包围着。他与妻子葬在同一墓中。除了墓地，在剑桥至少还有两处地方与他相关：其一，是大学图书馆的亚当斯收藏室；其二，就在离李约瑟研究所不远处，有一条我每天骑车来所里必经的小路，就是以他的名字命名的"亚当斯路"。

第六位要记述的不再是科学家，而是那位大名鼎鼎的经济学家马歇尔（Alfred Marshall，1842—1924）。他也曾在剑桥的圣约翰学院学习数学。据说他原来曾想学习物理，但后来在功利主义哲学家西奇威克（Herry Sidgwick）的影响下而改变了方向，而后者也是剑桥经济学界的一位重要人物，现在剑桥的一条街就是以其名字命名的。马歇尔后来是剑桥的政治经济学的重要代表人物之一，曾任剑桥大学的政治经济学教授。他在 1890 年出版的《经济学原理》一书，成为经济学家阅读和研究的经典著作。如今，剑桥大学经济系的图书馆就是以他的名字命名的。

马歇尔的墓没有石碑，已经长满了荒草，只是在石头的边框上，可以找到他的名字和生卒年。这种荒凉、清冷的景象，与马歇尔图书馆内读者如云的热闹景象形成了鲜明的对照。当人们为了学术，或者为了个人经济状况的改变而在马歇尔经济学图书馆里研读经济学时，会想到有些凄凉地安息在这块墓地中的马歇尔吗？

第六位要记述的不再是科学家，而是那位大名鼎鼎的经济学家马歇尔。

除此之外，当然还可以提到，这里还有在我国国内也颇有名气的弗雷泽（Sir James Frazer，1854—1928）。这位著名的人类学家对于国内的许多人不陌生，当然，这主要是因为他的人类学名著《金枝》，这本书不仅在西方影响重大，其中译本

图 14　马歇尔之墓

在国内也颇有影响，一直在不断重印。他本来并不是在剑桥，而是在格拉斯哥大学毕业的，但毕业后又到剑桥的三一学院读书，于 1878 年又拿了一个学位。他研究的范围很广，涉及人类学的许多专题。《金枝》一书的第一版于 1890 年问世，因为它涉及内容广泛，篇幅多达 12 卷。后来到了 1922 年，由他的夫人负责出版了该书的节略本，这本书在西方也一再重印且畅销不衰。

如果关注女权主义，这里也还有一位身份特殊的人物，她就是斯科特（Charlotte Scott，1853—1921）。她之所以特殊，是因为她作为在剑桥大学学习的女性学生的先驱者，与剑桥大学接纳女子入学学习的妇女解放的历史相关。虽然剑桥大学第一所女子学院——哥顿学院（Girton）于 1869 年就已经建立，但对女生的各种限制却依然长期存在，如不允许她们参加正式的考试，不授予学位等。斯科特曾在 1889 年的数学考

如果关注女权主义，这里也还有一位身份特殊的人物，她就是斯科特。

图 15　维特根斯坦墓前的小木梯

试中取得了非常优异的成绩，表现出了她超强的数学能力，但她的名字甚至没有出现在学生名单上。直到 1948 年，剑桥大学终于可以为女性学生授予学位时，斯科特已经 95 岁高龄了。

在上面提到的 8 个人中，虽然都有不凡的经历和声望，但在墓地工作的 G 先生，似乎对那两位诺贝尔奖获得者的墓的存在并不知晓，甚至对大经济学家马歇尔也不了解。似乎可以理解的，他倒是对那两个小达尔文更为熟悉，当然，这也还是靠了老达尔文在公众中的知名度吧。那么，为什么老达尔文会在公众中有这样高的知名度？也许这应该是科学史家们研究的一个课题了。

不过一般来说，科学家在公众中往往并不是最有名气的。就参观瞻仰者来说，来这个墓地的人也大多是冲着维特根斯坦（Ludwig Josef Johann Wittgenstein，1889—1951）这位 20 世纪最著名的哲学家而来的。实际上，我能够找到这个墓地，也是因为那所教堂前指示维特根斯坦墓之所在的告示。当然，一种可能性是，人文学者或者对人文科学有兴趣的人更有可能以去墓地的方式瞻仰前人，而维特根斯坦在当代哲学中的特殊地位以及持续的影响，使他在剑桥当地或来剑桥参观的人文学者的心目中保持着与众不同的地位——尽管他艰深的哲学理论绝不是为大众而提出的，一般人恐怕也不会去认真研读他的著作。这种理论的曲高和寡与知名度的如日中天，倒与爱因斯坦的情形颇有相似之处。不过，至少爱因斯坦对社会政治问题倒是频频发表意见的。

鉴于维特根斯坦的大名，也鉴于哲学叙述的困难，这里对他在分析哲学和语言哲学方面的贡献也许不必多谈，他一生只写了两部著作，而且在生前只出版了一部，并因此而在剑桥得到博士学位。后来，也没有因为仅有一部著作而耽误他成为哲学教授。也许正是因为来此寻找维特根斯坦之墓的人居多，所以 G 先生对于这位哲学家所知甚多。虽然我早已经找到了维特根斯坦的墓，但他还是热情地再次带我到墓前，帮我拍照，并讲了许多有关的细节。由于参观者在这里放了许多鲜花，这个没有墓碑，只有一块石板的墓在这片墓地中是非常显眼的。G 先生说，维特根斯坦希望他的墓要简朴，墓上的石板还是他的学生准备的。在这个墓的旁边，还葬有将维特根斯坦的著作译为英文的学生，不过，如果不是 G 先生的介绍，旁人是无法知道这一点的——因为，那里只是一片草地，没有任何标志。

在维特根斯坦墓那里，除了鲜花，墓前还有其他一些东西。例如，一个瓦罐边上立着一个很精致的木头小梯子，还有一些石子、硬币等。G 先生说，据说因为维特根斯坦在书中用过这样的比喻，认为人们像爬梯子一样提高学识，然后就可以把梯子放弃。于是，就有人做了这样一个小小的梯子并送到他的墓旁。而

在维特根斯坦墓那里，除了鲜花，墓前还有其他一些东西。

那些石子，则是按照犹太人的习俗，在墓上放上一块，既表示放石子者的思念也表示还会再来凭吊，这倒让我想起了电影《辛德勒的名单》中最后的场景——众多的犹太人排成长队在辛德勒的墓旁依次放上一块小石子，小石子堆得高高的。G 先生说，以前甚至还有一个印度风格的石刻的小象放在墓上，可惜后来被人拿走了。至于放硬币，则与放石块的做法类似，也有些好玩的意思。因为墓旁这些硬币中，不仅有英国的，还有其他国家的，比如德国很早发行的硬币，G 先生突然说："我有一枚中国的硬币，是一位朋友送的。"接着他马上回到工作室里把这枚硬币找了出来，并送给我，说，这样你也就可以把中国的硬币放在墓旁了。

于是这天当我离开时，在维特根斯坦的墓旁，就又多了一枚硬币，在它向上的一面有这样的字样：1 元，中国人民银行，1999。

《天学真原》序

　　1991 年，我的朋友江晓原邀我为他的《天学真原》一书写一篇序。我在当时所写的序言中就提到，他的这种做法按照当时（甚至现在）的标准来看，其实是很违反常规的。因为人们请人为自己的著作写序时，往往是将目标指向那些"名人"，而我当时只不过是大学里的一名普通讲师，仅仅是晓原兄的一个好朋友而已。回溯起来，我与晓原兄认识还要更早些，大约 50 年前，我与他在中国科学院研究生院是学习科学史专业的同学。但我的方向更加"西化"，研究的是西方物理学史，兼及一些科学编史学（也即科学史理论），而他则研究中国古代天文学史。直到 1991 年写序时，我们在专业研究的意义上，才有了第一次的合作。

　　此后，我又陆续应邀为他的《天学外史》和《回天》两书写序，而他也曾为我的科学编史学专著《克丽奥眼中的科学——科学编史学初论》和科普文集《硬币与金字塔》写序。为此，曾有朋友写文章开玩笑地说我们是"彼此作序，相互吹捧"。但对此，就像晓原兄在《硬币与金字塔》一书的序文中讲的那样，"我们都坦然笑而受之"。因为"从学术史上看，在学术活动中，要交流就会有理解，彼此作序的事是经常发生

直到 1991 年写序时，我们在专业研究的意义上，才有了第一次的合作。

曾有朋友写文章开玩笑地说我们是"彼此作序，相互吹捧"。

的。但是我们想到学术的繁荣，想到大多数好书的命运，我们为增进理解而作序，就是序得其所"。这也可以说是我们的共识吧。

到这次应邀为《天学真原》的新版再次撰写序言为止，我已经是第四次为晓原兄的书写序了，我们相识也有几十年了，这些年间，我们两人在学术性的研究和普及性的工作中的"业务合作"逐渐增多起来，而且在这许多年中，无论就学术的发展，就工作方式、工作内容还是就对于学术的理解，身边都出现了巨大的变化。相应地，也发生了许许多多的故事。那么，在 13 年之后，还是就这些事情中与此书或许有所相关的一些事挑拣一些，发表一些议论，作为这篇序言吧。

晓原兄的看家研究是中国古代天文学史。虽然他最先出版的书是性文化史方面的，而且后来无论在天文学史还是在性文化史方面，无论是普及性还是学术性的各种类型的书也都写了不少，但在天文学史方面，到目前为止，影响最大的恐怕还是这部《天学真原》。之所以会如此，并不是说他写的其他书不重要或价值更小，而是由于学术研究和学术积累的特殊性，以及一些机缘，才使得此书在他出版的众多著作中有着特殊的地位，甚至大胆一些讲，颇有成为"经典"的迹象。

先说学术背景。长久以来，国内对于中国古代天文学史的研究绝大多数是以发掘古代的天文学成就，为中国古代天文学发展如何领先于他人而添砖加瓦。其实，这种研究的一个前提，是按照今天我们已知并高度认可的近现代西方天文学为标准，并以此来衡量

晓原兄的看家研究是中国古代天文学史。

其他文化中类似的成就，用我当时写的序言中的说法，是一种典型"辉格"式的科学史。

而晓原兄在国内的研究中超前一步，更多地从中国古代的具体情况着眼，放弃了以西方标准作为唯一衡量尺度的做法，通过具体扎实的研究（这与晓原兄本人扎实的国学功底不无关系），以"天学"这种更宽泛的框架来看待那些被我们关注的在中国古代对天文现象的观察和解释，一反传统见解，从中国古人观天、释天的社会文化功能的角度，提出了正是为王权服务，要解决现实中的决策等问题，要"通天"，进行星占，这才是中国古代"天学"的"真原"。

所谓"天学"，是关于天的理论，对于这一说法的明确，是因为当时我在《自然辩证法通讯》当兼职编辑，在编发晓原兄一篇来自此书部分内容的稿件时，问及他如何将"天学"二字译成英文，他建议用"Theory of Heven"。正是这种对出发点完全不同的新概念的利用，使得他避免了将西方近现代天文学与中国古代对"天"的认识、理解与研究的等同，所以他在书中明确讲，他不是要把这本书写成一部中国古代天文学史。

当然，《天学真原》一书的内容还远不仅仅于此，它还涉及像历法问题和中国天学起源与域外天学之影响问题等。但其中最重要和最有影响的，我以为还是前面所讲的中国古代天学与星占之功能的问题。这一研究从根本上改变了我们对中国古代天文研究性质的认识，成为国内学者对中国古代天文研究的一部重要著作。这里我讲国内学者的研究，还有另一层意思，

所谓"天学"，是关于天的理论……

这一研究从根本上改变了我们对于中国古代天文研究之性质的认识……

81

即中国古代天文学史的研究，当然中国学者因对语言和文化的掌握和理解而有天然的优势，西方学者当时似乎还没有人明确地提出与晓原兄类似的提法。正因为如此，此书出版后获得了不少的好评，国外的情况我不太了解，但至少在国内，对于中国古代天文学史的研究都影响很大。例如，国际科学史研究院院士、台湾师范大学洪万生教授，在淡江大学"中国科技史课程"中，专为《天学真原》开设一讲，题为"推介《天学真原》，兼论中国科学史的研究与展望"；他对《天学真原》的评价是："开了天文学史研究的新纪元。"

由于种种原因，在这里也还只好沿用"中国古代天文学史"这一名称，但正是由于《天学真原》的出版，许多人对此领域的理解才有了不同的认识。我曾讲过此书颇有成为"经典"的迹象，也正是在此意义上。我在清华大学为科学史和科学哲学专业的硕士生和博士生开的"科学史名著与案例研读"课程中，此书也是书单中唯一一本由国内学者写的著作。当然，类似的有关此书之影响的例子还有许多。例如，此书当年版本的责任编辑之一俞晓群，也是一位数学史研究者（曾为辽宁出版集团的副总经理，现为海豚出版社社长）。他在一篇有关让他记忆最深刻的三篇文章或书的回忆文章中，首先提到的就是《天学真原》，说这本书所展示的"外史"研究的观点，对他后来的写作影响很大。

俞晓群的那篇回忆文章在提到晓原兄的《天学真原》的同时——令我非常荣幸地——也提到了当年我写的序言，提到了我序言中所讲的关于"辉格"与

此书颇有成为"经典"的迹象……

"反辉格"的科学史理论，甚至提到了当时晓原兄请我这个不是名人的朋友为其作序这种"颇有个性"的做法。当时晓原兄请我作序的另一个原因，也许是我正好发表了有关科学史与历史的辉格解释的文章，其中的理论观点与晓原兄的史学实践倾向不谋而合。

其实，我在当时那篇序言最初的文字中，还曾有"自认为与晓原兄相交不浅，深知其'反潮流'之秉性，所以才斗胆与其一起'唱唱反调'"的文字。不过，出于谨慎，晓原兄在正式出版的书中，还是删去了原稿中"反潮流"几个字。不过我想，在我们的学术环境和人们的观念已经发生了如此巨大变化的今天，他应该不会再顾虑这样的说法了吧。其实，我们现在经常所说的"创新"（其实我个人并不喜欢这种并未给理解历史和现实带来什么"创新"的这个词），以及就真正有突破性的学术发展来说，对于学者，所需要的不正是那种"反潮流"的精神，以及基于严肃的学术探讨并符合学术规范的"反潮流"的研究吗？

在此书的绪论中，晓原兄将此书的立场和定位，与科学社会学以及默顿的理论观点联系起来，强调文化背景、意识形态和价值观念等对于科学的影响。这样的说法有一定的道理。但此书毕竟主要还是作为一本"外史"著作，力图用那些外部因素来说明和解释"天学"的历史渊源。其实，在写作这本书时，国外已经兴起了所谓的关于科学的"社会建构论"或者说"科学知识社会学"（SSK）的研究。只不过当时那些国外的前沿研究成果还没有被及时介绍到我们这里而已。

后来有关"社会建构论"或"科学知识社会学"的理论也成为我们这里关注和争论的焦点之一。

按照科学知识社会学中"强纲领"的看法，以往认为只有在解释"失败"时才需要外部因素影响的看法是有问题的，应当从因果关系角度涉及那些导致知识状态的条件，应当客观公正地对待真理和谬误、合理性和不合理性、成功和失败，而且要求对"成功"或"失败"都需要同样类型的原因来解释，即所谓的"因果性"、"无偏见性"和"对称性"信念。

其实按照这些看法，《天学真原》一书也是较为超前地隐含了某种类似的意识的。因为"天学"这一概念并不等同于今天那种"成功"的近现代天文学（按照晓原兄本人的说法），也不是它的"早期形态或初级阶段"，只不过其对象与天文学相同或相似而已。对于这样的"理论"的历史解说，虽然用到了外史传统中所要关注的"外部因素"，但其立足点不是要用这些外部因素来说明不等同于近现代意义上天文学的"失败"，而是把它"平等"地看作一段曾经存在过的历史。当然，这样的"同类原因"也说明为什么会有那些以今天的立场看会与"成功"的近现代天文学有关的天文观察和记录在中国古代历史的存在。像这样多年前的隐约意识，恐怕也是晓原兄能够欣赏和接受的"科学知识社会学"许多新观念的"历史因素"吧。

在《天学真原》一书写成、出版并取得成功之后，晓原兄在中国古代天文学史领域又有许多其他重要的工作，对于后来的研究，我在这里不拟多谈。但更值

"天学"这一概念并不等同于今天那种"成功"的近现代天文学……

得注意的是，近几年他更为关注"科学文化"或者"科学文化传播"的研究和普及工作。对此转向，不同的人有不同的看法，赞同者有之，批评者亦有之。不过对此我倒是颇能理解，颇有同感，我本人也有类似的"转向"。这实际上与一个人的天性，与他的"学术品位"，也与他追求的生活方式紧密相关。

近几年来他更为关注"科学文化"或者"科学文化传播"的研究和普及工作。

在写作《天学真原》的时候，正值国内学术研究的低潮，学者们的生活非常艰苦，不少人弃学转向其他领域，一些人即使依然待在学术界，也不过是随遇而安地应付而已。后来晓原兄在为我的《硬币与金字塔》一书所写的序言中，曾有这样一段话："十多年之前，在我们安身立命的学术领域处在最低潮的岁月，圈子里的同龄人走了很多——出国、经商、改行等，我和刘兵兄一南一北，形单影只，在漫漫寒夜中，彼此呼应，相互鼓励，'为保卫我们的生活方式而战'。此情此景，现在回想起来，就像是昨天的事，还是那么令人感到温暖。"在这样的环境下，做出《天学真原》这样扎实、严谨、而且具有突破性的重要研究，体现了晓原兄对于学者的生活方式和学术品位的追求。

为保卫我们的生活方式而战。

而在今天，学术和学者的地位大大提升，可以带来一些"收益"，但极大地受到像片面追求论文和著作数量、获奖等级、基金额度等不合理甚至有害纯粹学术发展的考核要求的影响。在这样的新情况下，晓原兄在某种程度上对"学术"的"厌倦"，对于成为自由的"自由撰稿人"或者成为一个唐代自由文人的向往，也同样体现了他对于那些功利性、低品位或无品位学术，以及以学术为工具追求物质实利的厌恶，体现了他对那种更为纯粹、更为理想化的自由学者生活和学术的执着企盼。我们两人曾在《文景》杂志上的对谈栏目中谈论"学术品味",也正是要对这样一些相关问题进行思考与探讨。

晓原兄近几年来热衷于写作的那些文章,却并非意味着"轻薄"。

如果说《天学真原》是一本"厚重"之作的话,晓原兄近几年来热衷于写的那些文章,并不意味着"轻薄"。虽然有人看不上那些准学术形式的随笔、杂文、书评、影评之作,但一个真正的学者的"随笔",绝不是那种"随意"写来的东西,背后是有着深厚的文化积累和学术研究基础底蕴作为支撑的。《天学真原》既可以视为是这样一种支撑的具体体现,也从另一个侧面说明了即使做一个成功的文化人也需要有一定的学术实力。

曾有人说,"无论睡在哪里都是睡在夜里"。其实,看怎么理解,在某种理解上这样的句式也是颇有深意的。像晓原兄,无论是写《天学真原》,还是写那些科学文化人的文化作品,无论写在哪里,都是写在心中,写在文化中,写在品味中。

以前我曾有过一个说法,认为学者写书应该对读者负责也对自己负责,不要写那些很快就会过时的"垃圾"作品。我曾提出过一个简单的"判据":看看你出版的书能不能在大多数读者的书架上摆上 10 年而不被清理掉。《天学真原》能够在多年后重新再版,可以说是远远地超出了这个标准,标志着它的地位、意义与价值。

其他的,就不在这里多说了吧。

是为序。

第二篇　科学文化

科学文化，也是一个在界定上有分歧和争议的概念。它可以是将科学作为一种文化，可以是科学与人文的关系，可以是对科学的人文（文化）研究，可以涉及科学文化的传播……在形式上，既可学术，亦可普及。此部分的文章，在范围上是兼有上述不同理解的最大集合。

科学与艺术

其实说起来我们今天要讲的题目实在是太大了，这样一个大题目在我们这样短短的时间内，是根本无法谈清楚的，所以我今天要换一个题目，叫作"艺术与科学漫谈"，选择几个点，那样我们会谈得更好一点。虽然我们现在用了这个大题目，但是我们并不是要把这个大题目的所有内容一网打尽。

科学与艺术是科学与人文这个大范围内的很具体的一个领域，但内容也是非常广泛的。最近一段时间，我们可以看到说这个话题的人越来越多了，这跟学术界的关注点的转变有很大关系。很多人在谈艺术与科学，艺术与科学应该怎么谈，任何人都可能有自己的想法，也有表达各种想法的权利，但站在我个人的立场来看，我发现最近的一段时间，好像谁都可以凭着感觉来谈。你懂不懂科学好像这个话不太好说，任何人中学毕业以后都有一定的科学常识。艺术，除了专业学习艺术的人，其他人在日常生活当中或多或少的，都会接触到各种各样的艺术形式，既然这样的话，谁都可以凭着感觉来谈科学与艺术。大多数人在谈这个话题的时候，我个人觉得他们有一些比较牵强的东西，他们经常把这两个领域硬捏在一起。而我现在认为，

科学与艺术是科学与人文这个大范围内的很具体的一个领域，但内容也是非常广泛的。

首先，这样一种探讨不是没有理论的；其次，我认为要真正反映出这两者之间有一种交融与交叉。如果从这两个角度来谈，就会使得我们的讨论不那么流于表面。现在就有一些观点认为，科学当中当然有艺术啦，很多科学家都写诗啊，科学家写一首诗就成了科学与艺术的关系了，那科学家还会画画呢！当然科学家也有可能会看画，如果这个科学家再喜欢音乐，那么科学与艺术更发生联系了。如果说科学家爱看电影，那么科学与艺术也发生关系了。其实并不是这样一种表面的东西，科学里面有许多内容涉及具体的美学问题，但我们留心一下，会发现现在这些问题都讲得很泛。

艺术涉及的是审美，而科学跟求知有关。这个分法很粗略，还有很多的问题，这绝不是说科学没有审美，也绝不是说艺术没有求知。不管怎么说，两者是各自有侧重的，这可以说是人类与生俱来的天性。纵观人类历史，可以发现科学与艺术在人类漫长的发展历程当中确实产生了分化，这使得科学更加以求知为主，而艺术更加注重审美，在求知方面的比重就比较少了。于是在这样的过程中，科学与艺术出现了分化。我们今天之所以要回过头来谈它们两者之间的关系，是因为当前它们的现状是两者并没有那么密切地结合在一起。所以，在这样的现状下，我觉得可以有这样的一个认识，科学认识与艺术创造之间的这种分离或者分化有一个更深刻的背景，这个背景就是两种文化。而说到两种文化问题，这个命题被人们提出来并且关注到已经超过半个世纪了。

在 20 世纪 50 年代末，斯诺先生首先在剑桥大学

科学认识与艺术创造之间的这种分离或者分化有一个更深刻的背景，这个背景就是两种文化。

作了一次演讲谈到了这个问题。他谈到科学与人文这两种文化，一种文化是以科学家阵营为代表，它伴随着科学家的工作方式、认知风格、言谈话语，甚至思考方式等；而人文文化更多的则以人文学术界的学者们，比如说从事语言的、哲学的、美学的、艺术的这样一些人为代表。他在这个演讲中明确提出了这样一个话题，这两种文化的分裂给社会、给人们的认识带来了很多的弊端，是需要修正的。我们先转过头去看看斯诺这个人。

我不知道大家对他有多少了解，他确实对 20 世纪的文化研究产生了非常大的影响。他首先是一位科学家，也从事科学研究和科学管理，甚至当过政府的官员，同时，他本人又是一位著名的小说家，写过很多种小说。我在剑桥做过访问学者时，试图去寻找他的一些著作，看看在经历半个多世纪以后是否还能买到。我随便在旧书店找了找，发现很多研究他的文学创作的书，还可以看到他的著作，以小说最为有名。其中，《陌生人与兄弟》是一个系列，这一系列的小说主要讲的是科学家、工程师以及他们的生活，这些创作应该属于纯文学创作的范畴，绝不是时下流行的那种大众畅销小说，绝不是像《第一次亲密接触》之类的网络小说，肯定不是这个层次上的。他的著作是非常严肃的，就我所知，他的这些著作中有两本是有中译本的，一本叫《探索》，另一本叫《新人》。斯诺这样一个人物本身就体现出一种交融的风格，但是使得他在世界上产生深远影响的还是他的这次演讲，探讨两种文化与科学革命的问题，后来这次演讲的内容也被印成了单行本的小册子。

他提出了这样一个问题，在当时特定的条件下引起了人们极大的关注。他说这两种文化分裂的一个特征，实际上是双方互相瞧不起，都以为自己的这种文化是最好的，而对对方文化有一种轻视。在 20 世纪 80 年代中期的时候，我和一个朋友就将他的《两种文化》这本著作翻译成中文了，并把这本书与他的《科学与政府》合在一起，收进了《走向未来》丛书里头，当时我们给这两本书起了这样一个名字——《对科学的傲慢与偏见》。他说在这两种文化的对垒中，科学家很看不起人文学家，说"你们人文学者懂多少东西呢？你们有多少文化、多少知识呢？一些在科学家看来最常识的一些东西，你们懂吗？比如说，你们懂热力学第二定律吗？后来他们觉得这种提法还太难为人文学者了，再降低点要求，你们知道什么叫加速度吗？"人文学者反过来说，"你们科学家当然知道这些东西，那你们有多少人文修养呢？你们读过莎士比亚吗？"当然，这是一个夸张的、典型的说法，但在这种夸张说法的背后，确实反映出这两个阵营之间在语言沟通、思想方式、工作作风上形成了两种截然不同的文化传统，这种隔阂是非常深的，它的出现给我们这个社会的发展带来了很多的问题，也包括科学发展本身以及如何运用科学、如何把科学与我们这个社会结合起来。当科学产生了技术，并在这个社会被运用的时候，我们应该怎么去看待它？我们今天争论的很多问题，包括科学技术的负面效应和它的积极效用这两方面的问题，其实很多的争论都反映出这两种文化的隔阂。

　　斯诺所提出的这样一个问题，可以说波及面之广、影响之久远一直持续到了今天。如果我们放眼到国际的教育背景，以国际上的科学教育为例，几十年来它的改革方向就一直是向着更多地沟通这两种文化而努力。在科学教育改革的内容里面，我们会发现一个趋势，就是越来越多地渗透和增加了对于科学的人文理解，整个趋势仍然是向着沟通这两种文化而努力。

　　今天我们主要要讲的是艺术，艺术是对美的研究和追求，而科学是在认识自然，是对"真"的追求，这两者大致分属于两种文化。美的本质是什么？"真"的本质是什么？认为科学是求"真"这个概念，一般已经被当作一个常识来看待，但是现在伴随着对科学的人文研究越来越多了以后，特别是近若干年来，我们对"真"的这个理解实际上发生了变化。科学所求的那个"真"，真的是像我们常识中所理解的那样是一个绝对的真理吗？这是值得怀疑的。我曾在重庆做过一次讲座，我讲的内容是《教育中的建构主义与科学人文中的建构主义》。在座的同学可能对教育里的建构主义理论很熟悉，但是我查阅了有关这个方面的资料以后发现，国内教育界所写的有关建构主义的论文绝大多数忽视了另外一大块。建构主义一方面是来自心理学传统，从皮亚杰那里开始，从个体的认识出发，讨论受教育的对象在如何通过建构意义来学习，这一方面都谈得很多很多，但问题是，这个所要学习的知识本身又是怎么形成的？这个科学知识本身又是由社会文化各方面的因素而被建构起来的，这是当今科学

艺术是对美的研究和追求，而科学是在认识自然，是对"真"的追求……

社会学对科学知识的形成的其他因素——文化因素、政治因素、经济因素、宗教因素等——做了很多很多的分析之后所得出的结论。做了这些分析以后就会发现，这个"真"，纯粹的、单向度的、纯粹中性的科学知识也是不可能的。所以说整个这种科学与人文的交融研究不断地为我们带来了很多新的东西。

李政道在国内非常倡导科学与人文，还主编了《科学与艺术》这本书，而且撰写文章来呼吁。李先生是诺贝尔奖的获得者，是著名的科学人士，有这种人文关怀非常的好，而且他也有影响力，由于这样一个身份的人在国内这么倡导，清华大学也曾把工艺美术学院给合并过去了，还搞了一次大型的展出，把整个美术馆包下来，做了一个科学与艺术的展览，还搞了一个国际研讨会，还出了很厚的一大本会议文集。李政道经常爱用这样一个比喻，这个比喻目前在国内也非常流行，他用一个硬币来比喻，说科学与艺术就像硬币的两个面，互相不可缺少。但是我个人觉得这个比喻还有它的问题，它虽然揭示了科学与艺术不可分，但是你在同一时刻却只能看到它的一面，你很难把它真正地结合起来。实际上在更早之前，在 20 世纪科学史上一位重要的奠基人——乔治·萨顿，他甚至比斯诺更早倡导科学与人文交融，他倡导一种新人文主义，是一种强调科学的人文主义。我曾写了一本关于萨顿著作解读的书，用的题目就是《新人文主义的桥梁》。新人文主义在呼吁科学与人文的沟通。关于艺术，还有一个很漂亮的比喻。他说人类认识包括真、善、美三个方面，这三个方面就像一个金字塔，科学求真、

人类认识包括真、善、美三个方面，这三个方面就像一个金字塔……

艺术求美、宗教求善，这三个方面是人们生活的基本需要。它们各有各的功能。他说这三个方面我们看起来似乎是分离的，实际上它们是一个整体。随着人们认识的提高，这三个方面的距离是在缩短。如果达到了一个很理想的、完美的高度，它就会成为一体的。

从这个比喻出发，得出一个显而易见的结论：以往我们人文科学文化与人文文化相距非常遥远，将科学与美分离开来，其实只是因为我们站的高度不够，我们没有达到一定的认识的认识。以科学界为例，科学家我们见得很多很多，我们从阅读当中见到很多大科学家的著作，大家都有一个共同的感觉，那些真正的科学大师们，比如说爱因斯坦啊，他们会谈论很多很多的哲学问题，为什么呢？作为一个大师，他的高妙之处不是仅仅在具体的领域当中做了什么，而是在于他有一种融会贯通的能力，当他达到一种极致之后，他对于社会、对于人文的关注已经成为不可分的一部分。这就是我所说的大师的高度。

在具体的科学与艺术的关系上，我刚才谈到自己的一个感想，很多人是从表面来谈这个问题。如果真正是有一个比较理想的谈法，我们应该提高我们的高度，对科学美学进行一些真正的、学术上的研究，而不是仅仅谈谈感想。从广义上来讲，科学美学这个东西，一个是自然之美，一个是科学之美。首先是自然之美，美这个东西在美学界也有许多争论，我们姑且不陷入那样一个讨论当中去，在生活中我们对于美有一种直觉。自然界体现出人类对于美的认识的很多具代表性的特征，有一本著作就专门研究自然界的曲线，

从广义上来讲，科学美学这个东西，一个是自然之美，一个是科学之美。

而且只研究一种曲线——螺旋曲线。通过研究发现，比如说这个贝壳、羊角，所有这些都有一种共同的美。同时，科学本身也是美的。科学是什么？按照国外一般的说法，科学是一种人类的活动，科学知识是一种人类的建构。科学以自然界为认识对象，自然是无所谓数理化这种分类的，它是一种自在的自然，而我们人类进行认识就是从不同的侧面去探讨，从而造成了不同的探索侧面的知识。科学本身是打上了人类的烙印的，这个人类活动之中也体现出了人类的美感。比如说简单性原则，简单性是人类的一个审美概念，而它对于科学标识是有非常重大意义的。有效的科学成果在某种程度上蕴含着简单性原则，科学的发展要达到一定的完善程度才使得我们能够真正地领悟这种科学之美与自然之美。

人们经常用达·芬奇来说事，达·芬奇是谁？达·芬奇是什么人？谈到他，人们就会想到永恒的微笑，想到《蒙娜丽莎》那幅画。达·芬奇在那个时代是一个百科全书式的人物，他是一个哲学家、工程师，又是一个解剖学家、物理学家，当然也是一位伟大的艺术家，当时涉及了很多领域。但是达·芬奇今天最为著名的是他的艺术家的身份，实际上他做了很多的科学研究。有人说科学的这种最原初的基础是一种人文，这是在什么意义上讲呢？就是在文艺复兴，甚至在文艺复兴之前，科学和人文两者并不是分化的，在这个时候它们是非常有机地结合在一起的。在达·芬奇的那个时代，在达·芬奇本人身上就预示着某些在后来将要出现的冲突。达·芬奇对于科学发展的影响

科学是一种人类的活动，科学知识是一种人类的建构。

图 16　达·芬奇

不是很大，因为当时科学的交流手段并不完善，他的著作没有一个有效的发表途径，他就把它写在笔记本上藏在抽屉里头，而且藏在抽屉里还不放心，还怕别人偷看，所以这个笔记本还是加了密的，据说是用左手反着写的，要照在镜子里面看，这比较逗哦。（笑声！）一个科学理论要有影响，必须通过传播、交流的途径，因而达·芬奇没有一个更直接的影响，如果说达·芬奇是一个科学家，他更重要的贡献应该是在技术领域，他在技术领域做了非常多的工作。我举一个例子来说，达·芬奇那个时代没有职业的画家，或者说职业的科学家、职业的工程师，当初很多的学者必须找一个庇护人，找一个赞助人，为了获得一个贵族的赏识，他必须推销自己。那时候达·芬奇也写过求职信。现在我们来看看达·芬奇是怎么在求职信里面推销自己的。达·芬奇当然有很高的绘画天赋和雕塑天赋，如果他光跟一个贵族说我会绘画、会雕塑，那混不来饭吃。他这样介绍自己：

> 我知道一种极其精巧的桥梁，搬运起来很方便，利用这种桥梁，任何时候都可追击敌人，也可避开敌人。此外它安全牢固，不易被战火摧毁，

如果说达·芬奇是一个科学家，他更重要的贡献应该是在技术领域……

撤除与安置都很方便。我还有烧毁和破坏敌人桥梁的办法。

当一个地方遭到围攻时，我知道如何突然离开战壕，如何建造多种桥梁、暗道、云梯以及快速行动所必备的其他机械装置。

围攻一个地方，若因堤防高度，或敌方兵力和地形而不便实施炮击时，我仍有方法摧毁每块岩石或其他的堡垒，即使此堡垒建在岩石之上，等等。

我还知道几种便于运载的迫击炮，使用它们投掷大小石子，就像暴雨一般。这些石子能使敌人丧魂失胆，给他们带来极大的损伤和混乱。

如果是海战，我知道许多种最有效的攻防机械，以及能抵御最大的枪炮、火药和重烟进攻的舰船。

我有办法不发出一点声音就能修成弯弯曲曲的坑道与道路，通向预定地点，即便这要穿过壕沟或河流。

我会制造出安全且不易受到攻击的有掩护功能的战车，它们拖着大炮进入敌人中间，敌人再多也能被它们消灭。我方步兵则可跟在战车后面，不受伤害且无所阻挡地前进。

需要的话，我将制造与普通类型不同的精巧实用型大炮、迫击炮和轻便武器。

在炮战不能奏效的场合，我会发明出弹射器、军用射石机、石弩和其他有神奇功效的专用机械。总之，根据情况的变化，我能发明出各种各样的进攻和防御手段。

　　值得注意的是，在这封信中，达·芬奇只是捎带地才提到："我能够用大理石、青铜或黏土做雕塑，我还能绘画，不论什么都可画，画人画物惟妙惟肖。"而且，他还专门提出要为公爵雕塑青铜马，以象征劳动保护斯福尔扎家族"不朽的荣耀和永恒的光辉"。

　　这个时候我们不得不发现，在他身上也蕴含着某种矛盾。他研究科学是以技术为切入点，而他在追求这种美的时候，又是有一种很超然态度的。人们曾经拿他和同时代的另外一个画家丢勒作对比，这个画家就更是一个商人，按期交货，而你付钱。达·芬奇更具有探索的意味，他总是对他的画没完没了地修改，总是不能按期交货，但出来的件件是精品。我们知道达·芬奇流传下来的作品不多，像《蒙娜丽莎》这幅画，我没有去过罗浮宫，没有看过这幅画的真品，也没有去过藏有《最后的晚餐》的那个教堂，但比如说他的《岩间圣母》及其他的一些速写，我看过一些，他在美术馆展出的作品数量非常非常少。这里面反映出一种矛盾。他追求的这种美的探索和这种实用的战争手段是一对矛盾，这种矛盾其实在当时就已经开始孕育了。

　　到了 20 世纪，从众多从事具体科学研究的杰出人物那里，我们经常会看到很多很多人在谈论美的问题，谈论科学的美的问题。我们可以看到，那些大师们，像海森堡啊、狄拉克啊等很多很多人，仔细找一找，我们甚至可以把科学家论美的文章编成一大部集子。

他追求的这种美的探索和这种实用的战争手段是一对矛盾，这种矛盾其实在当时就已经开始孕育了。

这些大科学家不是随意在谈，而是根据他们自己的体会在谈。由于国内对科学美学的研究是非常初步的，要有效地加速这种研究我们必须得引进，国外的确在这方面比我们超前很多。我曾主编了一套书，叫作《大美译丛》——这个"大美"取自《庄子》的"天地有大美而不言"——这套丛书里面有一本叫作《生命的曲线》，就专门谈到了螺旋曲线当中的审美，这是20世纪初的一部著作。《美与科学革命》这是一本科学哲学的书。科学革命是科学史里面常用的一个隐喻，来描述一种科学的变革。对于科学革命的研究人们往往注重革命的其他方面，而忽视这里面还有一个重要的维度就是美，审美观的变化跟科学革命的发生到底有什么样的联系。《心灵的标符》这本书是讲音乐，讲音乐和数学的联系，这里面也是渊源久远。狭义地讲，数学还不是科学，不是狭义意义上的实证科学、经验科学。但是从广义上来讲，数学和音乐从古代、从中世纪早期起，那时候要学四艺，这四艺里面就包括了几何音乐，那时候的音乐就是音乐理论，是数学的一个部分。音乐本身作为一种符号系统和数学作为一个符号系统，都是人类智力的一种创造，自然界没有音乐，音乐是人的创造。这套书出来以后，我们也曾经访问过国内很有影响的一位学者刘索拉，她跟我应该算是同龄人，她最先是学音乐的，后来又搞文学创作，写小说，她在读了这本书以后特别有感触，而且主动写了好几篇文章来介绍这本书。她说，她当时学乐理的时候就记得讲什么和声对位啊，已经涉及这些问题，只是没有深入想过。她虽然读得似懂非懂，但是觉得

音乐本身作为一种符号系统和数学作为一个符号系统，都是人类智力的一种创造……

很有收获，她甚至觉得学作曲的人都应该读一读这些书。《艺术与物理学》这本书非常非常的漂亮，这是一位医生花了十来年的时间写成的。他当年带着小孩去博物馆，去看各种现代艺术，他想从一个特殊的角度来给小孩解释这个东西，所以翻阅了大量的文献，他找出了很多也许是很有争议的、但是非常有启发性的东西。

下面我们再讲几个事例，从科学技术与社会的关系这个角度来讲艺术，来讲一讲文学家、艺术家是怎么样来看科学的。在这些艺术家创造的过程中，他们怎么用艺术形式来反映科学。前些年有一部非常有影响的小说《侏罗纪公园》，我最初读这部《侏罗纪公园》的时候，还没有中译本，说起来好像挺难读的，那么多具体的名词，什么霸王龙，什么这个龙、那个龙的，其中有很多古生物学的东西，但实际上是一本好小说，你真正看进去以后，在相当程度上可以忘记这个语言的外壳。也许《侏罗纪公园》影响最大的不是因为这部小说，而是因为电影。当把小说改编成电影的时候，这部小说里面蕴含的很多深刻的思想在一定程度上被抹平了，不那么突出了。对于我们今天社会上争论的很多问题，比如说基因重组问题、基因工程问题、我们和自然界的关系问题，我们仍然还在激烈地争论。这还是一种非常初级的争论，在这争论过程中，有些科学家表现出非常没有人文关怀的伪科学立场，认为科学就是求"真"，认为科学家为了求"真"可以为所欲为。这部小说里头，大家都有印象，一个富翁买了一个荒岛，做一个主题公园，解决了恐龙的遗传复制问题。从他的逻辑上解决了 DNA 的来源，当时古代的一只蚊子咬了恐龙一口，因为突然滴下来的一滴树脂变成了琥珀，然后 DNA 被提取出来，但是还有一些片断的缺失，但是后来利用一些青蛙什么的把它给补进去了。大致上自圆其说了，但是这无关紧要，它的关键是设想如果我们造出了这样一个已经不存在的、由我们人重新构造出来的自然又会怎么样呢？《侏罗纪公园》的主题是一种灾难，是一种灾难的结局。这种科幻的传统可以说与文学家一直在关注科学、关注科学与社会有关。人工创造一种自然这种动机，而且自以为这就是一个真实的自然，认为我们在这样一个人造的自然里面就可以为所欲为，这样的做法必将导致一系列灾难性的后果。在原文版的小说里面不断地出现 "control（控制）" 这样一个词，谁控制？控制什么？是那些出资购买的商人试图来控制这个世界和这个自然，书中的那位可以作为作者代言人的数学家马尔科姆就说了，"在很短的时间里你们创造出许多恐龙，你们从未对它们有任何了解，但你们却期望它们俯首称臣，只因为你们造了它们你便觉得它们为你所拥有。你们忘了它们是有生命的，有自己的智慧，而且它们或许并不向你们俯首称臣。你们忘了你们对它们是多么的不了解，当你们在做你们轻率地称为简单的事时，你们是多么的无能为力……""事实上，我们所称的'自然'是一个复杂系统，它远比我们所愿承认的要更加不可捉摸。我们造出一种简化了的自然界图像，然后再拙劣地修补它。我不是环境保护专家，但你们必须要搞懂你们不懂的东西。我们

它的关键是设想如果我们造出了这样一个已经不存在的、而由我们人重新构造出来的自然又会怎么样呢？

要强调多少次才够！我们要面对证据多少次才够！我们建造了阿斯旺水坝并声称它将振兴国家。结果它却毁掉了富饶的尼罗河三角洲，造成瘟疫蔓延并使埃及的经济蒙受损失……"后面这一切的说法，都是在强调科学是有几百年历史的信仰："科学是有几百年悠久历史的信仰体系。正像在它之前的中世纪体系一样，科学也已开始不再适合这个世界。科学获得了太大的力量，这使它在实践中的局限性开始显露出来。"在很大程度上，这个说法是一种极端的说法，但这个极端的说法在某种意义上反映了一种艺术家、文学家对科学社会形象的阐释，它强调的是科学的某种局限性。"由于科学，我们数十亿生活在一个狭小世界中的人紧密相聚，相互沟通。但科学却不可能帮我们做出怎样对待这个世界或怎样生活的抉择。科学可以造出一个核反应堆，却不能告诉我们不要去建造它。科学可以制造出杀虫剂，却不能告诉我们不要去用它。正是由于不可控制的科学，我们的世界在空气、水和土地等方面开始受到污染。"这里提到了一种滥用，对自然的一种极端的自信，它当中最引人注目的是它谈到了未来、谈到了人类，虽然它有很多的危险，但我们这个星球没有危险，面临危险的只是我们，我们人类自身。人类并没有力量去摧毁这个星球，或者去拯救它，但是我们或许有力量来拯救我们自己，这是这部小说给我们的一些忠告。但是把这些东西改成一部电影之后，一些更多商业化的东西，其中一些惊险的情节被夸大，而很多深刻的东西被掩盖掉了。

我不知道大家看没看过这本书——《美妙的新世

我们这个星球没有危险，面临危险的只是我们，我们人类自身。

界》，是非常有名的宣传进化论的学者赫胥黎的孙子写的。这是 20 世纪 30 年代写的一本书，但在今天它仍然作为一本经典著作在被人们讨论、被人们阅读。他设想的那个社会是有等级结构的，每个人都在特定的孵化工厂里面被生产出来，在孵化过程中，已经对这个人的阶层作了决定与区分，由智力最高的人进行研究和管理，智力低的人就扫扫地、打扫卫生。这是通过生殖技术控制来稳固这样一个社会，它排斥任何自由的思想。我建议大家有时间可以读读这本小说，你不会失望的，故事本身很好看，而背后还有很多发人深思的东西。但他并不满意于这个构想的社会，如果一个从这个社会之外的野蛮人闯入这个社会，他违背了正统思想，要去看一些莎士比亚等人的一些著作的时候，他会被看成一个野蛮人。由于整个社会对技术的充分应用，当局外人闯入这当中，他会觉得在这当中生活很不舒服，他说人在这个意义上还是不是人？他就明确提出，这位因为偶然的原因而被带到"美妙的新世界"中却知道这个世界之外的事情的"野人"，才会不顾在"美妙的新世界"中所有的安定、舒适和"幸福"，而要求危险，要求自由，要求不快乐的权利，甚至要求"变老、变丑的权利，罹患癌症的权利，三餐不继的权利，龌龊的权利，时时为着不可知的明日而忧虑的权利，感染伤寒的权利"以及"被各种难言的痛楚折磨的权利"。这本小说在 20 世纪 30 年代的时候就已经在讨论这么深刻的东西。

我下面再举两个例子，是关于戏剧的。大家都知道布莱希特是一个很有名的戏剧大师，他的代表作

这是通过生殖技术控制来稳固这样一个社会，它排斥任何自由的思想。

《伽利略传》是一个非常有影响的剧目。这个戏剧是一个比较传统的戏剧，在他的戏剧中，可能伽利略的形象更真实一些，他强调一个作为人的伽利略，伽利略也好吃，他也追求一些名利、很多世俗的东西，用这个剧目也喻示了当时很多科学的发展、科学的应用。"当迅速增长的黑暗笼罩着一个狂热的世界的时候，四周是血腥暴行和血腥的思想，有增无减的野蛮无限地在一场时代最大最可怕的战争中进行着，在这样的情况下，人们要采取一种适合一个幸福时代转折关头的立场是困难的。不是一切都说明黑暗来临而一个新时代还没有开始吗？难道人们不应采取一种适合他们迎着黑暗前进的立场吗？""需要英雄的国家是不幸的。""理性的胜利只能是有理性的人的胜利。""当我们知道下跪的规律最重要的时候，新自由落体定律又有什么用呢？""谁不知道真理，他只是个傻瓜；但谁知道真理，却把真理说成是谎言，那他就是一个罪犯。"在对剧本的说明中，布莱希特还特意指出："在这个剧本里，教会主要是作为官府来表现的；就典型的意义来说，教会的权贵相当于我们今天的银行家和议员。"这里喻示了一些萌芽的思想观念，这是 20 世纪 30 年代的一些作品，这是一个典型的例子。

需要英雄的国家是不幸的。

　　在此之后有一个重大的话题，就是原子弹，这与当时的物理学革命、与核物理的研究关系非常密切。这个事件本身使得人们非常震惊，以至于人们后来在探讨基因问题的时候往往要类比这个。所以在布莱希特这种传统戏剧里面会有这样的字句，"你们要保护科学的曙光啊，使用它，不要滥用它，不要滥用它啊，

科学唯一目的就是
减轻人类生存的
苦难。

一场火灾会把我们全都吞噬，啊，全都吞噬。"在全剧临近结束时，布莱希特也借伽利略之口说道："我认为科学唯一目的就是减轻人类生存的苦难。当科学家们被利欲熏心的权贵们吓倒，满足于为积累知识而积累知识时，科学就会变成一个佝偻病人。那时你们的新机器就只能意味着新的灾难。"

这样一些说法还只是在那样一个时代，但是到了20世纪60年代的时候，对于科学技术与社会的关系又有一个什么样的认识呢？我们今天在谈科学技术与社会的时候虽然用的是同一个词，但是它们的社会背景、价值倾向已经有了很大的差别。这样的观念在戏剧作品当中同样是有反映的。我们知道有一个戏剧作家叫作迪伦马特，比如说早期很有名的《贵妇还乡》等都曾在中国上演过。其实，这个作家最有代表性的作品是《物理学家》。我后来在美国发现他们教核物理和社会关系的课程里面把这本书作为一个指定读物，这是很有意思的现象。你读了以后就会发现这是一个很有意思的作品。可能大家不太了解，我简单地来介绍一下剧情。

情节大致是，在一家精神病院中，住着三位病人，都是物理学家。其中，一位名叫梅比乌斯的物理学家在15年前就住进了这所精神病院，经常称自己看到所罗门王，而另外两个分别自称是"牛顿"和"爱因斯坦"的研究放射性材料的核物理学家，在不久前住了进来。在精神病院中，这三位物理学家先后分别杀死了看护他们的女护士。随着警察的调查和医生及病人的对话，剧情愈发扑朔迷离。后来，这三位物理学家之间的一场对话，使情节明朗起来。原来，他们分别杀死看护自己的女护士，只是因为护士发现了他们都不是疯子这一真相。梅比乌斯本是一位极有天赋的物理学家，15年前躲进了精神病院。而"牛顿"和"爱因斯坦"，原来的确是曾做出过出色工作的物理学家，后分别为不同的情报机关服务。他们装作疯子，追踪梅比乌斯住进了这所精神病院。因为他们所服务的情报机关怀疑梅比乌斯是有史以来最伟大的物理学家，可能解决了引力问题，发现了基本粒子的统一理论，并找到了普适发现的原理。而在住在精神病院的15年中，梅比乌斯的确完成了这一切。

于是，两位身为物理学家的间谍开始游说梅比乌斯。具有寓言意味的是，"牛顿"所持的观点，恰与真正牛顿时代的价值观相似。他相信求知的自由，而不管这种知识为谁所用；而"爱因斯坦"的看法，则与我们这个世纪某些科学家曾有过的观点有某种相似，认为物理学家可以自己做出抉择，有责任用知识为某一特定国家的政权服务。"牛顿"甚至许诺说，如果为他们的机构服务，出去以后，他们完全可以在一年内将梅比乌斯送上诺贝尔奖的领奖台。在这三个物理学家中，梅比乌斯大致代表着剧作者迪伦马特的观点。他宁愿待在精神病院中，并反问：那些在外面准备欢迎他的物理学家们真是自由的吗？他以一大段慷慨陈词的演说来解释自己的抉择："有一些风险是人们不可去冒的，人性的堕落就是其中之一。我们知道，这个世界用它已拥有的武器做了些什么事；我们可以想象，利用我的研究使之成为可能的武器，这个世界会做些

有一些风险是人们不可去冒的，人性的堕落就是其中之一。

什么。正是这些考虑把握了我的行动。我很穷。我有一个妻子和三个孩子。大学以名望吸引我，工业界以金钱诱惑我。但这两条路都太危险了。我将不得不发表研究成果，其后果则将是推翻所有的科学知识，使我们社会的经济结构分崩离析。责任感驱使我选择了另一条道路。我放弃了学术生涯，对工业界说不，而且听天由命地抛弃了我的家庭。我选择了丑角的帽子和铃铛。我让人们知道所罗门王出现在我面前，于是很久以前，我被关进了疯人院。""理性要求我走这一步。在知识的王国中，我们已经达到了认识的最前沿。我们知道一些可精确计算的定律，知道一些在不可理解的现象之间的基本关联，这就是一切。其余的秘密被关闭在理性的心智之外。我们已经走到了旅程的终点。但人类却没有走得这么远。我们奋力向前，现在没有人能追上我们的步伐；我们遇到了一片空虚。我们的知识成了一种令人恐惧的负担。我们的研究充满了危险，我们的发现是毁灭性的。对于我们物理学家来说，剩下的只是在现实面前投降。"梅比乌斯告诉"牛顿"和"爱因斯坦"，由于怕他具有巨大威力的发现被用于毁灭人类，他已经把全部的手稿焚毁，并劝他们与自己一同继续待在精神病院，因为"只有在精神病院中我们才能是自由的，只有在精神病院中我们才能用自己的头脑思考"。最终，梅比乌斯说服了"牛顿"和"爱因斯坦"，三人决定一起留下来，一致认为在这里他们"是疯子，但却明智；是被囚禁者，但却自由；是物理学家，但却清白"。

出乎观众意料的是，此剧的最终结局，是那位为

只有在精神病院中我们才能用自己的头脑思考。

他们治疗的精神病女医生早已把梅比乌斯的手稿翻拍下来，要在她创小的联合企业中，将梅比乌斯发现的知识充分地开发，并疯子一般地自称她看到了所罗门王的再生。她将支配整个世界。

我举这样一个例子，在这样一个时代，一个剧作家眼中所见到的科学、技术以及它的社会形象，这里面很极端，把科学说得一无是处。在美国也罢，在欧洲也罢，他们的科学技术是领先的，当他们有了这些反面的思潮的时候，他们在反思的过程中，出现了这样一种有左派色彩的研究，这种思潮代表了一种社会流行的观念，也影响到了这些艺术家的创作。因此，我们通过科学与艺术的关系，也可以关注到这些问题并对此进行一些思考。

我今天讲的这个内容，更多地牵扯到了科学技术与社会的问题。今天的讲座就到这了，谢谢大家。

也谈后殖民主义科学观
——兼与蔡仲先生商榷

后殖民主义（post-colonialism），或称"后殖民理论"（post-colonial theory），一般指在欧美文化与其他文化的关系问题上，对欧美帝国主义文化霸权及其引发的第三世界文化问题进行的一系列理论研究。它以帝国主义国家在文化领域的霸权统治为主要研究对象，对帝国主义的文化霸权进行批判，并进而探讨殖民地与前殖民地摆脱帝国主义文化霸权的有效途径。它是一种带有鲜明政治性和文化批判色彩的学术思潮，是多种文化政治理论和批评方法的集合性话语。它主要研究殖民时期之"后"，宗主国与殖民地之间的文化话语权力关系，以及有关种族主义、文化帝国主义、国家民族文化、文化权力身份等新问题。主要代表人物有萨义德、霍米·巴巴和加亚特里·斯皮瓦克等。发展到目前为止，后殖民主义对西方文化霸权的批判已逐步深入到了各个领域和各个层面，取得了显著成果。其中，后殖民主义的"科学研究"开始于对现代科学技术出现在欧洲和欧洲实施的扩张之间相互依赖关系所做的研究，自 20 世纪初开始在美国与欧洲的学术界和公众中赢得听众，其主要代表人物有桑德

后殖民主义的"科学研究"开始于对现代科学技术出现在欧洲和欧洲实施的扩张之间相互依赖关系所做的研究……

拉·哈丁等。

　　就后殖民主义思潮被引进中国来说，最初主要集中在文学批评和文化研究领域中，早在 20 世纪 90 年代初就开始由张颐武、张宽、陈晓明、戴锦华、王宁、罗钢等人做了重要的引进工作，这些学者对于后殖民主义思潮引起的相关问题做过较为广泛的讨论和分析，发表过很多相关论文和专著，在国内产生了一定的影响。相比之下，后殖民主义的"科学研究"只在引起国内学术界有限的关注。蔡仲先生从 2002 年开始先后发表了《什么叫后现代科学》《"索卡尔事件"与科学大战》一书附录《后现代思潮中的反科学主义》《后现代思潮中的"科学大论战"》《后现代反科学思潮》等文章，以及专著《后现代相对主义与反科学思潮——科学、修饰与权力》，其中都涉及了对后殖民主义科学观的介绍和批判，而我们这里集中讨论的《后殖民主义与反科学》一文（以下简称蔡文），则专门对后殖民主义科学观问题进行了批判，认为其实质是后现代反科学思潮的一种。我们这里姑且不论及这些文章对整个后现代主义科学观的理解及批判深度问题，也不谈及这些文章本身的多处内容重复问题，只针对最后一文中涉及的后殖民主义科学观进行一定的学术分析，因其观点从某种程度上代表了部分国内学者对后殖民主义科学观的误解，所以就此文章做某些分析和讨论也许是必要的。

　　仔细分析蔡文，不难发现，其对后殖民主义科学观的责难主要集中在后殖民主义与民族主义、后殖民主义对科学客观性和普遍性的消解问题上。

其观点从某种程度上代表了部分国内学者对后殖民主义科学观的误解……

一、后殖民主义与民族主义

蔡文提到，"后殖民主义者强烈反对现代科学技术全球化，倡导'具有解放意义的科学运动'，鼓吹并试图建立种族科学"，"对现代性的全球化的挑战，时常与宗教神秘主义联系在一起；在后殖民主义的批判声中，这种挑战极易转化为极端的种族主义和极权主义"，"要求本土的、'爱国'的科学，一直在那些视自己为政治上进步、文化上持极端民族主义立场的知识分子中叫嚣着"，"所有这些地域文明的保卫活动表现出相同的特征"，"当科学、真理与内在于社会语境的真理标准相结合时，我们只能够以种族科学告终"等，尤其是他以印度的解殖运动为例，说明后殖民主义对科学及科学方法的普遍性与客观性的解构在某些处于现代化进程中的发展中国家造成了灾难性的后果。

如果做些深入分析，就会发现，在这里实际上隐含了两层含义：一是后殖民主义与对地域文明的某种民族主义保护和颂扬，甚至与某种极端的种族主义和极权主义有必然关联；二是在发展中国家需要现代科学对社会经济发展做贡献的时候，必须坚决反对这种思潮，因为"正当人们把现代科学视为促进社会经济发展、促进人类文化进步的一种手段而引入各自社会时，后殖民主义者却视现代科学为折磨与压迫其他社会的'西方霸权'"，引入它将会因动摇了科学的权威地位从而影响发展中国家的社会经济、文化的发展。

首先，后殖民理论是对西方文化霸权和欧洲中心主义的一种批判和解构，它来自西方学者对自身文化殖民的反思，是一种以解构中心和本质主义权威为核心的理论形态。受后结构主义的影响，后殖民批评对本质认同与族性倾诉等都有一种反本质主义的姿态，后殖民主义"科学研究"致力于解构科学文化的普遍性与狭义的、传统的客观性。它不但反对殖民主义、西方中心主义，也反对民族主义等带有本质主义色彩的立场。但由于它对西方近代科学普遍性与客观性神话的破解及其对科学文化多元性的倡导，人们容易将这种西方学者自觉地对自身文化的自我批判，看作是西方人为东方科学、文化的一种张目。也正因为如此，"当西方后现代'学术界左派'关注于揭露科学中客观性的神话与伪装时，印度'学术界左派'却把神话赋予了科学。"实际上，这种盲目崇拜与辩护并非后殖民主义理论本身所包含的内容，而只是为"学术界左派"所误解或利用。萨义德也说过，原本是解构理论的一种批评实验，却被人当作又一种本质主义的圣经。对于我们来说，合理的态度应是尽可能对这些思潮的各种观点有充分的认识，既非不假思索地全盘抵制也非不假思索地全盘接受。具体而言，一方面我们不能把本土文化、本土知识本质化，导致盲目自大，另一方面，更为重要的是它使得我们思考我们的民族文化及其在新的情境下的文化认同与文化创造问题。后殖民理论关注和揭示的是东方和西方殖民性的文化关系，它有利于中国学者对现实语境的再认识，并使我们对中国价值的重建方向定位保持清醒的头脑。它的意义不仅仅是理论上的，更重要的是实践上的，尤其是在中国如何面对全球化与本土化等问题已经成为中国学

> 更为重要的是它使得我们思考我们的民族文化及其在新的情境下的文化认同与文化创造问题。

者关注的焦点。

其次，后殖民理论解构了西方近代发展起来的科学技术的普遍性和客观性，但这并不意味着其对科学技术的彻底抛弃，只是发展了一种多元并存的主张，而发展中国家引入这样的思潮与其发展科学技术，促进社会经济、文化发展则并不必然矛盾。相反，在后殖民主义主张的多元科学文化观的背景下积极运用现代科学技术，反而能防止由于科学主义带来的种种弊端。蔡文在分析地域文明保卫活动表现出的特征时提到，"后殖民主义者都把现代科学看作是殖民主义权力的最后象征。他们认为，当殖民主义者终止了政治和经济统治时，就转向认识论上的统治，通过现代科学的理性主义与唯物主义来实现对殖民地国家的心灵与文化的统治，因此，只有放弃现代科学，才能达到接触心灵与文化的殖民。"这段话实际上表明，作者将后殖民主义对科学普遍性、客观性的解构等同于对现代科学的放弃，这无疑是对后殖民主义科学观的一种误解。而且后殖民理论本身并非铁板一块，存在差异很大的不同版本，绝不能简单化地一股脑儿将它们都归为反科学思潮。对其各派观点不做详细分析比较就断言其反科学，断言其要放弃现代科学，将会导致对西方近些年来关于科学的相关人文与社会学研究的价值与意义的全盘否定，最后导致封闭和无知。至于后殖民主义对科学普遍性、客观性的消解不等同于对科学的放弃这一点，我们将在下面再做具体分析，这里只想表明，建立在这样一种误解的基础上对后殖民主义科学观与种族科学、民族主义，甚至极权主义的关系的讨论显然缺乏根基。我们认为，对于后殖民主义思潮可能引起的民族主义、爱国主义情结的出现，甚至种族科学的建立以致学术界的种族隔阂的产生等的焦虑是可以理解的，而且是完全必要的，但不能因此而将这种联系必然化、绝对化甚至等同于所有后殖民理论本身的一致主张，以致全盘否定之。积极的做法应该是寻求后殖民主义与我们发展科学技术之间的可协调和积极组合的方面，既要看到现代科学技术的价值和作用及其全球化趋势，更要谨防随此而来的科学文化殖民和霸权，立足于本国的具体情境和文化特征，既不唯科学主义，也不唯中国古代文化是尊。

积极的做法应该是寻求后殖民主义与我们发展科学技术之间的可协调和积极组合的方面……

二、后殖民主义与科学客观性、普遍性的解构

蔡文从"科学：欧洲殖民主义扩张的先锋队"、"普遍性与客观性：欧洲中心主义的建构"、"科学方法：西方霸权的表达"三个层面具体讨论了后殖民主义与反科学的关系，但读完这三个部分之后的总体感觉是，他介绍了后殖民主义关于欧洲扩展与近代科学兴起、欧洲中心主义的科学普遍性与客观性的建构以及科学方法的霸权化等方面的相关观点和主张，但并没有对这些主张和观点本身做深入分析。例如，第一部分在介绍了哈丁的相关观点和派因逊的相关研究之后，根本就没有任何分析和评论；第二部分和第三部

仅从这些介绍是看不出后殖民主义与反科学的必然关联的。

西方近代科学其实也只是地方性知识体系的一种。

分也仅仅是罗列了哈丁、巴加杰、阿尔瓦里斯、西娃、兰丁等人的观点而已，实际上，仅从这些介绍是看不出后殖民主义与反科学的必然关联的。我们这里不妨就以哈丁和派因逊的相关研究为例做些有针对性的分析，以说明这些人的观点未必就是反科学的。

诚如蔡文中所提到的，哈丁认为欧洲现代科学的发展在很大程度上应归功于掠夺性扩张政策所取得的成功，但这一观点是建立在其他学者的相关研究和哈丁本人的分析基础之上的，对此仔细分析就会发现，它并不是那么不合情理。例如，谁也不能否认，对处于非欧洲文明的人们来说，科技需要和愿望并不总是北方的或他们自己社会中精英们的需要和愿望。在研究现代科学的欧洲文化成分时，哈丁尤其对文化中立性的假说以及文化中立性的重视这一特殊的欧洲要素做了分析，她认为价值中立性不是没有价值倾向的，它只是欧洲文化的特殊成分，当现代科学引入其他文化时，由于这一特殊成分，就表现为一种蛮横的文化入侵。此外，哈丁还通过对作为科学技术工具箱的文化的分析，进一步揭示了，西方近代科学其实也只是地方性知识体系的一种。最为重要的是，哈丁本人也承认，放弃试图建立一种唯一完美的知识模式的梦想，并不要求完全拒绝现代科学的认识论，欧洲的科学和认识论遗产仍然可以继续对认识这种世界做出有价值的贡献。否则，那岂不是对于其多元性观念的一种自我否定吗？最后，哈丁从分析传统客观性的缺陷和价值中立与实现客观性之间的关系，以及客观主义对两种政治策略的捍卫等内容出发，认为传统客观性是一种弱客观性，它不能区分范式，不能区分哪些文化因素拓展了我们的认识，哪些限制了这种认识。在此基础上，她提出了一种强客观性，其实质在于强调一种立场认识论，该认识论指导研究者从主流概念框架外开始，以便辨认从其内部难以洞察的这种框架的关键特征。这种认识论的价值和意义在于能够探究不同文化的科技思想和实践的特色，而这些特色在熟悉的西方科学文献中是看不到的。从这些论证和观点中，人们如何可以发现反科学？实际上，哈丁本人仍坚持了科学的客观性，只不过她将客观性从中立性中分离出来了。

　　派因逊以"文化帝国主义与精密科学"为题，论述了德国、荷兰和法国的物理学、地球物理学、天文学与文化帝国主义的关系。他从西方传统的扩张、殖民地学术研究、科学家的角色、殖民地科学、帝国主义的策略等几个方面，分析了西方帝国主义国家将近代科学作为普遍的、客观的权威以实现其文化殖民的做法和实质。例如，他通过文本分析发现，法国殖民者的科学文化殖民策略仅仅显示科学优势还不能完全抑制殖民地人们的自由思想，他们还必须被说服，解放的程度是随着文明程度的提高而自然提高的，任何东西也不能取代由科学带来的发展及其价值和意义。通过深入研究，派因逊认为西方人总是把自然的数学法则看成是文明的显著标志，把由资本家支持发展起来的近代科学摆在世界面前，以显示其文化人的姿态；而实际上，对于非西方国家来说，牛顿定律等这样一些物理法则对于实际应用来说，并非唯一有效。一个很关键的要点在于：理论上的一致性并不等于实践上

理论上的一致性并不等于实践上的一致性。

的一致性。但是，殖民地科学家的工作由于显示出对自然的操控能力而得到了殖民地居民的尊敬，他们的工作为欧洲的优越性提供了根据，他们通过抽象活动抑制了从属地区的独立情感。这些论证都是理论、文本分析和对已有具体案例研究的结合分析，在笔者看来，逻辑自然同样不能从中发现反科学的痕迹，看到的只是对西方科学文化殖民的批判和对欧洲中心主义的消解。

实际上，蔡文中提到，"值得注意的是，后殖民主义所批判的并不仅仅是滥用科学的社会与文化环境，而主要是科学的内容与方法，"由此可以看出，蔡文认为对科学内容和方法的客观性与价值中立性的消解就对应于反科学，而实际上从对哈丁和派因逊的研究的分析中，并不能得出其与反科学的必然关联，因为他们自身也反对抛弃西方现代科学，其目的只是主张科学文化的多元性，反对将现代西方科学技术凌驾于一切价值之上而已。

三、关于论证方式、误解与合理态度

上文围绕后殖民科学观的两个问题做了分析，接下来主要就蔡文的论证方式及相关问题做些简单的讨论。

首先，对某种理论和思潮的真正的批判应是对该理论或思潮的内在逻辑和体系的批判。从这一点来看，蔡文无疑是没有达到。例如，该文在对后殖民主义反

对某种理论和思潮的真正的批判应是对该理论或思潮的内在逻辑和体系的批判。

科学观的三个层面的讨论都没有对相关学者的理论和观点本身进行深入分析和批判，而只停留在介绍的层面上，但仅仅从这些介绍中，实际上是无法得出作者的相关观点和结论的。究其原因，可能是由于作者的科学观背后隐含了很强的科学主义的缺省配置，在这一缺省配置下，似乎后殖民主义的科学观不需深入分析，仅需介绍出来读者就可发现其"反科学"的内核。问题是，不是所有的读者都有如此强的缺省配置，因而在介绍之后就做出"否认迷信与科学、意识形态与知识的界线，必然会导致迷信、神话与意识形态披上科学的外衣"之类的结论，就显得缺少论证与逻辑推理了。

其次，蔡文若说对主题有所分析的话，主要在"后殖民科学运动及其后果"这部分。在这部分，蔡文通过对 20 世纪 80 年代后期印度的一场解除殖民化运动、美国考古学和人类学研究受后殖民主义影响的情况，以及西方教育界激进的后殖民主义教学改革三个方面的分析，认为这些都是地域文明的保卫活动，而且它们具有相同的三个特征。如果说印度的解殖运动和印第安人的行为是某种极端的地域文明保卫行为的话，西方教育界对数学中的男性至上主义、种族主义或精英主义的解构，无论如何也不能说成是对地域文明的保卫，相反更多的是对自身文化殖民性的一种反思。在此基础上认为这些地域文明的保卫者"皆依据其文明的'认识论权利'，要求发展出一种种族科学，以取代现代科学"，"他们认为，只有放弃现代科学，才能达到解除心灵与文化的殖民"等，就更缺乏基本的论证逻辑。此外，对后殖民主义思潮引起的某些极端结果的分析，也并不能就据之推出此理论思潮本身需要被全盘抛弃的结论。

　　具体而言，这部分还有两个细节内容值得商榷。蔡文在讨论 20 世纪 90 年代美国考古学家和人类学家与印第安强硬分子之间的斗争时，引用了"为了让那些声称拥有这些文物权利的部落把这些物品重新埋葬到秘密地点，博物馆被剥夺了一些珍贵的馆藏文物。种族沙文主义者抢走了田野考古学过去几年的工作所得，学术界和博物馆收藏的文物被收回，考古学家被禁止研究他们的发现，其研究生涯被迫中断"，"在神话与科学之间、情感主义与理性主义之间的裂隙是如此的巨大和根本，以至于看来印第安人和考古学家很难站在一起"等内容。实际上如果对这两句话进行仔细分析的话，就可以反问，为什么从博物馆收回本族的文物就要被说成是种族沙文主义？考古学家和博物馆又代表谁在工作？他们收藏这些文物的权利依据又在哪里？造成印第安人与考古学家对立的原因难道仅在于后殖民主义思潮的影响？难道就不能从西方一直以科学的普遍性、客观性和价值中立为幌子来从事文化殖民的活动中寻找原因？另外，蔡文还谈到了西方教育界的教学改革受后殖民主义思潮影响的情况，实际上这一情况反倒是从某种程度上说明了这一思潮本身的非反科学性质。例如，吸收了相关科学观的西方"公众理解科学"运动，以及许多国家的基础科学教育改革，正是为了促进科学在普通公众中更好地传播和更好地进行科学教育和普及，说它们是以反科学为目标无论如何也令人怀疑。

考古学家和博物馆
又代表谁在工作？

再次，谈论某某思潮反科学，首先需要给"科学"和"反"的概念下一个明确的定义，或者给定一个基本的范畴，也需要对反科学与反科学主义的区别有基本的认识，在不对"反科学"做基本界定的前提下讨论后殖民主义之反科学显然是不合理的做法。实际上，越来越多的后殖民理论家提出，后殖民主义应当消解世界文化关系网中一切权威与从属、中心与边缘的等级体系，将建设各种文化既独立平等又交流合作的多元文化体系作为主要目标。诚如上文分析的，哈丁和派因逊等主张的是科学的文化多元性，要消解的是西方科学的普遍性和价值中立性，是要将西方近代发展起来的科学还原到一个更为合适的位置。并不能说他们反过来仅仅要以地方知识体系为主，完全抵制和彻底抛弃西方科学。

最后，对于后殖民主义与后现代主义的关系这里不想多加分析，后现代主义的种种理论思潮（尤其是社会建构论）等与科学的关系，国内学者围绕"反科学主义"与"反科学"已经争论很多，本文不打算再做讨论，仅以跟蔡文商榷为切入点对后殖民主义科学观做些具体初步的分析。实际上，对于这些理论思潮，我们的合理态度应是冷静深入地分析其合理与不合理之处，注意本土的具体情境，也不盲目照搬和应用；在防止被新的思想殖民的同时，要防止走向狭隘的民族主义科学观，也要对西方科学文化与本土知识文化体系进行双重反思。

在防止被新的思想殖民的同时，要防止走向狭隘的民族主义科学观，也要对西方科学文化与本土知识文化体系进行双重反思。

（此文与章梅芳合著）

"科学大战"是一场什么样的"战争"?

科学大战（Science War），这个词在西方被用了几年后，近来随着国内有关科学主义争论的讨论的展开，也开始频频地出现于国内的种种学术、准学术和大众媒体上。当然，人们使用这个概念的时候，最初是从国外对这场其实本是学术争论的形象化的描述用法直译而来。在此之后，虽然人们依然主要是用这个称呼来指那场本来爆发于西方（但近来似乎战火也有燃烧到国内的苗头）的激烈争论，或者说学术（甚至也自然地带有某种政治意味）上的"战争"，但在使用这一概念的过程中，大多数人恐怕对这种本是隐喻性的称呼背后所隐含的寓意未加深究。

关于"科学大战"这一提法……显然代表了争论者们的某种心态……

关于"科学大战"这一提法最初的起源，本人未加考证。但从这一提法被人们广泛使用，以及这种提法在国内有关科学主义争论的语境中被使用的情况来看，显然它代表了争论者们的某种心态，代表了人们对于科学与人文冲突的某种理解以及有关如何解决这种冲突的某种倾向。这正如《"索卡尔事件"与科学大战——后现代视野中的科学与人文的冲突》一书的中文版编者所言，"索卡尔事件"的出现，"立即引发了一场席卷全球的由科学家、持实证主义立场的哲学家组成的科学卫士与后现代思想家之间的'科学大战'。""这是一场真正的科学与人文的大论战，在人类思想史上，还没有出现过涉及面如此广泛的论战，它几乎涉及人类文化的各个领域，令全球众多科学家、哲学家和人文学科的研究者介入，而且这场论战已经进入大众传播媒介，引起了人们的广泛注意。"

"科学大战"中的"战"字，当然是指战争，或者战斗，是一种隐喻的用法。按照《现代汉语词典》的解释，"战斗"一词，一是指"敌对双方所进行的武装冲突，是达到战争目的的主要手段"，一是泛指斗争。而"战争"一词，则是指"民族与民族之间、国家与国家之间、阶级与阶级之间或政治集团与政治集团之间的武装斗争。战争是政治的继续，是流血的政治，是解决政治矛盾的最高斗争形式"。显而易见，按照上述释义，即使在隐喻的意义上，这种隐喻也是充满了暴力，充满了硝烟味，意味着流血，是一种解决冲突的最高级形式。相应地，当人们使用"战争"这一隐喻时，带给人们的联想，则是对立的双方在战场上的你死我活，最终，也许一方会凭借强大的实力战胜另一方，也许是两败俱伤，也许，而且更有可能，将是一场给战斗的双方以及战场外的人都带来无尽伤痛的持久战。

那么，为什么人们要用这样一个词，或者更准确地说，用这样一种隐喻来形容这场在一部分科学家和人文学者之间，或在一定程度上，也可以说是在科学主义与反对科学主义的人文主义者之间的争论呢？

其实，从这场"大战"的始作俑者索卡尔本人的说法中，还是可以看出一些线索的。索卡尔说："首

即使在隐喻的意义上，这种隐喻也是充满了暴力，充满了硝烟味，意味着流血，是一种解决冲突的最高级形式。

那么，为什么人们要用这样一个词……

先，我们不想要一种'科学大战'；那么，我们是否想要一种和平相处？不，我们两者都不要。因为对于学术讨论而言，大战与和平都不是恰当的分类。在'和平对话'中，势必造成一种谈判，一种相互之间的妥协。但真理问题是不可以通过这种谈判来解决的。事实上，采纳这种'教条的'讨论术语，将是对相对主义哲学的极大妥协。这种妥协意味着：学术讨论无非是一种权力斗争，其中汇聚着说服、利诱与谈判的混合。而这一点，正是我们极力批判和反对的。"

图 17　不要战争

在索卡尔的第一点立场上，也并不想要大战，这当然是很好的。但他也明确地表示并不想要什么和平。如果考虑到他后面所说的内容，就可以明显地看出，他是相信真理恰恰掌握在自己手中，而且隐含地假定了真理必定是一元的、唯一的。因而，他不会愿意与对立者进行什么妥协（其实在这里讲妥协已经意味着自认为是绝对正确的一方的某种退让）。这样一来，无论他愿意与否，一场大战是不可能不打起来的。

他是相信真理恰恰掌握在自己手中，而且隐含地假定了真理必定是一元的、唯一的。

从科学大战后期战事全面展开的情况来看，索卡尔本人在他这场"恶作剧"中以嘲弄后现代人文学者对物理学的无知作为开端，他主要反对的是他所谓的相对主义哲学，以及他所理解中的社会建构论，但战争一旦全面爆发，对立的双方所涉及的冲突就远远不止索卡尔最初的关注了。但无论在局部的冲突中双方表现出来的分歧具体何在，从总体上讲，这场战争背后最本质的冲突，仍然是科学与人文的分裂及其带来的矛盾。而这种矛盾的存在，已经有了很长的时间。从斯诺明确注意到两种文化的分裂问题，并呼吁沟通两者算起，半个世纪以来，尽管在局部、在一些特定的领域中其矛盾有所缓解（而且这种努力更多的是来自人文学者），但在整体上，这两种文化之间的矛盾冲突却从来没有被真正地解决过。而且，由于科学（或者更准确地说是西方科学）在社会生活中所起的越来越大的影响，科学主义也随之强大，与人文的对立愈发尖锐。就像美国纽约大学的罗斯教授对《高级迷信》一书的作者格罗斯和莱维特的倾向所做的形象描述那样，他们"加强了一种超自然的前哥白尼主义，它把整个社会领域看成是围绕着科学家而旋转的，而且认为这个宇宙中所有的天体都沿着显示出反科学倾向的轻微偏心轨道运动"。

在这样的立场中，当把整个社会领域都看作是围绕科学家而旋转，认为世界上只有一元的真理，而且这种真理就掌握在科学家手中，那些与科学主义者标准的观点哪怕是稍有不同的新见解，自然就会被视为伪科学或反科学的。有了这样的信念，对于那些被贴上了伪科学或反科学标签（其实也包括了众多同样严肃地对科学本身进行研究的人文学者在内）的"异端"，进行"圣战"当然就成了一种"正义"的举动。

但问题在于，这样的信念，以及基于这样的信念

> 这场战争背后最本质的冲突，仍然是科学与人文的分裂及其带来的矛盾。

而发动的"战争"真的就是理想的、合理的、唯一可行的、有利于社会发展的吗？在科学与人文的学术争论之外的政治、经济、民族、宗教世界里，虽然自古以来战争一直没有间断过，但当今呼吁和平、反对战争的倾向显然已经成为主流的倾向。当然，在学术领域中，与学术领域之外的世界有所不同，但那种长期以来在人们的意识深处存在着的战争模式，却在科学与人文的对立中鲜明地体现出来。这难道不值得我们警惕和深思吗？

如前所述，从形势的发展来说，我们可以看到那场"科学大战"的战火已有烧到我们这里的迹象。在我们这里，有些人也许在字面上不一定明确地提及"科学大战"这个词，但在内心里，战争的思维模式却同样鲜明地体现在有关科学文化与人文文化以及两者间冲突的讨论中。例如，对于有关科学主义的讨论，我们不是已经看到了一些人面对不同的观点，采用甚至带有某种"文革"遗风（而且是上纲上线，关起门来并不想面对被批判者也不想给他们以发言机会）的批判会的方式，试图用非学术性的批判来代替学术讨论吗？

如果换一种思路，放弃那种暴力的、你死我活的、以消灭对方为目的的战争思维模式，采用一种和平的、求同存异的、百花齐放的、多元平等的立场，面对也许在短时间内无法最终解决的科学与人文之间的矛盾，努力去沟通两者，而不是用战争的方式将对方消灭，也许是一种更为可取的做法。

差异总会存在，争论依然将持续下去，世界本是多样的，但和平却总是人类的理想。

我们可以看到那场"科学大战"的战火已有烧到我们这里的迹象。

不要随意将"反科学"阵营扩大化

——与肖显静先生商榷

2004 年 2 月 13 日,《科学时报》以整版的篇幅开始了"关于科学主义的讨论"。何祚庥先生的《我为什么要批评反科学主义》与肖显静先生的《科学主义、反科学主义、"反科学"主义与"反科学主义"》这两篇文章,对于学术界当时颇有争议的关于如何认识科学主义和反科学主义的问题提出了针锋相对的看法。这样的学术讨论本身就具有现实的学术意义。自然,学术讨论并非也不可能一次形成什么"决议"之类的东西,许多问题恰恰是在讨论的分歧中逐渐明了,即使在相当长的时间内分歧依然存在,对于不同观点的分析和展开也是有着帮助人们进行深入思考的意义。当然,在讨论中,也会暴露出一些问题,而对这些在讨论中才更明确地显示出来的问题的进一步讨论,也同样会使讨论更加深入,使问题更加突出,以便于更多的人进行更多的思考。

对于前述两篇文章,我不同意何祚庥先生在文章中的主要观点。不过,在这里我并不打算就何祚庥先生文章中的问题展开分析与讨论。在那两篇文章中,作为另一方观点的代表,肖显静先生的文章(以下简

这样的学术讨论本身在现实的情况下具有现实的学术意义。

称"肖文"），则是在对国际上学术界已有的对于科学主义的各种不同的理解进行梳理分析的基础上，明确地提出了反科学主义不等于反科学或"反科学"主义的观点。对于肖文的主要观点，我持赞同态度。不过，在这里，就肖文中的一个具体的说法提出一些质疑与商榷，也许还是具有学术意义的讨论。

肖文在分析了国际学术界对于科学主义的种种理解之后，提出了他对于应该如何反"科学主义"的看法。对于肖显静先生最后提出的他所赞同的反对科学主义的方式，我也完全表示赞同，但对于他在提出他认为合理的反对科学主义的方式之前的一段话，即将某些特定的观点、理论、倾向和思潮与反科学思潮相联系的说法，我却完全不能同意。肖文说："20 世纪下半叶，西方学术界出现了一股时髦的反科学思潮，具体表现在后现代主义、'强纲领'科学知识社会学、后殖民地科学观、多元文化论、地域性科学、种族科学、极端的环境主义者以及女性主义科学观等的有关论述中。"问题在于，以这种对于西方学术界近些年来流行的这些理论与观点以几乎是一网打尽的方式，将它们都与反科学思潮联系起来，是否真的是符合实际的判断呢？其实，在这些形形色色的观点、学说和理论中，整体地讲，不能说没有作为反科学思潮的因素，但其中任何一种观点、学说和理论又并非铁板一块，又都有差异很大的不同版本，绝不能简单化地一股脑儿将它们都归入反科学阵营。而且，这些理论恰恰正是西方对于科学的人文与社会学研究的主流思潮和理论，对这些主流（当然对于何为主流也会有不同的看法，以及对于即使是主流是否就正确也仍会有不同的争议）观点的整体否定，也就近乎将西方近些年来对于科学的人文与社会学研究的主要成果都归入了反科学的范畴，并全盘否定这些研究的价值与意义。

但是，要全面细致地从学理上论述这么多观点、学说和理论并不都是反科学的，将是一项巨大的工程，远远不是这样一篇短文所能承担的任务。因此，在这里笔者将采取另外一种推理方式，间接地表明它们并不一定反科学，而且包括了许多合理的成分，运用得当，还会利于科学。

比如说，西方的"公众理解科学"运动，以及与之相关的学术研究，就是为了促进科学在普通公众中更好地传播，一般来说，它们不应被认为是反科学的吧！而在公众理解科学的相关理论中，恰恰就吸收了许多像地域性科学、科学知识社会学（它的许多研究也是很难与其是否属于"强纲领"区分的）等观点。在许多公众理解科学的理论家当中，尤其是在对于传统"缺失模型"批评的背景下，对于"地方性知识"（local knowledge）重要性的强调，就是比较普遍的一种观点。而且，这种对于地方性知识的重要性的强调，在相当程度上也正是与后殖民主义对科学的研究相联系着的。在一些研究者当中，也充分地承认了科学知识社会学对于公众理解科学的重要性，而且认为正是SSK（科学知识社会学）标准的存在，说明了科学的含义不是单一的而是多元化的。也有人认为科学知识社会学为考察公众理解科学中的问题提供了一个恰当的平台，在一些领域，科学知识社会学和公众理解科

公众理解科学的相关理论中，恰恰就吸收了许多像地域性科学、科学知识社会学等观点。

学实际上是彼此相互受益的。值得注意的是，公众理解科学作为一个研究领域或一门学科，至少在英国已经形成建制，并有专门的教授席位。而在公众理解科学领域中有代表性、有巨大影响的学者当中，持科学知识社会学立场的人是占有相当的比例的。

另外，国外的基础科学教育改革，也是为了更好地进行科学教育和普及，当然也不会以反科学为目标。有学者在其列举的科学教师必须予以关注的若干问题中，就包括了女性主义和建构论在内。至于强调身份的性别建构对女孩学习科学的影响，以及强调科学的社会建构对女性学习与研究科学的影响，强调科学教育中的性别意识，显然也是与女性主义对科学的研究不可分割的。这些研究不仅从理论上进行了论证，而且也涉及了实践上的一些相应措施，并部分出现在一些科学教育纲要中。更值得注意的是，曾有一些国外学者对于在 8 种国际科学教育标准的文献中提出的对于科学本质的一致性看法进行了总结，在总结的 14 个共同点中，就包括了"科学知识是多元的，具有暂时特征""科学知识在很大程度上依赖于观察、实验证据、理性的论据和怀疑，但又不完全依赖于这些东西""来自一切文化背景的人都对科学做出贡献""观察渗透理论""科学思想受到社会和历史环境的影响"等内容。在美国的国家科学教育标准中，关于"社会中的科学与技术"的教学内容标准，明确地提出了"科学对社会的影响既不是完全有益的，也不是完全有害的"说法。在英国的国家科学课程要求中，也要求教给初中学生像"科学工作受所处环境的影响（如社会

国外的基础科学教育改革，也是为了更好地进行科学的教育和普及，当然也不会以反科学为目标。

的、历史的、道德的和精神的），这些环境因素如何影响科学思想被接受与否"这样的内容，并包括了要让学生思考用科学解释工业、社会和环境问题的作用和局限，包括科学能或不能回答的问题，科学知识中不确定的成分和所涉及的伦理问题等要求。从这些远远并不完备的例子中，我们可以十分清楚地看出，在那些基础科学教育文献中作为要求的这些观点，它们的源起与肖文中所归入"反科学"范畴的那些思潮不是有着十分密切的联系吗？

从上面两个涉及公众理解科学研究和基础科学教育改革的并不完备的例子中，我们看到，像这样的本是为了促进科学传播与普及的工作，也并不排斥甚至还大量吸收来自肖文中所说的那些"反科学"的理论、观点和流派中的成果。其实，与肖文类似的观点，也还可以在其他一些地方见到。经常出现的情况是，这种简单地把一些对于科学的人文与社会学研究的成果归入"反科学"，往往是基于对这些理论和观点过分简单化的误解。而这样的做法，显然是不恰当地将反科学的阵营扩大化了，实际上是不利于科学的发展，不利于科学的传播和普及的。这也正如郭贵春等人发表在《自然辩法通讯》上的一篇关于STS（即 Science and Technology Studies，被肖文归入反科学之列的那些理论流派恰恰主要存在甚至源起于这个领域的研究中）内涵的讨论文章中指出的那样："STS学者的目的不是'反科学'或'反技术'，而是试图揭示出，对科学研究纲领、技术设计以及与此相关的社会过程的选择，是一个困难而复杂的问题，应该引起公众与决策层的

经常出现的情况是，这种简单地把一些对于科学的人文与社会学研究的成果归入"反科学"，往往是基于对这些理论和观点过分简单化的误解。

注意。"

　　这里还要再次声明的是，本文对此提出商榷的，只是肖文中比例很小（但仍不可忽视）的一部分内容，除此之外，对于肖文的论述和观点，笔者是持完全支持的立场。

（与李正伟合著）

信息技术为中国带来什么?

一、人类在经历思考模式的转换

考黑（Peter Cowhey，美国加州大学圣迭戈分校国际关系与亚太研究学院院长）：我很关心信息技术与发展中国家的关系问题。今天有两个事实构成了我们讨论的背景。第一，通信事业拥有一个巨大的市场。21世纪初全球通信市场总额至少 7 000 亿美元。根据保守估计，全球信息技术（IT）市场也超过 7 000 亿美元，比汽车工业还大。第二，中国是一个正在迅速增长的市场，仅在手机、网络接入服务等方面，每年的市场已经达到 500 亿美元。美国同类市场约为 1 250 亿美元，因此，中国与当前全球最大市场国家之间的差距正在不断缩小。

通信与信息技术的革命对所有的国家来说都是一个美好的机会，此外，它可以使中国成为世界科学与技术领域的领导者——如果中国在这一领域选择正确的政策的话。

中国可以把现代技术进步所带来的好处给予那些最贫穷的、居住在最偏远地区的人们。在加拿大，建设公路的成本约为每千米 85 万美元，电力线路约为每

通信与信息技术的革命对所有的国家来说都是一个美好的机会……

千米 23 万美元，而建设通信技术基础设施的成本约为每千米 1.1 万美元。中国的成本数据也与此类似。随着技术的进步，这一成本可能还在下降。中国将来可以实现在每一村庄都能利用现代技术。这样，偏远地区的人们也可以上大学。此外，我们可以考虑它所带来的不同方面的利益。它能够改变我们对许多重要的社会基本问题的想法。

刘兵（清华大学科学技术与社会研究所教授）：我则想强调一下通信技术对文化的影响以及对发展中国家意味着什么。当然，我们在是否接受这些技术方面并没有其他的选择。同时，我们必须思考技术层面以外的方面，我只能从其中选取若干小的方面来进行讨论。

我可以举两个小例子。我曾经到过中国的许多地方，即使在规模很小的小镇上，也会有一些网吧。在这些网吧里，你会发现许多小孩，他们大多数是在玩网络游戏，或者通过一个著名的中国软件 OICQ 在网上聊天。这种现象的存在，使我思考技术将会如何影响像中国这样的发展中国家中的年轻一代的思想和想法。另一个例子是，"9·11"事件以后，由于网络技术的发展，在网上有许多对此事件的讨论，包括一些很有民族主义情绪的言论。尽管美国政府的行为对这种情绪的产生起了很大的作用，但只有在存在互联网技术的情况下，这种情况才可能出现。

考黑：我觉得你非常正确地表达了一种观点。我们正生活在人类文化的一个实验室中，甚至我们人类的智力也处在一个实验过程中，正在经历思考模式转

我则想强调一下通信技术对文化的影响以及对发展中国家意味着什么。

我们正生活在人类文化的一个实验室中……

换的时期。出生在信息时代的一代人，与我们那个时代出生的人不同。电视的出现，也曾使我们这一代与父辈不同。因此，技术对于我们的文化、生活能够产生什么影响，我们并不能完全理解。

　　首先，信息技术和数字技术确实能够以一种负面的方式被利用，并对人们产生伤害。实际上，每当大众传媒发生根本性变化的时候，这种情况都会发生。报纸在美国各城市的发行，是种族战争和爱国主义的基础。20世纪二三十年代，电话、电影和收音机的出现也对社会、政治生活产生了重要影响，这些被纳粹主义的希特勒所利用，成为强有力的工具。因此，我们一再面对的问题是：当一种新的重要传播媒介出现的时候，社会活动领导者和政府是努力寻找一种方式，使之发挥积极的作用，还是把它用于不利于社会的方面。

　　通信与信息技术对文化和社会生活的影响是非常复杂的。数字技术的进步影响人们交流的渠道，并使人们能够以很低的成本进行交流。其直接后果是，产生了对交流内容的需求，这进一步造成英语不再是网上人们使用的主导语言。在全球大多数交流工具中，英语是主导语言。但是如果你计算一下在互联网上的语言，可以发现英语正在成为网络上的少数民族。在网络上，多样性在增长。这说明，新技术提供了一种新的手段，使人们能够获得在流行文化中的领导地位。很多文化形式，例如发短信，从网上下载铃声到手机上等，主要起源于亚洲，而不是美国。中国如果实现在文化上的领导地位，并不会让人感到吃惊。我并不

信息技术和数字技术确实能够以一种负面的方式被利用，并对人们产生伤害。

否认信息技术的发展会带来不好的后果，但我认为，它们还是不足以和积极作用相提并论。

二、发展中国家必须选择，也必须警惕迅速发展的技术

刘兵： 通信技术的发展确实改变了人们交流的方式。现在，中国人可以通过互联网非常容易地获取信息，可以以非常自由的方式来思考与对话。但是，与总人口的数量相比较，网络人口比例还是相对较小的，因此有人谈到了"数字鸿沟（digital gap）"问题。这个问题不仅在像中国这样的发展中国家存在，而且还存在于发达国家与发展中国家之间。

面对通信与信息技术的发展，中国没有别的选择，只能迅速发展这一技术。但是同时，我们也必须对由此可能对中国文化带来的危险保持警惕。互联网技术的发展，也改变了中国人传统的思维和行为方式。我们需要关注像后殖民主义理论对技术民族主义、文化帝国主义等问题的研究。因为这些技术的使用，对中国的传统文化产生了影响。中国一直在讨论现代化对中国可能产生的影响，它也使人们思考现代化对中国的积极影响和消极影响，以及现代化对中国的含义。对于通信与信息技术，我们也应该有同样的思考。此外，从国家安全角度而言，还存在一个信息安全的问题。

我们也必须对由此可能对中国文化带来的危险保持警惕。

考黑：关于"数字鸿沟"问题，一开始，发达国家在信息技术领域的发展速度高于像中国这样的发展中国家，到 1980 年以后，发展中国家的发展速度加快，相对差距已开始缩小。

你提出了安全与网络之间的关系问题，实际上，这是与互联网政策有关的两个方面的问题：安全和贸易。在安全方面，中国对于美国和其他国家在技术方面的做法有很多抱怨。美国的安全机构像其他国家一样，都试图努力监控各种各样的信息交流，这是一个非常敏感的问题。通信技术的发展还涉及实物贸易。中国购买什么通信产品的决策，与中国购买大型民航客机的决策类似。每个国家都面临是购买波音还是空中客车的选择，在那些政府在经济中有很大发言权的国家，这个决定实际是由政府来做的。

有时人们认为，两国之间的科学技术政策主要是由安全关系的状况决定的，例如，中国和美国在过去的一段时间，在安全之间的关系更为紧密了。但是 20 世纪七八十年代及九十年代早期，日本和美国之间在世界范围内有着更为紧密的安全联系，它们之间仍然存在着重大的贸易分歧。认为如果有着紧密的安全联系，则不会在贸易领域产生问题，这种观念是没有充分依据的。两国长期关系的发展，既取决于加强安全关系，也取决于加强贸易关系，以及人员之间的思想交流。我们以前一直说，科学是全球的，但是，这一点只是从今天开始才逐渐变成现实，通信与信息技术的发展，使得技术民族主义变得越来越困难了。

刘兵：我们知道，互联网和手机都是在发达国家被发明的。在它们被发明之前，并没有这种市场和需求，它们是被创造出来的。我们每天确实能够得到越来越多的信息，其中一些是有用的，但是，也有一些属于信息垃圾。发展中国家的人经常有一种赶超的观念，即他们只有通过学习和追随发达国家，才能够在技术领域赶上发达国家。但是，也有一些人在现代性与全球化的背景下，在反思这些现代发明对思想与人性的确实含义。通信与信息技术的发展构成了全球化的一部分，因此，对全球化的批评，使我们反思，我们是否必须走与发达国家相同的路。

发展中国家的人经常有一种赶超的观念……

三、技术带来什么，取决于政府如何决策

中国的公共政策将会决定中国在多长的时间内，成为全球科学与技术领导者。

考黑：中国的公共政策将会决定中国在多长的时间内，成为全球科学与技术领导者。中国拥有大量的研究人员，使它处于能够成为全球领导者的潜在位置。但是，仅仅有人才是不够的，还必须有适当的政策。现在有三种追求实现领导者地位的模式，分别是美国模式、日本模式和欧洲模式。按照我的观点，中国在其科技潜力方面与美国最相似，美国策略的演化是建立在它有一个庞大国内市场的基础上的。日本的问题在于，它进行了大量针对短期直接商业目标的研究，直接以促进出口为目标，而不是投入较大资金进行长期的、具有全球战略性的科学技术研究。这也就是为什么 21 世纪初日本在中国的通信市场的份额中只占有

5% 的原因。

刘兵：选择哪一种模式会得到更好的结果，这是一个技术性的问题。我更关心的是，政策除产生经济发展上的差异外，它还会对普通民众产生其他方面的影响。即使选择发展这样的技术，政府和研究人员也必须考虑该技术可能会产生的影响。我不认为技术能够解决中国面临的所有问题，即使是像空气污染之类的问题。中国长时期以来一直有一种观念：如果我们能够获得先进的技术，就能够使中国强大，并拥有一个更好的未来。但是，看一看历史就会知道，技术不是使一个国家富强的最重要的方面。仅仅通过技术不能够解决中国所面临的问题。

> 技术不是使一个国家富强的最重要的方面。

考黑：如果以为有了台计算机，所有问题会自动解决了，那么你的看法是对的。在美国也是如此。但是，我相信，从长期的角度来说，这些技术使我们有能力过一种效率更高的生活，活得更长和更安全。但是前提是，这些技术被用于促进社会福利。对于通信与信息技术能够带来什么，我们只能够进行猜测，但是我确信它具有改进人们生活和福利的巨大潜力。

刘兵：当然，技术具有优势，它能够被发展中国家用来实现现代化。但就像北京的发展那样，虽然有越来越多的高楼竖立起来，但是具有本地特色的生活方式，如四合院等正在消失。随着全球化的发展，很多发展中国家被卷入这样一个潮流中，它们的目标一致，并且生活方式也越来越趋同，吃麦当劳、用计算机，成了一种普遍的生活方式，因此，很多具有多样性的文化消失了。

　　这确实是人们面临的一个两难问题，在这样的一个世界中，我们没有其他选择，但与此同时，我们必须对技术会带来的问题保持警惕。如何维持这两者之间的平衡，对于发展中国家来说极为重要。

科学家怎么反对"科学研究"

——从《沙滩上的房子》说起

□ 江晓原　■ 刘兵

□　在美国"科学大战"爆发已经有很多年了，几年前，我们国内比较敏感的学者开始提供关于这场战争的报道，并逐渐引进了一批与此有关的书籍（本版曾评述过的《"索卡尔事件"与科学大战》、《科学大战》等即是）。而 science studies 这个词，在刘华杰博士等人的大力提倡下，被译成"科学元勘"，看来也得到了认同。

■　关于 science studies 的译名，前不久在网上的同仁当中还有争论。"科学元勘"的译法，我个人觉得也还有些问题，可是更大的问题在于，暂时其他的译法同样也有各种不同的问题。而在《沙滩上的房子》这本书中，一开始，又谈到了英文中以大写开头的 Science Studies 与小写的 science studies 在含义上的差别，这样一来，问题就更复杂了。也许，最后如何在翻译上得出一个大家都比较认同，能够反映原义，而且也能反映差别的简要、准确的译名，还需再等等看。

而 science studies 这个词，在刘华杰博士等人的大力提倡下，被译成"科学元勘"，看来也得到了认同。

□　作为这批书籍中非常重要的一种,《沙滩上的房子——后现代主义者的科学神话曝光》值得一议。我先提一个小问题:此书封面和背脊上印的副标题中都是"神化曝光",但是版权页上的副标题中则是"神话曝光",到底哪个错了呢?要是封面错了,那就不是"白璧微瑕",而是大差错了,我真为责任编辑的奖金担心呢。

■　从版权页上的原文书名看,这个副标题似乎是出版者后加上去的。按照通常的习惯来看,似乎版权页上的写法应该是正确的吧。不过,有趣的是,如果按照封面和书脊的写法,倒也能读得通,只是意思略有不同了。当涉及这种一时没有什么可靠证据的矛盾时,也许我们只能做些猜测。但无论如何,从出版的角度讲,这可以算是明显的"编校质量"问题吧。

□　在彼岸的"科学大战"中,一边主要是人文学术阵营中的"科学元勘"学者,他们认为科学本身也可以,而且应该被研究;另一边是主流科学共同体中那些讨厌"科学元勘"的科学家,他们认为对手不懂科学,没有资格来"研究"科学,"科学元勘"只是胡说八道而已。对比国内的情形,也是颇为有趣的。在中国学术界中,与"科学元勘"血缘关系最近的是原"自然辩证法"(现在名称是"科学技术哲学",其中也包括了不少科学社会学的研究者)界——他们被划为"文科"中哲学下面的一个二级学科;另一个与

在中国学术界中,与"科学元勘"血缘关系最近的是原"自然辩证法"界……

"科学元勘"有着稍远一些的血缘关系的是"科学技术史"——它们被划为"理科"中一个独立的一级学科。

■　要谈起这些话题，可说的内容就多了。首先，你注意到的国内学科划分的问题，联系到与国际上关于"科学元勘"（这里暂时也只好先沿用此书中的译法吧）的争论，倒似乎表现出一些微妙、令人可以有所联想的关系。可是，你还没有注意到与科学元勘同样关系密切的学科——科学社会学——在国内的学科位置呢。早在20世纪80年代，当西方的科学哲学开始被相对充分地引入国内时，科学史的引进工作要差许多，而科学社会学倒也曾热闹了一阵。当然，那时被引进的主要还是"经典的"科学社会学，如默顿学派的学说等。可是，在此之后，由于种种原因，科学社会学研究在国内冷了下来，也就是在这段冷下来的时间中，我们错过了对于当时国外已经很成气候的科学知识社会学（SSK）的系统引进。这种对SSK的引进与研究，直到20世纪末21世纪初来才开始有了转机。而与此极为密切相关的，也就是如今同样被关注的"科学元勘"了。

□　如今，在国内开始出现一批"科学元勘"的同情者、欣赏者、译介者和研究者，尽管他们的总人数并不多，但是已经在社会上产生了相当大的影响。而在中国的主流科学共同体中，倒是并未出现类似索卡尔那样的对"科学元勘"的处心积虑的讨伐者，这种现象如何解释？是中国主流科学共同体的宽容？不屑？无暇及此？还是这场大战根本没有进入他们的视野？对于国内学者对科学技术所做的人文思考，网上偶尔出现的反对声音来自某些自命的"科学捍卫者"（他们并非主流科学共同体的现役成员），可惜这些反对声音主要表现为意气用事、扣帽打棍甚至恐吓谩骂，对于学术发展毫无贡献。

■ 讲到"科学元勘"在国内的境遇，也确实值得我们思考，我个人的感觉是，认为国内的主流科学共同体还没有拿这些引进的东西真正当回事儿，而且，由于国内科学共同体长期以来忽视人文的习惯，现在也还没有准备好认真对待和思考引进的科学元勘并对此做出反应。这可以说是在国内以另一种形式表现出来的科学与人文的隔阂吧。

其实，不仅是国外科学共同体中一部分人认为构成了对科学的歪曲并激烈反对的"科学元勘"，如果剥开意识形态的外包装的话，就是那些更有唯科学主义味道、更注重弘扬科学的传统的"自然辩证法"的内容，也并没有被国内主流科学共同体所真正重视。至于像你所说的那些身份并非主流科学共同体的现役成员的"科学捍卫者"（对于这个名称是必须要加上引号的）们在网上的一些反对之声，大多数本来就不是认真的学术研究，根本无须对其内容当真，如果一定要关注的话，倒是值得对这种现象产生的原因做些社会学的分析。

□ 如果国内的科学共同体对"科学元勘"之类的玩意不屑一顾，我看对于科学的人文研究也未尝没

国内的主流科学共同体还没有拿这些引进的东西真正当回事儿……

有积极的一面——起码暂时不会像国外同行那样面临索卡尔们的讨伐，使它在思想准备和学术积累都还不够充分的情况下，就遇到过于严厉的考验。另一方面，对于那些自命的"科学捍卫者"的"怒气冲冲的思想早泄"，鲁迅早有名言，"恐吓和辱骂绝不是战斗"。再说经常有人在旁边批评指责，哪怕是无理指责，也有某种促进作用。不过，与国外的情况相比，只是可惜因为"批判"者方面的非学术，使得这种促进作用是以一种被扭曲和变形的方式出现的。

■　回过头来说国际上的研究。虽然以往也读过一些"科学大战"中双方的争论性文献，但阅读这本《沙滩上的房子》后，还是对于这种争论的激烈，对于两个阵营之间的矛盾甚至敌意，感到震惊。当然，还必须强调，这种充满着火药味的争论，与我们刚刚说到的中文网上的那些来自"科学捍卫者"们的"非学术"批评，虽然有着某种表面的相似，但在学术的意义上，又是有着极大差别的。

□　我倒觉得这两者之间，也许有着某种深层的相似——都有争夺话语权的动机。应该承认，随着社会分工越来越细，科学共同体在争夺公众话语权方面其实没有优势——因为他们离公众越来越远，他们的学问，公众既难理解，也无兴趣（公众只需享用科学技术的成果即可）。如果借助媒体，则媒体从业人员多半也是人文的血脉。所以布罗克曼要拼命强调科学家直接与公众沟通的"第三种文化"。而某些人自命为

"科学捍卫者"——尽管科学共同体根本没有邀请他们，实际上只是争夺话语权的一种策略而已。

在相关的论争中，至少应该有某些规则存在，才可以使争论变得对双方的学术发展都有利。

■ 争夺话语权是一个无可争议的事实。但在相关的论争中，至少应该有某些规则存在，才可以使争论变得对双方的学术发展都有利。否则，争论就变成一团混战了。可是，当一谈到规则时，居然也会让一些人恼羞成怒，那就实在没有什么可说的了。记得也还是鲁迅曾说过这样的话，大意是在争斗中无赖好用粪帚，足令勇士止步。相比之下，国外在"科学大战"中的争论，激烈归激烈，总还是在形式上有某种规则的。但是，当我们深入到争论的具体内容时，倒也还是可以发现一些有意思的现象。不过，这里我先不说了，你能不能先讲讲你在这本比较集中地反映了主流科学共同体反对"科学元勘"观点的书中发现的有趣的现象呢？

□ 这毕竟不是一本通俗读物，总的来说相当枯燥。比如，在"达尔文主义是男性至上主义者吗？"这样的章节标题下（翻译可能有点问题，一种主义不可能是人），本来人们可以期望看到有趣一点的内容，结果也是令人昏昏欲睡。克瑞杰抱怨后现代的"科学元勘"侵入了科学教育之类的领域，却也没有说出什么新意。

科学怎么就变成了"板着面孔的妇人"，吸引不了人们去亲近她了呢？

想想也是有点奇怪，科学怎么就变成了"板着面孔的妇人"（韩建民语），吸引不了人们去亲近她了呢？另一方面，后现代的"科学元勘"（它与伪科学之间，似乎也没有不可逾越的鸿沟），则像那些妖冶骚媚的女子，把公众的注意力吸引了过去。这正是令索卡尔们痛心疾首的事情。但是，原因究竟何在呢？

■ 要详细分析个中原因，恐怕就不是一两句话能讲得清的。但我注意到另外一些有趣的现象。在这本书中，由于编者的立场，收录的文章对当下"科学元勘"中一些重要的观点，一一进行了批判。但仔细读下去，会发现这些批判并不是那么有力，而且，由于一些文章中采用了非常（在科学的意义上）学术化的论述方式，涉及许多技术性的细节，因此读起来让人感到很费力。但这也不是关键之所在，问题在于，批判者们所提出的各种论据，明显地体现出一种鲜明的传统立场，即预先对后现代主义的"科学元勘"有关命题持鲜明的反对态度。这确实表现出科学与人文的某种现实存在尖锐的冲突与对立。

而且，如果注意一下作者们的身份也是很有意思的，可惜在作者介绍中，没有作者的年龄，尽管年龄并不一定说明什么，但我猜想，其中一些也是搞人文研究（如哲学等）的人士，也许更多的是老一代学者吧（当然这只是猜想）。而且，在论及他们所批判的对象和内容时，分析和论证似乎反而不如一些"科学元勘"的作者们那样思路清晰。

举一个例子，哲学教授平克林在《强纲的"霍布斯–玻意耳之争"的案例分析错在哪里》一文中，对经典的建构论科学史研究之作《利维坦与空气泵》的讨论，就表现出相当不专业的历史观，甚至说出"所假设的在霍布斯的演绎主义和波义耳实验主义的二分法，在很大程度上，是夏平和谢佛颤抖意识地选择历史证据的编造"这样的话来。其背后，相当明显地隐含着"唯一"（而且只是与他的观点相一致的）的真实历史之存在的假定，文章最后一节的标题《结论：有色眼镜》，也暗示着历史研究是可以不戴"有色眼镜"的。实际上，他忽视了他自己的研究其实也没有能够回避"有色眼镜"的存在。又比如，对具有重大影响的"科学元勘"研究者柯林斯和皮克林的工作从实验（也许可以称为实验哲学）的角度进行批判的那位富兰克林，以前国内举行的几次国际会议上，我就听过他的发言，感觉他虽然因其科学背景关注的对实验的哲学研究显得有些别具一格，但毕竟给人们一种科学倾向太强而人文倾向太弱的感觉。幸好，这次在对他的简介中，是说他"爱好研究科学的历史与哲学"，这倒确切地表明了与被他所批判的那些人的"专业"研究相比，他的"爱好"在学术的意义上其实是很业余的。

唯科学主义的立场本来就是一种狭隘的立场，站在这样的立场上讲话，自然不容易雄辩。

□　唯科学主义的立场本来就是一种狭隘的立场，站在这样的立场上讲话，自然不容易雄辩。

我读此书，产生这样一个问题：倘若科学家对这些后现代的"科学元勘"采取听之任之的态度，会有什么后果呢？我以为，很可能不会产生什么真正对科学有害的后果。我早就说过，科学所导致的物质成就，足以保证它的权威性。有这样的保证在，就是让那些人"勘"两下，其实也无伤大雅，又何必神经过敏呢？

再进一步，如果双方采取积极对话的策略，对科学也是有益无害。

不过，如今双方都生活在商品社会，大家都有世俗利害的考虑（公众话语权的争夺只是其中一个方面），那就不是仅从学理上就能判断清楚的了。

■ 你的这种说法很有意思。国内现在与它相对立的观点，大致有两种。一种是干脆认为科学就是正确，就是不能"勘"之；另一种则缓和些，只是认为科学在中国还不够发达，我们还没有"勘"它的资本。对于前一种观点，站在人文的立场上，问题之所在很明显，这里不必多说。对于后一种观点，你的说法却提出了另一种可能，即"勘勘"也无妨。这或许是有些道理的。而且，允许人们"勘"科学，也允许人们"搞"科学，这种宽容的多元并存的局面，才是对科学与人文交流真正有益的。

再有，《沙滩上的房子》一书，基调是反对人们"勘"科学的，作为学术的引进，它当然是有意义的（其实，它所批判的许多"科学元勘"的内容，反而还未系统地被引进，以致人们一时还很难方便地通过阅读中文来真正对比和思考双方的观点），因为其学术性很强的内容与形式（正如你前面讲的难读），也不会对公众有很大的影响。但同样需要警惕的是，它也可以（或者说肯定）会被某些唯科学主义者用做反对在中国对科学进行元勘式反思的武器。对此书的这种利用，如果限于符合规范的学术讨论，那将是有益的，如果以不讲规则的方式不负责任地、片面地用于面向

允许人们"勘"科学，也允许人们"搞"科学，这种宽容的多元并存的局面，才是对科学与人文交流真正有益的。

大众的传播，那肯定是有害的。除了误导公众，还会加强在中国已经过分和畸形地发展了的唯科学主义意识形态，而这无论对于国家的发展（不是那种片面追求"增长"的发展，而是可持续的良好发展），还是对于沟通科学与人文，也都是有害而无利的。

人类学对技术的研究与
技术概念的拓展

一、技术的概念

　　无论是对于技术哲学的研究，还是对于技术史的研究，技术的概念都是一个非常重要的研究前提。基于不同的技术概念，就会有不同的研究对象选择，也会对所研究的对象带来不同的理解和解释。当然，技术哲学本身也要研究技术的概念问题，这本是内在的最本质、最重要的研究内容之一。

　　类似地，科学的概念自然既是科学哲学的研究对象，也是科学哲学和科学史研究的前提。不过，与技术相比，科学的定义要更为复杂得多，以至于至今在科学哲学中，关于科学的划界问题仍是一个充满了争议的论题。相形之下，技术的概念，或者说关于技术的定义、关于技术的本质等问题，在通常的讨论和作为研究前提时，就要清楚得多，也简单得多。这里，先以两份美国的教育标准对技术的理解为例来做说明。不过，对于这个说明还需要说明的是，这两份教育标准都属于基础教育范畴的，面向的是普通公众，而基础教育内容的一个特点，是尽量反映学术界较无争议

基于不同的技术概念，就会有不同的研究对象选择，也会对所研究的对象带来不同的理解和解释。

的观点，因此，它们应该说是大致代表当时美国学术界对于技术概念的理解最无争议的版本。

在《美国国家技术教育标准》中，关于技术是这样定义的：

> "技术"，这个词包含有很多种意义和内涵。它可以指人类发明的产品和人工制品——盒式磁带录像机是一项技术，杀虫剂也是一项技术。它可以表示创造这种产品所需的知识体系。它还可以表示技术知识的产生过程以及技术产品的开发过程。有时，人们非常广义地使用"技术"这个词，表示的是包括产品、知识、人员、组织、规章制度和社会结构在内的整个系统，比如，谈到电力技术或因特网技术时便是这种广义的含义。

而在另一份重要的科学教育改革文献，即美国的"2061 计划"的核心文献《面向全体美国人的科学》中，也是强调科学与技术的差别，并将技术的本质描述为：

> 总的来看，技术是发展人类文明的强大动力，特别是技术与科学的紧密联系。技术与语言、宗教、社会准则、商业和艺术一样，是人类文化系统不可分割的一部分，并且，它还塑造和反映了这个系统的价值。在当今世界，技术变成了一项复杂的社会事业，不仅包括研究、设计和技巧，还涉及财政、制造、管理、劳动力、营销和维修。

像这样的技术定义，虽然是出现在普及性的著作里，但它与我们通常在许多技术哲学和技术史研究中所用的概念，差别并不是很大。不过，在继续深入进行研究时，我们也会发现，这样的定义其实还是有些过于狭窄，因为它背后隐含的是一种以西方近代技术的发展为模本的对技术的认识，即由近代科学革命带来了近代科学的诞生，而将近代科学的一些知识诉诸应用，则带来了近代的工业革命，或者说产业革命。在这样的发展链条中，逐渐明确了一种实际上只是近代技术的样式。但如果我们把技术按更原本的含义理解为一种技艺，一种人对自然的变革，一种对人工制品的制造及连带的种种文化的话，这样的人类活动则远在近代技术产生之前就早已随着人类各种文明的发展而出现了，只是当时并无像现在这样的技术的明确概念。不过，当我们只是基于近代技术的概念框架从历史中追溯更早的"技术"发明和发展时，只能"发现"一些与这种技术概念框架相符或相似的东西，而在这个过程中，因为与此框架不符而被忽略和丢掉的东西要更多。

也正是在这种意义上，我们可以注意到，近些年来，随着人类学研究从原来只是面向那些原初社会，到被应用于近代、当代主流社会人类不同群体的活动，以及被应用于广泛的历史研究，或远或近地与我们今天通常所理解的技术产生了直接或间接的关联时，这些研究中的某些成果实际上已经为技术概念的拓展做好了相当的准备。

在这样的发展链条中，逐渐明确了一种实际上只是近代技术的样式。

二、技术人类学

关于人类学与历史的关系，也早已有了不少的讨论。正如国内一位人类学家所说的："人类学是什么样的历史学？或者说，什么样的历史学是人类学？广泛地说，参照并同时超脱结构人类学的'野性思维'，却能带着'冷逻辑'来思考'热历史'，志在'解放''热历史'在它的'垃圾箱'中'关押的'、本来可以解释这种历史本身的'被忽略的历史'的历史学，即人类学。"

其实，更早一些，人类学大家的工作就与对技术的广义理解有关了。早在 1936 年，法国人类学家莫斯（Marcel Mauss）就在其《身体技术的概念》一文中提出，对于一些人类的行为，只需要认为它是与传统的技术行为和传统的礼仪行为的区分有关的，所有行为就都是技术，也即身体的技术。他这样说："我们犯了一个根本的错误，而且我在许多年中也是如此，即认为只要有一种工具就会有一种技术。我们应该回到一些古代概念上去，回到柏拉图有关技术的观点上去，因为柏拉图谈过一种音乐技术，特别是一种舞蹈技术，而且我们还应该延伸这一概念。""我称一种有效的传统行为是技术（而且，你们看到在此，它不同于巫术的、宗教的、象征的行为）。它必须是传统的与有效的。如果没有传统，那么就不会有技术与传播。正因为如此，人首先区别于动物：传播他的各种技术，而且极可能是口头传播。"

更近一些，我们还可以注意到人类学家普法芬伯格（Bryan Pfaffenberger）的工作与观点。他将自己的研究称为"技术人类学"，试图用这种技术人类学来揭示隐藏的社会关系，并认为人类学独一无二的田野方法，以及整体论取向，非常适用于对技术进行研究，而且是独一无二地适于研究在技术和文化之间的复杂关系。在 20 世纪 80 年代进行的一项以对斯里兰卡的灌溉技术的人类学研究中，他就已经在提炼和重新定义新的技术概念了："按照莫斯所使用的整体社会现象，技术既是物质的、社会的，同时也是符号式的。为了创造和使用技术，也就是说，要给自然打上人的印迹，就是要表达一种社会的观点，创造一种有力量的符号，并以一种生活形式来从事它们。"而他也正是基于这种技术观，对斯里兰卡的基于殖民化方案的灌溉进行分析说明。他指出，有一种观点认为，技术在伦理道德上是中性的，它既不好，也不坏，它的影响取决于如何使用它。而这种观点的错误则在于，它否认了技术以许多方式为人类生活提供结构与意义。在他看来，在人类学意义上定义的技术，不是物质的文化，而是一种在莫斯所使用的意义上的整体的社会现象，即把物质的、社会的和象征性的东西在一个复杂的网络联系中连接起来的现象。

在这种观点中，技术不仅仅是"制造"和"使用"的方式，随着技术被创造和付诸使用，它们就在"人类的活动和人类的建制的模式中"带来了"重要的变化"。如果认为技术就是人化的自然，也就要坚持认为，它是一种根本性的社会现象：它是一种围绕着我们和在我们当中的自然的社会建构。一旦出现了，它

在人类学意义上定义的技术，不是物质的文化，而是一种在莫斯使用的意义上的整体的社会现象……

就表达了一种嵌入的社会观点，简而言之，这种对于文化和自然的解释，就是莫斯已经称为整体的类型，即任何行为是技术的，同时也是政治的、社会的和象征性的。它有法律的维度，有历史，它承担了一组社会关系，它有意义。相应地，这种观点使得承认对于社会形式和意义系统的技术的解释在逻辑上成为必然。任何对于技术"影响"的研究，都是对于在一种社会行为形式与另一种社会行为形式之间复杂的、互为因果关系的研究。正是这样的研究以及从中得出的见解，迫使我们承认在人类的技术形式和人类的文化之间几乎令人难以相信的复杂性，同时承认，建构一种技术，不仅仅是利用物质的东西和技巧的东西，而且是建构社会与经济的联合体，创造一种新的为了满足社会关系的法律原则，为了文化准备的神话提供一种有力的新的媒介。

由于普法芬伯格认为人类学独一无二地适于研究在技术和文化之间的复杂关系。他后来继续沿着这个思路从人类学的立场深入讨论技术的概念，并发展完善了他对技术的理解："与关于标准却夸张了的技术从简单工具到复杂机械的演化图景相反，社会技术系统（social-technical system）提出了一种关于人类技术活动的普适概念，在这种概念中，复杂的社会结构、非语言的活动系统、先进的语言交流、劳动在宗教仪式上的等同性、高级的人工物品的制造、在明显的有所不同的社会参与者和非社会参与者之间的关联，以及对人工制品不同的社会利用，都被看作是单个复合体的各组成部分"。"大多数现代对技术的定义断言说，与技术在前工业化时代的先行者不同，现代技术系统是应用科学的系统，从客观的、以语言来编码的知识中获得了生产力量。但在进一步的考察中，我们看到标准观点的神话影响。技术史学家们告诉我们，实际上没有一种构成了我们当代社会景观的技术是因为应用了科学而产生的，相反，科学和有条理的客观知识在更常见的情形下是技术的结果。"

> 在进一步的考察中，我们看到标准观点的神话的影响。

三、一个对广义技术的人类学研究实例

如果说，前面所引用的普法芬伯格基于人类学研究对技术的理解虽然也是建筑在对于像斯里兰卡的灌溉技术这样的实证研究的基础上，但给人的感觉更是一种理论性认识的话，那么，另外一项由技术史家应用人类学方法进行的技术史的实证研究，就更能直观地说明这种人类学方法对于技术概念之拓宽的有力性。

这里所谈的，恰恰就是美国科学史家白馥兰。1998 年，在科学史刊物《俄赛里斯》的一期题为《超越李约瑟：东亚与南亚的科学、技术与医学》专号中，她发表了一篇有关中国技术文化史的论文。这篇论文的出发点，也是要将中国技术史的研究与人类学方法结合起来。白馥兰认为，在 1000—1800 年的社会语境下，可将家居建筑视为一种技术，其重要性可与 19 世纪美国的机床设计相比。但她在这里所指的，并不是那些人们很容易直接联想到的具体的建筑工艺技术。

在以往人们研究包括中国技术史在内的技术史时，都是关注那些与现代世界相联系的前现代技术……

在以往人们研究包括中国技术史在内的技术史时，都是关注那些与现代世界相联系的前现代技术，如工程、计时、能量的转化，以及像金属、食品和丝织品等日用品的生产，换言之，也就是关注那些在我们看来最重要的领域，因为它们构成了工业化的资本主义世界。从而认为西方所走的道路仍然是最"自然的"，与之相反，在所有非西方的社会中（包括中国），技术进步的自然能力以某种方式被阻止走上这条自然的道路。所用的隐喻则是障碍、刹车（制动、闸），或是陷阱。非西方的经验于是被表述为一种未能建立成就的失败，并被认为这种失败需要解释，于是通常受到责备的，就是在认识论或建制形式上的文化。她指出，李约瑟批判了利用科学来支撑西方至上的做法，但像他那一代的其他科学史家一样，他也充分地具有"辉格立场"的目的论。《中国科学技术史》中是把技术分类为应用科学，而李约瑟对技术进步道路的绘制，仍然是按照标准观点的判据，就在技术史中，这种标准观点把工业化的资本主义的范畴强加在非西方的社会上，然后，它就通过辨认其未能走西方道路的原因来不恰当地表述它们。

在这种指导思想下，当辨别重要技术时，那些对社会本性形成最有贡献的技术，中国技术史家通常沿袭西方历史学家的样子，关注带来工业世界的日常用品的技术——冶金、农业、丝织。然而，白馥兰看到，这一时期的中国不是资本主义，它特征性的社会秩序组织，并不是按现代主义的目标和价值构成的。在建制中最本质地形成了社会与文化的是等级联系。因此，她认为，与那种传统的将技术作为"生产的机器"来看待相对应，如果人们完全可以把建筑设计作为一种"生活的机器"（machines for living）来看待的话，那么就会发现后者其实是反映了特定的生活方式和价值。以前就有人类学和文化批评研究者表明，建筑并不是中性的。房子是一种文化的寺院，生活在其中的人，被培养着基本的知识、技能以及这个社会特定的价值。例如，现在我们国内所流行的那种本是源于西方的大客厅、小卧室的单元居室，在西方，对于人们的人际观念、个人的独立性、隐私意识的确立等，对自儿童时代起就在其中的人们产生着潜移默化的某种熏陶教育作用。因此，把这种意识用于对中国历史上家居建筑的研究，她选择了家居建筑中的宗祠作为中国技术史研究的对象。这一对象把所有阶级的家庭联系到历史和更广泛的政策中去，它将特殊的意识形态与社会秩序结晶化，规范化了晚期帝国的社会。在对中国家居建筑的具体研究中，她主要是根据朱熹的著作，以及《鲁班经》等文献进行分析，也包括风水等内容。她发现，宗祠是一种家族联系与价值的物质符号，从宋朝开始，中国的知识与政治精英们利用以宗祠为中心的仪式与礼节，来将人口中范围广泛的圈子合并到正统的信仰群体中，并提出，作为一种人造物，宗祠包含了不明确的意义，对应于道德的流变，帮助它成功传播，并使它成为一种在面对潜在的破坏力量时使社会秩序重新产生的有力工具。总之，抛开具体的结论，关键点在于，白馥兰所关注的，是那些在传统中被认为是"非生产性"技术起改变作用的影响，以便提出一种更为有机的、人类学的研究技术及其表现的方法。应用了这样的新观念、新方法和新视角来重新思考非西方的技术史，就带来了一系列全新的理解过去的可能性，以及新的与其他历史和文化研究的分支对话的可能性。

应用了这样的新观念、新方法和新视角来重新思考非西方的技术史，就带来了一系列全新的理解过去的可能性……

四、简要的结语

从以上的分析和讨论可见，在目前已渐成气候的将人类学方法应用于技术的历史、哲学和社会文化研究中，除在研究方法上为那些传统已有的学科带来新意外，更重要的是带来了一种新的视角、一种新的思考方式。正是在这样的对技术问题的研究下，一个重要的副产品，就是对我们通常所用的狭义的技术概念的拓展，而这种拓展，显然对于技术哲学、技术史和技术社会学的研究，都是有着重要的启发意义的。

科普经典，名作名译

在伽莫夫的科普名著《从一到无穷大》于1978年首次在中国出版了中译本的二十多年后，根据该书新版修订的中文版终于得以重新问世，确实是中国科普出版界的一件大好事。

其实，现在国内每年都有大量原创与翻译的科普著作出版，其中，虽然确有许多平平之作，但也不乏优秀作品，不过，与那些作品的出版相比，《从一到无穷大》这本书的重新修订出版仍然有着与众不同的意义。这既因为这本科普名作特殊的质量，也因为它在中国科普出版背景中的特殊地位。

我第一次读到这本书的中译本，还是在1978年刚上大学一年级的时候。当时，刚刚恢复高考，但即使像北京大学物理系这样的地方，可以让学生们自由地阅读的课外读物也少得可怜。记得还是在上高等数学课的时候，一位教微积分的数学老师认真地向我们推荐了这本刚刚出版的中译本科普名著，并对其赞不绝口，建议我们最好都能找来读一读。在老师的推荐下，我开始阅读此书。现在，已经记不清当时究竟是从图书馆借来的，还是从书店买来的了，反正后来在我的书架上一直保留着这本书。不过，现在在我脑海中印

《从一到无穷大》这本书的重新修订出版仍然有着与众不同的意义。

象依然清晰的是，当时没有想到一本科普书竟会是如此吸引人，我几乎就像是在读侦探小说一般，在一个晚上就手不释卷地一口气将此书匆匆地读了一遍。当然，对于这样一本好读而且引人入胜的书，只读一遍显然是不够的，甚至于许多地方还看不大懂，于是后来又读过几遍。

也许是因为当时可以得到的书籍太贫乏，也许是因为第一次读到优秀科普著作带来的兴奋感太强烈，至今，我仍然以为《从一到无穷大》这本书是我所读过的最好的一本科普书。不过，除去个人色彩，这本书无论从作者的身份、背景来说，还是从自身的水准来说，在诸多的科普著作中，也都可以说是超一流的，连译者的文笔也颇为流畅，极有文采。

伽莫夫，系俄裔美籍科学家，在原子核物理学和宇宙学方面成就斐然，如今在宇宙学中影响最为巨大的大爆炸理论，就有他的重要贡献，甚至在生物遗传密码概念的提出上，他也是先驱者之一。早年在哥本哈根随玻尔学习时，他就在玻尔的弟子当中以幽默机智著称，从他的著作中，我们也可以看出深厚的科学修养和人文修养。除科学研究外，他的科普写作虽然远远没有像科普作家阿西莫夫的数量那么多，但本本都有特色，并且常年拥有大量的读者。

在相当长的一段时间中，我们的科普界似乎有一种很流行的观念，即认为好的科普著作，就在于以通俗的语言准确地向普通读者讲清科学道理。当然，这也是一种类型的科普，但绝不是唯一种类的科普，更不是科普的最高境界。作为一本优秀的科普著作，语

至今，我仍然以为《从一到无穷大》这本书是我所读过的最好的一本科普书。

言的通俗和科学概念的准确只是最起码的必要条件，甚至连趣味性都可归入此列。除这些基本要求外，真正优秀的科普著作应该能向读者传达一种精神，一种思考的方法，能带给读者一种独特的视角，以及一种科学的品味，一种人文的观念。要达到这些标准，就对科普作家提出了更高的要求。在《从一到无穷大》这本书中，我们完全可以看到这些特征。

在《从一到无穷大》这本很有个性和特色的书中，与其他常见的按主题分类来写作的科普著作不同，伽莫夫完全是一种大家的写作风格，把数学、物理乃至生物学的许多内容有机地融合在一起，仿佛作者是想到哪说到哪，将叙述的内容信手拈来，实际上，仔细思考，就会感觉到其中各部分内容之间内在的紧密关系。按照某种分类，这本书或许可以算作"高级科普"，也就是说，要完全读懂它并不那么容易，需要读者具有某种程度的知识准备，还需要在阅读时随着作者的叙述自己动很多的脑筋来进行思考。记得我在上大学一年级初次读这本书时，就没有完全读懂，特别是其中讲述拓扑概念的那部分，还有一部分数学内容的叙述。虽然后来听说在最初的中译本中，存在有一些数学公式上的错误，这也许是我没有读懂的部分原因，但却绝不是全部的原因。其实，我们在读一本好书时，未必需要在一开始就读懂所有的内容细节。更重要的是你是不是能从中体会到一种新的观念，获得对科学和数学的一种新的理解。多年以后，当我对《从一到无穷大》这本书中的大部分具体内容记忆已经很有些模糊了的时候，初次阅读时的那种感受仍然记所谓素质，就是当你把所学的具体知识都忘记后所剩下的东西。

忆犹新。正像一位物理学家讲的那样，所谓素质，就是当你把所学的具体知识都忘记后所剩下的东西。确实，如果你在阅读时能够真正动些脑筋，能够体会到作者写作的用心，能够意会到一种独特的东西，感觉到一种魅力，那么，即使没有百分之百地读懂《从一到无穷大》这本书，也仍然会有很大的收获，甚至会比读懂或背下了一些迟早会淡忘或过时的具体科学知识收获更大。

对中国的读者来说，《从一到无穷大》这本书的另外一个与众不同的背景，是当它的中译本首次问世时，已是英文初版问世后 30 多年，正值中国大学刚刚恢复高考，许多大学生迫切地需要科普读物而又无书可读。值此机会，《从一到无穷大》这本科普名著的中译本恰恰成为雪中送炭之作。如今，问起许多在那个时候上大学的朋友，发现他们普遍对这本书印象深刻、情有独钟。可以说，作为科学修养的重要滋养品，它曾经伴随了一代人的成长。即使考虑到因当时出版物的匮乏而使得图书印数很高，但中译本初版 55 万册的印数还是很能说明问题的。

从中译本初版的问世到现在，转眼又有四十多年过去了。从现在的观点来看，这本科普名著并未过时。但令人遗憾的是，在这期间，由于各种原因，包括出版低谷和版权原因，除了 1986 年重印了区区 2 000 册之外，《从一到无穷大》这本佳作的中译本再未有机会重版，使得众多新一代的读者无缘领略其魅力。现在，在版权问题解决之后，由原译者暴永宁先生据 1988 年的新版再度修改译文，并经吴伯泽老先生（他也是伽莫夫另一本科普名作《物理世界奇遇记》的译者）校订，此书的中文版终于能以新的面目重新问世，考虑到前面所谈的理由和背景，这实在是我国科普出版的一件喜事。

在国内出版的科普译作中，此书完全可以当之无愧地说是名作名译的典型代表。

《剑桥流水》台湾未来书城版自序

　　2001 年底，我很幸运有机会去英国剑桥李约瑟研究所做为期半年的访问学者。临行前，出版界的几位朋友与我谈起一个选题意向，希望我能就在国外的一些经历和感受写一本类似于游记性的书。由于有了这个背景，我在英国的工作、学习和参观中，可以有意识地想一些东西。于是，在剑桥当我有些感想并有闲暇时，便随手写下了一些相关的文字，也拍了一些照片，并将它们传给了一些国内的朋友分享。从剑桥回到北京后，又根据记忆补写了几篇。另一些当时虽有感想但未能及时写下，而回国后记忆已经不很清楚的部分，也许就永远地不会再重现了。而这些写成的文字和照片汇集起来，就成了首先由中国大陆的河北大学出版社出版的《剑桥流水》这本学术游记。

　　这本游记出版后，引起了一些反响。除了许多评论性的文章，书中的一些文字和图片也被一些报纸、刊物转载，也被收入由他人选编的书中。我想，这也许是由于它不同于那些常见的游记，也不同于常见的科学普及或学术普及读物。现在，关于英国的游记，已经出版了许多种，在这里，我不想把这些文字写成普通的旅游记录或重复那些在常见的游记中已经被人说了许多遍的内容。我选择的方式，是站在一种学术的背景意识中，从一些特定的视角，去看、去想、去写自己的印象和感受，而且，一个重要的选择标准是，所写的思考和记录，至少要间接反映一种与广义的学术文化，特别是科学文化的关联，哪怕是较弱的关联。至于像那些纯粹属于风光或古迹游览的内容，像莎士比亚故乡、海滨城市布赖顿、历史名城巴斯以及伦敦和伦敦周围的宫殿、博物馆等的旅游点观光，以及一些纯属娱乐的活动，则没有写在这里。

其实，虽然我以前也出版过许多专著和普及性的书，但以这种特殊的方式和风格来写作，却还是第一次，因此心里并不是很有底。但此书出版后的反响，终于逐渐消除了这种担心。后来，时任台湾未来书城总经理的侯吉谅先生也注意到了此书，并嘱李传薇女士与我联系，希望能在台湾出版此书的繁体字版，这倒确实有些出乎我的预料，当然，我也很高兴此书能够在台湾出版。一方面，对于写书人，写出的作品可以让更多的人读到，这本来就是一件令人欣慰的事。另一方面，我亦将此视为对此书写作的另一种承认，尤其这也是我在台湾出版的第一本书，对于我个人来说，也有着特殊的意义，象征一个新的开端。

在此，我想就书名再稍做些解释。还是在英国的时候，我就想到了这个书名。这个书名其实更注重的是一种微妙而且难以具体描述出来的意象和感觉。虽然叫作《剑桥流水》，书的内容却不仅限于剑桥。限于时间和其他条件，我在英国时并没有特意去追求一定要走得更远，甚至连众人都说绝对值得一游的爱丁堡

我所选择的方式，是站在一种学术的背景意识中，从一些特定的视角，去看、去想、去写自己的印象和感受……

虽然叫作《剑桥流水》，书的内容却不仅限于剑桥。

167

和苏格兰高地，也最终未能成行。不过，即使只在以剑桥为圆心半径不大的范围里，也还是有许多许多值得看、值得想的东西。由于这些限定，这里所写的内容，显然不是什么重大的题材，相反，倒显得颇有些琐碎，因此，在最初想到这个书名时，还隐含了某种自嘲：读者把书名中的"流水"二字理解为流水账也未尝不可。但是，面对如今太多的宏大叙事，琐碎也有琐碎的独特与价值。我以为，在这些琐细的流水账中，也许还是多少包含了一些新的信息和想法的。

当然，此书台湾繁体字版的出版也将此书置于另一次考验，由另一不同的读者群来评判。我希望读者能够喜欢它，也希望此书的读者能对作者因水平有限而在写作中表现出来的种种不足之处予以宽容的谅解。

在此，还要再次对未来书城总经理侯吉谅先生、主编李传薇女士和责任编辑黄淑云女士表示感谢。

测不准的人生

——读《海森伯传》

　　虽然说在各类图书中，传记属于比较好读，比较吸引人的那一类，但具体到不同的传记，也不一定都是可以轻松阅读的。《海森伯传》这部仅正文就长达七百来页的科学家传记，恐怕就属于不那么轻松可读的传记之列。首先，篇幅大，这就会使许多读者在阅读过程中感到疲倦，甚至产生恐惧；其次，科学家的传记，因不可避免地要涉及许多科学的内容，所以通常会给普通读者带来阅读上的困难。不过，不易轻松阅读的传记却不一定没有价值，有时反而可能会很有价值。在这种意义上，《海森伯传》自然也属于那种颇有学术价值的一类传记。而且，在国内，这也是第一本最为详尽地介绍海森伯这位重要科学家的传记。

　　一个人，一生几十年的生活，总会有许多精彩和值得回顾的内容，要把一个人的生活压缩到一本传记中，必然是非常困难的任务。对于像海森伯这样的重要人物，这样一位重要的科学家，20 世纪最重要的物理学进展中量子力学的创立者之一，同时又是一位颇有争议的人物，要写一部哪怕是相对完整的传记，其实七百来页的篇幅也是远远不够用的。这也正如该书

《海森伯传》自然也属于那种颇有学术价值的一类传记。

的译者戈革先生所评论的，作者在资料收集方面下了功夫，他的知识是比较丰富的，似乎写了这么大一部书还觉得没把话说尽。

《海森伯传》一书应该说是一本比较专业的学术性传记，里面涉及的科学内容和科学史内容也相当专深，尤其是在许多叙述中，作者并没有将科学的内容与其他内容明确地分开，这使得那些有时愿意以跳过科学内容只读其他部分的方式来阅读科学家传记的人会感到有些困难。但毕竟此书中还是包括了大量不属于专深的科学和科学史叙述，而且像许多与海森伯同时代的科学家的传记一样，由于他们所生活的特殊时代，第二次世界大战、纳粹德国等相关背景以及科学、科学家以及整个社会在这种背景中的特殊经历，总是非常重要而且耐读的部分。这一点在《海森伯传》中，由于传主的特殊身份与经历，显得尤其突出。

不过，尽管作为一位大人物，海森伯在其生平和科学中有如此之多值得研究和回顾的经历与贡献，传记的作者也还是需要在写作中进行选择与裁剪，而如果不是为了进行某种专业的学术研究的话，对于更有自由的阅读者，就更是可以首先把传主的一生中最重要也最值得关注的几点抽出来予以特别的注意，至于其他相对次要的部分，则可一带而过。在这种取舍中，海森伯在科学上最重要的贡献，当然可以以对量子力学中的矩阵力学形式的创立和对测不准原理的发现为主要代表，而且，后者似乎在公众中又具有更高的知名度。不过，在科学之外，许多年以来，海森伯之所以成为一个引人注意并且颇有争议的人物，则主要与

海森伯在科学上最重要的贡献，当然可以以对量子力学中的矩阵力学形式的创立和对测不准原理的发现为主要代表……

他和德国纳粹的关系，尤其是他在纳粹德国原子弹研制过程中扮演的角色有关。

说到使海森伯成为有争议人物的他与纳粹的关系，本身就是一个很大的话题。《海森伯传》中对此也有相当篇幅的叙述。例如，在纳粹迫害犹太物理学家并提倡"德意志物理学"的运动中，他一开始也是被归入"白色犹太人"之列，被认为是国家暗藏的敌人，属于"正像犹太人自己一样必须消灭的犹太德国精神生活中的代表"，这种指控甚至影响了对海森伯的职务任命。后来，通过曲折的渠道直接上书党卫军头子希姆莱，海森伯摆脱了受迫害的威胁。但尽管如此，海森伯仍然是一个坚定的爱国主义者。他还是卷入了为纳粹研制原子武器的工作，并成为主要负责者。虽然直到德国战败，纳粹始终未能研制出原子弹，海森伯曾致力于此确是一个不争的事实。于是，争议便更多地体现在他究竟是以什么样的动机来从事这一工作，以及是否有意地使德国未能成功地制造出原子弹等方面。《海森伯传》一书在详尽的历史考察中，得出的结论是鲜明的："根据我们所了解的他的活动和研究来看，却没有任何东西可以支持这样一种想法：海森伯确实用某种方法阻止了计划，使他没有把一种爆炸物交到希特勒手中，或是他自己确实有那么大的控制力。"仔细阅读《海森伯传》一书，会发现这样的结论是很公允的。

近年来，关于海森伯的另一争论，是围绕他在1941年秋会见玻尔的哥本哈根之行。当时，作为德国科学界（甚至不仅仅是科学界）的代表，海森伯去

近年来，关于海森伯的另一争论，是围绕他在 1941 年秋会见玻尔的哥本哈根之行。

了已被德国占领的哥本哈根，表面上是去发表一篇演讲，但更主要的，是去会见与西方原子弹研制也有某种关联的著名丹麦物理学家玻尔。对于这次会面，《海森伯传》也进行了详细的讨论和分析，甚至因为资料的问题，只能在关键问题上进行推测。焦点则是关于这次会面海森伯的目的、动机和意图究竟是什么，以及会谈中究竟谈论了些什么内容。作者当然也明确地指出，他们的会面现在仍然笼罩着争论。《海森伯传》一书原版出版于 1992 年，在此书出版之后的 10 年中，这些争论也仍然在继续着。一些新的与此问题的讨论有关的著作出版了，特别是 1998 年，一位英国剧作家据此情节创作了话剧《哥本哈根》，该剧在英美等国上演后，引起很大反响，并把这一疑案在很大程度上普及公众的层面上。面对这种既来自学术界也来自公众的关注，玻尔家族于 2002 年提前公开了玻尔与此事有关的一些信件手稿，而这些文件原计划要在 2012 年玻尔去世 50 年后才能公开。虽然在这些信件的手稿中玻尔表示他记得那次谈话的每一个字，却仍然没有内容的细节。这可以说是近年来与科学史有关，也与公众对科学史中的内容颇为关心的涉及科学技术与社会的一个有趣的、重要的话题，而且，就史料的层次来说，也许在相当长时间内，仍然会是一个开放式的话题。

在原则上完全依赖于史料的历史永远可能是不完备的……

可以说，在原则上完全依赖于史料的历史永远可能是不完备的，谜团处处存在，只是因其内容和意义而在不同时候吸引力不同而已。《海森伯传》一书的原版书名其实是《不确定性：沃尔纳·海森伯的生平与科学》。中译本不知是不是因为出版者的缘故改成了简

单的《海森伯传》。但这种简化却有其相应的代价。不
确定性（uncertainty）一词，本来是紧扣着海森伯著名
的测不准原理，而在隐喻意义上，又何尝不是对海森
伯的人生，以及对于历史本身的某种描述呢？

信封里的爱因斯坦

爱因斯坦，这位 20 世纪最伟大的科学家，关于他的大量研究文章，以及各种传记，恐怕在当代科学史的文献和普及性的出版物中，就科学家个人所占的比例来说，似乎应该是最大量的了。当然，对于这样一个伟大的人物，有这样多的研究也是很自然的。除去那些普及性的作品不说，就严肃的科学史研究来讲，研究的基础自然是第一手的原始文献。也正是那些基于原始文献的严肃研究，才构成了涉及爱因斯坦的众多普及性出版物的学术基础。而且，对于像爱因斯坦这样的大人物，似乎有关他的问题，无论大小，都可以成为被人关注的话题。大的话题，诸如似乎被人们说得烂熟的主要科学贡献，笔者曾不止一次地出或做科学史的考题，也曾被人批评说，像这样的问题不是连中学生都会回答吗？当然，现在中学生不会不知道爱因斯坦的大名，不会不知道他提出了相对论，但是，那些国际上的科学史权威们，不仍在研究着同样的问题吗？只是深度和视角有所不同罢了。

在各种不同的爱因斯坦传记中，爱因斯坦的形象还是有所不同的，这也是历史研究和历史研究中人物传记的撰写自身特性所决定了的，否则，岂不是只要

在各种不同的爱因斯坦传记中，爱因斯坦的形象还是有所不同的……

有一本标准的传记读本就万事大吉了吗？其实，只要是基于严肃的研究，各种传记所揭示的，也都是爱因斯坦这样一个人物的不同侧面而已。随着新的史料的不断发现，也自然会不断地有更新的、更有所不同的爱因斯坦研究问世。但正如前所述，像爱因斯坦这样一个极为特殊的大人物，既然有关他的大小事情都会有人关注，有关的史料也是极为大量的，对于个体研究者，要想详尽地占有、把握相关的史料，也是极为困难的。正因为如此，由美国普林斯顿大学出版社出版的《爱因斯坦全集》，也正显示出其学术积累的重要意义。当然，除学术积累的意义外，如果按照科学社会学的观点，出版这样的个人全集，实际上也是社会对于科学家的贡献给予承认的一种重要方式，是一种承认的荣誉。

在国外，给那些为科学做出重要贡献的科学家出版全集或文集，已经是一种非常常见的现象。在我国，类似的做法，即为重要的中国科学家出版文集甚至全集的做法也偶尔可见，尽管由于多种原因，还不是那么常见而已。在这方面，除经济的因素外，对与科学相关文化的重视程度不够，也是很重要的原因之一。

不过，在我国，对于那些国际上为数很少的超级大科学家来说，翻译国外已编好并出版了的多卷本的全集或文集，也还是有几个特例的，例如，像达尔文、玻尔，都曾有过这样的幸运，相比之下，爱因斯坦在这方面的幸运倒是滞后了一些，而且，这也与国外开始系统地编辑出版爱因斯坦全集的工作起步稍晚有很大的关系。

在国外，给那些为科学做出重要贡献的科学家出版全集或文集，已经是一种非常常见的现象。

自从美国普林斯顿大学出版社在 1987 年出版了《爱因斯坦全集》的第 1 卷之后，国内在出版科技著作和科普著作方面颇有声望的湖南科学技术出版社紧跟其后，于 1999 年翻译出版了《爱因斯坦全集》第 1 卷，并在 4 年后，又将《爱因斯坦全集》中文版的前 5 卷一并推出，成为当时国内有关爱因斯坦文献之出版的最为辉煌的壮举。

在新出版的这 5 卷《爱因斯坦全集》中，第 1 卷的内容比较繁杂，包括了一些有关的文件和早年（1902 年以前）的通信，对此，在几年前就已经有了一些评论。而第 2、第 3、第 4 卷，主要收录的是爱因斯坦在瑞士期间（1900—1914）的科学论文。这一部分内容，也许除专业人士外，对普通读者的吸引力不是很大，甚至只有专门研究爱因斯坦的学者，才会对这几卷情有独钟。不过，《爱因斯坦全集》的第 5 卷，却值得我们特别关注。因为在这一卷中，所收录的是爱因斯坦在瑞士期间的五百多封私人通信。从这些通信中，读者可以看到一个与通常在那些爱因斯坦的传记中有所不同的、更为活生生的爱因斯坦。就此，刘华杰先生曾写过一篇名为《俗人爱因斯坦》的书评，正切中要点。那篇书评从爱因斯坦的书信，谈到了爱因斯坦的婚姻和感情生活，并因而招来了一些非议。其实，那些非议依然是出于某种并非合理的观念。以往，在我们谈到一些重要的科学家，或者说"伟大"的科学家时，总是囿于某种传统观念，对其私人生活的许多方面要避讳不说，结果反而在公众中把科学家塑成了不食人间烟火的神一般的形象。这也可以说是

《爱因斯坦全集》的第 5 卷，却值得我们特别关注。

一种传播的失误。因为科学家当然首先是人，其次才是科学家，那种要严格地把科学家的工作与生活割裂开来的做法，实际上影响了我们对科学家以及科学本身的理解。这种把"伟人"神化的做法，其实也并不限于科学家，但是当我们已经意识到了，应该在历史的研究与普及中，让一个个的"伟人"走下"神坛"，还其本来面目时，为什么还要把科学家排除在外呢？当然，"俗人"的说法也许色彩过于强了一些，至少，说在这些私人信件中浮现出来的是一个更多的作为普通人形象的爱因斯坦，应该是比较贴切的。正因为爱因斯坦在写这些信件时，并不是为了传给后人看，也不像那些传记一样经过了作者的取舍与加工，所以它们才更真实地反映出这个伟人更加真实的一些侧面。

因此，对于普通读者，即使对于爱因斯坦的科学工作了解不多，但在如此频繁地听到这个响亮的名字之后，静下心来，甚至随意翻看一下这部通信集，也可以体味到爱因斯坦作为一个普通人的喜怒哀乐，接触到他在科学论文中不可能表现出来的幽默、顽皮，了解到他在涉及自己的工作职位时，居然也会采用一点"小诡计"，看到他对那些我们平常所知不多而且在今天看来已经不那么"重要"的事，如对于像测量微小电量的"小机器"的发明制造的十分热情与不厌其烦的讨论，体会到他在探讨科学问题时的认真与严谨，当然，也会很自然地读到他有关爱情的表白，如此等等。总之，我们可以看到一个完全未加修饰与伪装的爱因斯坦。

由于以上原因，无论对于科学史家、科学普及工

我们可以看到一个完全未加修饰与伪装的爱因斯坦。

作者，还是对于普通公众，爱因斯坦的通信都提供了一次难得的接近如此"普通"的爱因斯坦的机会。

当然，在阅读这几卷精心编纂的《爱因斯坦全集》时，我们也不禁会对编者工作的细致产生由衷的敬佩。那些看似琐碎，做起来并不容易的考证、注释与说明，却为读者的阅读提供了极大的方便。

时尚包装下的古老历史

随着科学研究的专门化，不同的学科分别有了各自的发展方向，各门学科也都有各自的专史。我们完全可以设想，对于一个普通读者，在阅读像物理学史或数学史这样的著作时，即使那些著作以通俗的方式成功地写得引人入胜，令人不忍释卷，但其内容毕竟也还是与常人的生活隔了一层，总归不是普通人日常生活中必不可少的活动。但是，在广义理解的科学史范围内，医学史或许是与普通人关系最为密切的一种科学史了。这是因为，除了极少数相当健康从不生病的例外（而且有一种传说，说这样的人一旦生了病反而后果更糟），绝大多数正常人的正常状态，倒是总会大大小小地得些各种各样的疾病，而且只要不是得那些要命的病，病愈之后，痛定思痛，或多或少地总会回想起病痛与医治病痛的经历，因而开始关注与自身经历相关的医学知识，成为医学史著作的潜在读者。自然，如果一部医学史著作再能够让人读起来不觉得乏味甚至可以成为一种享受时，显然在各种科学史著作对读者的竞争中，它将是最有力的竞争者之一。

可是，在过去很长的时间里，中文原创或翻译引进的高质量医学史著作却并不多见，也许这是由于我

在广义理解的科学史范围内，医学史或许是与普通人关系最为密切的一种科学史了。

在过去很长的时间里，中文原创或翻译引进的高质量医学史著作却并不多见……

国医学史界，特别是世界医学史研究队伍力量相对弱小的缘故。可是近几年来，情况大有改变。不同层次、不同类型的医学史译作开始出现，如广西师范大学出版社出版的《医学史》、吉林人民出版社出版的《剑桥医学史》等，当然，由希望出版社出版的译作《医学的历史》自然也是其中值得特别关注的一种。

之前出版的《剑桥医学史》一书，按照内容提要的说法，是以大众的目光和专业的视角来对两千多年来人类社会中疾病、健康与医学的历史进行考察。那本书印制精美，包括了许多珍贵的插图和照片，但从它的厚度、结构与叙述的学理性特征来看，虽然也可以作为一本相当不错的普及性著作来读，但绝不是给那些懒洋洋地躺在床上，或是无聊地斜倚在咖啡厅的软椅上的读者准备的。显然，阅读科学史，对于不是专门研究者的普通人来说，需求与读法都会另有特殊的要求。例如，能不能够在两个小时内，在轻松享受的阅读中，对从古至今医学的发展有一个概要性的了解？能不能像许多时尚类的休闲读物那样，即使是无目的地随手翻看其中几页，也可以在相对独立的单元中有所收获？如果把这样一些要求设定为目标的话，我们刚刚提到的《医学的历史》一书完全可以作为优先考虑的选择。

《医学的历史》一书明确定位为"一部旨在帮助非医学界人士的医学史"。如果不看文字，远远望去，它完全具备了当下那些供轻松阅读的时尚图文书所要求的要素与编排形式。如果关注内容，它在叙事方式上，也是充分注意到了普通读者的需求，将医学的历

《医学的历史》一书明确定位为"一部旨在帮助非医学界人士的医学史"。

史切割成篇幅适当、相对独立的知识性板块。但它与
那些纯粹是为了消遣的休闲读物最大的区别在于，这
本书在貌似非学术化形式的背后，终究还是以严肃的
医学史知识作为基础，只不过是将这些知识以常人更
容易接受的形式表现出来而已，同时潜在地将医学史
研究的新观念置于通俗性的身后。还是从内容提要来
看，"对自然力的崇拜导致医学的萌芽？原始聚居文明
注定了流行病的肆虐？东方医学与哲学本是'二位一
体'？医院从寺院发展而来？文艺复兴时期医学的动
力源于星象学与炼金术？拿破仑是近代医学的功勋人
物？……"显然，像这样的内容在那种一本正经但又
颇为教条且读起来令人犯困的传统科学史中是很难见
到的，它们确实反映出一种编史观念的现代化，或者
说后现代化。这一点尤其反映在对早期文明中医学史，
或者说医学前史题材的选择中，也正是在这样的立场
上，对中国传统医学的虽然扼要但在此书的编排中已
是颇为突出的展示才成为可能。

此外，在叙事形式上，这本书在其各个相对独立

图 18　医学史上
的图片

的知识性板块中，采取了把世界医学史名人化的策略，于是，"一个个生活在不同时期的医学名流的个人故事——连同其传承、名言、良知和文化背景——形成一部感性的人间医学史"。这种做法固然会将历史简单化，将医学史中内容丰富的细节抹去，使之有可能变为一部名人的成功史，但凡事总是会有代价的。在付出了省略详尽历史细节的代价后，换来的是令普通读者易于接受的，而且可以跳跃式翻阅的轻松。公众终究不同于从事研究的医学史家，他们也许并不需要那种沉浸在细节中的钻研，而对医学的发展只要有大略的印象便算是普及的成功。更何况，如何能够引起他们的阅读兴趣才是一个更大的难题。如果连最初的阅读就由于心理中的望而生畏无法开始，何谈更好地传播与普及？

最后可以提及的是，虽然这本医学史叙述的主体还是西方主流医学，或者说是与这种主流医学相关的意义上的其他发展，但作者并未表现出盲目的乐观，在全书最后对医学的过去和未来的反思和总结中，作者明显地意识到目前虽然医学高度发展，但过于依靠高科技技术手段会带来新的严重问题。全书的最后一段话也充满了忧虑意味的提醒："所有新进展都是潜在的兴奋点，但同样也会给医生带来窘境。由于医生们越来越多地依赖于高科技诊疗手段，似乎很多患者正在期待着更系统化的治疗，并开始抛弃那种完全医学化的治疗方案。医生们得时刻提醒自己：他们最终的治疗是要针对每个具体的人，每位患者的要求必须得到重视。"可以设想，这本书的大部分读者倒未必是医

在付出了省略详尽的历史细节的代价后，换回的却是令普通读者易于接受的，而且可以跳跃式翻阅的轻松。

所有新进展都是潜在的兴奋点，但同样也会给医生带来窘境。

生，而更可能是那些对人类和自身的健康以及对医学发展有兴趣的普通人。那么，这样的提醒的意义就似乎另有针对性了。作为未来的患者，如果你更想作为一个有尊严的人，而不想在医生的手中，在医院现代得几乎与科幻电影中未来世界一般精密冰冷的机器设备间像小白鼠一样地被对待，那么，自我觉悟在某种程度上是必要的。当更多的人有了这种保护人性尊严的自我意识，也会直接或间接地对医学的技术、观念与体制的发展变化产生影响。而要做到这点，对于医学本身，以及对于医学史的适度了解正是必不可少的前提之一。

姜太公或科学家

我不知道，倘若许靖华不是一位科学家，哪怕不是一位那么有名、那么有影响力的科学家，还会不会有这部传记。当然，也许他会把小时候就开始了的对文学的热爱延续下来，成为一名文学家，不过，要是那样的话，即使仍然有他的自传写出，肯定也不会是现在这个样子和现在这些内容。因此，作为他计划中的自传三部曲头一部的《孤独与追寻》最突出的特色，就是他作为科学家这一无可回避的特殊背景。

然而，在我们通常所见的科学家的传记中，特别是在科学家的自传中，许靖华的这本传记也是独具特色的。通常，我们很少会看到科学家会以如此巨大的篇幅，至少是计划中如此巨大的篇幅来写自传。因为《孤独与追寻》这本书只写到 1964 年他的第一个妻子因车祸去世，而从那时起，到今天已经又过了几十年了。许靖华一生中更重要、更有影响的科学贡献和包括科普在内的更为人所知的工作，更多的是在这后几十年中做出的。想来这后半生里要写的事肯定不少，比照第一部自传的篇幅，真是不知会更加扩张到什么程度。而且，在这自传三部曲的第一部中，居然把叙述的起点一直上溯到传说中的炎帝。因为按照自传中

许靖华的这本传记也是独具特色的。

许靖华的说法，天下所有姓许的人都是姜太公次子的后代。将一部自传从姜子牙写起，写到公元 1929 年传主出生，再继续写自身的经历，这在科学家的自传中恐怕也可以说是绝无仅有的。

如果不知道传主的背景，这部自传至少在读到将近三分之一篇幅的时候，读者也许很难想到它竟是一部科学家的自传。因为在这部分对早年经历的叙述中，谈的绝大多数都是作者的家世和当时的社会，直到第一部将近结尾时，写到许靖华在中央大学开始上学学习地质时，才开始显露出的与作者后来科学生涯较为相关的迹象。而到了第二部，写到他在美国读书的经历时，一位当时的留学生在美国学习科学的经历就非常吸引人了。只是，包括后面讲他毕业后在石油公司任职从事研究经历的部分在内，穿插在叙述中（甚至不仅仅是穿插）关于爱情和家庭生活的内容又占了很大比例。在这种回顾中，一位作为普通人的科学家的形象就颇为丰满了。从中读者看到的绝不是经常被漫画式地歪曲的呆头呆脑的科学家，而是一个有着与常人同样的情感、同样的孤独和自卑的成长中的科学家的形象。在这种成长的过程中，他甚至多次试图自杀，而且在美国特殊的社会环境中在学业与事业上，在交友与婚姻上，有着失败与成功，失意与得意。大约从这部分开始，这本自传的故事性更强了，自然也就更好看了一些。在阅读这部分时，读者又似乎可以在那种平凡琐碎又有几分曲折的情节演进中忘记作者的科学家身份。

一本科学家的自传能写到这份儿上，作者的文学

在这种回顾中，一位作为普通人的科学家的形象就颇为丰满了。

修养显然起了至关重要的作用。这也是许靖华这位地质学家与大多数科学家相比不同的地方。在自传中，作者也多次谈到了他对文学的热爱。在自传中，作者曾提到他一生都扮演着"桥梁"的角色，当然主要是指在生活和工作中善于把不同的人和不同类型的工作沟通连接起来。实际上，扩大一些讲，桥梁的隐喻是非常重要的，因为它并不仅仅体现在生活和工作中。在许靖华这样一位科学家身上存在的这种良好的人文修养，也是他与众不同的特殊点，这部自传的写作本身，何尝不是象征着将科学与人文和谐贯通的桥梁呢？

对于许靖华本人来说，写作这部自传也许是他对自己一生的一种总结，而对于专业的研究者，也许它可以成为一种典型的素材，正像作者在解释他对父亲的描述时所说的："因为那些是不可省略的部分，是我的渊源所在。少了它们，别人就不可能真正了解我，而我自己也不能真正看清自己。"但是，对于普通读者而言，这部传记又意义何在呢？这就又回到开头的话题。因为即使有了上述分析的作为一部传记的种种优点，但如果没有作者作为一位知名科学家的背景，这部传记充其量也只不过是众多传记中较为可读的一种而已。而且，如果写作得当的话，绝大多数人的生活展示出某种可读性。而一旦加上了作者的著名科学家身份这一背景，那么无论在一般传记还是在科学家传记中，这部传记也才有了特殊的吸引人之处。再有，作为一名科学家，或者具体说是地质学家，许靖华一生的成就是重大的，这可以从他在科学界获得的诸多有地位的任职和荣誉中得到证明。例如，他曾获得作为全世界地质学界的最高荣誉、"相当于地质学界的诺贝尔奖"的乌拉斯坦勋章等。但他另一特色，与他在学术界引起的争议有关，而他成功的"科普写作"，即《古海荒漠》和《大灭绝》这两本书，也因其流行而使他成为一位吸引公众眼球的科学家。特别是在后一本探讨恐龙灭绝的书中，他因为提出独特的学说，并不同意进化论的观点，而引起了一些人的非议，甚至被有些人"定性"为伪科学。当其部分文字被选入中学语文读物时，还曾引起一场风波。其实，学术界对不同的观点有争议本是正常的事情，科学也正是在争论中不断地前进和发展。而那些因为他的学说与正统理论不同就轻易地将其贴上伪科学标签的做法显然是有问题的。从其经历和身份来看，许靖华显然属于标准的科学家，而且是成就不凡的科学家，那么，以这种身份来讨论学术问题，不正是科学共同体中的正常活动吗？

可惜的是，与这些更使许靖华引人注目的争议相关的内容并不在他的自传的第一部中，因此，如果要想看到他自己究竟是如何评说他的那些观点和因那些观点而带来的争议，我们就只好耐心等待他的后两部自传的问世了。也许还得等上很长一段时间，目前似乎还没听说他动笔写后两部自传的消息。作为姜太公的后代，他也许真能继承祖上的本领，就让那些现在和未来的读者们愿者上钩吧。

从其经历和身份来看，许靖华显然属于标准的科学家，而且是成就不凡的科学家……

187

动手之乐：难得的生活奢侈

接力出版社曾引进了日文版"实用百科图鉴系列"丛书一套共 5 种，包括《实用游戏图鉴》《实用趣味实验图鉴》《实用探险图鉴》《实用生活图鉴》和《实用手工图鉴》。这是一套非常有特色的丛书，其中，作者采用了实用插图加说明文字的讲述方式，使读者可以直截了当地明白书中所要介绍的内容。也许，这种方式显得有些土气，不那么时尚，但如果从实用的角度来说，却十分有利于实际操作。那么，剩下的问题就在于，这些让读者学着去实践的内容是否有益。尤其是，是否有趣。如果说，一套书能够让读者在阅读之余真正带着浓厚的兴趣去试着实践，那么，显然应该说这样的书是十分成功的。

在这套书中，就分类来说，与我们目前学校的教育最为接近的，可以说是《实用趣味实验图鉴》一书了。但即使在这样的书中，如果仔细来看，其内容实际上也与我们学校通常所教的内容有着很大的差别，其中很大比例的实验都是博物学性质的，对于自然界的关注也是其突出的特色。当然，也有随处可见、易于实施的关于社会方面的内容，比如说我们不大可能会想到的对于马路上井盖的观察。当然，社会环境的

如果仔细来看，其内容实际上也与我们学校通常所教的内容有着很大的差别……

不同也是导致这种差异的重要原因，反过来说，如果想到了对井盖的观察，原创这套书的日本人恐怕也不会想到井盖丢失现象及其带来的危险的注意吧。在《实用手工图鉴》中，以所需要使用的工具来进行分类的方法别出心裁，却又显得实用且合理。当儿童分别将剪刀、小刀、普通锥子、锤子、锯子及异形锥子、钳子、起子（当然还有最开始也是最重要的工具——手）的功能充分开发出来，根据图鉴详细的介绍步骤，用身边现成的材料制成各种可爱的用具和摆设时，除身心的快乐外，所获得的那种能力，显然会是更大的收获。

《实用探险图鉴》一书，对最能体现人类探求未知、亲近自然所需要的野外生存技能做了详尽的介绍，不仅对青少年，即使对成人，也同样是具有吸引力的。

至于《实用生活图鉴》和《实用游戏图鉴》两书，与我们学校的教育就相距甚远了，但也正是因为这种距离，也许它们的教育功能会更加重要。游戏，本来是人类的天性之一，尤其对儿童来说更是最自然、最低成本也最符合本性的活动，获益远非其他高消费的现代化活动可以相比。但在以应试为主要目标的教育中，儿童的这种天性显然被极大地压抑了，以至于我们更多地看到的是学生们沉重的书包和做不完的作业，却很少可以看到他们在尽情地玩耍。但《实用游戏图鉴》中，却把那些我们通常不大会当回事儿的游戏，如捉迷藏、打水漂、跳绳、爬树都包括在内，这也许恰恰是一种对我们反面的提醒吧。而《实用生活图鉴》一书，则将最基本的衣、食、住、行的内容进行了翔实的介绍。可以设想，如果今天哪位学生能够按照其中的介绍做出如此多种可口的饭菜，能够妥帖地安排好自己的生活，那绝对是超出今天的家长们期望。

但是——读这套书总是会给人带来"但是"的感叹，这样一套如此有趣，如此实用，对于我们的青少年又有着如此重要的现实意义的图鉴书，尽管它在理想中有着如此众多的价值，但它真的能在我们周围的青少年中流行开，真的能够成为他们生活、学习和玩耍的有效指南吗？对此，笔者是深为疑惑的。其中原因，还是我们周围的社会环境。我们越是觉得这套丛书的内容不可思议，越是觉得它意义重大，其实也正愈发地反衬出现实的不合理。在我们口头倡导素质教育实际上应试教育愈演愈烈的现实中，我们真的能够留给孩子们这样大的空间让他们尽其天性地动手实践，去快乐地生活吗？恐怕很难很难。在这种教育体制中，真正实用的动手的价值显然是被极不合理地大大贬低了的。这真是一代人的不幸。

但是——还是但是，人毕竟是人，人毕竟总会在力所能及的范围内追求天性的表现。如果说这套书在当下有什么意义的话，我想，假如因为它能够使一部分青少年在应试压力的缝隙中哪怕是对动手的快乐稍许体验，也是一种不错的经历吧。

读这套书总是会给人带来"但是"的感叹……

我们越是觉得这套丛书的内容不可思议，越是觉得它意义重大，其实也正愈发地反衬出现实的不合理。

牛皮纸里的关键

2002 年，当我在英国剑桥做访问学者时，有段时间我居住在一个可以说是剑桥的普通人家里。说剑桥的普通人，是指那位房东并非什么著名学者，甚至根本就不是什么学者。但房东是一个爱读书的人，家中也收藏了不少各类的杂书，我有空时，也会随意地翻上一翻。其中，有一本关于生态学的普及读物曾给我留下了比较深刻的印象。之所以会留下比较深刻的印象有以下几个原因：其一，是我本来就比较关注环保类的普及读物；其二，是这本书的编排独具特色，文字与插图都别具一格；其三，就是那本书全书都用牛皮纸印刷的独特装帧让人过目难忘。

那本生态学的普及读物我虽然也读了一部分，甚至想到过，要是国内也能出版这样的图书，那该是多好的事，不过，想想也就罢了。没有想到的是，仅仅在我看到那本书并有了那个想法后不到一年的时间里，就看到国内已经由三联书店出版了这本书的中译本，而且，还不只是一本，是一套，除了那本《生态学》，还有《天文学》《新物理学》《进化论》《梦》《哲学》和《遗传学》共 7 种。这时我才意识到，我原来看到的那本书，其实只是这一套名为"把握关键"（*get a grip on*）丛书中的一本而已。

由这件事可以看出，国内有关科学普及以及文化普及类的图书引进出版的速度已是非常及时，在引进的品种以及类别上，也都已经相当细化并进入关注特色的阶段了。不过，大量的引进如何能够引起读者的注意与兴趣，这是一个非常具有挑战性的问题。就此而言，这套"把握关键"丛书是能够满足要求的。其一，当然是其写作形式活泼，在那些本来已是相当大的话题，或者说学科中，能够选出关键概念，深入浅出地予以解释，让普通人可以看懂，并配之以生动和风格独特的插图，使读者从任何部分开始都可以独立地读上一段，并有所收获。其二，则是这套书的装帧照搬了国外原书颇为另类的式样，显得古色古香、与众不同，从而达到在众多类似读物中突出地吸引读者眼球的目的。有了这两点，这套科学（而且不仅仅是科学）普及读物，就已经是很有特色、非常成功了。

不过美中不足的是，与国外原书相比（或者严格地讲是与我印象中的原书相比），这套书的中译本虽然在装帧上成功地照搬了原来的风格和式样，但所用的牛皮纸却稍厚且硬了些，让人翻起来不那么舒服。不过，一般说来，好事通常总是会有些缺憾，难得十全十美吧。

"人人应知的技术"
——评《美国国家技术教育标准》

　　曾有出版社出版了一本在国外很有影响力的兼具研究性与普及性的著作，中译本取名为《人人应知的技术》。当然，那本书虽然颇具可读性，是否达到一定要"人人应知"的程度，倒也还可商议。而且，无论是从那本书的原书名看还是从内容上讲，这个译名对于那个译本来说也并不确切。不过，当我们谈论《美国国家技术教育标准》这本书时，这里面的内容（以及写作者的出发点），却绝对明确地属于"人人应知"的范围。

　　不过，像《美国国家技术教育标准》这样一本书被评为优秀科普读物，总会给人某种怪异的感觉。尤其是，初看书名，也许不少人会觉得这像是一本枯燥的、或许还充满了数字之类的技术类图书，与科普几乎没有什么关系。但实际上，如果把它当作一本科普书，甚至一本用于提高科普理论水平的书来读，肯定会有出乎人们意料之外的收获。严格地讲，这本书的原书名应是《技术素养标准：技术学习的内容》，本是由美国国家科学基金会和国家航空航天局共同资助的"国家技术教育标准项目"的成果。如果从内容和形式

像《美国国家技术教育标准》这样一本书被评为优秀科普读物，总会给人某种怪异的感觉。

来看，它确实也都与那本《美国国家科学教育标准》很相似，而《美国国家科学教育标准》一书，曾对国内轰轰烈烈开展的教育改革计划，特别是其中的科学教育改革工作起到了很大的借鉴与参考作用，如果仔细地研读一下已经出版了的各种新制订的有关科学教育的课程标准，是不难发现这种影响的明显痕迹的。遗憾的是，这本《美国国家技术教育标准》出版得稍晚了些，否则，它也许会对中国的科学与技术教育的改革带来更大、更直接的影响。好在我们希望国内教育的改革，包括其实施，将是一个持续的过程，这样这本书仍有机会发挥其应有的作用。

读过这本书，一个最深切的感受是，如果将它与我们以往有关技术的教育相对比，我们将会发现，过去我们有关技术（这并不是指一两门具体的技术，更是指有关技术的观念、文化、性质、功能以及与社会的关系等）的教育水平与国外相比，有着多么大的差距。

刚刚提到的那些课程标准，毕竟还只是面向正规教育的。而作为科学（这里在最广义的用法上应该是包括技术在内的）普及工作的重点，其实更是在那些非正规的教育中。因此，这本充满了有关技术和技术教育的新观点的著作，其实对于我们未来侧重于技术方面的普及工作的开展，也是具有可以说是指导性意义的。甚至在国内长期以来流行的一大类往往被归入"科普"（就像有人半是戏称的那样）实际上是"技推"（技术推广）的读物，公允地说，是有着其不可替代的功能和重要作用的（当然它决不能代表整个的科普）。

但仍与这本《标准》相比，人们也同样会发现，其间在对技术的认识上存在着差距，而这种差距，又肯定是极大地影响着那些"技推"工作的效果的。

再有，即使纯粹把这本书当作一本普及读物来闲读，其中很多的观点、很多的事例，也依然会给读者带来阅读优秀的普及性读物的乐趣。

最后，还可以提到这样一件有趣的事：曾有一位忙于求职的研究生在我这里看过此书后讲，他要是早些看到它，求职也许会顺利得多。因为在目前诸多单位招人的面试中，问题的提法以及事后去分析和估计考试者所期望的答案（或者说是思考和回答的方式），居然与此书中的内容如此贴近，而这些内容与思考方式，在我们过去的教育中，却几乎没有什么涉及。看来，不仅外国公司，一些国有企业在考核人才的观念上，也已经远远超前于我们现行的教育。这也许可以说此书的另一个连出版者都未曾想到过的"功能"吧。

即使纯粹把这本书当作一本普及读物来闲读，其中很多的观点、很多的事例，也依然会给读者带来阅读优秀的普及性读物的乐趣。

圆里圆外看世界

记得我刚上大学不久，在一位数学老师的建议下，曾读过一本名叫《从一到无穷大》的科普书。那本书是由俄裔美籍物理学家伽莫夫撰写的，作者基于知识的渊博和想象力的丰富，把抽象的数学与物理学等科学学科巧妙地联系在一起叙述，在看似随意地东拉西扯之间，把科学的观念在不知不觉中留给了读者，让人觉得是在以一种全新的体验领略一次对科学世界的随机性的漫游，发现跟随大科学家的思路，竟能以一种全然不同的视角看到这个世界原来还可以是另外一种充满神奇的样子。也许是当时可读的书很少，也许是一种幸运——因为当时并不知道那本《从一到无穷大》本来就是一部世界级的科普名著，阅读那本读起来并不轻松的科普书时所留下的深刻印象一直保留到现在。以至于后来在写各种文章时不止一次地提到，那是我曾读过的最好的、印象最深的一本科普书。

这一次，在阅读《圆的历史：数学推理与物理宇宙》这本书时，似乎再一次找到了曾经的那种感觉。事实上，这两本书在叙事的方式和风格上，确实好像有那么一点相似之处，不过，这种相似之处与其说是形式上的，倒不如说是骨子里的。

圆，数学中最基本的一个概念，但其中蕴含了极其丰富的内涵。对于一个普通人来说，有谁没见过圆？现在，恐怕只要学过很初等的数学，就会接触到圆的概念。但就算连初等数学都没学过，人们也不会对圆有陌生感。也许从幼儿时代的玩具开始，圆就进入了人的视野，随着人们长大，圆更是形影不离地围绕，或者说环绕在你的身边。圆，是抽象的，又是具体的。作为一种最基本的简单图形，圆比其他形状都更常见，在生活中更无可回避。可是，人们真的了解圆吗？人们在生活中可曾见过真正的、完美的圆吗？如果你说你见过，或者说你认为你见过，那肯定是你搞错了。真正完美的圆，其实只存在于人们的头脑中，存在于人类头脑的抽象中。当然，也可以存在于数学书的讨论中。可是，你见过专门讨论圆，而且居然是讨论它的历史的书吗？

不过，这本《圆的历史：数学推理与物理宇宙》，按照作者的说法，不是一部通常意义上的历史著作，而是旨在揭示一些关于自然现象的奥妙，作者之所以选择圆作为主题、切入点和叙述的主线，是为了展示数学推理和物理世界之间的广泛而深刻的联系。这本书试图勾连起两个世界：一个是由近似圆构成的物理世界，另一个是由真正的圆支持的数学世界，并力图在两个世界的交汇处，让读者感受到二者深刻而微妙的联系。在这种创意下，作者泽布罗夫斯基充分利用了他宽阔的视野，在讨论物理世界时，将从古至今形形色色引人入胜的例子信手拈来，既涉及日常的生活，涉及有趣的历史，涉及神秘的天空，也涉及抽象的物

圆，数学中最基本的一个概念，但其中蕴含了极其丰富的内涵。

理学理论，而在这种叙述中，一条鲜明的主线，就是数学中的圆的概念和由它派生出来的种种数学推理。

作者泽布罗夫斯基在序言中专门指出，他的这本书的读者对象，是那些没有经过严格的数学和科学训练而又希望对那些通过数学手段达到的科学真理有所了解的人。因而，阅读它并不要求读者具备高深的数学知识。即使略过书中的一些数学符号和公式，也依然可以理解书中的讨论。因而，这本书是写给人看的，不是写给人算的。它最终的目的，就在于表达这样一个困惑：作为一种人类理智极端抽象的创造成果，为什么能有效地应用于外在的物理世界，为什么在数学与现实联系中存在惊人的契合。

换句话说，圆内和圆外的世界同样精彩，而且，对于认识心外的世界，在数学中的那个抽象而且完美的圆也并不是一道不可逾越的障碍。

阅读它并不要求读者具备高深的数学知识。

圆内和圆外的世界同样精彩……

在中国"听"剑桥的讲座

——评《科学与艺术中的结构》

一年多以前，曾有机会在剑桥做访学工作。在我曾写过的一本学术游记中，专门有一节是谈剑桥的讲座。就我所了解的情况，当时在剑桥形形色色的各种讲座中，如果就演讲者的知名度，就面向公众的影响力，就普及与学术结合方面的声望，以及就听众的人数来说，剑桥大学达尔文学院的"达尔文系列讲座"恐怕是首屈一指的。别的不说，仅就它在剑桥大学当时最大的报告厅举行，而且听众去得稍晚些就找不到座位这一点，就足以说明其受欢迎的程度了。

这个达尔文系列讲座的另一特点，是选题视角独特。以我在那里时为例，当时为期一年的讲座的主题，就是"Power"。在这里之所以没有把"Power"这个词译成中文，则是因为讲座的设计组织者们充分地利用了这个词的多义性，在各次讲座的标题中，既较多的是在福柯等人极具影响的"权力"理论的意义上使用"Power"一词，也在一般意义上使用它，甚至还在数学的幂次意义上使用它。由此，也可看出设计者的用心良苦与机智。

这个系列讲座的一个副产品，就是结合讲座出版了相应的系列丛书。我们所见到的《科学与艺术中的结构》，就是其中的一本。如今，国内有关在大学听讲座类的图书已经成为某种出版热点，当然这也说明了读者对于大学中优秀讲座的兴趣。可惜的是，华夏出版社在出版这本《科学与艺术中的结构》时，却忽视了这一卖点，有心的读者只能在书中的蛛丝马迹中发现它本是剑桥大学达尔文系列讲座的一个组成部分。

除了讲座本身的影响，讲座的内容也同样值得关注。近些年来，在国内学术界，科学与艺术已经成为一个热门的话题，许多人在参与有关的讨论。但与此同时，这又是一个难出新意的话题，至少从目前已经出版的著作来看，绝大多数还停留在朴素地凭经验与个人感受来谈论的初级阶段，深入的学术性研究并不多（而这又是普及的必要基础），甚至过分表面、牵强地将两者生拉硬拽在一起的情形也屡见不鲜。看过《科学与艺术中的结构》，才知道从特殊视角把握科学与艺术的关系本身就是一种艺术，而艺术的特点之一，也就是以我们通常很难最先想到的思考方式来表现和解读这个世界。比照前面讲的这个系列讲座的设计特色，显然，这一年的主题便是无所不在的"结构"。各位演讲者正是从各种视角切入来探讨"结构"在科学、技术、艺术中的深刻含义。也许一些人会觉得此书的论述有些怪异，甚至很难按照常规的标准归类。但这种怪异感的存在，恰恰说明了就艺术与科学的话题（当然也可同样地类推到其他话题）来说，我们这里的研究范式与国外的差异。当然，按照某种标准讲，也可以说是体现出了差距的所在。因而，最重要的，仍

从特殊视角把握科学与艺术的关系本身就是一种艺术……

然不在于就科学与艺术及其结构而言，此书（或者说这个系列讲座）具体讲了些什么，以及我们从中可以直接获取什么内容，而在于让我们看到，那些人竟然在以那样一种方式从事研究和讨论。这才是此书对于我们的科学与艺术研究更重要的意义之所在。

　　自然，如果读者将此书与国内时下颇为流行的那些在大学听讲座类的书比照着看一下，也就知道好讲座应该是什么样的了。

偶然是偶然的吗?

虽然说起偶然,也许更多地会让人们联想到这个问题在哲学中的讨论,在人们的生活中,偶然也是常见的用词之一。像这种既在哲学上永远讨论不清,又在生活中经常遇到的概念,其实并不是很多,因此,对于偶然的分析和讨论,便成为一个颇有趣的话题。

比如说,对于普通人,在出门时遇到交通事故,这是一种偶然,否则,大家便会闭门不出了;在社会上,一定时期内有一定的自杀率、犯罪率或离婚率,这意味着在总人群中总有一些人会自杀、犯罪或离婚,但具体到每一个个人,究竟是会自杀还是犯罪还是离婚,或者这几项什么都不沾。这也算是一种偶然吧。在医院里,做手术总有一定的风险,在众多的患者中,总会有那么几个人赶上手术事故,究竟是谁赶上,面对这种偶然性,对医生来说也许只是意味着一定比例的手术事故数字,但对患者意义就完全不同了,谁不希望自己被完全地治好并且不遇上手术事故?一旦遇上了,那对患者个人来说,可就不仅仅是一个不大的比例数字的问题,而是彻底地走了背字,倒了大霉了。仅仅从这不多的(实际上还有许许多多的)例子,绝对可以看出，偶然这个东西对于我们每一个人，其实都是有着重要的意义的。

从哲学上，或者说从一般的人生信念上讲，我们都会认为一件事情的发生背后都有其原因。这便是一种决定论的思想。就连平常在口头语中说的"无事生非"，也不过是把"生非"的原因归于"无事"而已。当一个人出行时，如果发生了交通事故，人们自然也会把事故的发生归于一些具体的原因，如司机饮酒或行人不遵守交通规则等。可是，又是什么原因使得司机酒后驾车或者行人不遵守交通规则呢？如此追溯下去，人们便会找到一连串的原因和结果。

在这种因果性的基础上，如果要再深入地思考一下，当一群人中，某种现象发生的概率是一定的时候，究竟是什么样的规律在起作用呢？在这当中，个人的自由意志是否仍然在起作用？如此等等。由此可见，关于偶然的问题，既涉及数学中的概率理论，也涉及许多传统的哲学问题，其实是相当复杂而且难以简单说明的。《驯服偶然》一书就是一位科学史家以对历史的探索来揭示人类认识偶然性的著作。当然，我们也还可以说，在科学的世界里，对于像物理现象等的认识过程中，也同样是一个对于偶然性的本质不断深入的探索过程。但《驯服偶然》一书却没有选择对于离普通人的生活更加遥远的科学世界的话题，而是视角独特地选择了18世纪到19世纪人们对社会生活中大量统计数字背后隐藏的规律的认识过程作为讨论的对象。在这种详细的历史探索中，涉及远远超出现在人们通常可以想象的丰富材料，关系

偶然这个东西对于我们每一个人，其实都是有着重要意义的。

到税收、犯罪、审判、健康、出生、死亡、婚姻、癫狂、医学、智力等一系列问题，也涉及诸如究竟何为"正常"、何为"正常人"等概念的变化过程，涉及对统计规律及哲学寓意的理解过程。从中人们也可以看到，这么多年以来，那么多的学者、行政人员、哲学家、科学家是如何一步步艰难地在 18 世纪以来雪崩般出现的统计数字中寻求对偶然性的认识。在如今比以往充斥着更多形形色色的统计数字，统计数字已经包围了人类生活的方方面面，使人无法回避它们直接、间接的影响时，回顾这段历史自然会更加加深我们对于当今有关世界、人生和社会本质的理解。

统计数字已经包围了人类生活的方方面面……

因此可以说，这本书本质上是从一个特殊的侧面，向人们展示人类对偶然性认识的历史。说起来，这本书在叙述风格上，表现出一位细心的历史学家的严谨，那种罗列细节的方式虽然会使一些读者昏昏欲睡，而且作者经常并不直截了当地表明自己的观点，而是让历史材料说话，但反过来说这样叙述留给读者更大的自由联想空间，可以让读者通过历史回顾做出判断，对于偶然性问题进行思考。虽然书的标题中有"驯服"二字，但那不过是一种对于人们认识偶然的隐喻性说法而已，正如作者自己所承认的："我所谓对偶然的驯服，是指在自然和社会定律的支配下，偶然或不规则的事件显然已经得到了控制……世界不是越来越成为偶然的，而是大大相反。"这当然是就对于偶然性的规律的认识而言。

不过，对于每一个尝试思考的独立个体来说，对偶然性规律的认识背后，以及对难以得出定论的哲学基础讨论中，要想真正在个人层面上解决偶然性的问题，则似乎仍然是一个难题。至少，对于个人来说，偶然是偶然的吗？这确实是个问题。

偶然是偶然的吗？
这确实是个问题。

哪怕霍金不想让你读

　　像霍金这样已经成为超级畅销书作家的科学家，恐怕不论写下什么东西，都会被出版者当成宝贝，印成书出版，而且，也总有不少的读者会甘愿掏腰包把书买回家去，有人读了，算是收获，读了没懂，在感觉与意识上，也还算是有收获，即使没读，把书摆放在书架或任何地方，也算是一种装饰性的品位吧。

　　不过，一本作品由作者本人来"封杀"，却又在一个法制社会中未能成功，也是一个有趣的现象。而在当事人是像霍金这样的名人时，这样的事会更加引人注目。《万有理论》一书便是这样的例子。根据此书中译本由出版者撰写的后记，我们看到，正是霍金本人先是不成功地尝试阻止他这本书的出版发行，后来又在法律判定出版者根据合约有权出版该书后，在其网站上发出希望读者不要购买他的这本书的呼吁。最后理由，则是因为此书只是将包含在《时间简史》中的旧材料重新包装，从而"构成对公众的欺骗"。但尽管如此，此书仍然长期高居于亚马逊畅销书排行榜上。这实在是一个涉及科普写作和科普图书出版，甚至可能涉及科普图书营销策略的耐人寻味的案例。因而会有人猜测，霍金本人究竟是为了从《时间简史》一书中多拿版税，还是在以另类的方式为自己的"新作"做营销广告。

如果从一般读者的心理分析，其实"禁书"在许多情况下反而会带来另一种吸引力。如果从逻辑上分析，也会有一点疑问：《万有理论》一书本是霍金在剑桥一个系列讲座的材料，为什么在有了《时间简史》一书后，还有必要做那个系列讲座呢？构成了此书内容的系列讲座的内容就不会因材料的"陈旧"而"构成对公众的欺骗"吗？经过这一番乱仗之后，在这里，也许既不需要也不可能找出霍金最真实的内心想法，关键在于，此书作为一本科普读物，对于读者是否有益。

其实"禁书"在许多情况下反而会带来另一种吸引力。

其实绝大多数科普书的读者并不一定需要像霍金那样"跟上迅速推进的知识前沿"，那样的高要求只有对专业研究者才是必须的。众多的科普读物里讲的内容，经典知识的比例一直是占有绝对优势的。当然，如果能够以通俗易懂的方式让读者了解到最前沿的进展，倒也是件好事，可惜这样的努力收效总是相当有限的，即使作者是像霍金这样的大家也是如此。《时间简史》一书中译本的广告词是"阅读霍金，懂与不懂都是收获"，这句广告词的流行也在某种程度上说明读者的心态和对霍金著作的阅读现状。实际上《时间简史》（以及霍金的其他"科普著作"并非那么好懂）的绝大多数读者是不可能通过阅读而也像霍金本人理解其在那通俗的语言中介绍的所有知识的。但这并不影响霍金著作的魅力和意义。在许多情况下，一本书的流行本身就是一种文化时尚的象征，霍金著作的流行，

阅读霍金，懂与不懂都是收获……

图 19 与霍金在 1985

也同样标志着人们对科学的关注，对伟大科学家的景仰（以及某种好奇），标志着人们对于神秘宇宙的向往。

在这种意义上，《万有理论》一书便有了它自身的意义与价值（这还不用说相比之下，也许是因为出身讲座的缘故，这本书倒比《时间简史》更为简要、通俗一些，因而也许更好"懂"一些）。原来的那个广告语对于"收获"只说了"懂与不懂"（这种说法也被《万有理论》一书中译本的出版者吸收和发挥）都没关系，还没有说到"读与不读"的程度，当然，尽管并不是每一个买了霍金书的人都曾读过，但出书最重要的意义毕竟还是让人去读，读了才会真正有所收获。无论是读《时间简史》，还是读《万有理论》，对于了解科学，了解宇宙，了解霍金，其实都是有意义的。

总之，多一本霍金的书问世，对于读者，无论是买来装饰书架，还是消化在心灵中，都是一件好事，总是有意义的象征或者收获——哪怕霍金真的不想让你去买、去读。

科学社会学的理想类型

如今，当我们谈到对人文社会科学研究时，最常提及的三个来自西方传统的学科，就是科学哲学、科学史和科学社会学。对于科学社会学，在 20 世纪 80 年代，国内曾翻译引进了一批重要的著作。不过，由于种种原因，在此后相当长的一段时间里，国内对来自西方的科学社会学的引进和研究，一度停顿下来，远不如科学哲学和科学史的发展那样顺利和稳定。这种情况直到 20 世纪 90 年代末才开始出现了一些变化，主要是随着新一轮的对科学社会学问题的关注和讨论。不过，在这新一轮的对科学社会学的引进和研究中，人们关注的问题与 80 年代相比已经有了很大的变化，更多的是集中在像科学社会建构理论等方面，因而人们关心的内容更准确些说，是更集中在科学知识社会学上了。

但无论如何，这种新的科学知识社会学毕竟与传统的以默顿学派为典型代表的科学社会学有着极为密切的关联。人们不可能脱离传统的科学社会学来理解科学知识社会学的内容。在第一轮引进和研究中，对于默顿这位科学社会学的开山鼻祖的工作，就已有了相当多的译介和评述。不过，如今才翻译出版的默顿

如今才翻译出版的默顿的科学社会学论集，仍然可以说是到目前为止关于默顿的工作最完整的译介。

的科学社会学论集，仍然可以说是到目前为止关于默顿的工作最完整的译介。

尽管以往对于默顿的工作的翻译引进不够完备，但默顿的学说在中国产生了巨大的影响，翻一翻国内有关的研究与普及著作，包括大量的教材，当涉及科学与社会的内容时，尤其是涉及与科学家、科学的建制化、科学共同体、科学奖励系统，乃至科学精神的问题时，人们谈论的内容主要来自默顿及其学派的工作。例如，包括对所谓科学精神问题的讨论和研究，许多人会自然地把默顿当年提出的科学家的行为规范，或者说科学的精神特质，像普遍主义、公有性、无私利性以及有条理的怀疑这四条制度上的规范，当作科学精神的重要内容。然而，在默顿之后，许多人虽然对这四条规范提出了诸多的质疑、修改和补充，但作为这些后续研究的前提，默顿的工作仍然无法被忽视。我们甚至也许可以类比科学的研究，不妨把默顿最初的规范作为一种理想化的情形，而将那些后来的完备化作为对理想化的现实修正。

尽管在默顿之后，像科学知识社会学这样的进展更为引人注目，但也并非所有的人都同意后者，因而，默顿传统在某种程度上也被平等独立地继承下来，特别是对于那些初学科学者，以及那些更有传统倾向的人，这样的学说要比科学知识社会学那种激进的理论更容易为人们所接受。如果我们把对于科学和科学家的研究也看作一个多元的世界，那么，在这个领域中，无论是默顿的学说，还是默顿学说的进一步发展，或者说是从默顿传统中生长出来的与之大为不同的其他理论，都可以而且应该有其自身的生存合理性和意义。不过，也依然可以说，要理解这个多元的领域，至少对于默顿学说自身，或者说是原汁原味的默顿学说，是必须要有着相当的了解的。正因为如此，这套上、下两册到目前为止最为全面的默顿本人著作集的意义就显而易见了（这样说当然不在任何意义上贬低以前出版默顿著作的意义）。在这套书的编者导言中，作者曾引用了怀特海的一句箴言："一门不愿忘掉它的创立者的科学将会迷失方向。"其实，恰恰相反，一门学科只有在理解创立者并超越创立者时，才会真正有所发展。

一门不愿忘掉它的创立者的科学将会迷失方向。

"有限世界"：奇遇还是灾难？

科普，总是不可避
免地与科学史联系
在一起……

科普，总是不可避免地与科学史联系在一起，或者说，与科学史的观念联系在一起。对于初步接触科学史的人来说，以往许多科普著作在观念上是与传统中科学史的理解相一致的。甚至不说那么传统，就连20世纪50年代著名科学史家柯瓦雷的那部科学史名著《从封闭的世界到无限宇宙》（此书若干年后刚有中译本）也是如此。其中的内容，大致讲到牛顿的时代，而其中的观念，在具体的叙事和分析背后，似乎也隐含了某种对于以牛顿工作为代表的第一次科学革命的赞颂，或者说，是对于人类从科学上达到无限宇宙观念的正面叙述。

然而，第一次科学革命毕竟是几百年前的事，尽管柯瓦雷写作的历史只是几十年前的事。但在第一次科学革命发生之后的几百年间，以及在柯瓦雷写作这段历史之后的几十年间，人们的认识，无论是在科学上，还是在对科学的理解上，也都在发生着变化。这种变化，自然也会延及科普著作中来。

变化之一，还是对于无限世界与有限世界的认识和理解，当然这两个概念的对立并不是简单的只在人们所认识的宇宙空间的绝对尺度的意义上。法国作家雅卡尔的《"有限世界"时代的来临》一书，就给我们提供了这样一个例子。

当阅读《"有限世界"时代的来临》一书时，发现其在叙事风格上，很容易让人联想起那位著名的科学家和科普作家伽莫夫的《从一到无穷大》（值得注意的是，伽莫夫那本书的写作时期，也大约在柯瓦雷完成他那本科学史名著的前后，讲"前后"是因为伽莫夫的写作持续了大约 30 年）。这两部科普著作都表现出作者知识的广博、思维的开阔，以及与众不同、引人入胜的表达方式。但细致说来，作为后来者的《"有限世界"时代的来临》，毕竟由于时代和人们认识的发展，与伽莫夫的著作有着相当大的不同。

此书内容简介这样写道："本书从物理学、数学和生物学的微观角度讲述了人类对地球认识的发展过程及人类自身的发展进程，借助生动又耐人寻味的事例，科学地指出了人类发展的新阶段——'有限世界'时代的来临。由此，本书引发了人类对自己行为重新审视和定位——这对人类未来发展有着重要的指导意义。"

应该说，这段简要的介绍大致是准确的。这本科普著作在结构和理念上，与当下已经开始出现并有相当发展的"科学"课程有某种相似，是在努力打破那种学科的界限。与其用学科来概括其内容分类，倒不如说用关键词更合适些。在此书的第一部分"新的眼光"中，涉及的关键词有"时间""物质""逻辑矛盾""偶然""生命""遗传""人类"等。围绕这些关键概念，作者似乎天马行空般地出入于各门学科，将最

作者似乎天马行空般地出入于各门学科……

新的科学认识以相当通俗、有趣的方式，向读者娓娓
道来。在这部分，与伽莫夫的《从一到无穷大》有着
某种神韵上的相似，差别只在于知识更加前沿，叙述
得也更加简要，甚至在违反科普书常规定律（即多一
个公式会吓走一半读者）的写作中，也依然保持着必
要的生动。

　　在这一部分里，作者讲时间，讲空间，讲物质，
讲生命，甚至讲"永恒"的含义，当然包括有限或无
限意义在内的科学观和世界观，但在这里，对于传统
"无限"意义的突破，还只是潜在的和不够明显的，作
者更是在一种系统性的多因素交织和整体性的图景中
看待这个世界和我们自身。在一种潜在的意义上，在
一种情绪上，带有某种对于传统中因人类对宇宙空间
尺度认识的"无限"扩展而产生的充分乐观的"否定"
倾向。例如，作者在讲到物理学的观察与解释时，曾
说过："今天，物理学家们在寻找对现实更好的解释，
仍会遇到他们一直以来都遇到的困难：无论是星体还
是微粒，当人们研究它们时，只可能观察到它们在我
们的仪器里显现的样子。对我们而言，唯一具体的现
象就是物体本身与我们为了观察物体所造出的一个体
系（观察者也属于这个体系的一部分）之间的相互作
用"。"我们努力的最初目的是为了真正理解客观的存
在，结果却是我们不停地在寻找一个可以更好地表现
客观存在的模式。"

　　不过，与"新的眼光"相对应的第二部分"新的
现实"中，作者与几十年前经典科普作家的差别就更
鲜明地体现出来了。在这部分，作者面对的是地球上

作者面对的是地球
上的现实，关心的
是人类的命运……

的现实，关心的是人类的命运，带有强烈的社会责任感，讨论了科学和技术的发展给人类带来的影响，更关注它们已有和在未来可能会带来的负面效应，也分析了人类应该采取的对策。这一部分的内容，显然更为充分地体现出了在一部哪怕是以貌似随意的形式谈论科学事实和科学观念的当代科普著作所应负载的先进科学观和科普理念。

正是在这种意义上，作者所强调的"有限世界"的概念才更明确地突显出来。这种观念的变化和"有限世界"观念的突显，尤其鲜明地体现在作者为全书所写的前言中。其中，人类对宇宙空间认识的巨大拓展，甚至包括像人类踏上月球的"一大步"，是与人类命中注定地无法离开生存基地的地球这一约束之间构成了强烈的张力和矛盾的。正如作者明确指出的："我们对自己命运的整体看法'动摇'了，几百万年来，我们一直以为我们的空间是无限的。仅仅在几个世纪前，多亏了哥白尼和伽利略，我们了解到自己生活在一个球体的表面。这一发现过去仅仅是一个普通的观念而已，没有任何直观经验强迫我们相信它，更别提按照它行动。而现在，几个在各方面都与我们一模一样的人，从远处真真切切地看到了地球——宇宙微不足道的一个组成部分。我们无法改变我们的生存条件：我们可以到达的世界是极小的，我们是'囚徒'。对人类而言，'有限制的世界'的时代开始了。"

从这里，我们可以看出"有限世界"或"有限制的世界"概念的另一层更根本的重要含义。它使我们在今天科学已经充分发达的情况下，意识到人类的局限性。作者认为，"相信人类的创造力，这意味着应将人视作：被囚禁的但充满着希望的人；被俘虏的但还在精心制定成千计划的人；是囚犯，但正在'建设自己的自由'的人。"这个"有限世界"时代的到来，"对于人类而言，这是一场灾难，还是一个新的奇遇？"作者没有简单地给出直接答案。不过，从作者在书中的行文叙述中，我们不难看出作者关心的是人类将会影响自己命运的行为，关心的是人类（甚至是以"疯狂节奏"在进行的）的行为和人类目前因科学技术而具有的能力之间的不匹配。例如："我们的逻辑是中世纪的，而我们的手段却是 20 世纪的。"

由此，作者的科普新观念就显而易见了。

最后可以提到，这本书只是一套丛书中的一本，另外的两本分别是《差异的颂歌——遗传学与人类》和《科学的灾难？——一个遗传学家的困惑》。在吴国盛先生为丛书撰写的总序中，也有这样值得注意的文字："'雅卡尔科学人文系列'就向我们展示了另一种风格的科学人文写作"。"他只是通过提问而激发读者独立地、自由地思考，以打开思想驰骋的空间，而并非宣示绝对真理。"这些话也确实可以说是对于此套丛书特点的准确描述。

> 我们的逻辑是中世纪的，而我们的手段却是 20 世纪的。

在"纸上昆虫博物馆"解说词背后

　　《图文中国昆虫记》，一部图片精彩、文字可读、观念超前、视角独特、知识广博、引人入胜的关于昆虫的佳作。

　　对于认真地读过此书的人，都会同意前面写下这些赞词并非无原则的吹捧，而是毫不夸张的确切描述，尽管当下的图书评论中很难看到否定性的批评，尽管当下的书评中赞扬性的不实之词比比皆是，以至于人们在看到类似的近乎套话的说法时会有本能的警惕，但对于《图文中国昆虫记》这本书来说，笔者还是忍不住用到这些赞词。当然，对于这些"表扬"我们可以一一举例分析论证，不过，在一开始，也许还是先说些似乎是题外话但与此书的意义大为相关的背景要更合适些，甚至会加深我们对此书意义与特色的理解。

　　先说标题。此书的标题，可以分成三个部分，倒过来说会更顺畅。昆虫记，那明显是借自法国著名昆虫学家法布尔的代表作《昆虫记》的标题。相应地，中国一词进一步限定了此书的"中国特色"，也说明了在这种限定下与法布尔名作的相似与区别。最后，"图文"二字，则表明了此书是与法布尔的《昆虫记》极为不同的方式来表现主题的。不过，此书标题引出

"图文"二字，则表明了此书是与法布尔的《昆虫记》极为不同的方式来表现其主题。

的问题是：这样一部书真的有必要放在与法布尔的名著相比较的语境中推出吗？

　　结论是，既有必要，也无必要。虽然这个结论看上去像是一句废话，不过在两个极端上却是各有其道理的。说有必要，正如在此书开篇中便以"像法布尔一样看"作为小标题引出的一段议论。作者所追求的，也正是法布尔要描述的："像哲学家一般地思，像美术家一般地看，像文学家一般地写。"不可否认，法布尔的《昆虫记》一书在作者的心目中，是一个极具影响的潜在的写作模仿用的样板。而出版者之所以要打出与法布尔的《昆虫记》相比较的旗号，认为"这本书和法布尔的《昆虫记》的理念与风格一脉相承。作者从平等的角度，尝试与中国本土的昆虫对话。透过诗意的文章、灵动的镜头，讲述我们身边昆虫的动人故事"。"从某种意义上，它甚至超越了法布尔的《昆虫记》。它选择了一个极富创意的视角：人文昆虫，亦即将昆虫世界里最新、最前缘的科学知识与我国几千年积淀下来的古老神秘却又激动人心的昆虫文化结合起来；用科学依据去揣摩脍炙人口的千古绝句，用实在考察去验证悠久的民间传说，向我们展现了一个独特的中国人文昆虫世界。"显然，出版者无论是说"一脉相承"，还是说"超越"，有意无意之间，都是在以法布尔的《昆虫记》为标尺，也都是在某种程度上试图利用法布尔的《昆虫记》一书原有的市场号召力。

　　就以上意义来说，与法布尔的《昆虫记》相比较是有一定道理的，而且，这种比较确实有其道理，100年前法布尔的《昆虫记》也确实为我们树立了一座观

它选择了一个极富创意的视角：人文昆虫……

察、欣赏、理解昆虫的里程碑。不过，任何作品都无可避免地会打上时代的烙印，法布尔的《昆虫记》也是一样，无论在对昆虫认识的科学深度上，还是在对人类认识昆虫的文化寓意和相互关系方面，即使是当时的最高成就，也与今天的理想境界有所差别，尽管这种看法丝毫不会影响其经典地位。就像克罗齐那句"一切历史都是当代史"的名言一样，对昆虫的观察、欣赏、理解也同样深深地带有时代特征。就此而言，我们宁可说《图文中国昆虫记》更是一本独立的、体现今天当代意识的记述、描写、评论昆虫的佳作。

说到对于昆虫的认识，虽然从世界的范围，包括中国在内，都有着久远的历史，但就中国来说，其实在这方面经常是带有某种片面性的、割裂式的认识。一方面，也正如《图文中国昆虫记》中经常会提到的，在中国的传统文化中，有着对于昆虫的那种人文文化的理解和欣赏（不过对于作者和出版者相应地使用的"人文昆虫"这一定义上不够明晰、逻辑上也有些问题的概念，笔者认为尚有可修改之处），但与此同时，对于昆虫的科学性的认识，往往不充分，如果翻看中国古代生物学史类的著作，就会发现，那些认识更多的是局部体现在对于昆虫的功利性利用的目标上。这种出于技术性、功利性的认识，与那种相当脱离科学性的人文赏识，构成了界限分明的一种割裂。就西方来说，情况也许有所不同，但直到法布尔时代，依然没有人达到像法布尔那样对作为可爱生命的昆虫有如此深切的理解和欣赏。

在中国传统背景中，甚至于在现代教育（这里讲的是广义的包括各种类型的教育，包括社会意义上的、文化意义上的、学校教育意义上的教育）的培育中，对于种类如此繁多的昆虫整体，除少数个体的外，人们比较普遍的感觉不是欣赏，而是带有某种恐惧甚至厌恶的态度，其实，这种观念的形成并非最为自然，而是在人们缺少合适的理念和教育的情况下才会出现的。当然，在那些儿童时代自然萌发的对于昆虫的喜爱，也随着人们年龄的增长，随着社会化生活的压力驱动，在更为功利的倾向下渐渐消失。这确实是不可否认的现实。但这种现实却并非合理。

由此说来，在《图文中国昆虫记》一书中，除去那些以往不可能具有的对昆虫的如此精美的图片展示等手段，以及这种手段带来的对于人们可以发自内心地喜爱昆虫的美丽的作用，一个非常重要的要点就是，此书作者在写作时，充分体现了诸多当代带有某种前沿性，甚至前卫性的新理念。说到底，也可以归结为是将科学的认识与人文的精神彼此完美结合的意识与做法。因此，在这本书中，作者既准确地介绍了有关昆虫的科学知识，包括对昆虫的分类、生活习性、社会结构等从基本的昆虫学知识到带有相当社会生物学意味的知识的介绍，与此同时，将昆虫与人类的文化，特别是传统文化中的文学等，进行紧密的结合，并在其中非常有机地融入了作者自身的观察实践、亲身体验与感受，直接地把作者对于昆虫的热爱传达给广大读者。更为重要的是，作者在叙述中强调了当代的生态意识，将人与昆虫的关系置于一种更为根本性的人与自然的关系中来讨论，在这种极有生态环境意识的

此书作者在写作时，充分体现了诸多当代带有某种前沿性，甚至前卫性的新理念。

语境中，不断地提醒着我们人类的所作所为对于周围包括昆虫在内的世界的巨大而深刻的影响。如果说除去那些形式手段上的"进步"之外，这种观念的发展，也许可以说是《图文中国昆虫记》一书作者在写作中"超越"法布尔的最为突出之处！

在另一种与上述说法亦有相关的意义上，在阅读此书时，人们也会感受到另一种先进的意识，即对于那种长期以来渐渐消失的博物传统的弘扬。实际上这也是近几年来国内科普界的一些有识之士一直在关注和反复强调的问题。在更为悠久的历史传统中，人类对于自然的认识，几乎可以说是从那种对于自然，对于有生命和无生命的自然的细致观察中诞生的。这样的博物传统在相当长的时间内被传承下来，不说远的像在亚里士多德的工作中，近些如在达尔文等人的工作中也是突出的特色。然而，伴随着数理、分析、实验传统的近代科学的诞生、成长和壮大，博物学的传统处于渐渐的失宠过程中，人们更愿意把那种数理的、分析的、实验的所谓精密科学视为科学的典范。在许多近来对于科学发展正、负面影响的深刻反思中，不少人认为这种传统对人与自然之和谐关系的割裂是重要的原因之一。除对科学自身和对人类社会进程的影响外，对于普通公众来说，本来最为适合他们去接近科学、感悟自然的这种博物传统与方法，原本也是具有重要意义的。

正是随着对近代科学发展及其背后的自然观和方法论的反思，人们对于博物学传统的意义又有了新的认识，尽管它要恢复起来并不容易，并非指日可待。

正是随着对近代科学发展及其背后的自然观和方法论的反思，人们对于博物学传统的意义又有了新的认识……

不过，在对那种极端科学主义的反思中，这种大的趋势仍然是鲜明的。因而，在与之相应的有关公众理解科学，或者说用我们传统的说法即科普的领域中，最为有效的纠正问题和解决问题的途径之一，就是更为广泛地传播那些能够带给普通公众以一种对自然的直接体验，能够让他们理解人与自然本应保持的和谐关系，而且真正最适合普通公众直接参与相关探索活动的有关动物、植物的知识。创作出版能够传播这种知识和理念的高质量普及性读物，其实并不是一件轻而易举的事。但在目前市场上可见的出版物中，《图文中国昆虫记》无疑是其中值得推荐的佼佼者。

讲完理念的问题，最后可以谈及《图文中国昆虫记》这部书的具体特点。要说具体的优点，恐怕难以无遗漏地一一列出，但至少我们可以当之无愧地说，它正如出版者在广告词中所讲的，是一座理想的"纸上昆虫博物馆"。在此"博物馆"中，图片的精美和解说词的动人相得益彰。但以上所讲的，无非是对解说词背后的一些背景、观念和意义的分析而已。

昆虫与人类相比，通常体积微小，但种类和数量却极为惊人。记得在某处参观时曾见到过一个很形象的展览，讲的是在过去历史上动物的灭绝和对未来的展望。在那一系列已经翻倒的多代表着诸多已经灭绝了的物种的多米诺骨牌之后，人们如果再不注意自己的意识与行为，人类也将是可以翻倒的一张骨牌，而像老鼠和昆虫等物种，即使灭绝，也将是在人类之后。面对这样的物种，人类又有什么理由狂妄自大和无视那些小小的昆虫呢？其实，人类对于昆虫、对于自然

它正如出版者在广告词中所讲的，是一座理想的"纸上昆虫博物馆"。

人类又有什么理由狂妄自大和无视那些小小的昆虫呢？

的正确认识和重视，以及在这种认识下采取的合理行为，也正是为了人类自身的生存延续。正如那本超级畅销书《侏罗纪公园》的作者在其书中含义深刻的一段话所讲的，"我们的星球并没有什么危险，面临危险的是我们。我们并没有力量去毁灭这个星球或是拯救它。但我们或许有能力来拯救我们自己。"

更何况，在对《图文中国昆虫记》的阅读中，我们还可以获得别样的美感呢！

第三篇　科学文化传播

　　科学文化是重要的，但能够将科学文化传播开来，更是重要的工作。科学文化传播的概念比科学传播的概念更能准确地反映目前在相关领域中的一大类工作。科学文化传播需要实际的操作，也需要理论的研究，二者缺一不可。

公众理解科学的理论研究：
约翰·杜兰特的"缺失模型"

在目前国内科普界，或者说科学文化传播领域中，相对于传统的科普概念，源于国外的"公众理解科学"的概念被人们越来越多地谈论。当然，在这两个概念之间，既有差别，也有着多重联系。而且在国外，公众理解科学实际上已经成了一个在建制化方面比较成熟的研究领域，有专业学术刊物，在高等院校中设有教授席位，更有着各种各样的相关理论。在这里，我们所要讨论的就是其中以杜兰特（John Durant）为代表的所谓的"缺失模型"，包括这个模型的转变、特点以及在这一模型指导下所做的一些具体工作。

其实，对于理解任何理论的研究，该领域中的研究方法、视角和研究者所采用的有影响的模式都是非常重要的。对于公众理解科学的研究自然也是如此。英国的公众理解科学的理论研究中有两种非常经典的研究方法，一种是调查研究，一种是案例研究。按照传统，调查研究经常与一种被称为"缺失模型"的公众理解科学观点联系在一起；而案例研究则经常把公众理解科学放在具体语境（context）下进行研究。对

按照传统，调查研究经常与一种被称为"缺失模型"的公众理解科学观点联系在一起……

于前者，最有代表性的模型之一就是杜兰特的"缺失模型"。至于案例研究的理论模型，因限于篇幅，在此暂先不做详细论述，而将在作者以后的工作中继续探讨。

一、杜兰特的"缺失模型"

1. 杜兰特的社会调查

杜兰特是自然科学家，是英国科学技术与医学帝国学院的公众理解科学教授，专门从事公众理解问题已经多年，尤其重视研究生物技术在公众中的地位，包括欧洲公众对转基因食品和基因技术的态度。杜兰特是英国科学博物馆有关科学传播的负责人，也是1998年在英国举行的公众理解科学调查的设计合作者。他是著名期刊《公众理解科学》的创刊主编（Founding Editor，1992—1997），并合作参与了欧洲各国对公众理解科学的国际比较研究。

杜兰特的"缺失模型"的公众理解科学研究以定量调查为主，其主要调查内容就是公众所掌握的科学知识和对科学所持有的态度，以及两者之间的关系。"缺失模型"的主要观点是：公众缺少科学知识，因而需要提高他们对于科学知识的理解。这一模型隐含了科学知识是绝对正确的知识的潜在假定。在公众理解科学研究中，这是早期的一种很有代表性也很有影响的理论模型。

"缺失模型"的主要观点是：公众缺少科学知识，因而需要提高他们对于科学知识的理解。

这一模型是基于一系列的调查而提出的。在对几次调查的具体分析过程中，杜兰特还对公众理解科学调查进行了国际比较，特别是对英美两国做了比较。而种种调查都体现出了非常典型的"缺失模型"的特点。

2. 杜兰特的"缺失模型"

1985 年英国皇家学会发表的"公众理解科学"的博德默报告其实就是"缺失模型"的典型体现，博德默报告认为，"科学总是好的，公众对科学有更多的理解也是好的，公众对科学的理解越多，他们就越支持科学，所以社会各团体组织都应该积极为促进公众理解科学而努力。"他和他的同事们都认为"公众的知识越渊博，就越能够利用社会各界进行有效的磋商。"科学本身被假定是没有问题的。

在杜兰特看来，整个 20 世纪对于公众获得科学和技术知识的关注已经从学术领域扩展到了政治和经济领域。在这种环境下，"缺失模型"认为，生活在复杂的科学技术文明中的人们应该具有一定的科学知识水平。政府需要高素质的公民参与政治，实业家们需要具备技术素养的劳动力加入他们的生产大军，科学家们需要更多具有科学素质的公众支持他们的工作……这些现实的问题带来了对公众理解科学的研究。换言之，"缺失模型"认为，公众需要掌握科学知识、掌握技术。科学技术在现代生活中是至高无上的，只有科学技术才是科学的、有效的。

杜兰特同许多自然科学家一样，认为科学是不容

杜兰特同许多自然科学家一样，认为科学是不容置疑的，科学在日常生活和政治生活中的地位均不可替代。

置疑的，科学在日常生活和政治生活中的地位均不可替代。例如杜兰特和他的同事伊文思（Evans）等学者在他们曾经做过的一项调查工作中，就采纳了正统的立场——进化论立场，并以此立场设计了他们的调查问卷。在这里，杜兰特与他的同事们不假思索地把科学看作是毫无问题的。所以他们的兴趣可能被认为在于公众理解"科学"，而不是公众"理解"科学。从这层意义上看，科学传播的目的在于这样一个信念：解决公众知识的缺乏是当务之急。如果公众对科学了解得更多一些，他们就会支持科学，而政府也会给科学研究拨出更多的资金。所以，关心公众理解科学这项事业原因在于：

第一，科学被认为是我们文化中最显赫的成就，公众应当对其有所了解；

第二，科学对每个人的生活均产生影响，公众需要对其进行了解；

第三，许多公共政策的决议含有科学背景，只有当这些决议经过具备科学素质的公众讨论才能真正称得上是民主决策；

第四，科学是公众支持的事业，这种支持是（或者至少应当）建立在公众最基本的科学知识基础之上的。

这就是杜兰特的主要观点，也是"缺失模型"的一般观点。这个模型长期以来一直在公众理解科学的领域中占主流地位。但是，杜兰特的"缺失模型"也存在着自身的问题，例如，它不但忽视了公众自身的非科学的经验知识给决策过程可能带来的影响，同时也忽视了扩展公众对科学的兴趣和参与科学问题的需要。

但是，杜兰特的"缺失模型"也存在着自身的问题……

二、学术界对"缺失模型"的批评以及杜兰特对"缺失模型"的辩护

自从西方国家对公众理解科学的研究正式开展以来，尽管很多科学家和科学传播者仍然采纳了"缺失模型"，这个模型却受到越来越多的批评，如温（Brian Wynne）、伊雷尔（Steven Yearley）、迈克尔（Mike Michael）等学者就是其中的批评者。他们认为，"缺失模型"的观点把科学与社会关系的基本问题看作是公众的无知或公众对科学事实、科学理论、科学过程的不理解，而他们的这种看法是有问题的。杜兰特也意识到，"缺失模型"因对科学与社会关系的看法而受到严厉指责："它（缺失模型）指责公众没有在科学与社会关系中把握好自己的位置；没有认识到专家和公众在理解上的不一致可能是由于在具体语境下科学被重新定义或者被重新架构了；它产生了科学与公众之间单向的传播过程，这个过程没有价值甚至具有破坏性。所以在这个过程中，公众对科学是持怀疑态度的。"有学者认为，"缺失模型"之所以有很多问题，主要出于三方面原因。

首先，这一模型错误地把科学自身当作没有问题的知识体系来描述，英国另外一位公众理解科学研究者温在"坎布里亚羊"案例（对此案例，我们将在后续文章中详细介绍）中对科学家的建议和坎布里亚郡当地牧场主的经验知识所做的比较，就完全把科学的缺点暴露在了公众及学者面前。而杜兰特在1989年评估公众对科学的理解和对科学的态度的调查中提出的

它产生了科学与公众之间单向的传播过程……

问题或多或少脱离了科学产生的背景，也就谈不上认识到它的局限性了。

　　其次，这一模型没有意识到：大量科学远离生活，与日常生活无关。事实上，杜兰特也不得不承认，我们都生活在一个无知氛围中，每个人都不可能掌握一切知识。

　　再次，这一模型体现了一种价值判断，即科学理解总是好的。正因为如此，才有学者认为，这一模型的一个致命弱点就是试图把职业科学的认知模型强加到公众对科学的理解中去。

　　但是对于杜兰特等"缺失模型"的支持者来说，这个模型当然也有其存在的理由。杜兰特认为，大部分科学知识从一般意义上来说被认为是没有问题的，所以能够以科学知识为标准来检验公众的无知（uninformed）或者掌握科学知识（knowledgeable）的程度。然而，"缺失模型"在自然科学家那里寻求到支持的同时，却很难听到社会科学家的一句好话。杜兰特认为，在公众理解科学问题上，自然科学家与非自然科学家之间是有区别的。他认为，很多非科学家选择运用处理科学的术语好像都比较通俗、直接，所以与科学家相比，他们并不具备科学、技术的专业词汇。

　　当然，要在"让科学理想化而使公众成为魔鬼"的公众理解科学与"让科学成为魔鬼而把公众理想化"的公众理解科学之间做出区分，这并不是杜兰特的本意。他认为，应该寻找一种公众理解科学模型，这种模型在对科学与公众的批判分析时应该是公正的，是

大量科学都远离生活，与日常生活无关。

"缺失模型"在自然科学家那里寻求到支持的同时，却很难听到社会科学家的一句好话。

一个能够公正对待复杂性、微妙性、优点和缺点的模型。但是杜兰特认为，以上所提到的传统"缺失模型"的缺点并不能构成抛弃这一模型的理由。因为民主的健康运行要依靠有素养的公众；在现代工业民主社会，真正的素养必须包含科学素养。如果我们要了解形成某一文化中公众对科学的了解和态度的话，有必要对公众理解科学进行一些测量。即使"缺失模型"在其他方面的确已经失去了作用，比如在具有争议的转基因等生物技术问题上，但是杜兰特仍然认为，"缺失模型"的一个很大优点在于，非常适合公众理解科学在教育方面的作用。

但是，毕竟"缺失模型"已经偏离了时代，它在很多方面已经不太适合今天科学、民主的发展了。杜兰特也已经承认，有些领域利用"缺失模型"来解决是不合适的。洛克（Simon Locke）提出，公众理解科学的研究标志正是这个"缺失模型"与温和其他学者提出的可能被称为"社会认同"（social identity）的观念之间的方法论争论。实际上，其中的差别表明了公众理解科学内在的一种模糊性，这种模糊性仍然可以通过词汇中的第二个和第三个术语来澄清。在"缺失模型"中，公众理解"科学"强调了这里的科学就是正统科学：关于"科学"，人们知道了些什么，主要的关注点在于人们对达成共识或者没有异议的知识以及得到认同的科学共同体的方法论的认识和无知程度。然而，如果强调其中的第二个词语，就赋予这个词截然不同的含义。

三、杜兰特的立场动摇

我们已经知道，杜兰特是"缺失模型"的主要提出者。从他的身份来看，杜兰特也不可能不受其他模型的影响。杜兰特曾经对科学素养的各种定义很感兴趣，并在美国的公众理解科学学者米勒（Jon Miller）所提出的三个维度下对公众理解科学做了分类，他认为，懂得一些科学知识很显然同理解科学是不一样的。尽管事实可能自身很有趣，也不是坏东西，但是懂得事实本身并不意味着理解了它们的意义，也不意味着理解了它们在更广泛的科学框架下所处的位置。另外，如果仅仅知道了科学事实，并不会对那些试图容忍当代科学问题的人有任何帮助。

而且在其早期工作中，杜兰特认识到了科学理解的二维结构（理解科学知识和理解科学过程）。他认为，众多伪科学利用科学方法使其产生影响或者得到它们的预测结果。那么公众是如何决定哪些是相互冲突又公然宣称值得相信的呢？

杜兰特认为，对于作为一种实践和机制的科学是如何工作、如何创造知识的理解有利于辨别伪科学。他认为，把科学作为一个机制来理解有利于公众把可靠的知识从不可靠的知识中区分出来。根据杜兰特的观点，公众需要的不仅仅是事实上的知识，不仅仅需要"科学态度"和"科学方法"的理想形象，他们更需要的是有关科学的社会机制如何真正运行，以产生关于自然界的可靠知识。但出于分析的目的，杜兰特尽量避免使用米勒提出的科学素养的三维概念，也不

懂得一些科学知识很显然同理解科学是不一样的。

想把公众分为具备科学素养的和不具备科学素养的两类。虽然在工作中，杜兰特和他的同事们也提出了一个三维模型，但是在调查和研究中却继续仅仅使用词汇或者结构的理解维度。可以看出，一方面，杜兰特意识到了传统模型已经不适合现在公众理解科学的研究了，但是另一方面，他仍然在维护他的"缺失模型"。杜兰特似乎是处在进退两难之中。

不过，杜兰特的立场毕竟有了改变。他不再仅仅强调科学知识的重要性了。在他的一篇文章中，杜兰特提出"我们要把科学作为'公众的知识'来看待；作为一个发展变化的发现体系来看待，这个体系的范围、局限、应用和影响总是可以让公众来审查、讨论，并接受公众的批评"。而且，杜兰特把公众论坛看作是培养科学家与非科学家对话的最有效、最民主的方式。

在这里，杜兰特向"民主模型"（democratic model）倾向的转变就显而易见了。早在 1995 年，杜兰特已经认为，有必要把公众理解科学同对增加公众积极参与科学技术问题的机会的调查相结合。后来杜兰特曾经在 1999 年发表文章，强调公众在技术评估中的作用。他认为，更多关于科学传播活动发展的针对性研究将支持以"参与模型"为基础的，而不是"缺失模型"为基础的科学传播发展。而这些研究的基础应该是"科学与公众"的关系。

杜兰特在科学博物馆的工作，以及作为创刊主编工作，为他的公众理解科学研究提供了很好的机会：他提供了向公众传播科学的实际案例。杜兰特认为，

不过，杜兰特的立场毕竟有了改变。

一般公众好像对科学技术有些迷惑，并要求更多地参与到科学技术在日常生活中应用的决策过程中来。所以杜兰特比较认可"民主模型"，他认为，在"民主模型"中，应该强调公众在技术评估中的作用。"公众往往对专家的意见和建议表示怀疑，尤其在被认为反映了具体的经济社会或者政治利益时"，公众对以科学技术为代表的决策缺乏信任，正是科学传播的"民主模型"所要解决的基本问题。缺乏信任意味着加强对话的需要。"对于'民主模型'的支持者来说，解决问题的办法不在于从科学家到非科学家的单向传播，而在于两个共同体之间的开放对话和协商。"在国家发展的背景下，以"民主模型"为基础的科学传播活动非常具有价值，因为"地方性知识（local knowledge）可能会证明或者证伪专家对风险的评估"。

到此，杜兰特已经做了一个很大的妥协，杜兰特原本是"缺失模型"的坚定支持者，现在，他本人已经看到了"缺失模型"的局限所在，认为"缺失模型"和"民主模型"作为公众理解科学的两个模型可以共存。简要地讲，"缺失模型"更可能在一些领域如正规的科学教育、公众健康等方面比较适合，"民主模型"则更适合其他领域，如公众对与转基因食品有关的环境问题的争论等。

（与李正伟合著）

以"民主模型"为基础的科学传播活动非常具有价值，因为"地方性知识可能会证明或者证伪专家对风险的评估"。

国内科学传播研究：理论与问题

一、关于科学传播

虽然科学传播的研究日渐活跃，但无论是在国外还是国内，对于科学传播都没有明确的定义，甚至连提法都不太一样。譬如在国内，有使用"科技传播"的，有使用"科学传播"的，也有专门研究"技术传播"的；在国际上，英文中有"Scientific and Technical Communication（STC）"，有"Science Communication"，还有"Scientific Communication"和"Technical Communication"。国内学者刘华杰认为："因为我们更强调的是科学观念和科学事实的方面，不更多涉及实用技术的普及，不直接讲'技术传播'或者'科技传播'，只是'科学传播'。但这不妨碍其他人或者单位用别的称呼。或者说我们只强调'科技传播'中的一部分，认为科学传播是当前最核心、最重要的。科学与技术有很大区别，科学传播与科学技术传播、技术传播不能混为一谈。我们强调科学的观念方面，即使谈技术的传播问题，也限于观念层面。"

从现有的资料来看，贝尔纳是最早注意到科学传播的科学社会学家之一。在他于 20 世纪 30 年代出版

科学与技术有很大区别，科学传播与科学技术传播、技术传播不能混为一谈。

的《科学的社会功能》中，第 11 章就专门讨论了科学传播的问题（原文是用 scientific communication，中译本翻译为科学交流），主要提出"科学交流的全盘问题，不仅包括科学家之间交流的问题，而且包括与公众交流的问题"。

另一方面，从科学史上看，一般的科学传播活动也有着很长的历史。近 300 年来，科学的职业化逐渐固定下来并制度化，由此导致在研究者与一般受教育者之间的"知识鸿沟"不断扩大。早在 1686 年就有人认识到科学传播的两个渠道：面向科学家同行和面向受教育的公众。到 18 世纪末，第二条传播途径的对象集中在了特定的受众身上：妇女，当时是无知、善良和好奇的象征。但当时的传播规模比较小，所以还算不上科学的大众传播。

19 世纪后半叶大规模的科学传播开始出现……

19 世纪后半叶大规模的科学传播开始出现，不限定对象，而是面向一般公众。很多人开始写科学方面的小说。作者主要通过 3 种方式进行科学传播：（1）日报，常常描述科学技术中的重大事件，从新发现、地震到实验室的爆炸；（2）杂志，有专门的地方介绍科学信息；（3）展览和会议，其中涉及如照相技术、身体模型等，后来的 X 射线就是经由这种方式为公众所了解的。

从现在的研究来看，对于什么是科学传播存在不少争论……

从现在的研究来看，对于什么是科学传播（science communication）存在不少争论，但英国的惠康基金会（Wellcome Trust）认为，科学传播至少包括在如下部门或群体之间的传播：

（1）科学共同体内部的传播，包括学术性的和商业性的；

（2）科学共同体与媒体；

（3）科学共同体与公众；

（4）科学共同体与政府或其他行政权力机构；

（5）科学共同体与政府或其他能影响政策的机构；

（6）工商业机构与公众；

（7）媒体（包括博物馆和科学中心）与公众；

（8）政府与公众。

国内的不少研究者对科学传播下过定义。20 世纪 90 年代中期，有代表性的观点认为，科学传播是指科学资料、科学知识、科学情报的交流、传播和共享活动；在当时某次有关科学传播的学术会议中，不同的学者分别提出，"科技传播是科技信息运动的一种形式，其目的是实现科技信息的交流与共享"。科技传播的广义理解，不仅包括科技信息，还包括传播媒介、传播方式等特质手段。所以科技传播还是一种传播，与其他传播的区别只是传播内容不同。当然，也有研究者提出，科技传播的社会意义，即社会、文化、科技自身的内涵也在此范围内。近年来，比较流行的观点则把科学传播定义为"科技知识信息通过跨越时空的扩散而使不同的个体间实现知识共享的过程"，并明确地按传播渠道把科学传播分为四种：专业交流、科学技术教育、科技普及、技术传播。类似地，卞毓麟认为，科学知识最初是少数人的劳动成果，最后则应转化为全社会共享的财富。这种转化过程实际上就是科学传播的过程，并分为科学交流、科学教育、科学普及三个层次。也有学者认为"科学传播"即是用

"多元、平等、开放、互动"的"传播"观念来理解科学、对待科学。在这种看法中，主要注重的是把科学传播的引入看成是一种观念的转变。

在传播学中，传播被认为是一种共享信息的过程（the sharing of experience），从广义上来说，甚至所有活的有机体都有传播行为。而人类传播的独特之处则在于能创造和使用符号。

科学传播作为一种交流共享的活动，是人类传播的一个类型，只不过是限定到与科学有关的范围之内而已。

从上面的各种观点和定义可以看出，科学传播作为一种交流共享的活动，是人类传播的一个类型，只不过是限定到与科学有关的范围之内而已。

从国内外对于科学传播的理解来看，虽然对科学传播没有明确的定义，但却有约定俗成的含义，科学传播的概念需要我们进一步的明确和统一，但现有理解也并不妨碍相关的研究。

二、国内科学传播研究发展的两个阶段

科学传播、科学文化、公众理解科学等研究在国内逐渐兴起，但与国外的研究相比，还很不完善，这一方面是因为我们起步较晚，另一方面则是对国外的研究成果借鉴不够。

从 20 世纪 90 年代至今，国内科学传播研究有一个转向、两个阶段。

笔者认为，从 20 世纪 90 年代至今，国内科学传播研究有一个转向、两个阶段。

第一个阶段以 1995 年 10 月清华大学召开的首届科技传播研讨会为开端。1996 年，由孙宝寅主编的会议论文集《科技传播研究》集中体现了当时科学传播研究的成果。关于这一阶段的科学传播研究状况，刘华杰在《整合两大传统：兼谈我们理解的科学传播》一文中做了详细论述。[①] 总体来说，这一阶段的特点是：其一，研究者认为科学传播是一个"亟待开拓的研究领域"，对科学传播的研究是处在"探讨"和"思考"阶段，很多研究是处于宏观层次，这说明，科学传播正处在起步阶段；其二，科学传播研究是以传播学为背景的，"当时人们以为科技信息自身是明确的，即内容不成问题，而传播界所要做的就是如何多、快、好、省地传播。"

但是，把内容与手段分开处理是成问题的，以北大科学传播中心的刘华杰、吴国盛等为首的一些学者提出了科学传播的某种理念。吴国盛认为，国内通常理解的科学传播更多地着眼于"如何传播"，是打科技牌，把"科学技术"当作手段来搞传播。刘华杰则注意到现在科学传播研究"只有基本搞清了该传播什么，才谈得上如何有效地传播"。相应地，我们可以把这种理念的提出归结为另一次转向：从科学传播的机制研究到内容研究的转向。

不可否认，科学传播的内容确实值得研究，这是科学传播区别于其他传播类型的极其重要的一个方面。第一阶段的研究实际上只是将科学传播作为传播的一个普通分支来研究，忽略了"科学"一词的特殊性，

[①] 《整合两大传统：兼谈我们理解的科学传播》一文有不同的版本，在第一个版本中，刘华杰对20世纪90年代中后期的国内科学传播研究做了精彩评述。

从这个意义上来说，转向很有必要。

但转向并不意味着放弃科学传播的机制研究。

一方面，第一阶段的科学传播研究是基于传播学理论，但绝大部分只是泛泛而谈，并未深入细致。在当时来说，科学传播是"一个亟待开拓的研究领域"，科学传播的机制问题并没有真正搞清楚。

科学传播的内容与机制本来就是不可分割的部分，忽视任何一方，都会使研究无法进行。

另一方面，科学传播的内容与机制本来就是不可分割的部分，忽视任何一方，都会使研究无法进行。"科学"与"传播"应当是并重的。

三、目前国内科学传播研究的若干问题

前面主要是对国内科学传播的一般性问题的讨论。但在具体的工作中，实际上，与科学传播工作和研究相关，还存在如下一些问题，应当引起我们的重视。

1. 科学传播与科普

在目前讨论的语境中，科学传播与科普的关系，是首先值得注意的问题。

在目前讨论的语境中，科学传播与科普的关系，是首先值得注意的问题。中国科普历史比较长，曾有人把科普界的历史界定为是从近代科学传入中国，在中国掀起新文化运动以及中国共产党诞生之后百余年来的历史。其中，"科学大众化"是科普的重要特征。但从近百年的历史来看，科普主要是一种活动、工具或手段，而不是一种理论。

有人（如学者吴国盛）认为，科普、公众理解科学和科学传播是科学传播事业的三个历史阶段。传统的科学普及把自己规定成一个科学知识居高临下的单向传播过程，即由掌握科学知识的人群向没有掌握科学知识的人传播的过程。20世纪以来，公众理解科学显示出新的特征；而科学传播则是科学普及的一个新形态，是公众理解科学运动的一个扩展和继续。

也有学者（如刘华杰）认为，科普是一种简单的灌输。公众理解科学除了一阶传播，也强调二阶传播，一阶传播与对象性的科技本身的事实、知识内容有关；二阶传播与元层次的科技之过程、思想、方法、影响有关。后者比前者更强调对科学本性及其社会影响的认识、理解，弱化对科技知识本身的关注。科学传播是指在一定社会条件下，科技内容及其元层次分析和探讨在社会各主要行为主体（如科学共同体、媒体、公众、政府及公司和非政府组织）之间双向交流的复杂过程，它指除了科技知识生产之外与科技信息交流、传达和评价有关的所有过程。它包含了科技一阶传播和二阶传播。

无论前者提出的历史阶段论，还是后者提出的二阶传播，科学传播都是作为科普的第三种形式出现的。只是与传统科普相比，后者的内容有了变化，要有人文内涵；或研究重点有了侧重，多了个二阶传播；或是传播主体之间有了互动。其实，也还有人认为科学传播是以公众理解科学的理念为核心的，传播手段、预期受众和目的都不同于科普。

很有意思的是，这种科学传播观得到了不少科普

也还有人认为科学传播是以公众理解科学的理念为核心的，传播手段、预期受众和目的都不同于科普。

研究者的支持。郭治在《科技传播学引论》中把科学传播与科普联系起来：大科普观念中的科普就是科技传播事业，科普工作是一种促进科技传播的行为。申振钰认为科学传播实际上是与传统科普相区别的现代科普概念。当然，也有人对此提出质疑。在 2000 年国际科普论坛上，葛霆先生反对科学传播等提法，认为还是原来的"科普"好。刘华杰把他的观点总结为：（1）在中国，名词的翻译引起过许多误解和滥用，不宜将 communication 译成"传播"。在科普领域，虽然传播很重要，还是不要用传播这样的词，叫科普比较好；（2）科普就是科学大众化；（3）科普内容包括知识科普，也包括科学方法、科学精神的普及。除科学知识外，科学家与公众没有明显的差别，处于同等地位。刘华杰对此评论说："科普也可以有狭义（第 2 条）与广义（第 3 条）两种。广义的科普等同于科学传播。"

那么，由此我们可以确定地得出结论：国内这些研究认为科学传播是一种广义的科普，涵盖传统科普，并且与之有所不同。

但需要注意的是，从概念上来说，公众理解科学、科学传播研究作为舶来品，在国外的发展并未遵循上述轨迹。科普活动，国外有人称之为前科学传播时期，从 17 世纪末就已出现，但直到今天，科普仍未消亡，无论在实际中还是理论上都是存在的。早在 20 世纪 30 年代，贝尔纳就提出"科学传播"（scientific communication）的概念，主要指科学家之间及科学家与公众之间的交流。从《科学的社会功能》的相关论

述中可以看出，当时的科学出版及科普活动已经比较
重要。1966年美国科学促进会发表了《公众理解科学》
报告，1985年，英国皇家学会的报告《公众理解科
学》发表后相关研究开始兴起。从实际活动来看，公
众理解科学、科普、科学传播的研究和活动虽然有交
叉，但并没有完全归于科学传播，也无层次之分。

　　科普、公众理解科学、科学传播的区别并非是历
史的或是层次上的，笔者认为，三者只是侧重不同，
无论传统科普还是现代科普，其本质都是科学大众化
的实践活动，只不过内容发生了变化。虽然科学传播
与其有关系，但绝不会等价于科普，无论是传统的还
是现代的。科学传播的界定自从贝尔纳提出来之后一
直是比较明确的，有些学者既承认主体多样性和互动，
又提出科学传播即科普，把大众化之外的科学传播活
动排除，这在逻辑上是有问题的。这三者之间的异同
可用下表来总结。

> 无论传统科普还是现代科普，其本质都是科学大众化的实践活动，只不过内容发生了变化。

科普、公众理解、科学传播异同表

	起　源	侧重的内容	主要对象	性　质
科普	历史最长	科技内容的普及	大众	实践性活动（传播什么）
公众理解科学	为了解决科普中出现的问题	科学与公众的关系	公众（比大众更宽泛）	强调影响（为什么传播）
科学传播	传播学理论对科学活动的研究	传播过程和传播机制等	多主体互动，包括公众但不限于公众，也包括了在科学共同体内部的交流	强调过程及内在机制（如何传播）

　　有人认为，讲科学传播应更多地讲为什么要传播、

传播些什么，科技在这里主要是"内容"，而不是手段，要把科学技术的普及当作目的。把这番论述与上表对比，强调为什么要传播、传播什么实际上是公众理解科学和科普的内容，与我们理解的科学传播意义是截然不同的。

从理论研究来看，我们提出科学传播的理由之一是便于与国际接轨，但上面提到的科学传播实质上却是科普，而国外的科普和科学传播是分开的，如果按上述思路研究科学传播的话，我们不是与国际接轨，而是错轨。

2. 科学传播的内容与机制

有些研究者提出现在科学传播研究的方向："从大的方面看，传播什么始终作为一个背景，作为传播工作者的一种理念、大脑中的一个框架在起作用。如果传播者不清楚科学本身是什么，不但可能欲速而不达，还可能南辕北辙。"

内容即传播什么的问题，传统科普传播的是具体科学和技术知识的信息。但第二次世界大战结束后，科学的负面影响开始显露出来，人们对科学的信念也开始发生变化。科学、技术与社会的相互影响要求科学传播有更丰富的内涵，具体说来，即不仅需要传播科学知识，也需要传播科学精神、科学方法、科学思想，社会文化内容也必须进入传播内容之中。同时 STS 研究、科学社会学和 SSK 的兴起，也为其提供了理论支撑。

无可否认，这种变化确实为科学传播研究提供了

第二次世界大战结束后，科学的负面影响开始显露出来，人们对科学的信念也开始发生变化。

广阔的空间，而且也很有必要。但如果把科学传播等同于这些内容研究，那肯定是对科学传播的严重误解。作为传播的一个类型，科学传播研究至少要包括如下内容：关于传播主体的"控制分析"；关于传播内容的"内容分析"；关于传播媒介的"媒介分析"；关于传播对象的"受众分析"；关于传播效果的"效果分析"。而目前国内在与科普相关的意义上所谈论的科学传播的内容，只是其中的"内容分析"部分。作为严格的理论研究，仅做其中一部分的工作，就称为科学传播是不合适的。

在传统的科学传播研究中，有一个假定：在某一个特定的时段，存在完全和限定的科学事实，这些事实能被传达给外部的受众。上述观点把科学传播的内容当成目的，其实也有一个类似的假定：在某一个特定的时段，存在完全和限定的科学事实、科学精神、科学方法、科学思想等，这些皆能被传达给外部的受众。

刘华杰曾提出一个很有代表性的图示，认为科学传播系统是一个动态反馈系统，行为主体自身和之间都有反馈关系（如下图）。在这种观点中，科学传播系统的主体结构是平面化的网络结构。

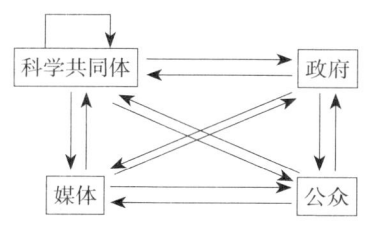

图 20　科学传播主体结构图

科学传播内容不能
独立研究，必须与
传播机制的探讨结
合起来。

其实，现实中的科学传播远比这个图示更为复杂，因为在这个动态反馈系统中，科学传播内容是无法静态、独立存在的，必须与传播机制及传播活动结合在一起。换句话说，科学传播内容不能独立研究，必须与传播机制的探讨结合起来。

从传播理论来看，科学传播内容也不可能脱离传播机制的探讨。格伯纳认为，人类传播过程是主观的、有选择性的、多变的和不可预测的，人类传播系统是开放的系统。信源的信息，即使经过最简单的传播模式，编码、信道、译码，加上外界因素的干扰，最后达到受众的内容也是不同于信源信息的，现实中的其实更为复杂。所以这里的科学传播内容本身就是动态的、不确定的，必须放到传播中才可能得到确切的答案。离开了科学传播机制，传播内容也是不存在的。

所以说，在科学传播中对传播内容和传播机制的研究并不仅仅涉及手段和目的。传播内容、传播机制是科学传播的两条腿，缺少其中任何一条都会使研究陷入困境。

3. 科学传播与传播学理论

有些人也尝试用传播学理论分析科学传播，但如果过分简单化地处理和认识，也会使相关研究的价值打折扣。"传播理论的外套 + 科学传播概念"成为不少文章的格式。如以传播学的 5W 模式分析科技传播的信息源、传播者、传播媒介、效果、内容等，就属于这类工作。例如，林坚的《科技传播的结构和模式探析》用了几种传播模式和控制论、系统论的观点分析科技传播。其实，如果拿掉这些文章的传播学外套的话，也不会发现内容有什么实质性变化，其主要的原因就在于没有深入到传播机制内部去研究，而流于表面化。另一方面，则还是受到传统的科普思路的影响，把科学传播简单化为一个单向过程。国内为数不多的从传播学视角进行研究的文章大致如此。

另一方面，一些关于科学传播的研究更侧重于宏观。以翟杰全的新著《让科技跨越时空——科技传播和科技传播学》为例，近 1/3 的篇幅是科学传播的宏观研究，如科技传播与网络化时代、科技传播与知识经济、国家科技传播体系的建立等。类似的文章还有其他一些。可以说，在科学传播还没建制化之前，这些工作是很重要的。但如果不把科学传播本身的问题搞清楚的话，这些就成为大而空的高谈阔论。仔细分析，这些内容实际上是"为什么传播"的问题，更接近于公众理解科学，还不是真正的科学传播。

四、小　结

综上所述，传播，是一个在逻辑上包括最广的概念，科普、公众理解科学中都存在有科学传播的成分，但科学传播还包括了这两者之外的许多其他科学信息的传播活动。科学传播涵盖了传统科普和公众理解科学，但由于它还包括了在这两者之外的内容，因而并

传播，是一个在逻辑上包括最广的概念……

不能完全等同或替代科普和公众理解科学。即使在现有的试图以科学传播代替科普的尝试中，也有问题：这就是更多的是注重传播内容，而忽视了本来就是传播学最重要内容的对传播机制的研究。

值得庆幸的是，这个问题正引起一些学者的注意，由于媒体重要性的加强，吴国盛指出："在公众科学传播即狭义的科学传播领域，媒体作为科学与公众之间的界面，起着异乎寻常的作用。过去的科学普及重视了科普创作、科技场馆和农村技术推广，但没有考虑到传媒的作用。无论从有效传播的角度看，还是从促进互动的角度看，媒体都是中心和枢纽。"对媒体的重视相应地会引起对"如何有效地传播"的问题的研究。

有趣的对比是，在 20 世纪 90 年代中后期，科学传播主要是传播界提出的，但当时只是初创性的工作，并没有深入地研究，并且传播学和新闻学学者对于科学传播的研究，从 20 世纪 90 年代中期直到现在，也走向了另一个极端：把科技新闻、科技报道等同于科技传播，只重视新闻的具体操作和实务，缺少了理论研究，使科学传播失去了区别于其他传播类型的独特性，或者说，现在传播学界的问题在于，对于科学传播的研究忽略了"科学"，而只注重传播。

"科学"和"传播"是科学传播的两条腿，既重视科学传播的内容，又了解科学传播的机制，并把两者结合起来，是科学传播研究的应有之义，也应当是我们科学传播研究的方向。

（与侯强合著）

对媒体的重视相应地会引起对"如何有效地传播"的问题的研究。

点评上海交通大学科学史系2000年硕士研究生复试试题

考试的问题历来是教育中的一个重要问题。只要有教育，就会有考试，只是在不同的情况下考试的内容和形式会有所不同而已。一般来说，考试的内容和题目出法，是很能够反映出出题者的学识、风格以及所供职单位的教育传统甚至于对不同观念的宽容程度的。如今，在许多人的回忆中，经常有人提到过去著名学者陈寅恪的各种轶事，提到他在清华大学的考题中用"孙行者"作对子上联这一著名的例子，虽然在当时考生中只有一人答出了出题者心目中的标准答案"胡适之"，但这件事依然被人们作为掌故而津津乐道。只是，在如今从小学到中学再到大学的各种考试题中，我们已经很难再见到这样风格别样且大胆的试题了。在这当中，或许除出题者的因素外，与当下各教育单位新的考试传统的形成和宽容程度的下降均不无关系。

近来，非常高兴地看到了上海交通大学科学史系对其科学史专业硕士研究生进行复试的一份考题。这份考题与现在我们常见的考题确有很大程度上的不同，所以愿在此对其做些评论以期引起相关的讨论，并相信这种讨论对于科学史等相关学科的建设，对于人文

一般来说，考试的内容和题目出法，是很能够反映出出题者的学识、风格以及所供职单位的教育传统甚至于对不同观念的宽容程度的。

修养的强调，甚至对于教育改革特别是考试改革也都会有某种意义的。

这份考卷由三部分内容构成。其中，第三部分是"语言基础"，包括英语和古汉语的内容。这部分内容应该说还是比较常规的，对于科学史专业的学生来说，也是不会产生什么争议的基本要求。第一部分，是"科学常识"，其中的 15 道题涉及面亦较广，并包括了与科学史相关的许多科学问题，也有最新的一些内容，像计算机和网络的应用常识。其实，这一部分对于科学史专业的学生来说也还是"正常"的标准要求。

如果说会有争议的话，主要是在此试卷中容量最大的第二部分"综合常识"。但此试卷令人感兴趣的也正是这部分的内容。在这部分的 20 道题中，涉及中外历史、哲学、文学等众多内容。也许会有人认为这部分的考试内容与科学史没有关系，因而不应作为科学史专业的学生的入学要求。不过，这也恰恰是可讨论的要点。科学史本来就是一个交叉性很强的学科，在分类上可以属于历史学的分支也即人文学科。对于这样的学科，除了科学知识背景，人文知识的储备显然是非常重要的，尽管试卷中的这些庞杂的内容可能对于考生未来短时间内的工作并不直接关联，但人文学修养的一个重要特点，也正是在于这种表面上的"无用"。正是这种作为未来发展之重要的潜在基础的"无用"的东西，反映出了考生平时对于更广泛的"学问"的兴趣和关注。我们大致可以说，只有具备这样素质的学生，才是在科学史研究中较为理想的有发展前途的学生，而不是那种目光狭窄，并相应地比较难以融

如果说会有争议的话，主要是在此试卷中容量最大的第二部分"综合常识"。

人文学修养的一个重要特点，也正是在于这种表面上的"无用"。

会贯通地进行创新发展的学生。有人曾指出，科学史可以是沟通科学文化和人文文化的一座桥梁，在当前国内两种文化的分裂日益严重的情况下，像这样的考试所追求的，正是对于两种文化的一种弥合。这对于科学史来说本来就是必要的发展基础。

但是，如前所述，由于出题者个人和某些因素的限制，像这样的考卷在当下是非常例外的。也正是因为这种例外，它才尤其值得我们关注。上海交通大学曾成立了我国大学中的第一个科学史系，并由江晓原先生出任该系系主任。江晓原先生也正是这份试题的出题者。从建立系级科学史的建制到允许出这样例外的考题，反映出上海交通大学对于像科学史这样的学科的重视，也反映出了该校在改革中的开明与包容性。

就这份考卷来说，其内容要求还是相当高的。据

图21 上海交大照片

了解，2000 年在应用此卷复试后，考生中的成绩最好者只有 41 分，最差者只有 20 分。由此成绩，则既反映出学生的科学与人文修养的现状，也表明了相对理想的要求与现实之差距。但无论如何，笔者以为，这种改革式的做法是绝对值得提倡的。我们总是在大谈反对应试教育和提倡素质教育，但素质教育显然并不意味着取消一切考试。此考卷恰恰正是以考试的方式来检验应试者素质的一种可贵的尝试。理由只举一条大概就可以说明问题了：要想考好此卷，是根本无法突击准备的，它所反映的，恰恰是考生的素质，或者说是长期的知识积累。

我们希望国内的教育界至少在考试方面能够出现更多这样有益的尝试。

此考卷恰恰正是以考试的方式来检验应试者素质的一种可贵的尝试。

探索科学探索者

近来，随着国内基础科学教育改革的逐步深入展开，特别是随着新课标的颁布，有关教育类图书的出版形成了一阵热潮。在这其中，浙江教育出版社近来引进、翻译出版的"科学探索者"系列，就是很有特色的一种。

显然，出版社的用意也是要为新课标的出台和相应的教材改革提供一份新的参考资料，因此，在此丛书后面，出版者也专门打上了像"美国中学普遍选用的综合理科教材"，"新课标、新观念、新学法的最佳参考用书"等颇具广告色彩的宣传用语。这些说法倒也基本上是实事求是的。

这里，仅以此套引进教材中的《声与光》一册为例进行一些初步的分析。在这本教材中，我们至少可以发现有以下这样几个特点。

其一，全书从头至尾除极个别的地方外，基本上没有引入计算公式，而是把重点放在物理概念以及这些概念在生活中的应用方面。

其二，作者在教材正文及各种图栏中，表现出非凡的想象力，把许多人们很难想到的例子，与物理学中波动部分的教学巧妙地结合起来。

其三，此教材留给学生以很大的个人探索的空间，无论在"探索"的栏目中，在"复习"部分，在"试一试"栏目中，在"技能实验室"栏目中，在"生活实验室"栏目中，以及在"课题"等栏目中，都准备了许多让学生们真正根据所学知识开拓认识的余地。

其四，此教材中关于"科学与社会"部分很有特色。例如，其中关于辐射与食物的内容，就与我国借鉴国外问题在"公众科学素养"调查中设立的问题非常相关，而且，还不仅仅是教授具体的、唯一肯定的知识，而是留出了"个人决定"的选择。当然，在许多地方，如结合电影的讲解，结合宇航的讲解等，也都充分体现了与科学相关的社会因素和社会问题。

其五，在书中，以相当大的篇幅讨论"科学与历史"，并以学生可接受的、并非枯燥的叙述方式，生动地讲解了光学仪器的历史发展。

其六，在书中加入了一些明显属于科学研究方法的内容，如涉及"理性思维"的"比较与对比""理解图表""归纳""作出判断""因果推断"等，而且在对这些内容的讲解中，使用了学生易于理解的语言。像这些部分，以及相关的"科学研究"中"提出问题""构想假说"等部分，大致与当时国内教材中"探究"部分的内容相当，但却远不是那么程式化。

总之，由以上初步的分析可见，这套教材确实是一套很有特色的好教材，但是，它能否适合于中国的教育体制（这倒是绝对的中国特色），那就是另外的问题了。

这套教材确实是一套很有特色的好教材……

传统科普书的萎缩与科学文化书的兴起

在 2004 年北京图书订货会上，我们可以看到一个非常明显的现象，即有关科学文化类的图书与 2003 年相比，在数量上显得增长不大，但在质量上呈现出稳步提高的态势，而且，特色更加突出。这表明，科学文化类图书的出版正在走向成熟。

然而，对于科学文化类图书的这种分类，以及相应的出版策略，实际上是有着一些争议的。这类图书出版的一个重要背景，就是以往传统科普类图书出版在当前形势下突出地表现出来的问题，以及用科学文化这种观念来（如果不是说取代——实际上也不可能取代）来扩充和发展相关的图书出版范围的必要性。

在传统中，科学普及类丛书主要关注对科学知识的介绍，包括注重对于前沿性科学知识的普及，主要注意的是如何以通俗易懂的方式来讲述知识，而忽略了在科学知识背后蕴含的社会、文化内容。而且，在一定程度上，观念也决定了形式，传统的科普图书目前虽然在一些出版社仍然在继续（主要是以丛书的形式）大量出版，但其对一般读者的吸引力明显下降，除少数例外，其市场的萎缩和缺少反响就是这种吸引

科学文化类图书的出版正在走向成熟。

力下降的明显的表现。

在这种情况下，随着科普观念的转变，以及相应的对于除科学知识外的科学精神、科学文化、科学态度的强调，一种新图书出版类型正在开始出版并逐渐走向成熟，这就是科学文化类出版物。一般地讲，科学文化类出版物并不仅仅限于普及性读物，一些相对高级的普及性读物甚至准学术性和某些学术性的著作也可以包括在内，但其最重要的特点，是与科学史、科学哲学、科学社会学、科学传播等学科研究成果的密切相关，它们更加注重的是科学知识背后的社会文化内容。因而，对于无论是科学界的读者、热爱科学的普通读者，还是范畴更加广大的人文背景的读者，都有着强烈的吸引力，使得科学不再成为令人却步的领域，而是在其中可以理解它的更加广泛的文化内涵。这也可以说是长久以来人们力图融合科学与人文这两种文化的努力的一种具体表现。

从 2004 年北京图书订货会上，我们可以欣喜地看到，高质量的科学文化类图书的出版正在成为科学类和文化类图书的一个新的亮点，也是一个值得人们注意的重要增长点。在 2004 年订货会上展出的一些品种，像河北大学出版社的"中国科学圣地丛书"、北京理工大学出版社的"北京大学科学传播丛书"和"盗火者译丛"、北京少儿出版社的"可怕的科学丛书"、湖南教育出版社的"发现之旅丛书"等新推出的很有特色的丛书，以及一些原有知名度很高的老丛书中继续出版的新品种，如上海科技教育出版社的"哲人石丛书"（新出有《恋爱中的爱因斯坦》等）、"金羊毛

一种新图书出版类型正在开始出版并逐渐走向成熟，这就是科学文化类出版物。

高质量的科学文化类图书的出版正在成为科学类和文化类图书的一个新的亮点……

书系"（新出有《氧：关于"追认诺贝尔奖"的二幕话剧》）、"八面风文丛"（新出有《世界史上的科学技术》）、上海科学技术出版社的 KJ 丛书、湖南科学技术出版社的"第一推动丛书"（第三辑）等，以及一些同样引人注目的单本图书，如河北教育出版社出版的《迁徙的鸟》、商务印书馆出版的《玻璃的世界》、上海科学技术出版社出版的《哥本哈根》等，可以说就是这类科学文化图书中优秀者的典型代表。

《多媒体时代的粉笔末》序

我认识褚慧玲，是多年前在新课标物理教材刚刚开始编写时。那时，她在编写组中，而我，则三天打鱼，两天晒网地参加编写工作，其实，主要是参与一些讨论。

后来，又陆续地看到了褚慧玲发表的一些文章，有些是研究性论文，另一些，则是随笔一类的东西。我感觉这些文字确实是有一些特色的。

其实，由于现行体制的某些要求，在普通中学教师的考核和晋升等过程中，也经常很形式化地要求发表多少多少论文。虽然不能说要求中学教师发表论文不对，但当这样的要求过于机械化、过于刻板时，也会带来一些副作用，以至于那些论文往往只具有一种在数字统计时才会被人注意的功能。而像随笔这样的文章，则既不能用来应付考核或评职称，又无法因写它们而获得体制化的学术承认，再加上这种文章远比学术论文要更难写，于是便很少有中学教师会愿意去写这样的文章了。更有甚者，不仅对中学教师是如此，对于现在的大学教师，情况也是相同的。

但褚慧玲的情况则似乎有所不同。首先，她并不需要有更多用来评职称的"学术成果"，但依然写了不少的学术研究论文；其次，她也并不因那些"非学术性"的随笔很难得到一些地方的承认，以及撰写这类文章的困难而停笔，依然写了多颇有可读性并对教师和学生有某些启发价值的随笔。这些随笔性的文字汇集起来，就成了这本名为《多媒体时代的粉笔末》的集子。

　　前面说到，随笔性的文字要比那些学术性的论文更难写，这本是我一贯的看法，在清华大学我给学生开的一门有关科学文化写作的课程中，也是这样讲的。我开的那门课主要教授的就是非学术论文的写作。因为学术论文在形式上，有着一套近似于八股化的格式，通常并不要求文采，也不强调可读性，只要表述得清楚，只要表达准确，只要确有学术创见（其实这最后一点是很难的，时下很多被冠以学术论文名义的文章远远达不到此要求），便是合格的。而对于随笔，在理想的情况下（注意，我说的是在理想情况下），首先是要有较好的学术积累，这样才有其价值，才有基础；其次又要顾及文字的可读性，必须注意写作技巧，否则还是很少有人会去阅读。因此，会写学术论文的人，未必写得出随笔，至少写不出理想的随笔，而随笔所面对的又是相当市场化的竞争，不受读者欢迎，便是彻底失败。所以，能够写出如此多的随笔，并有机会结集出版，这正说明了褚慧玲写作的成功。

　　在目前可见的被称为随笔的各类文章中，关于教育，特别是关于科学教育的随笔又只占有很小很小的比例。也许这与这类文章合格的写作者数量的稀少有关，而这种稀少，又与我们长期以来在教育中存在的

会写学术论文的人，未必写得出随笔……

科学与人文的严重分裂有关。

不过，关于要弥合科学与人文的分裂已是国际教育界长久以来的努力方向，这种努力在国内现在也反映在像以新课标为代表的基础教育的改革中。当然，要彻底改变一种传统，绝不是一朝一夕的事，但与此同时又是必须从现在做起的事，因此，像这本集子这样的"成果"，本应是得到公正的承认的。即使某些方面的承认会滞后一些，至少在已经存在的市场需求下，也已经表现出了它自身的某种价值。

这本集子中的这些文章，基本都与科学教育有关，是作者的思考和实践的总结。其中，一个非常值得提及的特色，是这些文章所反映出来的倾向，恰好也正是目前在科学普及的改革发展中，以及在正规的基础教育改革中为人们所倡导的。因此，如果它们真的能够为一些教师，甚至一些学生所阅读的话，显然会有它独特的意义的。

褚慧玲将她编的集子预先示我，并希望我为之起名和作序。我想到的《多媒体时代的粉笔末》这个书名，其中也有某种象征性的意味。多媒体时代的说法，通常象征科学的进步，象征现代化，而粉笔，则更是代表着一种教育的传统，象征一种更为人文的价值取向。两者的并列或者说结合，则代表了在现代化和传统之间，在科学与人文之间的一种张力。而"末"这个表征细碎、并有某种微不足道的含义的字，正好可以象征随笔这样一种随意的、非刻板的、与那种长篇大论的学术论文大不相同的特殊文体。褚慧玲认可了这个书名，也正反映出这种想法与她的倾向之吻合。

粉笔，则更是代表着一种教育的传统，象征着一种更为人文的价值取向。

　　而序言，就是上面说的这些仍是细枝末节但却也还觉得应该说一说的"废话"。好在它只是一篇序言，并不代表这本书的作者。

　　其他的，而且更重要的评判，就应该由读者做出了。

《认识科学：科学文化读本》序

一

对于《认识科学：科学文化读本》这本书来说，首先需要说明的，是何为科学文化。

要讲清什么是科学文化，还得从历史说起。

1959 年 5 月 7 日下午 5 时许，英国学者斯诺在英国剑桥大学作了一次题为《两种文化与科学革命》的演讲。按照后来有人所作的回顾，斯诺在他的这次演讲中，"至少做成了三件事：第一，他像发射导弹一样发射出一个词，不，应该说是一个'概念'，从此不可阻挡地在国际传播开来；第二，他阐述了一个问题（后来演化成为若干问题），现代社会里任何有头脑的观察家都不能回避；第三，他引发了一场争论，范围之广、持续时间之长、程度之激烈，可以说都异乎寻常。"

斯诺在他的这次演讲中，首先指出，他相信整个西方社会的知识生活日益被分化成两极的群体，其中一极，是所谓的文学知识分子，而另一极，就是科学家。在这两极之间是一条充满互不理解的鸿沟，彼此缺乏了解，甚至于形成反感和敌意。非科学家大都认为科学家傲慢和自大，认为科学家是肤浅的乐观主义者，不知道人类的状况；而科学家则认为文学知识分子完全缺乏远见，尤其是不关心他们的同胞，在深层次上是反知识的，并且极力想把艺术思想限制在有限的时空。相应地，这两群人分别代表了不同的文化，即科学文化和人文文化。以科学家一方为例，虽然其阵营的成员间也并不是完全地相互理解，但他们又的确有共同的态度、共同的行为标准和行为模式、共同的研究方法和假设，这种共同性是十分深远和广泛的，甚至能够穿越其他精神模式，如宗教、政治或阶级模式。但是，在对于当下社会产生了如此深远影响的科学与相应的科学文化，另一方却有着完全的不理解，而且他相信这种不理解会将其影响扩散到其他方面。这种不理解使整个"传统"文化有一种非科学的味道，而且这种非科学的味道经常会变成反科学，从而对一极的感情就变成了对另一极的反感。

斯诺在详细地论证了科学文化和人文文化这两种对立的文化的存在之后，明确地指出了这种文化上的分裂将会给社会带来巨大的损失。因为文化的分裂会使受过高等教育的人再也无法在同一水平上共同就任何重大社会问题开展认真的讨论。由于大多数知识分子都只了解一种文化，因而会使我们对现代社会做出错误的解释，对过去进行不适当的描述，对未来做出错误的估计。

对于两种文化分裂的原因，斯诺认为主要在于人们对于专业化教育的过分推崇和人们要把社会模式固定下来的倾向。因此，要改变这种状况，只有一条出路，即改变我们的教育。

在斯诺之后，随着时代的发展，两种文化已经具有了与其最早提出时有所不同的内容，其间的沟通、融合问题，也表现出相应的发展与变化，而在不同的时期，这些不同的表现形式与内容仍然在不断地引起人们的注意力，成为斯诺命题的延伸。

在斯诺之后，随着
时代的发展，两种
文化已经具有了与
其最早提出时有所
不同的内容……

二

在斯诺最原始的关于两种文化的演讲中，他提出的"科学文化"和"人文文化"，本来是指为科学家共同体和文学知识分子这两个群体所分别拥有的"文化"，后来，在其他人的用法中，与人文文化相关的群体，被扩大到范围更广的人文知识分子，或者说，人文文化是指与人文社会科学研究领域密切相关的文化。而且，斯诺在其《再看两种文化》一文中，还曾提到了"第三种文化"的概念。虽然对此他并没有给出确切的定义，但从他呼吁要沟通被分裂的两种文化来看，第三种文化大致应该是一种融合了科学文化和人文文化的"新文化"。他这样讲："说第三种文化已经存在可能为时尚早。但我现在确信它将到来。当它来的时候，一些交流的困难将最终被软化，因为这一文化为了能发挥作用必须要说科学术语。然后，如我所说，这场争论的焦点将转向对我们所有人更有利的方向。"

在后来的发展中，也经常有人提及"第三种文化"，例如，几年前一本标题直接取名为《第三种文化：洞察世界的新途径》的书，作者认为，"第三种文化引起人们广泛的注意靠的并不仅仅是写作能力，那个传统上被称作'科学'的东西，今天已经变成了'大众文化'。"由此可见，那位作者实际上是将来自与一般公众直接进行交流的科学家们的思想和工作与"正在浮现的第三种文化"相联系。但这显然并不是斯诺原来意义上的第三种文化。甚至于因为其更偏重于科学一方面，忽略了人文的立场，因而，并不一定有利于解决两种文化分裂问题。

近些年来，国内一些学者则在另外一种意义上使用"科学文化"这个词，即立足于对科学的人文研究，以人文的视角来考察科学，尤其关注科学在社会、文化和大众传播方面的内容。而这样一种含义的"科学文化"，也非斯诺原来所用的"科学文化"的所指，而与他所说的"第三种文化"，以及像科学史家萨顿提出的"新人文主义"（或科学的人文主义）有相近之处。本书所用的科学文化的概念，就是在这种意义上的。

实际上，在国际范围内，在今天，人文学科及其相关的文化的地位也仍是充满了争议的，在一些比较极端的唯科学主义人士的眼中，也仍然具有对人文的蔑视。当然，在中国，这个问题可能表现得更突出，而且在表现形式和意识形态背景上也与西方有所不同。如果说在斯诺生活的时代，在斯诺的眼中，两种文化的分裂更主要地表现在人文知识分子那方对科学文化的无知与轻视，那么在今天，随着科学在人们的社会生活中和意识形态中所产生的更为巨大的影响，其所

近些年来，国内一些学者则在另外一种意义上使用"科学文化"这个词……

导致的对于人文文化的轻视也许比斯诺的时代要更为
突出。我们可以回想起萨顿的一段话："科学是必需
的，但只有它却是很不够的……科学史证明，科学对
任何人和任何社会都是有价值的；同时它也证明了科
学的不足。"

三

前面所讲的问题，总结起来，无非两个要点：

第一，科学与人文之间存在有分裂。其实，在我
们国内一些年来的教育体制中也同样存在有这样的分
裂。因而，我们的任务就是应该做出一切的努力来弥
合这种分裂。

第二，为了解决科学与人文的分裂问题，我们应
该倡导科学文化的传播与普及。我们这里所说的"科
学文化"，是在最新的意义上，指将科学与人文相结合
而形成的那种文化，它包括以人文的立场来看待科学，
也包括从科学的立场来看待社会文化问题。

在当代的科学普及中，主要涉及两部分内容，一
部分是与具体的科学知识相关；另一部分，则是仍在
与科学知识相关的前提下，更为关注与科学有关的其
他方面，或者更简单说，也就是关注对于科学的人文
审视。

对于普通公众来说，两者都是重要的，缺一不可。

对于大学生来说，更是如此。作为意在提高大学

生的文化素养（在这里具体地可以说是科学文化素养）的这个读本，在选编时，编者并不刻意追求系统性和专业性，而是更为注重可读性，更多地注重科学的人文意蕴。

我们希望利用此书，在一种更为轻松随意的阅读中，读者能够增加对于科学的人文理解。

第四篇　科学与性别

在传统的认识中，科学被看作是"客观的"、中性的关于自然的"真理"。然而，近来诸多对科学的人文研究打破了这种神话。女性主义的研究尤其揭示：科学，也是被打上了性别烙印的。

女性主义与科学

今天，我们来讲讲女性主义与科学这个话题，或者说，也可以叫性别与科学。之所以这样讲，是因为性别研究（gender study）与女性主义关系极为密切，在许多场合甚至几乎等同于女性主义的研究。

当然，同学们也可能会有疑问，因为在我们通常的理解中，科学是"客观"的"真理"，怎么会与性别有关系呢？要回答这个问题，我还是先讲一下女性主义学术研究的问题。

这就会联系到所谓的女权主义运动。我们知道英文中"feminism"这个词，有人将它译成女权主义，有人将它译成女性主义。在历史上还有很多，如女子主义，甚至有音译，在20世纪三四十年代的时候，还有译成弗姆尼只姆的。说到这样一个主义，它又确实跟女权主义、妇女解放运动相联系。妇女解放运动到今天为止，大致可以分为两个阶段，第一个阶段很早，大概是19世纪末，是妇女解放运动的第一次浪潮，这主要是就西方而言，我今天讲的基本上也是就西方而言，因为我们国内以中国为对象的性别和科学研究还很少，所以，我基本上是在讲国际上西方的一些研究，实际上，feminism这个概念也主要是从西方来的。当

在我们通常的理解中，科学是"客观"的"真理"，怎么会与性别有关系呢？

然，它可以变得很宽泛，比如说，有人把各种跟女性有关的研究都归到女性主义这个范围里来，甚至有些中国的杂志、中国的学术界经常爱走一些极端，有人甚至在很正式的场合，追溯中国妇女解放运动的时候，说慈禧就是中国女权主义的重要代表，当然了，你如果一定要这么说也无妨，那不过需要你对女权主义重新定义，我在这里说的不包括这样一种夸张的更宽泛的说法，而更集中在西方化一点的说法。

那么女性主义在西方，比如英国这些地方开始，当时争论的一个焦点是要求性别包括男女之间的平等，也就是两性的平等，当时也要求公民权、政治权利，反对贵族特权，强调男女在智力上和能力上是没有区别的。这里面有很多重要的代表人物。到了 20 世纪初，1915 年的时候，这是第一次世界大战的期间，当然也由于当时特殊的社会形式，第一次女性运动可以说达到了高峰，而且这次运动最重要的一个目标是要争取政治权利，获得公民权，也就是选举权。当然，也有很多阻力和各种各样的问题。还有一个焦点就是教育权，也就是妇女应不应该接受教育，应该接受什么样的教育等，当时女子学校也大量涌现。当然，这些说起来似乎很简单，但是做起来并不简单。比方说，妇女受教育的问题。这个问题长期以来就一直是一个备受关注而且争议很大的问题，特别是高等教育。尽管是发达国家，如德国、英国，她们的受教育一直是一个很大的问题。德国的大学接受女子入学也要到 20 世纪初才实现，还有很大的争议和阻力。英国的剑桥大学有很多学院，其中最早的一个是歌顿女子学院。在此之前，女性经过了很多的斗争，可以在这里念书了，但是，连考试都必须分开。就算考试成绩很好，也不能拿到学位。后来设立歌顿学院的时候，如果仔细看看剑桥大学的地图的话，就会发现，它离其他学院很远，把它放逐和隔离到，像咱们说的，六环路以外的地方，如果说其他学院在市中心的话。歌顿女子学院是很独特的。当然，后来像纽纳姆这样的女子学院也逐渐有了几个。但是一直到很久以后，女子才得到受教育的权利，这并不是一件很容易的事情。第三个焦点就是女性的就业问题。当然这个我想在这里就不用多说了。第一次妇女解放运动就是这样一种情形。

第二次妇女解放运动，一般地说，是在 20 世纪六七十年代开始的。人们认为，最早也是起源于美国。这次运动一直持续到 20 世纪 80 年代，它的余波和影响当然就远远不止于此。第二次妇女解放运动的基调是要消除两性的差别，把两性的差别实际上看成，在两性关系中，女性附属于男性的基础；要求各个领域对公众开放，等等。还有一些更早一点的理论准备，比如像波伏娃的《第二性》这样一些作品，为此奠定了一些理论基础。当然我们讲的第二次女权主义运动带来的另外一个结果，就是性别研究，女性主义学术研究的蓬勃兴起。因此，也出现了形形色色的女性主义流派，比如，国内往往把这个时候的 feminism 译成女性主义，为什么这样呢？我觉得有这样一个区分也好。首先，"权"跟运动更紧密地联系在一起，到了第二次妇女解放运动以及随之诞生的学术研究开始，那

第二次妇女解放运动，一般地说，是在 20 世纪六七十年代开始的。

第二次女权主义运动带来的另外一个结果，就是性别研究……

么可以说，"权"的含义发生了一些微妙的变化，所以这时候，我们相应地把它译成女性主义，我觉得这种译法还是可接受的。这个时候，形形色色的理论就开始出现了，就开始有各种各样的流派，比如说自由主义的女性主义、激进的女性主义，甚至有弗洛伊德的女性主义，还有马克思主义的女性主义、生态女性主义。它们所争取的权利和妇女研究，要实现的目标和口号都有所不同，都有很多的差异。于是在这种背景下，形成了一个谱系很广的女性主义研究的热潮，也就是说，性别也开始成为一个独特的研究领域，或者说就是传统的女性研究吧。各种各样女性主义研究的机构、著作，可以说是铺天盖地。它的触角可以说延伸到了几乎所有的学科分支。比如说最初，人们当然关心文学、艺术历史等这样的学科领域，但是后来就不仅仅是这样了，甚至于连神学这样的领域里头都出现了女性主义或者说性别问题这样的东西。有人说，它几乎波及了一切领域，而且它的文献的增长量是非常之大。到现在，如果你泛泛地谈女性主义，已经没有什么意义了，因为这种一般性的著作大概一辈子都读不完了。你只能有一个最粗略的背景，然后深入到某个具体的领域和问题才有可能。那么科学就是其中的一个子领域。

当然，随着这种研究的兴起，很多的专业教育、博士学位都是在这个领域里产生的。那么也就提供了很多就业、研究和教学的位置。当然，我们可以设想，在人类面临的诸多问题当中，性别问题应该说是一个很大的问题。因为人类当中粗略地说有一半是女性，

在人类面临的诸多问题当中，性别问题应该说是一个很大的问题。

那么这样一个被我们长期所思考和争议，又面临着困惑的研究，又有新的视角、新的观念。我完全理解为什么会这样。传统地说，世界上有一些 PC，也就是所谓政治正确的观念。比如说宗教信仰问题、种族问题、性别问题这样几个问题，可以说非常核心。可能你私下里还不同意这种观点，但是如果你公开地表示了对这些问题的一种不正确的说法，或者是歧视的说法，可能你就会有很多的麻烦。所以，在这一系列的问题当中性别问题是一个很重要的问题。在这样一个理论基础里，像早期的女性主义理论家波伏娃所说的，人们的观念是怎么变化的，对这个世界的表征就像世界本身一样，是男人们的作品。就是说，有这样一个基本的假定，长久以来，在社会上是一个以男权意识为中心的社会意识形态。所以人们在这种意识形态中形成的概念使得他们从男权的角度来描述这个世界，并且把这种描述混同于真理，就是说，这种描述是千真万确的，是天经地义的。他们对这些人们习以为常的一些概念提出了挑战。实际上女性主义科学，即女性主义和科学在整个女性主义研究中是一个小领域。因为相对来说，人类生活就像我们平常一样，历史、文学、社会学、经济和管理等，是人们更有兴趣、更容易接受的。所以那些领域里的研究会更为大量。但是，到了科学这里，有些好像艰深一点，好像神秘一点、专业一点，但是即使是这样一个小的领域里面，女性主义研究的作品也可以说是极多的。比如说，美国的威斯康星大学就曾编过一本文献指南，涉及性别和科学的研究的文献目录就已经有两千五百多种，再加上近些年的研究，在这个问题上研究增长的速度是非常迅速和惊人的。好，背景就简单介绍到这里。

现在开始切入正题。我们可以首先从这样一个问题来思考。比如，联系到科学，人们会首先想到这样一个问题：为什么在我们周围，在今天以及在历史上杰出的女性科学家人数非常少。当然，看看我们这个教室里在座的博士生里面，我觉得还好。但是也不是一个一比一的均衡。在座的都是理科的博士吗？都是，那应该说还好得多。但是我们把这个眼光再往外看一看，比如，我们看看院士里面怎么样，北大的教授里面或者理科院系里面怎么样，或者，国际上诺贝尔奖获得者里面性别比例怎么样。把目光放到历史上，历史上我们数得出名字，能够让我们记得住的伟大的了不起的科学家，有多少是女性。这个问题经常被人们提出来。实际上这个问题不是今天才被人们注意到，而是早就被人们注意到了。但是，注意到一个现象，对它给出什么样的解说，就是另一个问题。怎么解释这个现象，传统的说法有很多。比如说，女性不适合做科学研究工作，她们的智力有问题，性格有问题，家庭有负担，或者一般简单地说，她们受压迫。中国也有比较长久的妇女研究（women study）的传统和性别研究，女性主义真正公开地在学术界谈论和认真地讨论也不过是最近几年的事。长久以来，中国的妇女研究就只有一种主流的声音，就是坚持马克思主义的妇女观，简称"马妇观"。当然现在情况逐渐有了一些变化，我也部分地做了一些研究，所以我现在居然也是中国妇女研究会的理事。现在异己的声音也开始出现了。传统的这些解释往往并不令人满意，它把问题过于简单化。其实，马克思主义女性主义也是一个著名的流派，也在西方很有影响，但是，它只是其中之一。当然，它的理解与我们传统的教条的理解又有所不同。这个我就不多提了。总之，我们早已注意到与科学和性别相关的问题有这么多，要对这样一个问题试图进行回答，那么就有很多的争议。

实际上我们翻开任何一本科学史，都会遇到这样的问题。人们怎么尝试解决？以前有一些零星的尝试，比如 20 世纪初，有人开始收录女性科学家的一些事迹，历史上被忽略、被遗忘的女性科学家等。在这当中，当然也有一些歧视性的，比如那会儿有研究颅相学的学说，研究人的头骨形状等，认为女性的头骨太小，大脑太小，不适合进行科学推理等，类似的理论很多。但是后来，随着妇女解放运动的发展和对性别问题的关注，到 20 世纪四五十年代，也有很多的研究。他们的这种研究，可以说是追求一种补偿性的历史。他们认为，以往由于以男性的意识形态为中心带来的歧视，人们有意无意地忽略了很多女性在科学中所做的贡献。在已经写就的历史里面，很少记述她们。于是这些研究者们就去发掘那些被遗漏的、被忽略了的伟大的女性科学家。但是我们可以预期这种重新发掘和搜寻被遗漏的人物的结果能够有多大的作用。当然，肯定有成果。但是我们可以设想，成果不会很大。因为毕竟按照当时所有人的观念来看，能够达到杰出水准的人物里面，女性还是凤毛麟角的。所

传统的这些解释往往并不令人满意，它把问题过于简单化。

以，这种方法被人们称作是一种补偿性的历史。而且，在 20 世纪四五十年代以前，这种研究多为非专业人士从事的。直到 20 世纪 70 年代以后，随着女性主义对女性和科学关系的研究的深入和蓬勃展开，才开始有了变化。比如，以科学史为例，过去我们的语言里头也有很多这种东西。比如说，在 20 世纪 70 年代的时候，有人总结最重大的问题，包括科学革命等，其中有人物传记，所谓伟人（great man）研究，大家注意，"man"这个词，当然有人说在英文里这个词可以泛指人类，就像我们中文里头单人旁的"他"在指他们的时候也包括两性。但是毕竟有这样一个特殊的背景，它还是有很强的以男性为中心的烙印。实际上，这个伟人隐含地指男性，或者有人说，连历史都是一样，"history"，What is history？His story. Why not her story？也就是说，在语言里面也有很多这样的烙印。比方说，chairman，为什么主席是坐在椅子上的 man？后来，当然在很多场合都有纠正，比如用 chair person。还有，gentleman，我在看有关材料的时候发现，在美国国会的听证会上什么的，用了一个叫 gentlelady 的称呼。有很多这样的例子。这样的说法，不管怎么说，它确实打上了很强的男性的意识形态的烙印。

随着女性主义运动的开始，情况开始发生了什么样的变化呢？人们开始用一种女性主义的不同视角来看这个问题。我这里有一个粗略的形象说法：以往当人们关注到女性和科学的时候，注意到女性科学家人数如此之少的时候，首先想到，也许女性在这方面出

随着女性主义运动的开始，情况开始发生了什么样的变化呢？

了什么问题，不适合从事科学工作。可是，当换了一个视角的时候，人们甚至可以更极端地设想，如果我们假定这是个参照的话，假定女性这边也是正常的，会不会是科学那边出了什么问题。以往我们追溯和寻找被遗忘了的女性科学家的时候，实际上暗含了一个假定：我们所假定的评价标准还是原来的，只不过在性别上有些歧视，人们可以反过来说，以往我们对于成功、成就这样的东西评价标准同样也在以男性意识形态为中心的文化背景中建构起来的。所以说，这个评价标准可能就有问题。

那么我们来看看，这个问题该怎么理解？女性主义研究当中一个很重要的概念，很简单地说，就是gender这个概念的引入。这个概念一旦引入之后，就成了女性主义研究一个重要的工具，甚至于，有人干脆用"gender study"来称呼这个领域。我不知道大家熟不熟悉这个词的一般来源，其实，这个词，大家翻开字典会看到，最初在20世纪70年代女性主义广泛应用之前，一般指在语言里面词的性，比如说，德语、俄语和法语当中的阴性、阳性等。也就是说，它有这样一种意思，被引入到女性主义研究当中，作为一种分析的范畴、工具和框架的时候，它被赋予了一种全新的内容。也就是说，她们把gender和sex这两个词做了区分，一个人有一个sex的分类，这是按照生物特征如染色体来划分的，可以很容易地分辨出在生理上是男性还是女性。但是，伴随着的gender，与这个有关，但又不完全相同，人们还有一个社会性别，这是人在逐渐发展的过程中被逐渐培养形成的。这又是在整个社会的意识形态和文化背景中形成的，人们对不同的性别有不同的社会文化要求。比如说，说一个男性非常有女人气、娘娘腔，不是那么阳刚，这个意思是说什么呢？反过来说，说一个女孩不像传统的那么温柔、那么贤惠，而是特别鲁莽、粗野，像《野蛮女友》里面的那个女孩，就是说像个假小子一样。"假小子"这个词是什么意思？说男人娘娘腔是什么意思？就是说，"假"意味着她在生物性别上还是女性，但在她的举止、气质和行为方式等社会特征上跟社会传统所认同的那种女性的要求是不一致的，而更像一个男性。所以，gender 是有这样一个社会形成的。实际上，从性别的角度上来说，任何一个人都是这两者的合一。有时候，它们是按照社会的标准完美地合在一起，有时有些错位。比如说，人们经常提到在某个家庭里面，特别喜欢男孩，结果生了个女孩，结果，就把这个女孩当男孩养，以后，人们看着她就不像一个女孩的特征。也就是说，人们在说到性别的时候，经常是把这两者混同了。当把这两者分开了，就会发现，如果说天然性别（sex）是你出生就给定了的话，不涉及做变性手术，那么 gender 这个概念是在你成长的过程中逐渐地培养形成的。有时候这个 gender 出了问题，我们就知道社会上做变性手术的热衷者多数是在自己的 gender 问题上出现了一些问题。

有了这个基本的概念，我们就可以分析很多事情了。我们知道，在传统的哲学里头或者其他很多时候，我们会对很多事物进行二分，采取一种典型的二分法，分成对立的矛盾的双方，比如说，理智的和情感的，

人们对不同的性别有不同的社会文化要求。

在传统的哲学里头或者其他很多时候，我们会对很多事物进行二分……

这是一种对立，所以我们才有了一个电影的名字，叫《理智与情感》。心灵的与自然的，客观性与主观性，公众与私人，工作和家庭，抽象和具体等。但是，怎么联系我们今天要说的话题呢？我们知道，在引入了 gender 这个概念以后，就会发现，在社会发展的很多的历史时期，人们在构建社会认可的社会性别特征的时候，往往联系着对象的 feminie 和 masculine（与 sex 对应的男性和女性是 male 和 female；而与 gender 对应的则是 feminie 和 masculine）特征。我们在大多数的文化背景下，把二分法不同的方面分别赋予了不同的性质，比如我们经常听人说，女人是感性的动物，男人是理性的动物。理性和情感本来是对立的，在这种划分里面，经常被分配到不同的性别里面。还有，男性更强调心灵和思想，而女性更靠近天然和自然；男性做事更客观，女性则更主观；男性更抽象，女性更具体；男性更公共化，女性更私密化；男性关注工作，女性更关注家庭等。仔细想想，有没有道理？在我们传统的大多数的文化里头，这两者是被赋予了不同的特性。在这样的文化里面，某一个人从小是按照正常的社会要求形成的，她先天地被打上了某种社会文化的烙印。她更强调某些方面，这些方面的强调，反过来会不会对生物性别有一个影响呢？这里头有很多的讨论和争论。在这里我们不过多地展开。我们只是强调有这样一个区分。

在这种隐喻中，这种二分法中，gender 有 feminie 和 masculine 这样的对立。再看看，在科学中究竟是什么样的？也就是说，在科学中，我们强调的是什么？

我们经常说，科学是理性的、客观的、抽象的。那么按照这个划分，科学所强调的这些重要特征在传统文化和意识形态中与女性的社会性别 gender 相联系，不是被强调，而是被忽视。有了这样一个准备，我们似乎可以理解，为什么性别和科学可能会发生某种联系。我们给出一个分析的出发点。

我们讲的今天的科学，从起源上来说，是源于 16 和 17 世纪在欧洲诞生的近代科学。那么我们从根源上来看这个问题。从根源上来看，科学在诞生之初就具备了哪些特征？女性主义对这个问题开始重新研究的时候，她们首先批判了一些东西，认为我们传统的一般的科学史里面讲述的一些科学的观念，实际上是一种神话。传统上我们认为，科学是中性的，是完全客观的，是与其他社会文化背景无关的，是独立的对自然的一种真理认识。新一代的女性主义研究者认为这种说法只是一个神话。实际上科学诞生不是这样的，后来的发展也没有这么纯粹，没有这样一种纯粹中性的东西。科学是由人创造的，而人是生活在文化环境里头，人的行为方式和思维方式都不可能脱离当时的社会文化背景。所以说，这是一个关于中性的客观的神话。而当人们追溯到近代自然科学诞生的时候，我们通常所知道的是，伴随着的是一种机械论的自然观。当然，这种分析有一点粗糙，但是，也有很多的道理。确实，在近代科学诞生初期，我们人类把自然看作一种机器装置，把整个宇宙看作一个大钟表，服从力学的规律等。这是机械的、无生命的。但是，有人追溯近代科学诞生前后这段时间，还有另外一种自然观与

我们传统的一般的科学史里面讲述的一些科学的观念，实际上是一种神话。

它相竞争，而且是在力量上不相上下的、有机论的自然观。当然有机论的自然观跟机械论的自然观相比，有一些女性主义特征，但是它不是女性主义。这两者实际上经过了反复的较量，最后由于种种原因，才有了后来的样子。原因是什么，我们还可以具体分析。因为，历史的发展是怎么决定的，究竟是偶然的因素，还是必然性决定了它的方向等。但最后是机械论的自然观占了上风，也就形成了我们今天的自然观。

伴随着的还有一些哲学上的、方法上的概念。那也涉及人和自然的关系。科学是人对自然的认识，我们在以往的科学哲学和科学史研究中往往忽略了。比如，我们经常提到的培根，这是一个著名的哲学家。一般认为他的观点对近代科学的诞生和发展在哲学基础上有很重要的影响，他的一个非常知名的口号就是"Knowledge is Power"。但是我们往往就是粗略地接受了这个口号。口号背后的含义是什么，历史学家去研究，去发现，其实培根在他的隐喻性的说法中还有很多以带有性别的眼光去看很有意思的说法。比如说，培根有这样的话：在人和自然之间，是科学家要在心灵和自然之间，男性作为一个人类，而自然作为一个对象，在这之间，建立一种贞节的合法的"婚姻"，要让自然为人类服务，要让自然成为人类的奴仆，为人类所征服。所以，在这里，有"征服""婚姻"这样一些隐喻的概念。

甚至于就培根所强调的实验和经验的方法，也可以做些分析。经验的方法背后是什么呢？女性主义者在搜集原始材料的时候，发现培根还有这样的说法：

让自然界和她的孩子们为人类服务，我约请大家走过自然的外院，找到一条通过她的内室的道路，自然可能怕羞，但她能被征服。当自然游荡时，你必须像鬣狗一样跟随她。如果你愿意，你能够引导她，驱赶她回到原地。甚至在他看来，科学家针对自然做实验，就像中世纪对待女巫一样，在实验中，要用各种技术发明和手段来折磨她，严刑拷问她，逼着她吐出有关自然的种种阴谋和奥秘。对于这些说法，人们以前往往不太当回事。但是当女性主义者重新有一个性别视角的时候，就发现了很多这样的类似的说法。从而，人们开始认识到，在近代自然科学诞生的时候，研究自然观念的一些基本概念，是充满了性别色彩的。当然，这里说的只是蜻蜓点水，真正的情况比这还要复杂得多。

我们知道，近代科学建立的标志之一是英国皇家学会的成立。这是一种科学建制的形成。有人在很早的时候，比如默顿在从事科学社会学研究的时候，就提出科学诞生并不是中性的，它跟人们的宗教文化有关。后来又有人批评默顿，说他没有看到早期皇家学会会员百分之百都是男性。这说明什么呢？甚至于第一任皇家学会的秘书奥登博格还宣称，皇家学会就是要弘扬阳性的哲学，凭着这种哲学，男人的头脑变得更加珍贵。这就是说，从近代科学诞生起，这种科学的客观性为男性的这种性质，科学如何是抽象的、机械的、理性的这种强调，以及种种社会复杂环境就造成了。许多女性主义者认为，近代科学从诞生之日起，也就被深深地打上了性别烙印。

我们讲了历史，讲了近代科学的诞生。我们跳过

在近代自然科学诞生的时候，研究自然观念的一些基本概念，是充满了性别色彩的。

近代科学从诞生之日起，也就被深深地打上了性别烙印。

一些阶段，直接来看看现在。这个人是大家经常看到的叫福克斯·凯勒（Fox Keller），是麻省理工学院的著名教授，研究女性主义与科学的权威之一，有多种著作出版，产生了很重要的影响，如《对社会性别和科学的反思》《生的秘密和死的秘密》，还有一本麦克林托克的传记《对生命有机体的情感》，以及有关20世纪生物学与性别的关系等的著作。其中麦克林托克的传记是她曾经写过的一本非常重要的书，英文原书名叫作 *Feeling for Organism*，这本书有中译本。中译本的名字叫《情有独钟》。麦克林托克是一名遗传学家，在20世纪五六十年代，做出了非常重要的贡献。特别重要的是她当时研究玉米遗传学，用非常经典的方法，整天泡在玉米地里，通过不同玉米的杂交，看后代的变异，后来发现了遗传学里面重要的基因"转座"。但是，这时候她的工作长期没有得到承认，一直到20世纪80年代，她才获得了诺贝尔奖。凯勒在写这部传记的时候，她还没有获得诺贝尔奖。在写作过程中，凯勒对她做了大量的访谈。这本书可以说是女性主义的一本名著，特别是关于科学的名著。这本书有一个特色，它不是用女性主义惯用的那些哲学的、艰涩的术语，而是用了非常平实的语言，用了大众化的语言和普通的概念，这种普遍性的叙述也有优点。所以，当中

图22　女性主义研究者凯勒

287

译本译成《情有独钟》的时候，我们如果没有这样一个背景，在看到它的时候，只看见书名，会有什么感想呢？可能会有一些误读。

这本中译本出版的时候，请了我国一位著名的遗传学权威写了一个序，这位作者毕竟是搞遗传学的，并女性主义的文化背景，于是就在序中议论说，麦克林托克这个人献身科学，终身未婚，确实是情有独钟，所"钟"的就是自然科学的研究。我们仔细地分析一下英文的书名，首先是"feeling"，感觉、感受、情感，在女性主义的二分中，理智和情感（emotion，feeling）本是相对立的，所以，这里应该是隐含着这种对立的一方，但它又是对于什么的情感呢？"organism"，生命有机体，实际上，在这里她讲了很多，包括她对自然界的情感，对生命的情感，究竟是什么样的一种特征，以及为什么她的工作没有为当时的科学共同体所接受？当时正好发现双螺旋结构，生物学朝着另外一个更加精密分析的方向发展。同时也跟她的方法有关，她更强调一种感性的方法，整天泡在玉米地里，甚至我们今天听起来有一种怪怪的感觉。比如说，在这里，她说到很多她自己的特殊的感受，她觉得，正是对于自然的这种情感，对于玉米这种研究材料的倾听、交流，感到对每一株玉米都非常熟悉。她在草地上行走的时候，甚至能听到小草的尖叫。她甚至能在感觉上进入玉米染色体的内部，有一种直觉。大家注意，直觉也是与理性相对立的一个范畴。她说，凡是你能够想象到的事物，你都能够发现，以至于每次在草地上散步的时候，我都感到很抱歉，因为我知道小草正在朝我尖叫。面对这种直觉、情感，人和自然交融这样一种神秘的东西的强调，构成了她的某种特色。所以，后来有人分析，她之所以被人们排斥，是因为她采取的价值观和研究方法与主流科学共同体所认同的价值观和研究方法与标准不一样。当然像这种例子人们发掘得不是很多，反过来说，比如说居里夫人更有名气。人们在研究补偿性的历史后，引入女性主义性别视角的时候，会有另外一种说法。居里夫人的成功并不一定代表真正的性别成功，因为在这个领域里，她恰恰是被迫采用了、接受了甚至是严格按照男性的观念所决定的价值观标准和行为方式去工作，并因其应用成功而得到了认可。所以说，天然性别与你的举止、成功并不完全融合。比如，有这样一个例子，讲的是在美国医学界，医生传统上是男性，强调的是一种机械性、理性。对现代医学的很多批判也基于这一点。但是，也有很多女性医生。她们逐渐受到那种标准的、严酷的训练，变得比男性还要理性。当然，这当中有很多争议，有很多像这样的有启发性的例子。

居里夫人的成功并不一定代表真正的性别成功……

当然，麦克林托克本人怎么想，是一个大问题。凯勒对她做了大量的访谈，写了这本书，据说书写成后，麦克林托克从来不承认自己读过这本自己的传记书。也有人说，这是一个例外。那么，是不是例外，例外能说明一些什么问题？还是有更多的例外构成普遍？还有待进一步的研究。这是一种研究方法。还有很多的评价习惯，比如说剑桥大学，我在那做访问学者的时候，也曾经参加了他们科学史和科学哲学系的一个性别和科学的讨论班，选择了很多不同的视角和话题，比如对荷尔蒙的研究，它跟性别有什么关系，或者说是遗传的问题，甚至体育教学的问题等。几乎没有一个地方跟这个联系不起来。我以前偶然看了一篇小文章，可以看出研究细致到什么程度：最早的文字处理软件是给谁编的。那时候计算机还不普及，是给那些老总们的秘书编的，那时候秘书小姐整天"咚咚"地敲，老总只是站在旁边说说话。这些软件由于它的服务对象，也涉及某些性别的特征。

女性主义强调的是建立一种女性主义的科学，这是她们的一个目标。

接着，女性主义强调的是建立一种女性主义的科学，这是她们的一个目标。也就是说，她们认为，现在的科学是成功的，但是有问题的。比如说，在方法上，它扩大了、片面地强调了客观性的方面，她们认为，客观性的概念，甚至于对主观性的某种认识，这两者都是人类认识世界的不同方式，都应该在某种合理的范围内相应地存在。那么这种抽象方法是否一定是最合理的呢；直觉的方法是否有一定的道理；我们强调的分析还原论，更整体论地、有机地、全面地来看待科学是否可能等。有很多的工作需要去做。大家可以思考，我们也可以拭目以待，但是有一个重要的阻力，我们知道，到目前为止，她们之所以还在艰难地奋战，是因为在科学界，仍然是传统的理论，即她们所批判的这种主流的意识形态占主导地位。这是我讲的第一个问题。

我再简单地介绍一下与科学同样有关的另外一个问题。就是性别和自然的问题。前面我们已经讲了二分了。在很多语言里面，自然本身是一个阴性的词，

很多"自然"的概念在一般的说法里，就是跟 mind
（心智）相对应的，而且，跟在 gender 的划分里面阴
性的一方相联系的。这样呢，女性更多的是作为一种
养育者的形象出现的，而女性跟自然有一种天然的联
系，被认为是一体的。我们生动一点来讲。先看一幅
画，这是著名的画家库尔贝的一幅画，叫作《源泉》。
我在几年前碰巧翻译关于女性主义艺术批评的文章，
那里面正好有一段，我觉得，作者是站在女性主义的
立场上讲绘画、文学、艺术。正好有一段话是分析库
尔贝的这幅画的，借到这来讲讲性别和自然的关系。
她这样说道：

> 库尔贝《源泉》内含女性即自然的这种根深
> 蒂固的观念。主体——在泉边的一位裸女，以及
> 主题——作为生命之起源的女性，都是传统的，
> 但库尔贝对女性与自然的合并则是少见的机智。
> 一位肥胖的女子坐在水流边。一只手握着枝条，
> 看上去与枝条融为一体，仿佛她就是树的一部分；
> 从半边臀部往上，她的轮廓为阴影所吞噬，从而
> 使自然同化了她的肉体，实际上她与自然就是一
> 体的。她低垂的左腿和右脚浸入水中，从而她和
> 水也是一体的，如此等等，因为库尔贝在她带起
> 涟漪的大腿和潺潺流水之间创造了一种等效的感
> 观愉悦。女性和自然确实彼此相映，因为女性身
> 体的材料就是物质世界。
>
> 这一等式分配给女子扮演身体的角色，分配
> 给男人扮演相对的心灵的角色，后者当然与文化

女性更多的是作为
一种养育者的形象
出现的……

相类同；但还不仅仅如此，因为库尔贝在使绘画读出所描绘的神韵方面是一位大师，所以风景和女子以彼此的物质性而相互反射回应。流水感觉就像肉体一样，稠密、平滑、沉重，而肉体感觉就像水一样——显然它会"给予"愉悦。库尔贝以各种方式详尽刻画了这种结合：泉水从深色的植物中涌出，就像裸女从泉水中浮现一样；流水倾泻在她的左手上，光线使皮肤和液体影色斑驳；葱翠的绿叶可解释为对身体之美嫩的隐喻。

总之，女子象征繁殖力旺盛和缺少意识。但这位裸女是谁？她是一个单身的、匿名的女子，她代表着所有的女性——不是作为一个社会群体，而是作为这样一种女性，即地球母亲（或母亲地球）这个永恒的女性之一个方面的女性物种。关于女性的这种神话并不一定就是令人反感的。

好，我们看着这幅画，读着这样一个文学艺术评论家以她特有的生动形象的语言来解说这幅画的文字，我们有一种什么样的感受呢？这虽然是以文学艺术批评家的语言来解说这幅画，但是它里面道出了许多女性主义哲学家和历史学家所分析的一些道理，比如强调心灵和自然的对立这样的概念和性别的关系，强调 nature 和 feminie 的关联等。确实在历史上很多文化中女性和自然都是一体的，甚至在很多传说中，都是作为地球母亲的形象而出现。这个地球母亲形象有一个伦理寓意，对于一个以地球母亲来代表的这样一个自

这个地球母亲形象有一个伦理寓意……

然，你能够对自然界为所欲为吗？它
会带来很多的禁忌，很多原始的社
会，比如印第安社会，都有这种禁
忌，他们对于开矿、砍伐森林的看
法，存在有很多比喻，如河流就像人
身上的血液，怎么能在母亲身上砍
树，在她的肚子里掏矿？所以就有一
种伦理上的禁忌。后来中世纪对这一
寓意进行了破坏，地球母亲的形象、
女神的形象逐渐发生了变化，变成了
一种无序的狂野的女巫形象，所以许
多女性主义研究者就说，对于中世纪
迫害女巫的这样一种著名的运动有很多重新解说。

图23 库尔贝的
画作《源泉》

又回到另一个视角来看人和自然的关系、性别和
自然的关系。再来看科学的起源及其意识形态背景，
我们就会发现，对于自然界的征服和统治的这种观念
在近代科学诞生以来，甚至它诞生以前就已经形成和
产生了。所以，有人说要分析我们今天的技术所带来
的功利的发展，经济的发展所带来的环境的破坏、生
态的退化等这些问题，实际上它们的文化哲学根源是
在很早以前就奠定了。这时候形成的这种机械的自然
观就带来了机器的引入，认为自然是一种机器，是一
种无生命的东西。有一本研究生态女性主义的著作
《自然之死》，它说这时候自然从一个活生生的概念变
成了一个死亡的、无生命的，可以随意拆卸、分解和
还原的机器，然后组装起来，分门别类了解它的规律，
合起来还是一个符合规律的自然界。这样一种隐喻就

在生态保护的伦理哲学流派里面，生态女性主义也是其中一个重要的典型的流派。

形成了。同样可以从性别的角度看出其中的某些含义。

还有，在生态保护的伦理哲学流派里面，生态女性主义（ecofeminism）也是其中一个重要的典型的流派。它站在一个特殊的立场上，认为人类对于自然的压迫和对于女性的压迫，是在思想文化背景上同源的，不能单独地只解决一方面而不解决另一方面。这是基于女性主义立场的一个很特别的说法。我们国内环境保护界也有人组织妇女与环境论坛等，我也看了很多的集子，那是什么呢？因为这些文章的作者都是女的，填表的时候性别填的是女。它并不是在反映一种特殊的有很深内涵的性别意识内容和观念。早期生态女性主义也参与了科学的带有性别视角的重新审视和回顾，这里面有一些非常有意思的内容，大家在读的时候，经常会惊叫起来，居然还可以有这样的说法。当然，也不能说是胡说，在它的逻辑框架里还是有它相应的道理。但是随后进一步发展就不仅仅是满足追溯历史，还要关注现状。生态女性主义虽然是女性主义的一个分支，也可以说是生态伦理学和生态哲学的一个分支，但同时生态女性主义又分成很多个分支。比如，有人说这个西方的女性主义多是代表西方中产阶级的白种女性，那么其他女性呢？以前不是说男性是中心，女性是边缘吗？不是关注女性的立场吗，那么你关注的还只是某一类女性，还有边缘的呢？当然还有很多的发展。我只是指明这里面的一个近期的观点，它分析对于世界的压迫，在认识思想根源上有什么特别。这是所谓的概念框架。

美国的生态女性主义学家沃伦提出，人类的思维有这样一些特殊的思维，一个就是价值的思维，认为世界是有结构的，并且在结构等级里面，上层的价值要比下层的高，比如说，你们的老师价值比你们的高，博士生价值比硕士生要高，等等。也就是说，把人、生物、世界都分成等级。其次又带来价值的二元对立。就是把事物分成互相排斥的对立的两方，其中的一方比另一方有更高的价值。比如传统上认为，在科学中，理性更重要，情感就不那么重要；客观更重要，主观可以被忽视，等等。二元对立，赋予不同的价值。最重要的是统治伦理。就是说，对于任何 X 和 Y，如果 X 的价值高于 Y 的话，那么就认为 X 对于 Y 支配、统治和压迫等就是正当的。她总结了，人类经常会存在这样一种思维模式和框架。那么具体到自然和女性，先讲自然，人和自然相对，人能够有意识地改变生活在其中的共同体的能力，有主动性和创造性；而自然植物和岩石是没有这种积极性的，这是二元对立。而有这种能动性的人比没有这种能力的东西在道德上要优越，所以人在道德上就要优越于植物与岩石。我们也经常听到这种说法，我们人怎么能够跟那些虫子和石头相提并论呢？它们能够和我们一样有价值？这就是这种思想的典型反映。那么，按照前面说的那种统治逻辑，人类被证明在道德上对于植物、岩石和自然界当中无生命的，以及低等生命的统治是正当的。这种分析恰恰就给我们对自然界的征服、破坏和掠夺在深层的思维框架上提供了一种潜在的基础。

　　我们来看看性别问题。她说，女性被看成是自然、身体相等同的范围，男性是和人与心智相等同的这样

这种分析恰恰就给我们对自然界的征服、破坏和掠夺在深层的思维框架上提供了一种潜在的基础。

的二元对立。而且认为，自然的和身体的要在价值上低于人和心智的。身体总是不如心灵、精神那么高贵，人要比自然更高贵。所以，按照这样的一种二元对立和规律，女性总是要比男性低一等。按照统治逻辑，人对自然的支配也就是合理的。她从这样一个角度来分析，认为这个世界上对于自然界的支配和压迫，与对于性别之间的支配和压迫在思维框架（framework）上是同源的。我这里只是举一个简单的例子来说明。随之而来就有了很多问题。比如说发展的问题。赶超（catch up）是这种发展观，是追求单纯地解决问题的发展以及追求科学和技术的无限制发展，这种发展使人类脱离了自然，更多地依靠技术，表面上延长了人的生命，实际上是丧失了人性的医疗技术现代化，生态女性主义者们对于包括生殖仪器化等很多方面都提出了许多新的分析和批判。也就是说，她们追求的是发展本身，对于这种立场，人们可以有不同的理解。比如，我的那个研究生在论文里提到，有一个叫席瓦的印度生态女性主义者，以"9·11"事件为背景，站在生态女性主义的角度上对美国的经济发展，对于别国在经济上的侵略和价值的输出带来的种种问题都做了很多分析。就是说换一个视角，换一个思维方式，我们再重新看待这个世界的时候，我们经常会发现很多我们以前没有发现，没有想到、看到的东西。性别的视角可以说是这样一个新的视角。比如说，过去马克思创造了一种新的理论，他有新的概念，一种新的分析框架，因为他引入了阶级，他也谈到了性别，但没有专门说。当有一个新的视角时，我们甚至不必过

这个世界上对于自然界的支配和压迫，与对于性别之间的支配和压迫在思维框架上是同源的。

于担心会戴上有色眼镜。因为我们知道，戴上有色眼镜，反而会看到很多在其他情况下被忽视的特殊细节和特征。这些特征有时候甚至很重要。那么科学和性别的问题的研究，也就恰恰提供了这样一个场所、一个话题。在这样一个有限的时间里，我就讲这么多。利用下面一点时间，我愿意回答大家的问题。

问题1：中世纪欧洲对女巫的迫害象征了欧洲人对女性的压迫，过去中国对于女性缠足的要求是否也隐喻了对女性和自然的一种迫害？从妇女解放的角度看，你认为它们的性质一样吗？

回答：这个问题恰恰是我们站在这样一个立场上对中国的妇女问题需要进行研究的。如果说，在某种宽泛的意义上，迫害女巫是代表一种性别的反抗，这种反抗是否是合理的。我们现在讲的女性主义更多地源于西方，那么我们强调多元视角和多元文化的世界，有东方特色又代表更人性化的合理女性主义的理论基础究竟是什么，这是有待于大家研究和发展的。目前还非常欠缺。所以，对于这个问题仍然会有很多的争议。比如说，缠足运动，一般地说，站在女性主义来讲，更容易被说成是对女性的压迫。它与自然的关系，它隐喻了什么，我现在还不清楚，很抱歉。

问题2：你说在座的女生不少，但是在获得诺贝尔奖的科学家当中女性很少，还是从男性观念来认识的。为什么？以《西游记》为例，男孩子喜欢孙悟空大闹天宫，很好玩。女孩子很喜欢猪八戒，是个完美情人，打打杀杀的多没意思。只要观点、视角不同，无所谓好与坏，男人征服世界，女人征服男人。

回答：首先，站在谁的视角上来认识多和少。如果说女性主义者占的是如此之少，甚至连投票都占不了多大比例。你提到的比例是有问题，是要改变的，所以才有这么多的女性主义者。当然了，《西游记》，我们不排除是在一种传统的文化背景上形成的，出现了一些反思吗？比如说一些反写《西游记》的书，如《悟空传》我看过，《天蓬传》是专门讲猪八戒的，我也看了，我想，在这些作品里，它已经反映出了某种跟传统意识形态有差别的边缘人群进行反抗的另类视角。我觉得，那里面也确实有一些你说的，猪八戒作为完美的情人。当然这个我们怎么来建构，怎么来理解，以及 body 和 mind 这两个方面的对立。当然了，你说男人征服世界，女人征服男人。那么我反过来问，我刚才说了那么多东西，征服又是一个什么样的概念呢，我们是否应该无条件地接受它呢？

问题 3：你认为女性在科学上取得成就，必须要用男性的思维方式去思考？

回答：这个问题取决于我们今天对科学的定义和我们今天所采取的规范。我们知道，科学在任何一个时期，按照库恩的说法，都有一种范式（paradigm），科学家就是按照这种科学共同认可的范式去工作，才能够得到承认，才能在科学共同体有地位，才能够真正做工作。那么这种范式没有一种本质性的变化，即使是作为一个女性科学家，可能在更多的时候要考虑怎样被接受，不得不用这种方式去思考。更艰难的工作是，对于女性主义者期望的可能发展来说，也就是她们要对这种标准范式、模式和评价标准等有一种革命性的变革，路程非常艰难。

问题 4：请你谈谈对 gender 和 development 的看法。谈谈 From female in development to gender and development。

回答：这似乎要说性别与发展的关系和女性在发展中的付出。从发展中的女性到性别与发展，我觉得这个问题比较大，太大了。你想，我们世界正在面临什么问题？我们世界上面临的最大问题之一是发展问题，经济的发展、文化的发展，各个方面的发展。发展当然有不同的模式，在传统中，我们注意量的发展，那种把经济发展作为一个突出指标的发展，也就是征服欲被强调的发展，按照培根的说法，这个 power 越来越大的这样一种发展甚至是弱肉强食的基础。我们内心的一种更和谐的发展，人和自然更和谐相处的，是不是也应看作是一种发展？但是，我们经常按照一种赶超别人已有成就的模式发展。在这个发展过程中，这个性别的视角也是非常重要的，也就是说，性别、妇女以及妇女和发展的问题，这个问题很好，只是实在太大了，我在这里几句话说不清楚。咱们以后请周老师多安排几次课再说吧。

她们要对这种标准范式、模式和评价标准等有一种革命性的变革，路程非常艰难。

我们经常按照一种赶超别人已有成就的模式发展。

她们有什么问题？

时间：2003 年 10 月 5 日下午

地点：合肥市城市花园咖啡馆

主持：雪女（诗人、编辑）

嘉宾：荒林（女性文学批评家，首都师范大学文
学院硕士生导师）

刘兵（清华大学人文社会科学学院科学技
术与社会研究所教授，博士生导师）

童凤莉（安徽省社科院社会学研究所，助
理研究员）

胡迟（安徽省艺术馆编辑部编辑）

王金萍（《安徽市场报》编辑）

叶航（安徽省社科院编辑）

雪女： 今天请大家来，是因为荒林女士和刘兵先
生在合肥有一个短暂的停留，他们俩都是大学教授，
也是研究女性问题比较前沿的专家。我们都是女性，
有许多女性问题的困惑，借今天这个宝贵的时间，我
们有什么问题提出来，听听专家的解答，进行深入的
交流与对话。

童凤莉： 我来提两个问题。第一，女人的母性是天性还是社会性？第二，女性为什么对家庭能表现得宽容大度，对社会却相对狭隘和计较？

刘兵： 第二个观点能解释一下吗？

童凤莉： 比如说女性对家庭的包容、无私奉献，对孩子、对丈夫表现得很宽容大度，但女性进入社会以后，对社会上的人则表现得相对狭隘，甚至斤斤计较等。

荒林： 也解释一下你提第一个问题的原因好吗？

童凤莉： 我的第一个问题是这样提出来的：女性的母性都说是社会的因素，是强权社会男人给予女性的思想压迫，但也有很多的文章说，女性的母性是天生的，为中国妇人之仁，这句话我不能理解。我的不能理解从社会学意义上来说，女性的母性原本没有任何人提出要求，是自己的本性，但在现实当中，又似乎是历史给强加的。

荒林： 鲁迅曾说过，一个女人有母性和女儿性，但是没什么妻性。你的提问是说女人的母性是天生的还是社会的？我想，鲁迅说那话的时候基本上说的是天性。其实我们可以对这句话质疑。他说的女儿性是指比较单纯的一个女孩儿的依赖性等，他说没有妻性，是指侍候丈夫、依赖丈夫都不是天然的。如果说母性是天性，那么母性的角色在我们传统的文化中是被设定为奉献、牺牲，是不是女性天然就具有奉献、牺牲的天性呢？女性能够怀孕生育，怀孕生育的自然性，既体现了生命的奉献、牺牲，却更反映了生命的创造和再生。如果鲁迅的话里包括了这两层意思，就比较全面了。不过鲁迅并没有解释。如果按照中国传统文化对于母性的要求，是只有上一层意思而不要下一层意思的。

只取上一层意思的母性，就是一种社会性的认定和建构。这种认定和建构为维护传统家庭结构稳定起过重要作用。比方说母亲意味着牺牲、奉献，无比的宽容、包容，这样母亲在家庭中除承担抚养、家务外，更是清除矛盾、奉献爱的精神调剂。没有人再考虑母亲还有其他要求和愿望，她也把大家对她的要求当成自己的天性。她奉献牺牲越多，大家越觉得她有母性，她自己也觉得应该用奉献和牺牲来表现自己的母性。这就是建构母性这个东西的妙处。它成了文化和尺度。这当然是男权和父权的文化尺度。

现代以来，一些作家在写作中，揭示出母亲对孩子这一代并不一定奉献牺牲，甚至为了自己利益对孩子控制、压抑和剥夺，比如张爱玲名作《金锁记》里的母亲，扼杀儿子和女儿的幸福不择手段。这样一种动摇传统母性认识的解构性写作，当代许多女作家都有表现。我们可以把它们看成是对传统文化母性尺度的否定。

从"贤妻良母"这个词，其实可以看出传统文化建构母性的引导性方向，也就是说，"贤"和"良"是

只取上一层意思的母性，就是一种社会性的认定和建构。

相对而言的，在另一个方面，是存在着恶妻和坏母的。什么样才是母性？去除了恶和坏那一面。如果这样理解，我们就发现，社会性建构的母性，其实是给定女性的角色和概念。这个角色和概念并不是人人都可以做好的，也许能够做好的人不多，所以更要倡导，更要说这是天性，这样才会有更多人自觉做好。这就是你提问时感到的复杂性所在。由于某种给定的不可靠性，我们就面对了问题的复杂性。

刘兵：我想这个事，这个概念还不明确，母性究竟指的是什么？她说的这个母性是从多重含义上去理解的。比如从最最基本的含义上理解，就是对下一代构建式的关照，即天性，说到天性已经意味着是某种天然的东西，因为你不能光看人类，联系到动物世界来说，绝大多数动物也都体现出一种对后代的关怀、照料，从生物界延续的特点来说，注定了有一种物种延续下去的本能，而且在进化的过程当中有一种分工，尤其是对人类来说，女性对下一代从最初的养育开始，在生物分工之上承担了更大的责任，相对来说，这也意味着对物种延续下去肯定有某种天性的关爱。在这个层面上我同意它是天然的，可以说是天然性别的一部分。但是就像荒林举的那个例子来说，我觉得鲁迅的说法实际上是一个朴素的概念，是一种朴素的观点在谈论生物性的母性，但是鲁迅并不是一个女性主义者，那时还没有社会性别概念，他那时也没有超前意识到这样一个后期的发展，那么显然，关于天然性别和社会性别的关系究竟是怎么样一直都有争论，有人

母性究竟指的是什么？

母性有很大的后天建构成分……对于一个什么样的母亲是良母，在不同的社会应该说是会有些差别的……社会建构的母性又会影响到天然的天性发挥和意识。

认为是独立的，有人认为是有联系的，但至少我觉得在生物性别的意义上来说，母性有很大的后天建构成分，但讲到最后建构的成分，就不仅仅是在原来的含义上讲对后代存活意义上的关照。我们怎么理解母性，比如说可以有不同的表现，她可以说对孩子非常非常溺爱，而父亲却非常非常严厉。也有一种状况是母爱更严厉，甚至走极端，比父亲管得更多，以致成为让孩子厌烦和反感的角色。这两种不同的对立角色，在这背后，我们是不是也把它归为一种母性，或者说这种关照除了生物的延续给孩子提供衣、食、住、行以外，带着这样一种发展的照料，实际上是一种文化发展的照料，或者按社会的要求发展有更好的能力等，如果把这个定义为母性的话，这部分明显的是社会性，所以说过去有贤妻良母一说。之所以会提出这个良母，我想对于一个什么样的母亲是良母，在不同的社会应该说是会有些差别的。在过去的时代里也许她更多地在家里承担养育者的角色，在今天的社会里或者女性承担了一些教育的责任或在社会上工作的责任以后，也可以建构成一个良母。有人说母亲如果不管孩子，对孩子放任自由，别人说这不是个好母亲。但站在孩子的立场上什么样的母亲是好母亲，这良母的概念又不一样，显然这个东西是明显的社会性的，所以我觉得对母性这个概念要分成所指的具体的哪部分，然后才能说哪个更有社会性哪个更有自然性。再举个例子，反过来说，社会建构的母性又会影响到天性发挥和意识。比方说，由于这种现代化的生活方式，很多人选择了不结婚不要孩子，这显然对于传统的那种我们认为生物性别的女性而言是一种不同的人。为什么有这种不同？也就是说，至少我们可以这样认为，即使你的生物性别决定了这种天性，如果没有一种适当的社会性别的建构作为辅助引导，这种天性本身也可能无法被女性发挥出来。我觉得这么讲这个关系是不是看得更全面一些？就这两者而言不是相互独立的，一般来说，一部分更靠近天性，另一部分则明显是社会建构的，而这两者又有一个相互的作用，如果说有一方被过于强调了以后，它就可能对另一方有极大的压制。

荒林： 就是有点像太极图的那种流动的社会性和天性的互相作用。

刘兵： 比如说把同性恋作为一个例外，同性恋者身上有没有母性就作为另一种定义了。而在恋爱的恋人中，母性可能也有一种折射的方式，比如在男性一方比较小的时候，发展得不如女性般心理完备的时候，那么这个女性可能对他像对待一个孩子一样，这跟传统说的那种母性有某种类似，可以用折射的方式反映出来。母性最直接的反映是对孩子的养育，最常见的是为了后代的延续。我觉得大概有这几个层面，关键取决于你谈母性的时候不能泛泛的，要有一个具体的分析，即母性的哪一个层面，哪一点。

母性最直接的反映是对孩子的养育，最常见的是为了后代的延续。

荒林： 我赞成在具体的情境中谈母性。如果按鲁迅母性是更为生物功能的说法，有人选择生孩子，有人不生，不生孩子的情况下，母性是不是就不能发育了呢？那爱别人的孩子是不是也是一种母性呢？爱更多人的孩子是不是一种母性呢？

刘兵：你这样讲是另外一种极端的例子，通常这种现象非常普遍的是继母。为什么说继母的形象一般来说都是很凶恶的？传统的传说都说继母是这个样式，那么它一方面印证了那种生物性的理论，因为生物性理论强调了自己的基因延续，而不是让自己的竞争对手或别人的基因延续，从这个生物性上可以解释一部分继母的行为。但继母是不是也有很爱孩子的？继母能够做得好的也不是没有，而且表现得非常出色的也有，这个就跟她后天的观念、后天的知识和经历有关了。一般来说，社会性别的要求对于生物性别也有某种顺从，就是说在大多数情况下为什么说继母不好这个也有个社会的结论，人们一谈到继母的时候也就预设了最可能是什么什么样，这表现了社会上生物性依存的这种趋势。

荒林：讨论"继母"这个话题，可以加深我们对"母性"在社会性别建构这个层面上的思考。传统母性强调女性生育抚养的本能母爱，并夸张它，但同时又强调这种本能母爱的保守性，认为一个亲生母亲会更爱自己的孩子而不爱别人的孩子，继母不可能像亲生母亲那样爱孩子，这样做的目的，可以维护亲子关系的正统性，更有利于维护父权家庭的稳定和统一。另一方面也暗示女性之间在生物本能上的排他性、不合作性，不能互相容忍。

社会性别的要求对于生物性别也有某种顺从……

有没有这样一种理论，发现生物的物种延续是在接纳和吸取异类中进化的？如果至少逻辑上是可以设想的话，也许那些普通继母和好继母身上有这样的不自私基因？

刘兵：有这样一个理论，这不是我觉得，是确实存在这样一个理论。当然，你可以说科学理论也是建构的。有一本书，非常有名的一部社会生物学名著，很畅销的一本普及读物，叫作《自私的基因》，这本书基本的概念就是说物种延续生命的意义，它的唯一的目的就是尽量扩大它的等位基因的传播。我觉得这个概念用于这个论证也许是比较恰当的。

荒林：这个理论特别能帮助父权——有专注的母亲和独亲的孩子，有稳定的统治。（笑）是不是反动？（笑）

刘兵：没有反动啊，这个不存在反动的问题。因为我前面讲了，任何生物至少有一个现象你可以看到，物种都要延续下去，而物种的延续都是要有条件的。

荒林：但是相反的理论特别容易树立相反的观念，通常认为继父是比较好的、比较宽容的，他不存在生物的排他性问题吗？

另一方面，设想女人们在一起抚养孩子，可以互相交流养育孩子的经验，这时候，不同的孩子，自己的或别人的，如果以培养孩子出色与否为标准而不是

物种都要延续下去，而物种的延续都是要有条件的。

自己的或别人的为标准，还要不要排他？

在中国的传统文化中，一个女人只有通过自己的儿子才能获得在家庭中的地位，这才是她们要拥有自己的孩子而排斥别人孩子的根本原因所在呀。

刘兵：你没有听我说前一个论证，因为在生物的延续过程中，特别是人类，两性从生理上承担的责任有一个分配的不平衡，女性要十月怀胎，然后要受比较多的磨难。在这种生物分配中，已经有了某种不对称和不平衡，包括怀孕的过程，都是培养母性的过程，也就是说，在没有小孩时和有了小孩后的母性是不一样的，就这个过程也是一种培养，这个过程有多少是先天的有多少是后天的，肯定占有一定比例，这是这个过程的特殊性带来的影响，我觉得这个是可以接受的。

在这种生物分配中，已经有了某种不对称和不平衡……

荒林：对，这个可以普遍地说明一个问题，就像你刚才说的，包括一些狼孩呀，失去孩子的女人，她就特别接受别人的孩子，因为这能替补她原来失去的孩子，而且非常的爱。这不正好说明可以爱别人的孩子吗？

刘兵：这只是对主流的绝大多数人的正常分析，对于特殊的例子就应该有一个特殊的分析。甚至就有这种理论，包括狼孩，它也是一种母性，对于这种母性它是另外的一种方式的反映，你不能说这种反映跟你的生物性别或天性没有关系。

对于特殊的例子就应该有一个特殊的分析。

荒林：你说的都很正确，现在要解决的恰好是在逻辑中解决不了的问题。

刘兵：没有说解决不了，我说的哪一点没有解决问题？

荒林：继续回到继父和继母的问题。因为现在关于研究继父和继母的书是很多的，通常认为继母情结是一个建构中非常重要的环节，也就是说设想女人是做不好继母的，男人是能做好继父的，它直接导致的效果就是能够保持这种一夫一妻制的家庭，以及一个女人贞节于一个家庭的延续性。说女人不具备爱心，因为她只能爱自己的东西，而不能爱更多的东西，女人天生的狭窄，女人的自私，它是一个连贯性的语意系统。

刘兵：这跟我说的没有矛盾啊，你刚才说的这些例子。

刘兵：我的意思是，主流定义的母性，的确是建立在生物性认识上并且能够解释许多现象。

荒林：这也就是我们认识的难度。我们需要了解生物性的自己、社会性的自己，要看看生物性是不是也是一种知识建构，是不是这种结构中暗含了对生物性本身的偏见，比如继母可不可能因为自己也要怀胎十月而更关爱别人怀胎十月的孩子，继母是一个有知识的女人还是一个处境恶劣的女人？如果是后者，也许她对自己的孩子也不爱。

童凤莉：为什么女性对家庭能表现得宽容大度而在社会上却显得相对狭隘和计较？

刘兵：人们习惯用二分法的方式来看这个世界吧，这种分裂确实加剧了两性对立的程度。说它的一致性首先你假设了一个前提条件，在任何情况下一个人按逻辑都应该是一致的，这种假设我就觉得有问题。因为二分法这个性别与在绝大多数社会里面社会性别分派的角色和建构的要求有关，它要求女性在私人的领域里，有私密性，和工作的要求是不一样的，本身的建构就培养了她对家庭的特殊的对待方式和对外的不适应，就是说女人更擅长在家庭内，这是性别理论的一个基本前提。另外呢，除这种抽象的划分外，从实际的社会结构也可以划分，在通常的社会结构里，家庭是女性传统的最后一个退身之地，最终的一个依赖，长期以来家庭是女性最基本的生存环境和单元，她在这个单元中如果不采取这样一种态度，在生存策略上来说，她也没法活下去。而对社会来说，在这种长期的建构中，社会上并不要求女性走向社会，对女性的解放程度远远没达到理想的状态。当女性从一个适应的状态走向一个不适应的状态，她会非常不适应。我觉得你说的这种女性对社会的小气、狭隘是她跟公众的环境所要求的思维习惯、交往方式有所冲突，也就

为什么女性对家庭能表现得宽容大度而在社会上却显得相对狭隘和计较？

在这种长期的建构中，社会上并不要求女性走向社会……

是说她在公众领域的交往在社会建构的性别中天然地不适应，我说按照这个说法可以最简单地回答这个问题。

童凤莉：这个回答不像第一个问题那样让我明白。

刘兵：因为我这个讲得比较抽象。

童凤莉：这个能否用个案来说明？一个女性在家庭中是无私奉献的，但在公众场合却非常的小气，也许有人不这么认为，但这个问题并不像你刚才说的那样，是二分法。

刘兵：她在家庭中的大度无私，当然也跟你前面讲的母性连在一起。二分法的意思是说女性在受教育成长的过程中被注重灌输的是在家庭和私人场合的这种比较恰当的行为方式，而且人们也认为在社会意义上一个女人在家里应该有无私性，但像你说的那种在家里的大度也不是没限制的。人们通常评论一个女人会不会精心持俭地过日子，大手大脚地花钱本身就不是一个传统上良好的女人。所以你说的家庭里的大度是有限度的。但到了社会以后，在一个公众的场合，这个理论就是说她不被强调在公众场合中应该扮演这样一个角色。还有一个前提，当一个人习惯于把家庭作为第一位的时候，在财力上总额有限度的情况下，当然有这样一个划分，在她的优先次序上有这样一个划分。如果她是一个百万富翁，你看很富的女人在外

人们也认为在社会意义上一个女人在家里应该有无私性……

面做社会慈善事业的时候，她也很大度，这里有一个经济基础的问题，这个变化并没有跟这个理论相矛盾，只不过她仍然不适应社会。

童凤莉：一个男人对家庭从来没想过家的问题，他在外面应酬多，一个爱喝酒的男人，家里哪怕再没钱，他也不戒，但女人肯定不一样，首先想到的就是家庭开支。

刘兵：所以我说这是一个优先秩序的排列，女性是家庭第一，私密性是首要的，工作是第二的。

童凤莉：女人虽然家庭是第一的，社会是第二的，但男人在没钱的情况下照样喝酒，但这并不等于他是社会第一。

刘兵：社会不一样，不是说对自我，而是说在社会中的形象。一个男人，他回家可能喝次等的酒，但在公共场合他必须装出或表现出按社会的要求来行事，否则他在社会上就不符合社会角色，他可能会在交往中处处碰壁，所以男人的社会性比较强。男人跟整个的社会结构和家庭结构的交流都有关系，比如北方的人更有一种原始性，南方人更有经济社会的痕迹，北方原始农业社会和南方经济社会也是对社会性别建构和修正的依据，这种建构受各种因素的影响，这在理论上没有矛盾。

荒林：实际上你已经说得很透彻，因为你是一个男人。

刘兵：我恰恰是站在性别的立场上来说的，不是为男人偏袒，是分析这个现象为什么存在的原因，而不是说这个现象对与不对，对它做一个评价。

荒林：我觉得你对这个问题的分析真是比较客观的，女性在家里和社会中两种不同的角色分工，对她们行为方式的影响很大。

但我理解童凤莉的问题是，女性如何才能和男性一样在社会上获得认可？她们的行为方式要怎样才能符合男性社会的价值标准？

我想换一个角度回答：一个是男性社会已经建立的规则是不是合理的？唯一的？用来衡量女性是不是好的？另一个是你发现部分女性在社会上的相对狭隘和计较显然是被人歧视的时候，你会不会想到这部分女性要学习更多的社会知识？

刘兵：不对啊，我没说用男性标准去衡量女性是对的，我没说的你不要强加给我呀？（众人笑）

荒林：部分女性在社会中被说成小气有两个原因，一个是因为部分女性不适应这个游戏规则，一方面可能这个游戏规则不一定是合理的。

刘兵：我没有讲过第二个的合理性，我只能分析

我恰恰是站在性别的立场上来说的，不是为男人偏袒，是分析这个现象为什么存在的原因……

一个是男性社会已经建立的规则是不是合理的？唯一的？用来衡量女性是不是好的？

这个现象为什么会形成，为什么会是这样的，再往后可能会有一种新的建构更理想的规则，分析这个原因就是为了后一步，但我没有说规则是对的，你不能把我没说的东西想象出来。（众人笑）

荒林：也许因为你暗示了这个规则的合理性。

刘兵：我没有啊？（众人笑）

荒林：你的分析的确是很好的，但大家为什么还不解渴？原因可能是大家期待提供一种思路和出路。这可能是我们女性面对现实社会压力的具体情况，我们的确是一个一个具体的个体，又呈现了群体的困境。这个群体在社会发展方面受压抑太深久。在家里待久了，对社会不适应，特别渴望适应。换一个说法，中国女性真正进入社会的历史才 100 多年，国外女性进入社会有 200 年的历史，跟男性主宰社会几千年的历史比，女性是新的角色和新手。他们是我们的大学，我们还是小学生。（笑）采用他们的游戏规则，我们还要学习。（笑）不过要重建一种规则，即男女都协调的游戏规则，是两性都共同面临的问题。在这个新规则没有形成前，旧规则对我们很严酷。我们现在是心理最不协调的时候。不过，我们共同去分析和对话，将问题阐释得清楚一点，有助我们调整自己的心态和认识。

雪女：下一个问题谁提，抓紧时间。

要重建一种规则，即男女都协调的游戏规则，是两性都共同面临的问题。

王金萍：我们这个时代的人，青少年时候没有任何女性意识，现在慢慢接受了一点女性意识在里面。如果女性意识越来越强的话，是好还是不好呢？有些人太自我，感觉有些自私了。我感到女性意识发展得很极端的话也不太好了。

如果女性意识越来越多的话，是好还是不好呢？

胡迟：你说的女性意识其实是自我意识。以前女性是不注意自己的，现在有些是太爱自己了，甚至自恋了。

王金萍：因为一开始我在社会上根本没有意识到我是个女性啊，应该在社会中有这么个性别的这种概念啊，我们都是一个中性的人，是这种感觉。然后现在有那么一点点意识，通过这点，我意识到我是一个自我的、个人的，我以前完全是集体的、大众的。其实个人应该有个人的那种想法呀，发展呀等，但我觉得这个意识太强烈了，并不好呢，会造成家庭呀，或者跟别的什么人的争斗呀等。比如我现在看网上的一些新书，我一看七八本一上来就强调那种性别观念，确确实实是那种自恋。我觉得她们是太自爱了吧？她们的女性意识是不是有点变态？

刘兵：我说吧。

雪女：对，因为这里就你一个男性，你是代表嘛。

刘兵：你们首先是从天然性别上把我划到对立面去了，如果你们要选择一个代表典型的当下社会的男权意识的对话者，你们不应该选我，我是做女性主义研究的。有一派学者说，只有女性才能够研究女性主义，否则的话没有女性体验，但是也有另外不同的观点，认为不是这样。这样等于说医生不能给病人看病，因为他没有生病，这是一个道理。这是有对立的说法的，我个人认为后一种说法更有道理，因为实际上男性也意识到女性群体为主的这样一个性别的女性主义研究是什么观点。另外，只在这一个观点里头研究或者抛开了这个观点，因为性别的概念由于现状它仍然是以女性的关注为主，已脱离了男性的一面，这个现象就不存在了。你刚才说的那个我感觉混淆了几个概念：一个是个人、自我，一个是自我的性别意识。如果就自我来说，这不是一个性别话题，在早期的文艺复兴时期人文主义的出现，是对于个人利益的强调。对于个人的强调，用不着调动女性理论，这个从早期的资本主义诞生的时候就有个人主义的思考，在仍是主流思考。

童凤莉：她这个女性意识想说明什么呢？在社会的变迁当中，女性意识越来越被强调了。

刘兵：我先把这个概念做一个澄清。从一个中性人到一个有性别的人，这是针对在这样一个社会里头，作为女性一个特殊的群体，而不仅仅是作为一个抽象的一般的人的特殊意识和概念。这两个问题不完全一样。另外，还是一般来讲，你说女性意识过分呀等，其实，任何意义上的这种先驱者，都有某种悲剧性。其次，不是所有的女人写的东西，都代表着一种先进的女性主义性别立场，包括许多天然性别是女性的作家，她们反映的是一种另外立场上的男性意识，这是两回事。女性主义的划分并不是以自然属性来划分的，女作家写出的作品并不因为她天然性别是女性就有女性意识的觉醒，她可能打着这个旗号但本质上并不是一个真正的女性主义者。再者，女性意识也许跟我们现实社会普遍的意识形态是有冲突的。因为这个社会意识形态在我们女性主义者一般理论中主流是以男权为中心的，那么就像你刚才说的第二个问题，你认可她是应该可以改变的，但改变是一个过程，不是说现在已经变了，现状依然如此，那么如果真有了一种女性独立的性别意识，仍然会跟这个社会有激烈的冲突，而在这种情况下，会极端。但你说的极端的自私等，已经超越了性别的概念。甚至不是在性别意识上的人如男人也有极其自私的或者到极端自私的，这是一般的个人主义走到极端了，这个不管什么人都会受到社会谴责的。那么在女性问题上又有两种情况，一种是即使你适度地强调性别的意识，因为跟社会的矛盾冲突，仍然可能被视为某种自私，因为社会构建的那种贤妻良母的要求跟你不一样，你没有做到所以被认为你是自私的。这种要求是不合理的。另外一种情况就是可能在这种名义下走向了性别意识相反的东西，理想的两性关系强调的是一种平等，而不是反过来。如果你超越了平等就变成另外一种压制了，另外一种以

不是所有的女人写的东西，都代表着一种先进的女性主义性别立场……

理想的两性关系强调的是一种平等，而不是反过来。

自己的利益为绝对的中心代替了全体的东西，这就不再是一个理想的女性意识的一个表现了。作为一个有前卫意识的女性主义者，就要敢于和她对抗了。因为你对抗了你就有某种超前性，你超前了你就有成为某种先烈的可能，那么你是不是愿意付出这个代价？

王金萍：在中国，像我们这样比较软弱的人不能抵抗，我还是退回去吧。

刘兵：这是要付出代价的。

胡迟：像"五四运动"那些人，有很多人付出了代价。她们成为先烈。

刘兵：是不是让每个人都成为先烈，我想不管是女权主义还是男权主义，都不应该有这样一个要求。因为就这样只有一个超越性别立场的平等的概念来说，这是不同层次的，从这个意义上来说，人有自己的选择权利，有当烈士的权利。要是所有人都成为烈士的话，这个社会可能有问题。九丹做定位的时候可能写的是女性题材，写的是女人的内心，但她的立场和视角其实是男性，甚至她在迎合市场的需求。这种作品有几类：一类是纯写女性题材，但她是满足了一种男性市场的审性要求，不是审美，这种写作不一定是女性的立场和作品；另一种可能是女性立场作品，但是男性在读的时候由于现实情况可能有一种误读，把它仍然当作了某些类似于前面讲的作品，它的市场效果

人有自己的选择权利，有当烈士的权利。

肯定不如前一类好，但在某种程度上可能成为较次一点的畅销作品。那么真正有了一种很独特的性别意识作品在目前的情况下其实很难畅销，就是这么一个感觉。

荒林：我觉得张洁的作品对女性主义在家庭范围内是一个探索。

刘兵：包括你说的，我个人有个说法，我认为女性主义和性别意识你完全指望它在很短的时间内自发地产生是不大可能的。其实包括你有这个意识，并不是在你的屋子里苦思冥想突然间就有了女性意识，像悟道一样，它更多的是受外部因素的影响。在这个输入的过程中，有一个很大的分歧。很多的人其实是打着女性主义旗号的伪女性主义者。

叶航：不是光女性，有很多男性自我意识都找不到，所以有时候讲女性的时候就是你刚才讲的那种有很多人连自我意识都没有。我觉得男性也别笑话我们，我觉得男性自我都没有定位好，可能有的人对自己的要求更低，还没有自悟，更别谈女性，所以有很浮躁的东西认为这就是女性，所以我认为人首先是人，然后才是女人。

刘兵：这是个层次问题。至少某一类女性的意识的问题，接纳的问题相对要更容易一些，因为我们甚至没有完成西方社会那样一个对于个人的解放和权利

女性主义和性别意识你完全指望它在很短的时间内自发地产生是不大可能的。

的问题，如果在女性柔弱中把女性的最终这几点定为平等和权利的话，在我们就一个人的权利还没有得到真正实现的时候，你在这个人之外再加上别的属性就不大可能。

荒林：我觉得你刚刚提到的这个问题有个非常重要的语言背景，就中国目前市场上流行很多关于女性主义的概念或者是传说，而且很多是误解、偏见，甚至没有概念，所以它只是一个言说的方式，很多时候这个方式就是一个商业操作的语言。女性主义进入中国就好像一种新产品进入中国，就好像新服装、新鞋子、新帽子一样，比较通俗地来说它是一个符号，一个别的表意符号，代表着某种西方的东西来到中国，然后中国人怎么用，那是每个群体每个语境中的人用法都是不一样的，所以你现在感觉的就是这样一个状态。那么不同语境不同层次的人在使用它的时候用意都是不一样的，这种不同的用意带来的后果就像你看到的不一样。假设你想在严格的概念上来界定它，那么你要知道它是怎么旅行来到中国的，但旅行到中国的各个地方各个文化阶层以后，穿在不同人的身上，就不再是原来那个东西了，实际上那个穿的人才是那个原形的本质，而不是那个服装的本身了。作家来表现这个的时候，为了迎合商业，比方写性别，她说这是女性主义的，这是一种绿色的眼镜。然后另外一批学者说，女性主义应该是什么什么，去解释女性主义，但有的人只看到那个而没看到这个，每个人的认识和看东西的层面都是不一样的，就像有多少读者就有多少林黛玉和贾宝玉一样，在中国是有多少人就有多少种女性主义，没有一个原形了，根本不可能了，这是一个前提。刚才你说到了所谓的现代的女性主义和自我之间的问题，我觉得你是在一个层面上说到一个问题，比较走远了或走过了，是你看到的一些现象。所以当我们谈论这个问题时必须回到中国女性建设层面上的一个问题，比方说真实的女性是什么样子，在社会性别建构上，她在家庭里面是什么样的，她在社会上的位置是什么样子，她们要衡量自己的标准是什么样子，这个层面上才是实实在在的中国女性主义的问题和情况，所以我说在中国谈女性主义话题是一个非常难谈的话题，也是非常容易谈的话题，每个人都可以谈，但是可能谈到的，对于我们来说能解决问题的，或是我们说出不能漏掉的经验，不要再成为重复经验的这一部分，是最难的，因为实际当你说这个的时候，你的经验就被埋没了。就是说女性主义是不是你想要的，很可能就是你不想要的这个问题，为什么？假设是我，在选择中，要不要自己的家庭？我自己不要彻底沉溺于这个旋涡中。其实女性主义有一种观点，有多少女性就有多少女性主义，这个问题在中国最容易解决的就是说你就不需要认同标签和认同归类，没有这个你就会轻松很多。如果是这样我就觉得是非常可怕的。比如陈染是个女性主义，或者海男就是，或者什么什么是，这是很可笑的一个东西。不仅她们本身就不知道那是一个什么东西，她们自己又说不出来，但她们作为一个作家来表述的时候，她只是从她的经验和她内心体验的一个过程，这时她会借助女性主义

在中国是有多少人就有多少女性主义⋯⋯

的某个词，她可能完全是反讽的用法，或是借用，在同一本书里有 1 000 种用法都可以，因为对她来说她只是作为一个表述符号来言说，她不会像社会学家、女性主义专家一样，是作为一个理论来研究。但是反过来说，作家对于社会意识形态这种影响也是非常大的，她们虚构的那个形象，比方某个女性形象的出场，如一个女性是独身的，而且还非常偏激，或者是非常解放的女性，然后她就说这个是女性主义，这就导致了一堆的人们对女性主义表意的理解，对于中国语境中的人来说，可能是有非常大的影响。如果再有人来说女性主义是什么什么，这是一个非常可怕的女性形象，已经把女性主义妖魔化了或是改装了或是修饰了、变形了，很多人都是不能接受的，包括比方像我，就会反思，那些作家的想象，借助女性主义资源所提供的艺术想象和意识形态是什么东西。当然这些分析是批评家和思想家的事情了，但是普通的人有这样的思维方式就能帮助我们做很多事，但往往我们是没有这样的思维方式，而是认可对方提供的是什么或者代替物是什么就是什么，对于女性来说，这是可能出现的问题。

西方女性主义给我们提供的只是一个经验，中国女性还是要走自己的路……

雪女：西方女性主义给我们提供的只是一个经验，中国女性还是要走自己的路，你怎么才能找到一条适合自己的路呢？

荒林：其实问题的实质不在于说她指引什么道路，看到的问题是她提供了一个怎么样的关于女性的想象，这个女性想象的形象比方你感觉她和你自身的选择冲突，可是社会也有提供的女性规范是冲突的，那么我们只能说，这些只能提供了一个女性的想象，这些想象对于女性可能是有利的，也可能是不利的。

刘兵：这个有利和不利，有不同的解释，同样的东西对有的人可能有利，对有的人就可能不利。女性主义就整个研究来说有无限多种，所以有人把中国的慈禧太后、武则天等称为中国传统的女性主义者，有这个说法，这个很正常。

荒林：按照中国有多少女性就有多少女性主义者的说法，这个当然是了。

刘兵：那就等于没有说一样。如果每个人都有一套个人的理论的话，就等于取消这个主义一样。但确实女性主义是存在的，我相信总是会有某种相对理想的划分，我个人认为怎样划分呢？承认性别意识的女性（就是社会性别意识）和不承认性别意识的女性，这是本质的划分，对于绝大多数当今的女性主义来说，这是一个分水岭。因为在这之前，显然是另外一个阶段，主要是假定的不一样，另外呢，分歧主要出现在什么地方呢？还有个假定呢，就是认为男女的地位和权力是不平等的，如果没有这个前提，就不存在女性主义，即使女性的地位很高了，她个人还是认为不平等，没有达到理想的平衡，有这个前提，才会有女性主义存在。这是一个共同点，在这个共同点下，对这

承认性别意识的女性和不承认性别意识的女性，这是本质的划分……

个不平衡、不理想、不平等形成的原因，对这个不平等解决的办法，以及建立一个新的、理想的、平等的标准，这个是有形形色色的差别的，我们说这些差别主要集中在这些地方。

荒林：女性主义运动中的一个分水岭是关于女性主义思潮最最不能动摇的无论哪种流派都具有的最基本的观点，是从女性这个角度来谈问题；第二，所有的行为都为这个主体的利益去着想，前提是到目前为止女性群体的确存在弱势现象。你刚才说的可能是男性主义的，因为它没有考虑到女性就是在这种状态里才会形成的女性主义运动，因为主义本身就是一个极端的说法，是要改变这个处境，是朝一个理想的目标去走了。如果不是这样，社会性别歧视相对来讲不是一个比较温和的双性都可以用的东西，那就是建构的，因为是建构的，所以可以这样做，我是男性我可以建构这个人，我也可以不建构。

刘兵：我刚才说清的是两点，我在做一个分类，可以理解为形形色色的。我是说有性别概念的和没有的这两类，而所有的女性主义之所以成为女性主义，是因为承认不平等的前提而且要改变这个才成为主义，你的另外一点我就不同意了。回到刚才那个分析，只有作为一个女性主体来看这个现象，实际上你已经把男性排除在外了，按照你这个说法，我已经没有资格来谈这个问题，因为我是个男性，我所有诚实的研究都不能算数，我不同意的是这点，你的这个分类是有

所有的女性主义之所以成为女性主义，是因为承认不平等的前提而且要改变这个才成为主义……

问题的。这个分类不是在同一个层次上分类，我前面讲的是两个大的分类，在大的分类下再细分。

雪女： 作为一个男性，你为什么研究女性主义？是因为女性主义很时髦呢？还是这种研究给你带来某种利益、某种名誉？还是你真的关注女性，认为这个社会男女确实不平等，给女性找个出路，找到方向，解决一些问题，从男性这个角度来讲去做一些工作？

刘兵： 看来这个问题只有我一个人回答了。这个问题你可以设想我不止一次反复地被问到。简单地讲，之所以关注这个问题，介入这个问题，是由于我专业工作的需要。因为女性主义这个学说，刚才咱们谈的更多的是联系到妇女解放和女性个人的经历。实际上作为女性主义这种性别视角已经渗透到几乎所有的学术领域，在所有的学术领域都有这样一些分支、一些流派，包括生态研究，包括神学研究、社会学研究、法律研究、国际关系研究等。我最初之所以介入这个研究，是因为我从事科学史研究，这里也有女性主义的科学史。我大概是从 1993、1994 年介入的。另外一个因素呢，是因为我的兴趣杂一点，如果单从科学史介入呢，是很快会结束的，那么我会做一个相对阶段性的研究。那么除了科学史，我也做一些和环境有关的，关于生态环境这个领域里，也是很密切相关的一个重要的流派，就是生态哲学的领域等。这有几个因素，一方面，我有一种专业的需要介入到这里面了解一些。我发现，学术上确实从性别概念来说，可以给

作为女性主义这种性别视角已经渗透到几乎所有的学术领域……

女性问题严格来讲
是社会问题一部
分……

各个领域带来全新的立场和结果，这极其有学术意义。另外，在这个研究里头，我发现有很多共同的人，如果说作为一个人，除这些外，你是一个比较可以接受新观念的人，你又不是一个绝对的所谓顽固的男权主义者，或者对于女性问题——因为女性问题严格来讲是社会问题一部分，如果你对社会问题的公正有一种天然的关心倾向的话，当你涉及或接触到适当的理论的时候，自然就有一种关注和理解，所以就很自然地转过来做了一部分工作。当然，说实在的，真正涉及女性主义、女性解放运动的东西，我专业的研究没有能做到更多，但是连带的，因为有了这样一个理论框架，我觉得就在我所理解的框架里头，我可以把很多领域的现象贯通起来，做出可以说在逻辑上比较一致的解释，形成这个理论的威力，或者它的生命力。如果一个理论只能适应一两个领域，而没有一种辐射性的话，这个理论的生命力肯定是不强的，也无法解释为什么女性主义会在世界范围内如此众多的领域里头都有它的生存基地。如果你只站在唯一的领域或者社会性的或者科学性的单一立场来看，是看不到这个全景的，而这样一种更高意义上的贯通，我觉得对于妇女解放反过来有另一种文化的、学术的支持。也不能说它跟妇女解放一点关系也没有，有关这种关系可能跟那种直接的家庭暴力呀等没有那种直接的介入性，但这也不排除有了这个框架以后我也可以在电视上谈家庭暴力问题，也可以谈性骚扰问题，那是因为你有了一些理论的研究，有了这样一个理论框架和视角，你有了对公众和社会整体的、大基础上的性别的关注，在这种意义上，我觉得对这些问题的回答并不排除一个男性，而且我觉得我接触的周围少数一些关注这个问题的男性，在这个基础态度上都比较类似，这几个前提缺一不可。相反，假如你这个人从基础上对于社会公众问题缺少关心，本来就站在一种极端的立场上，那么即使你接触了这个理论你也可能仍然无动于衷，或者你有这样一种态度，但是你没有接触到这种比较代表着先进发展方向的意识形态的话，就可能对这个现象理解的本身还没有跳出传统的框架，还有一种局限性。

胡迟：我觉得女性关注的问题提出来很受冷漠，一旦男性介入了这些问题，它们才被提上议事日程，这是为什么？

荒林：这个问题可以把我们的讨论推回到现实。

胡迟：比如生态问题是一些女性先发现的，而梁从诚登高一呼，大家才关注到。中国这个环境当中，女性位卑言轻，许多实质性的东西是女性先关注到的，比如恋爱、婚姻、环境、生育这些东西，但多是男的作为发言人，包括人口问题，是马寅初先提出来。在马寅初提出人口论之前，有很多女性就死于生育，因为不停地生孩子。我丈夫的外婆，她结婚以后一年生一个孩子，到39岁就死掉了，生了8个孩子。为什么许多问题女性作为承受者声音反被忽略，而要由男性提出来了才受到重视？

荒林：我们讲到女性主义在各个场所、各个地方都有不同的运用，现在回到实质性的问题，不同性别中的运用，这才是最关键的。比方男学者，他开始从来不搞，而且他比许多女性起步晚得多。他可能现在才开始研究，他一开始研究就会有影响。为什么他会这样呢？因为女性主义成了他的权力话语，然后他来用一整套男权概念全部把女性主义概念贯穿起来，而他说他的逻辑是最强的、最厉害的，女性说的都是散乱的、零碎的，为什么呢？因为女性是跟女性的经验挂钩的，男性就是要剔除女性的经验成为一个框架，说的都是他们框架中的东西，女性再一次被沦于沉默了，而实际上女性主义运动就是要把沉默的经验浮出历史地表，而女性主义在中国的可能后果就是女性主义浮出地表，女性的经验又沉到地下，沉到历史的地表下了。中国现在要解决的问题就是这个问题，这也就是为什么我不断地跟性别对话的原因，很多人研究我的《两性对话》，特别是李小江，她仔细研究我的《两性对话》后给我打预防针：荒林，你全部的努力证明，这个人没有改变他的男性特权。（众人笑）

刘兵：是，这有它的特殊性，但不是一概而论的，女性主义在西方的发展，确实很引人注目，以及形成这样一种广泛的学术研究思潮。这并不是因为男人注意到，而主要是由于女性的努力，这是一个最大的贡献。

女性主义运动就是要把沉默的经验浮出历史地表……

胡迟：但是男性一关注，就成为代言人了。

刘兵：这是因为在现实的社会里，男人有话语权、影响力，这是社会结构决定的。

在现实的社会里，男人有话语权、影响力，这是社会结构决定的。

胡迟：这说明女性主义并没有起到解放女性的作用，而是被你们男性利用了。

刘兵：不不不，为什么你一定想到唯一的可能性就是一旦男性把这个话语权接过去或者有这种说法就一定会被利用？

荒林：它实际上给男性带来的利益比女性要多，就这么简单。

刘兵：带来了什么利益？啊？

荒林：话语权呀，未来社会走向预言权呀。（笑）

刘兵：不对呀，这个说法完全没有根据呀，比如我做女性主义研究，给我带来什么利益？到目前为止女性主义研究在我学校的业绩考核里是不作为成果的。给我带来了什么？

荒林：还有一个未来尺度啊。（笑）

刘兵：你把一切都归于未来的话，那不是找一个退路了吗?

胡迟: 比如说马寅初的人口论,他是从经济的角度和国家发展的角度谈人口论,其实女性最早谈出来的人口论是从生育本身对女性的伤害角度来说的,但对女性的伤害这个言论被压抑下来了。

刘兵: 第一,你说的那个先是女性的生育问题,然后是马寅初人口论问题,这个还不是标准的女性主义的问题。我做一个区分:因为在那个时候,这个现象太好理解了,因为女性主义研究也承认一个前提,社会是男权中心的,那么显然掌握多种的话语权,掌握这种影响力,你的问题有意义或争论的要点在后一部分,这种局面太可以理解了,这种局面的存在恰恰是女性主义诞生的必要性和合理性。

女性主义研究也承认一个前提,社会是男权中心的……

图 24　无题

胡迟：你还没明白我的意思，我说的这个现象存在自然有它的原因了，但存在以后产生的结果你想没想到过？比如说当女性主义主体把各种各样的体验告诉你们的时候，一些男人接过话筒了，当逻辑性的声音覆盖所有女性声音的时候，以后所有人想了解女性主义或关注女性的时候，她就认同这个男性的声音了，而所有女性的声音被压抑在男性之下了。

刘兵：我明白你的意思了。第一，你说的这个情形呢，首先在女性主义比较发达的西方还没有出现这种情形，这是我个人认为。女性主义者的声音还是有相当的自主性，当然了，自主性有好处，也有局限，局限的时候她们的辐射力比我们要好得多，但仍然有很多局限，对社会有所改变，但改变得还不够。在我们国家来说，这种危险性不是不存在，前景还有可能性，但目前呢我觉得还没有成为现实。第三层意思，如果说女性主义是一种有很强的实践性的学说，要改变这个不平等的状态，包括要改变的局面和学说，即由男性说出来的声音总是覆盖女性声音这样一种现实。那么这个改变就要有一个互动和逐渐的过程，比如说男性的声音等，但他间接的可能也会起到帮助女性的这种作用。另外，最终有这样一个失败，那么，我们只能说在这个时候女性主义运动本身和研究本身在这里没有实现它最初所设想的效果，那么也就是说这个运动还要继续进行。我觉得这个完全不矛盾。现实的情形中，就女性主义这个问题来说，还没有由男人完

女性主义是一种有很强的实践性的学说……

331

全接过话筒，来重新阐述一套以男性的立场来标志女性主义旗号的一种说法，目前还没有，国内外绝大部分地区也没有，这是我个人的看法。

荒林：我们应该感谢刘兵教授，他的方式和理论其实就是我们应该学习的。

雪女：我们都感谢你和刘兵教授的精彩指导。（大家笑）

第五篇　学术与文化杂谈

学术是个大概念；文化更是个大概念。两者放在一起，几乎什么都能纳入其中。不过，放到这里的文章，总是在追求学术的意味和文化的感觉。

《两点间最长的直线》自序

　　正像在这本集子中收录的那些跋序所表明的那样，我以前倒是为自己所写、所编，以及为其他朋友所写、所出版之书写了一些序言之类的东西，但是，轮到再次要给自己的集子写一个自序时，依然感到在一本书中，也许序是最难写的部分。写得不好，读者在匆匆读过之后，便会因序的原因而将书扔在一旁；写得太好，读者读过全书，又会有上当之感，也会招来许多听不见和听得见的抱怨与批评。为了避免这些尴尬，一个取巧的办法，就是不在序中总结更多的观点，不把序写成某种内容提要式的东西，而是更为直白地作为一种对该书的简单的说明，或者干脆说些题外的联想。这次，我也还是照此办理。

　　先讲书名。以往，我经常应朋友之邀，为他们写作或出版的书起个书名。在我曾想出的那些书名中，幸而倒也有些得到了圈内外朋友们的认可，尽管在构想那些书名时，肯定会体验到绞尽脑汁的痛苦。但是，在每次要试图给自己的书起一个理想些的书名时，我也依然会遇到几乎是不可逾越的困难，并且会感到在一本书从构思到写作到修改到完稿的整个过程中，起书名似乎是最困难的一个环节。而且，想出一个理想的书名，既要引人注目，又要反映书的中心思想，又要有意境，又要耐人寻味，又要有市场感，又不宜流于俗套或者庸俗不雅，要想全部达到这些要求，简直是一个不可及的目标。而且，想到一个好书名的过程，经常不是由于理性的思考，而是来自直觉和灵感的闪现，这就更让人难以把握了。对于一个人来说，名字也许可以只作为一个代号，一个标符（我自己在小时候起的名字就极不理想，既无意境，又重名率极高，但至今已是无法纠正这一失误了），而一本书的名字，却对这本书的命运在某种程度上起着至关重要的作用。无怪乎我的一位对出书颇有研究的朋友曾对我说，有时一本书的畅销，其实只是卖了一个书名，一个概念而已。细想起来，这话倒真是不无道理。

这本书的书名最终定为《两点间最长的直线》，它也许距离理想的书名差距很大，但它同样也经历了一个从苦思冥想到蓦然突现的过程，也许其间咖啡的刺激和与朋友闲聊的启发也起了重要的催化作用。初看上去，这是一个矛盾的说法。从小我们就知道两点间最短的距离是直线。但像几何那样抽象和纯粹的人类思维创造与生活中的现实相差如此之遥远，在现实中，既没有几何中理想的点，也没有几何中理想的直线。虽然我们可以把几何式的简洁与精确作为一种努力追求的理想，但在现实面前，人们总是由于种种不可控制的因素而不断妥协，充其量也只能是尽自己最大的努力而尽量向抽象的理想靠近。例如说，科学文化与人文文化的分裂是一个人们已经看到的现实，而要沟通这两者则成为许多人追求的目标（当然也有人并不

想到一个好书名的过程，经常不是由于理性的思考，而是来自直觉和灵感的闪现……

从小我们学习几何时，就被教会知道两点间最短的距离是直线。

承认这种观点，甚至站在一个极端把另一方说得一钱不值，但那也只不过为这种分裂提供了更鲜活的实例而已）。像当代科学史学科奠基人萨顿就曾提出以科学史为手段要在这分裂的两者间建造"新人文主义的桥梁"，说白了，也还是设想要以最短的距离来沟通二者。可是，在现实中，我们仍然看到，科学文化与人文文化的分裂依然巨大，沟通两者的努力依然艰巨无比，人们经常不得不绕路迂回，建成那座笔直的桥梁的目标似乎只是一个让人向往的美好梦想。当然，美好的梦想也是值得去努力追求的，否则，就不会有这里的这些文字。如果仍然利用点和线的比喻，现实的情形倒有些像分形理论中讨论的实际海岸线的长度是如何与测量的精度相关因而不确定的例子。当然，这只是一种对此书名的可能的牵强的解释，实际上，我倒更希望这个隐喻式的书名能具有更开放的想象空间，希望读者能够从中想出他们自己所愿意设想的内容。

剩下的就只是更具体的说明了。自从我上一本文集出版之后，在大约 3 年的时间里，又陆陆续续地写了一些文字，从比例上讲，那些比较普及性的，或者说准学术性的，或者我更愿意说是比较文化性的文字的字数，倒超过了学术论文的字数。同时，回头看一下，发现那些记者的采访和与同行（或非同行）谈话的文字也积攒下来不少。这些文字绝大多数曾在各种不同的媒体上发表过。现在，借此江苏人民出版社组织出版这套有关"对话"的丛书之际，把这些文字中的一部分重新收集起来，除作为个人的一种整理外，似乎倒比一篇篇的单篇更有了某种组合集中的阅读感

我倒更希望这个隐喻式的书名能具有更开放的想象空间……

觉。而且，从传播的意义上讲，这些不是按照严格学术格式写成的文字，也还是应该拥有更多的读者，至少是具有这种潜在的可能性吧。其中，就内容来说，这些文字所涉及的，主要是一种广义上的科学文化，当然也有极少量与科学关系不是很密切并且更为人文的文章，但既然把工作的努力定位在沟通两种文化上，这些文字也还算是构成了与狭义的科学文化相对的另外一极，收在这里，也还算是不无道理吧。

最后需要说明的是，为了保持一种历史的原貌，除了个别文字的修订之外，这些文章和谈话均以发表时的形式收录，但也有少量发表时因媒体篇幅限制或其他原因而删节较多的文章或谈话，在这里补上被删节的部分，恢复了原状。

在这里，作者要诚挚地感谢江苏人民出版社的刘卫先生提供了这一机会，邀请我将此书加入到这套丛书中来，要感谢责任编辑编辑加工的辛勤劳动，也要感谢在以前与我谈话的几位同行（和非同行），感谢进行采访和整理了那些谈话的记者、编辑。

最后，我衷心地期待着读者对此书的批评指正，也暗自企盼他们的宽容。

万物皆流

流，一个多义而且组合性极强的字，一个近乎无处不在的概念。

查查手边的《现代汉语词典》，在"流"字的条目和8种释义中，除了第8种作为品类或等级的意义，其他7种都与变化有关，都蕴含着一种运动的内容。可惜手边一时没备有逆序词典，不过完全可以想象，一旦查找起来，将"流"字放在末尾或者组合在其中的词汇将会更多。因为用流字组词，可备选者为数甚多，想来学校里教小学生做语文课的组词练习时，倘若前一个字是流的话，那肯定不会是难题，只是不知如果学生在此字后面果真填上了"氓"字的话，老师会不会也血流加速。

流，一种表示存在的状态，一种普遍存在于各种存在物中的性质。许多年前，在大学里的马克思主义哲学课上，曾很流利地背过那几句流行了很多年的名句，一开始就讲"世界是物质的，物质是运动的"，物质的运动在大多数情况下，可以用"流"来形容，流就几乎等同于运动和变化。在以大千世界为对象的自然科学研究中，从一开始，流就占据了重要的地位，当年牛顿建立近代科学大厦的一个重要基础，就是他

流，一种表示存在的状态，一种普遍存在于各种存在物中的性质。

发明的"流数法"（fluxion），也就是今天我们所说的微积分，而牛顿之所以用"流"来命名，也恰恰是因为他将一个变化的，也即流动量称为"流量"，并相应地把这个量的瞬时变化率称为"流数"。更不用说像流体（流体力学也是一门颇难研究的学问，特别是其中难中之难的对于"湍流"的研究）、电流、水流、气流、流沙、流明（光学中的光通量单位）、流星、流速、流变、流线等自然界中以运动变化的方式存在着的研究对象，或与对这些对象的研究相关的由科学家命名的概念，总之，离开了对于"流"的研究，自然科学显然不会是现在这个样子。

记得曾听过这样一个故事，是某位科学家在一部科普书中谈到的，说一位研究洋流的科学家，偶尔听说一艘运载大量名牌运动鞋的船只在海上失事，运动鞋都漂散在海中，于是意识到这是一次研究洋流的好机会，因为漂在海中的运动鞋会随着洋流而漂移，追溯它们的行踪便能看出洋流的轨迹，于是，在密切的观察中，他果然发现这批运动鞋在某处"登陆"，并取得了重要的研究成果。这个故事生动地说明了科学家如何利用可能的机会来研究一种特定的"流"，也说明了，在科学中，虽然"流"无处不在，却更多地要依靠科学家的创造性才能使其变为可观察、可研究的对象。

当然，流并不仅仅存在于科学和科学的研究对象之中，作为一种表示存在的状态，它也普遍地存在于社会现象中。在货币、观念（甚至谣言，或者说"流言"，流言蜚语就是一种常用的贬义的形容）、人群等

离开了对于"流"的研究，自然科学显然不会是现在这个样子。

当然，流并不仅仅存在于科学和科学的研究对象之中……

许多的存在中，不是也普遍地有着"流"的一席之地吗？货币，离开了流通便丧失了其基本的意义，流动资金本是任何财务理论中最为核心的概念，而近年来由于国际金融危机与风暴的频频出现，国际上的"游资"（实际上也就是在不断地流动中伺机投机牟利的资金）的流向，被人们特殊关注。观念的传播（过去有"流播""流布""流传""流普"等不同的说法），或者用更现代而且有些科学味道的说法，即信息的流动，在社会生活中自然是极度重要而且不可无视的现象。至于人群，特别是某些特定人群的流动，更具有着深刻的社会学含义，比如民工的流动，或者某一层次或类别的人士，比如说拥有高学历高学位者向发展环境好的地区流动，名牌高校毕业生向国外的流动，如此等等，如果加以分析研究，都可以加深我们对于社会发展变化的认识。这些研究，大概可以属于对于人流的研究罢。

其实，"流"本是一个中性的概念，尽管它有时隐含了某种丧失的意味而在定位上向贬义一端有所流动。于是，便有了流失、流散、流落、流离、流逝、流亡这些带有价值上的否定意味的用法。在另一些情况下，"流"与不同的存在相结合，在不同的语境下，也会派生出带有不同价值判断的语义。譬如说，在文化领域，在某些情况下，流行显然是一个好词，一种观念、一部作品、一种时尚，流行开来，便是一种成功。（不过也不能一概而论，不是一些人也常常站在保守的立场上反对流行文化、流行音乐、流行语、流行色吗？）可是再加上一点限定，也许就会变得不再显得那么好了，

"流"与不同的存在相结合，在不同的语境下，也会派生出带有不同价值判断的语义。

比如，流行病和禽流感。

类似地，像上面这样的单子、例子似乎可以无限地开列、列举下去。单子开长了，难免会让人产生世界的本质在于流之类的想法。古希腊时，曾有位名叫泰勒斯的著名哲学家提出过万物的本质为水的著名命题，让人们在时光流逝了几千年后还记得这个人，在当代的哲学课上他的观点作为哲学史上的重要成就还在广为流传。可是，水流，流水，水要是不流，那还能叫水吗？

从流的分类来说，前面提到的那些流，大多是有着明确的流动方向的，用科学的话来说，这可以被认为是"有序"的流。不过，在现实中，无序的东西总是多于有序，无论是在自然界还是在社会领域。依然用前面曾提到的流体力学中的"湍流"（又称"紊流"）来说，那就是充满无规则的起伏和扰动的流动，在湍流中，任何一点的流体速度在数值大小和方向上都处于不断变化之中。即使在平稳流动的水中，最常见的流动其实还是这种无规则的湍流。或者说，在自然界，除在特殊情况下，比如流体在管道中紧靠管壁的地方的流动，或高黏度的流体流动，或缓慢地通过小管道的流动，是属于与湍流相对的有规则的"层流"外，通常情况下大部分流体的流动实际上是无规则的湍流，比如血液在动脉中的流动，大气和海水的流动，船尾和飞机翼梢周围的水或气体的流动等。自然界如此，社会也是如此，把现实中的流看作有着确实的流向，看作是有规则的，其实那通常只不过是人们的一种简化抽象和理想化而已。

除了那些具象的、与某种物质性的存在之状态相联系的流，确实又还有更多非物质性的，或者说精神性之流，像写作此文时，任思维随心所欲、天马行空的意识流。

不过，后一类的流可能更难把握，而至少以某种形象化的方式来表现隐藏于其中的"流"，就正是本刊此专号的任务。那么，还是打住这种过于抽象、过于理论化的对流的联想，请读者直接到后面文与图中去体会流之真谛吧。否则，枯燥抽象的文字看多了，难免不会心急上火，没法再吃大餐，只好喝稀粥度日了——对了，在医学上，那叫摄取流食，也就是说，食用属于液体类的食物，这类食物又叫流质。

摆动性随想

　　曾有人以"带哪个美女上床"来比喻枕上之读哪位作家的美文。确实，以书喻人，自古有之。也曾有人把进书店选书比作交友择妻，因为同是非常享受的事，正所谓当年之"广泛选择，重点培养"。一旦在书店中发现感兴趣的书，更是蓦然回首，那人却在，让人兴奋。不过，俗话说得好，"饥不择食，寒不择衣，慌不择路，贫不择妻"，对书也如是。有时，过于兴奋，过于仓促，也会忙中出错，买下并非如想象中那样有趣的书。此时，还能怎样？懊恼？沮丧？或者……

　　面对此情此景，我们这一代"读书"人也许还能说说那句常出现在电视剧中出现的话："我们老喽。"但是，现在"读杂志"的人恐怕是不甘示弱。诲人不倦是值得称道的，但诲人欺骗恐怕就不是所有的人都能接受得了的。特别是这些封面文章往往在屡试不中、招招落空的文末用极短的篇幅"阴险"地告诉你——实在不行的话，就来一次面对面的性幻想吧。想象身下是不同国度的偶像，想象不同时间、不同地点，甚至不同方式……

　　本以为今生不会有此经历，没想到，这次错牵了

《傅科摆》的手。

　　是的，《傅科摆》是一本书，而且它系出名门，惊鸿一瞥之下，里面也不乏让人想入非非的字句。然而，当你想更深入地融进它时，却发现，只能想入非非了。

　　最初，还是受了"傅科摆"这个名字的蛊惑。或许是过去曾学习物理的知识背景在起作用，觉得这样一部小说竟然以物理学史上著名的傅科摆作为书名，也许会有一种科学与文学的交融，也或许是与曾读过有关的评价性文章的背景有联系，似乎依稀地记得有人曾评论那本书是如何如何的了不起，如何的有文化，再加上此书封面上赫然印着"当代世界大师经典"的丛书标题，又是大师，又是经典，让人不禁对此书产生敬意。于是，一看到它，几乎是未加思索地就马上把这本厚厚的小说"请进了门"。

　　像通常所言，最容易忽略的是身边人的容颜。同理，买了书，也往往吝惜阅读时间。实际上，很多的学术著作，更多的是在相对有目的的计划中才会在特定的时间里阅读。然而，小说可以是例外，因为如果不是作为文学评论家的话，小说显然更是那种比较纯粹地为了休闲而阅读的东西，可以更多的是为了阅读的享受而去消费它。

　　可是，对于《傅科摆》这本小说的阅读经历却大为不同。开卷之前，它的缄默被我认为是羞涩有加，静女其姝。然而，一旦朝夕相对，"读遍了她的身体"，才发现，是真的晦涩冗杂，甚至令人昏昏欲睡。

　　当然，名门闺秀比起邻家女孩来说，都是有脾气的。我们也完全可以设想，在阅读许多大师们的经典

《傅科摆》是一本书，而且它系出名门……

在阅读许多大师们的经典著作时，其感觉经常是完全不同于阅读那些轻松的时尚类的通俗作品……

345

著作时，其感受经常是完全不同于阅读那些轻松的时尚类的通俗作品，也许这种艰深就是在阅读经典时的一种不得不付出的代价？不管别人怎么想，日子还是要过下去的。面对这样一个《傅科摆》，我第一次开始了我的"摆动性随想"。

当然，阅读《傅科摆》的最初随想，还是这个书名所指的内容。对物理学稍有了解的人，恐怕都不会不知道法国科学家傅科这个对 19 世纪的物理学做出了重要贡献的人。其实，说到傅科，他最重要的科学贡献，似乎倒是对光速的测定，那可以说是光速测量史上最经典的实验之一。然而，对于普通人来说，他所发明的"傅科摆"，倒是使他名垂后世的原因。我第一次见到傅科摆，还是很小的时候在北京天文馆，一进门，就有一个从天花板上垂下来的长长的摆在摆动着，说明中指出这是地球自转的重要证明。不知有多少参观过天文馆的人会对傅科摆留下深刻的印象，也不知在旧馆拆除后新建的北京天文馆中是否将保留有这个简单却让人印象深刻的装置。后来，直到上大学学习物理时，再一次在力学中听到了傅科摆，并知道了它为什么能够作为地球自转的证明的科学理由。在傅科的一生中，他一共制造过 4 个这样的摆，最初的一个，不像今天那样是放在公共场合，而是安放在他自己家中的地窖里，摆的悬线只有 2 米来长。后来，他制作的悬线长达 11 米的摆就被安放在天文馆了。不过，我想，也许能让埃科这位作家想起把傅科摆作为书名的一个重要原因，还是他曾制造过悬线长达 67 米而且悬摆在巴黎教堂中的傅科摆。这样，一项科学的发现就与宗教的场景不可分割地联系在一起了。

可是，难道此书真的就是想要把傅科发明的傅科摆，以及这一装置对于地球自转的证明作为叙述的线索吗？的确，在书中，偶尔也有对傅科摆的提及，例如："……就连傅科摆也是个假先知。你望着它，想着它是宇宙间唯一的定点，可是如果你将它从科技馆的天花板上移下，将它挂在一间妓院里，它照样摆动。而且还有其他的摆：在纽约联合国大厦里有一个，旧金山的科学馆中也有一个，天晓得其他还有多少个。不论你把摆放在哪儿，它都是自一固定点摆动的，而地球却在它下方运转。宇宙的每一个点都是个定点：只要你自那里挂下摆就得了。""……也因此摆令我困扰。它允诺了无限，可是将无限放在哪儿却要由我决定。所以光是崇拜摆是不够的；你得做个决定，你必须为它找到最好的一点。然而……"是啊，像这样的对傅科摆的提及，远远不足以让人明白作者的用心，反而加剧了阅读中那种扑朔迷离的感觉。

或许是出版者也意识到这本小说的艰深，不常见地在封面上除译者署名外，专门加上了导读者的名字。对于这本长达 700 多页的小说，短短不到 5 页的导读，如果说有什么功能的话，起码对我来说，只是更加加重了阅读的困惑。因为导读中这样说道："但是'傅科'这个名字其实另有意旨，它暗示的其实是米歇尔·傅科（Michel Foucault）。""在米歇尔·傅科那里，我们学会了对'被埋藏的知识'发生兴趣。这些知识之所以被埋藏，必然伴有是由于人们需要堆积那些掩埋物——也就是其他的知识，那些基于种种权力关系、

像这样的对傅科摆的提及，远远不足以让人明白作者的用心，反而加剧了阅读中那种扑朔迷离的感觉。

道德需求和真理渴望而建构起来的知识。而埃柯也就在傅科的知识考古学上找到了'以知识从事虚构'的基础。""米歇尔·傅科也在《傅科摆》中被作者开了一个玩笑——埃柯利用两个研究领域风马牛不相及的学者的相同姓氏，暗中揭示了他对历史'不连续性'的暧昧讽喻。"

埃柯利用两个研究领域风马牛不相及的学者的相同姓氏，暗中揭示了他对历史"不连续性"的暧昧讽喻。

这样，又一位大人物被引入与这本小说相关的语境中来。这里提到的那位法国超级大学者米歇尔·傅科，也即通常被译为福柯的人，因其后现代主义的精彩学说，在人文社会科学领域中大名鼎鼎，稍微牵强些讲，他甚至还带有某种科学史背景。但是，除这篇导读明确地提到了此小说与他这种在深层意义上的关系外，要从小说本身看，却绝对是难以发现他的任何踪迹的。这也再一次说明了作者的创造与阅读和评论之间的差距，毕竟读者可以有权发挥其想象力，去挖掘出哪怕作者本人其实不一定明确想到过的背景与动机。

毕竟读者可以有权发挥其想象力，去挖掘出哪怕作者本人其实不一定明确想到过的背景与动机。

也正是在这样的解读中，才有了被突出地印在此书封底上的一段评价文字："它有太多的地方简直像极了数学、物理学、神学、史学、政治学必然伴有历法学的论文。不过，任何一位非专业的读者也都可以抱持着游戏的态度去挖掘出埃柯'伪造历史'的许多片段。一种有趣而有益的阅读方法是：凡遇到书中言之凿凿、却由于文化教养之差异而令人感觉陌生的难明的文本时，千万不要犹豫，一定要'坚疑不信'到底。在'坚疑'的过程，如果读者并不非常迫切地想要得知小说的结局如何的话，便可以随手翻拣身边任何一部和内文提及的知识有关的参考书，侦察究竟。埃柯的确是善于撒谎的，他捏造了无数可乱真的材料，混杂在'历史／小说'之中，等待以'考古'为乐的读者去拆穿或覆案。在读者不断质疑的求索过程中，是极有可能变成像卡素朋（小说中的一位人物）一样的饱学之士的。"

　　如果真的像这样阅读，那还叫看小说吗？至少，我是无法在阅读小说时忍受这样的"折磨"的。又不是像克里斯蒂的推理探案，不要说试图在那距离我们无限遥远的以中世纪天主教历史为基础背景的故事中找出"历史真相"，说实在的，在阅读时，我甚至不会有导读者所说的"非常迫切地想要得知小说结局"的心态。恰恰相反，在没有人会在文学课上以专业的方式考我对这本小说的理解和对其评论的情况下，我宁愿把那些也许有某些道理，也许只是牵强的理论统统抛开，而以一种更加平常、更加随意的方式在阅读中胡思乱想。

　　如果这样读，这样想，也许倒还可以有些意外的收获。在那种颇有些像被催眠了似的、似睡还醒般的、几乎可以不理会情节的演进却又不时被拉入阅读的状态里，你还是经常可以在作者那种近乎炫耀式地展示其博学的叙述中，不经意又会心地体味某种自由联想的乐趣。也有评论曾说，埃柯的小说充满了思维的狂欢，这倒确实不无道理。可是对一个有丰富的想象力并在作品中狂欢的作家，而且是一个擅长以符号学背景来构造乌托邦的作家，你还能期望什么呢？你会发现，作者居然会在情节中，让书中的人物讲出毛

我宁愿把那些也许有某些道理，也许只是牵强的理论统统抛开，而以一种更加平常、更加随意的方式在阅读中胡思乱想。

泽东语录，会不时地冒出令人回味的警句（比如"由禁令便可看出人们通常都做些什么"），甚至会看到某些熟悉的论点和说法，例如书中的一个角色居然这样说："培要派系也遭受过困扰的；别以为他们不会。他们有些人出发时要找一条科学的高速公路，结果却闯到一条死胡同里。在朝代之末，爱因斯坦派和费米派在以大宇宙之心追逐秘密之后，碰上了错误的发明：核能——技术的、不自然的、污染的……"这种对科学技术负面效应的批判也会进入像这种本来极其人文的小说中。当然，你的确也可以发现"错误"或"问题"，例如书中竟会说是玛丽·居里"发明了 X 光"，可是，也别太得意，因为早有前面的"导读"放在那儿，即使作者说错了，也完全可以解释为是他在故意设置迷宫，是为了让读者去发现他"伪造的历史"。但这样一来，也就把作者的责任推了个一干二净，讲得对与不对，都成了他的道理。真是岂有此理！再说了，照这样阅读和思考下去，不又入了导读的套儿吗？

讲得对与不对，都成了他的道理。真是岂有此理！

阅读一本难懂和歧义甚多的文学作品，经常地会面临着这样的两难境地。说读懂了，难免违心而且不自信；说读不懂，则显得自己没文化、没品位。特别是当那些大师、经典的帽子套在作品的头上时，你说没读过，或者没读懂，也许是需要一些勇气的。但是，反过来想，就算没读懂，又怎么样？谁知道作者是不是穿着皇帝的新衣？究竟是作者凭着他一知半解的"渊博"在信口开河，还是我们的知识结构存在缺陷？

如果照这样再把牛角尖钻下去，恐怕也会成为埃柯小说中那些神神道道的人了，那可就糟了。于是，我还是宁愿坚持自己的办法：我读了，我读故我思，但是按照我自己选择的、自己喜欢的方式去随想，我才不去管他什么权威、什么导读呢。书是我买的，读书的时间是我自己的，我就愿意这么读，这么想，你管得着吗？

书是我买的，读书的时间是我自己的，我就愿意这么读，这么想，你管得着吗？

解读中的名著与名人

为什么要由我这样一位并非专业研究人类学的人来写《"裂缝间的桥"：解读摩尔根的〈古代社会〉》这本书的书评呢？想来想去，也许有这样几个理由吧。其一，是这本书系"名家解读经典名著丛书"中的一册，而我也曾为此套丛书撰写过其中的一本，从而与这套丛书有了些干系；其二，是我也认识王铭铭先生，以前也曾读过他的几本关于人类学的著作，印象颇好，而且，在剑桥曾听在那里学习人类学的博士讲，虽然他读过不少原版的人类学著作，但还是在读了王铭铭的书后，才真正对人类学了解有了全面和深刻的把握，因而，对王铭铭的新作，会有一种特殊的关注；其三，则是因为近来我对人类学方法在科学史研究中的应用有些兴趣，并让我指导的一位博士生在做这方面的题目，因而对人类学方面的著作便多了些注意；其四，那就是这本书的责编也曾编辑过我写的书，因而对她编的书有一种先入为主的信任。当然，不仅仅这四条理由，虽然是写书评的缘由，但对于书本身的阅读以及阅读之后的感受，才是写书评的更有力的动力。

在"名家解读经典名著丛书"的出版说明中，曾有这样的话，"对于已经读过原著的读者来说，可以进

对于书本身的阅读以及阅读之后的感受，才是写书评的更有力的动力。

一步增加对原著的理解"，而对不曾读过原著的读者来说，"一则可以对原著有一个基本的理解，二则按照本书的内容特点，亦可对相关领域的学术发展有一个较为扼要的把握。"就对于读过原著的读者的意义，前面讲到的那位剑桥的人类学博士的话已经可以给出某种证明，而对于不曾读过原著的读者，例如像我这样的不曾读过，而且也不大可能有时间和精力去阅读摩尔根著作的人，这次阅读王铭铭的这本解读著作，应该说确实体会到了出版者所预期的后面那两点意义。其实，我们当然不可能，也没有必要要求每一个人都将所有的名著一一读过，那样的话，除了一本本地读书，恐怕什么事也干不成了。特别对于非本专业领域中那些无论从扩大知识面还是从研究的广义相关性来说需要有所了解的名著，这种阅读解读著作的方式可以是一种有效的捷径。它至少使我以最快的方式对摩尔根的著作和与之相关的人类学发展有了粗线条的了解，而在我不是专业从事人类学研究而只需要一种概貌性的知识背景的情况下，这种粗线条的了解就已经基本可以满足需求了。当然，这种阅读方式的一个重要前提，就是解读者对于原著之理解和阐述的权威性。

王铭铭在这本《"裂缝间的桥"：解读摩尔根的〈古代社会〉》中所简要但不失其要义地介绍的摩尔根《古代社会》一书中重要的基本观点，这里自然不需多谈，那应该是这本书的读者自己去阅读的内容，否则，岂不成了只读书评便替代了阅读原著的第三手偷懒方式？在这里，我觉得更有意义的还是对这本解读著作的另一个重要特点的感受。这个特点，就是作

> 我们当然不可能，也没有必要要求每一个人都将所有的名著一一读过……

者以更为宽泛的视野，将摩尔根的著作放在一个大背景中（比如说为什么当今连学人类学专业的学生都不大了解摩尔根其人其书），尤其是放在人类学理论在中国传播和发展的大背景中（比如说为什么摩尔根及其学说又曾在中国有过如此特殊的地位）进行评说的，并在评说中，不时插入颇具个人色彩的经历和体会，使解读本身在具有个人特色的同时，也超越了单纯的对于原著观点的直接评述。

于是，通过那些因文字和观点的可读性与独特性而使得阅读过程充满愉悦的经历，我们便大致地知道了摩尔根这个人，大致地知道了他的基本观点，大致地知道了他的学说在中国和世界人类学发展史中的位置，对于一本薄薄的解读著作，已经可以说是达到了预期的目标。

下次，王铭铭再出什么新书时，我还会找来再读一读，希望能再有这样的阅读经历和收获。

"礼尚往来"的道理

近几年来，在国内的各种文化类出版物中，人类学的著作渐渐多了起来。当然，这是人类学学科基本建设的一个重要组成部分。然而，如果从这类著作的印数来看，尽管还远远说不上是畅销书，但也远远超过了人类学自身发展的需要，也就是说，我们现在还远远没有那么多的人类学家，因而，阅读这类著作的绝大多数读者，反而是那些非专业的人士。不过，这也表明了人类学著作对于非人类学专业读者的极大的吸引力。其实，这本是范围更大的文化建设所需要的。

在这些人类学著作中，除了前沿性的著作，亦有不少经典著作。法国人类学家莫斯的《礼物》一书，就属于这类范畴，而且被称为"人类学史上屈指可数的经典文献之一"。在这里，笔者并不想，而且，也并不需要讨论像这种经典的人类学著作对于人类学自身的意义，但这类著作对于一般读者的意义，也许还有某种可说之处。

我不知那些看惯了各种人类学著作的专业人类学家是怎样的感觉，但作为一般读者，在阅读一些人类学的著作时，总可以有一些很新鲜的感受。其中，对于人类学家们探讨的问题和角度的惊讶和感叹，就是在当今的社会上，人们对于"礼尚往来"的重视已经达到了空前的程度，但对于其背后的道理、寓意和问题，绝大多数人却恐怕并无深思。

人类学的研究，包括经典的人类学研究，其意义显然是远远超出纯粹学术性的人类学范围之外的。

很重要的感受之一。仍以这本《礼物》为例，这篇早在八十多年前就问世了的经典著作，在今天阅读起来，也仍然会带给人们许多联想和思考。在当今的社会上，人们对于"礼尚往来"的重视已经达到了空前的程度，但对于其背后的道理、寓意和问题，绝大多数人恐怕并无深思。莫斯这位人类学的先驱者慧眼识珠，看到了对礼物交换进行研究的重大价值，首次对人类这一普遍存在的习俗进行了系统的研究，并试图揭示这种习俗在维持社会秩序方面的功能。尽管他研究的对象只是一些原始民族的社会生活，但在其对于这些原始民族的生活习俗生动细致的考察描述（这本书非常具有可读性和趣味性的内容）背后，作者工作的更深层的意义也同时表现了出来。正如莫斯所说："在某些情况下，我们可以研究总体的人类行为，研究完整的社会生活；这样的具体研究，不仅能够带动有关风尚的科学和部分社会科学，而且还能够引发出一些道德的结论，或者沿用古话来讲，就是有关目前人们所说的'礼'和'义'的结论。事实上，通过这类研究，我们便能够审视、估量、权衡各种审美的、道德的、宗教的和经济的动机以及各种物质的和人口的因素。正是这些动机与因素的整体，奠定了社会的基础，建构了共同的社会生活。"

由此可见，人类学的研究，包括经典的人类学研究，其意义显然是远远超出纯粹学术性的人类学范围。据说，正是莫斯有关礼物交换的研究，影响了后来的人类学家、社会学家甚至经济学家的思想以及研究课题。但即使对于一般的非专业人类学研究者，对于普通的读者，在阅读这样的著作时，当然也会产生有益的联想与思考。例如，对于我们当下社会中"礼尚往来"的现代问题背后之机制和道理的思考，也许就是其效果之一。而且，如果没有莫斯这样开创性的研究（其后的研究当然是在其带动和影响下才出现的），我们也许对于像礼物交换（以及其他许多许多）这样司空见惯的社会行为仍然会视而不见。

可见，对于各个领域的研究者，对于普通的阅读者，可以从人类学的研究成果中学到的东西是很多很多的，而且，绝不仅仅限于有关礼物的研究。

学术打假与法治观念

如今，社会上各种各样的假货越来越多，人们深受其害，于是，打假就成了很得民心的一件事。尤其是，因为在现实条件下打假时，打假者往往需要特殊的勇气，而且通常要付出一定的代价，于是，人们在义愤心理的驱动下，更会对打假行为自觉或不自觉地表现出支持与敬佩。从心理上讲，这未尝不是一种对社会公正的渴求与对不公正的仇恨的正常体现。然而，打假的问题又不是一个简单的问题，人们在心理的义愤和要对这种义愤进行宣泄的基础上，所表现出来的情绪化的赞同却并不一定是理性的，尤其是，从法治的立场来看，也是有许多问题需要思考的。

以往，人们听到、看到和所关注的，还大多是对于市场上出售的商品的打假，但在网络上，以及在某些平面媒体上，对于学术研究，也开始有人打假了，而且，最有影响的，还是某些作为个人行为的学术打假。这些个人学术打假的对象，虽然与普通公众相对遥远和陌生，但基于人们出于正义对造假行为的痛恨，还是赢得了不少的喝彩，吸引了不少的眼球。不过，对于学术打假，仍然还是值得对其机制、方式以及背后的法治观念做些具体的分析。

首先，与其他领域中的打假不同，学术研究有其特殊性。这种特殊性要求对学术打假，要有一种体制的保障，而不仅仅是个人的行为。因为在理想的状态，学术界对于学术研究中的造假（或者说违规、出轨，或者用更学术的术语讲即"失范"），本是有一套完备的纠正机制的。一项学术研究，无论是对于它的承认，还是不承认，或者认定其中有"假"，都是要由学术共同体以集体的方式来认定的，而且只有这样的认定才具有权威性。学术共同体以外的非专业人士，甚至学术共同体中的个别人，如果有不同的意见，虽然可以恰当的方式（比如说不是以咒骂或诽谤的方式，否则就触犯法律了）来表达的权利，但却并不代表整个学术共同体的意见。这一方面是由于学术问题的专业性，只有专业上的"同行专家"的代表，才有资格做出评判。另一方面，由于有学术共同体的集体制约，即使"同行专家"的代表（或代表们）出于某些原因而在打假中犯了错误，也仍然存在着对打假本身的纠错机制。因而，就学术而言，对其中的"假"的打，是不可能仅由个人来完成的。

对此，我们可以与通常我们更多见的商业打假类比一下。

前些年，也许王海算是最著名的打假英雄了。虽然由于各种现实因素的限制，王海对于市场上假货的打假活动并不事事顺利，但也许除少数心理不那么健康的人外，对他的行为，绝大多数公众还是颇为认可的。而且，重要的是，王海的打假又是受到一定的外部规则制约的，例如，不管最后是否得到了商家的赔

学术研究有其特殊性。这种特殊性要求对学术打假，要有一种体制的保障，而不仅仅是个人的行为。

就学术而言，对其中的"假"的打，是不可能仅由个人来完成的。

偿，在他的打假活动中有一个关键的环节，是对他所打的对象是否为假，有来自权威部门的鉴定。也就是说，他打的对象究竟是不是假货，这并不是由王海自己说了算，而是需要由独立的（或者说至少在理论上讲应该是独立的）相关机构来鉴定的。我们完全可以设想一下，如果没有这样的制约，如果对于什么东西是不是假货只是由王海本人说了算，那会是什么样的结果？一种可能是，王海的道德水准是没有问题的，他是诚实的，因而，也许他的鉴定是可信的。但对于一个法制的社会来说，仅仅依靠个人道德来保证公正显然是不可行的。再者，即使在他的道德水准没有问题的前提下，他个人是否拥有对于他所打的假货进行鉴定所需要的充分的专业知识？当然更不用说假如打假者个人的道德水准有问题的情况，那就更加体现出对其打假对象是否为假要由第三方权威机构来鉴定的必要性了。

也许会有人争辩说，恰恰由于现有体制的不完善，或者学术界由于种种原因而打假不力，造成"假货"泛滥，因而个人的学术打假有其必要性，值得鼓励。但这种看法的背后，其实是一种不正确的、缺乏法治意识的观念在起作用。比如说，某公安部门存在问题，对小偷治理不力，那么，是否就可以由非警务人员随意认定某人是小偷并施以私刑呢？在这样的情况下，就算是某次抓到了真正的小偷，也仍然不能说是合理的做法，因为在缺乏一种体制的监督的情况下，非专业、非体制的行为无法避免抓错的可能性，更不用说只有在体制化的机制中，才可能真正做到"无罪

对于一个法制的社会来说，仅仅依靠个人道德来保证公正显然是不可行的。

只有在体制化的机制中，才可能真正做到"无罪推定"。

推定"。在长期传统观念的惯性中，人们往往在义愤中，会自觉不自觉地陷入那种"宁可错杀一千，不可漏过一个"的思维习惯，而这种思维习惯，却是绝对的与保障人们权利的法治观念相悖的。

因此，我们可以说，在学术问题上，个人的打假活动是不值得提倡的，也是不应对其盲目认可的。这并不是说个人不可以参与，以向有关机构举报等恰当的方式来揭露问题，当然值得鼓励，只是最终的结论，却不是可以由个人来决定和宣布的。而且，以上只不过是仅就个人与体制的关系来进行的讨论。其实在目前的一些个人"学术打假"中，还有其他一些问题。比如说，当你看到某人不受制约地在许多并非他本专业的领域中充满自信、所向披靡地挥舞着"学术打假"的大棒时，首先就要对这种打假行为本身有所怀疑了。

学术研究的"有用"与"无用"

作为学者，经常会被人问起是搞什么研究的。往往，在问过了这个问题之后，当提问者不是学术领域中的成员时，下一个问题便经常随之提出：搞这种研究有什么用呢？面对这样的提问，有时确实是很难回答的，尤其是人文领域中的学者。倘若是从事工程技术研究之类的人，当然可以理直气壮地回答说他的研究可以带来什么什么成果，可以应用于什么什么方面，但人文学者要想说服非学者相信自己做的东西是"有用"的，却绝不那么容易。其实，远在以讽刺的形式来嘲笑课堂上讲授马尾巴的功能之前，把什么东西都与直接可见的应用联系在一起的思维方式，就已经很深很深地渗透在社会的各个阶层了，只不过这种风气似有愈演愈烈的趋势。不仅普通人，有时就连学术界也被这样一种思维方式主宰，习惯于将研究工作分为"有用"的和"无用"的。

不幸的是，本人所从事的许多研究工作，按照前面所讲的"有用"和"无用"二值的简要分类法，也大多处于其中"无用"的范畴。例如，多年前，当我一本关于科学编史学的著作出版时，曾请同是科学史领域的晓原兄撰写一序。在那篇序言中，晓原兄有一段非常精辟的文字：

> 不少科学史研究者早就问过：科学哲学，或是科学编史学对科学史研究有什么用？确实，这个问题很难回答。刘兵在他的书里虽然提供了一些答案，但是没有任何一个答案能够像"笔有什么用？可以写字"那样简洁明了、令人满意，然而我们为何不可以反过来问：科学史对我们有什么用？历史学对我们又有什么用呢？很多人会说，其实没用。没有历史学，地球照样转动，社会照样运作，生活照样进行。同样的，没有科学哲学或科学编史学，科学史的论文也照样一篇篇写成，科学史的书籍也照样一本本出版。不过，人类是有文明的，人类总需要一些没有"用"的东西，历史学就是其中的一种——至少，历史会使我们变得更聪明些。同样的道理，科学哲学，或是科学编史学，也会使得科学史研究者变得更聪明些。那些形形色色的哲学思考和理论探索，对于只知道急功近利、"立竿见影"的人们当然无用，但是对于真正的史学研究，却是有益的滋养。中国古代史学家讲培养"史识"，或许也隐约有这方面的意思。

不过，人类是有文明的，人类总需要一些没有"用"的东西，历史学就是其中的一种……

因此，关于科学编史学研究这个具体的问题，晓原兄已经可以说是讲得很清楚了，在此不必赘言。但由此延伸开来，不难将晓原兄所用的这种立论方式做些推广。如果说像历史学这样与人类最基本的衣食需求无直接关系的学问就被视为"无用"的话，类似地，世界上"无用"的学术研究实在是太多太多了。甚至可以说，几乎整个人文领域的研究都可被归入"无用"之列。

哲学家黑格尔有句名言，说凡存在的都是合理的。当我们探讨学术研究，特别是人文学术研究的"有用性"时，也不妨由此展开联想。因为，在这里的"合理的"一词，经常也可以将某种广义的"有用"包括在内。如果将推理推到极端，那么，我们可以说，在这个世界上，又有什么东西是绝对"无用"的呢？

首先，"有用"或"无用"都是相对于某种标准而言，但标准是可变的，可因人、因事而异的。在某种标准的衡量下属于"无用"的东西，在另一种标准中就可能是"有用"的。例如，按照以物质生产的产出为标志的"有用"标准，"红学"（当然，连带地还可以有许多类似的东西，如文学、艺术——当然先不谈实用艺术，等等）是"无用"的，但若以满足人们的精神生活或欲望本身就是一种"有用"的标准，谁又能否定红学的"有用"呢？

其次，即使按照某种标准，如按前面提到的当前非学者们的"有用观"，"有用"或"无用"也还可以进一步被区分为直接"有用"或"无用"，以及间接"有用"或"无用"。如果按照这种思维方式来想问题，那么，人文学术研究绝对不是"无用"，而只是间接"有用"而已。关于这种间接"有用"的实际表现，人们是不难看到的，难的是在很多情况下人们一时找不到严格的、因果性的从人文学术研究到实际的"有用"

在某种标准的衡量下属于"无用"的东西，在另一种标准中就可能是"有用"的。

的联系罢了。

人文学术研究如此，科学也一样。因为科学（指纯粹意义上的科学）以认识世界为目的，如果按照某种以改造世界才算是"有用"的标准，那么科学显然也"无用"，技术才是"有用"的。但是，当我们更实用一些地想到"有用"时，鉴于科学与技术复杂的联系，科学才会是间接"有用"的；当我们更纯粹一些地想到"有用"时，如认识自然本身就有意义，那么，科学凭其自身便是"有用"的。

其实，这里讲的问题并不复杂，按照那种近似于作为普通人而非学者通常会有意无意接受的标准，其答案几乎是常识性的东西。但是，颇有讽刺意味的是，当我们看看学术界的某些资金或评价考核标准时，体现在各种基金申请表上的，便是社会效益如何以及经济效益如何。说穿了，还是某些标准（或采用的方式）有问题，有时还因为思维方式的问题，也时常将直接与间接的"有用"相混。

因此，"有用"的价值标准的重新确立，以及思维方式的改变，都是必需的。

最后，我们可以附带地提到，在我们的日常语言中，经常可以听到像"某某人做事太功利了"，或者像"做事不要太功利"这样的说法。然而，当我们翻开哲学辞典时，却会发现，在所谓的"功利主义"哲学（或者更严格地讲是伦理学）流派的观点中，"功利"一词所指的实际上是"有用的或好的并带来快乐或幸福的东西"。功利主义学派的创始人之一边沁明确地讲道："就功利而言，它指的是这样一种性质，靠它

人文学术研究如此，科学也一样。

就连像功利主义这样本来容易让人望文生义地产生联系的哲学流派，其实也是经常被误的……

能在任何问题上给利益相关的当事人带来利益、好处、快乐、好事或幸福，……或……阻止损害、痛苦、邪恶或不幸福的发生。"这里的引文表明，就连像功利主义这样本来容易让人产生联系的哲学流派，其实也是经常被误读的，而且，充其量也还不过只是一种标准而已。

扩大与"有用"与否相关的标准的数目，带来一种多元性，或者，改变人们习惯的判别直接或间接"有用"的"标准"，本来就是为了人本身的利益的，只不过，可能要在很久远的未来才会明确地看出其价值。这也正是为了人类本身的利益。

历史学发展自身也是历史问题

　　香港学者许冠三先生的《新史学九十年》这本原出版于 20 世纪 80 年代的史学史著作，作为岳麓书社出版的"海外名家名作"系列中的一种在大陆出版，虽然表面上只是在已经为数不少的史学史和史学理论著作中增加了一个品种，但其视角和写作思路的独特，依然使它为史学史的研究增加了一种新的风格。

　　此书书名虽然明确点出"新史学"，但却与国内史学理论界已有的几部也用了此标签的著作有所不同。无论是问世于 20 世纪初的梁启超撰写的名篇《新史学》，还是稍后些由美国人鲁滨孙于 1911 年写成和由法国年鉴派史学家勒高夫等人于 20 世纪 70 年代主编的著作，也都用了新史学这一概念作为招牌。可见在史学中，"新"这个形容词所形容的对象，由于历史的演进，倒是很快就变旧了。但历史之所以仍然由一代又一代的历史学家不断重新写出，无疑表现出史学家们的观念、视角和方法总是处在持续的更新中。历史学著作如此，以历史学研究为对象的史学史研究，当然也是如此。

　　从许冠三的这本史学史著作中可以看到，他眼中的"新史学"是从梁启超开始算起，而且范围界定在

史学家们的观念、视角和方法总是处在持续的更新中。

中国史学家的圈子，当然，不管新不新，这总也是一种分类。从细目上讲，他将不同阶段有代表性的中国史学家分别归入考证学派、方法学派、史料学派、史观学派和史建学派，这也算是有些新意。尽管分类本身已经蕴含着史观在内，但如何分类毕竟更多地属于一种形式上的新，而在对这些史学大家的思想的分析、整理与评说中所体现出来的新见解，那才是最有价值的东西之所在，也就是现如今我们口头经常挂着的创新。其实，无论是科学的研究，还是人文的研究，只要是真正的学术研究，打不打创新的旗号都无所谓，但若真无创新之处，那肯定不会被人重视，也更不会被列入"名家名作"这样的丛书系列了。确实，许氏的史学史考察，在眼光与方法上，有着与众不同之处，但由于他叙述的内容是长达 90 年时间跨度的史学发展，要想将其一一道来，一则篇幅不允许，二则也因评论者的见识局限而不可能。在此，不妨仅择出两点稍加议论，或许倒有一孔窥豹的借口与可能。

其一，是作者在对台湾教授殷海光的分析评论中，涉及史学与科学异同与互通可能性的问题。因为殷氏确认历史是一门科学，而他所说的科学，是以一学科致知所用的基本设定、理论造型和致知方法为准，他曾再三指出，凡科学陈述，从全称的定理定则，到特称的事实记叙，都不过是经过验证的假设。他始终坚持，除科学外别无真知，他深信历史学不只应该"科学化"，而且能够"科学化"。历史若要获得"准确知识"，舍用科学方法，特别是假设、归纳、演绎和说明等程序，实别无他途。而就历史研究中的印证或证实

无论是科学的研究，还是人文的研究，只要是真正的学术研究，打不打创新的旗号都无所谓……

来说，也不过只是两种方式而已，一为文献互勘，一为文献与其他资料对证。当然，后期殷氏亦有部分转变，如承认现有科学原理和规律并不足以解尽古今大事等。关键点在于许冠三对殷氏史观的评论。许氏明确指出："殷氏的史学思想无疑有许多疏漏，病根在'科学迷思'。他对行为科学所抱的奢望之侈，间中且有甚于'新文化运动'以来的泛科学主义者。他自行放弃的'后设历史学'构想姑且不论，即令是50年前写定的科际事例论也未曾洗净科学迷思的铅华。"在承认殷氏作为海外"历史科学人"运动开路的先知的前提之下，能对殷氏的"科学迷思"有如此议论，也可谓是许冠三犀利之见了吧。

其二，在对从梁启超开始的"新史学"的历史发展追溯与梳理中，许氏竟是以自己的"多元史络分析"历史观作为结束，在对史学史的讨论中，将自己的学说也列入讨论范围，也算是不够谦虚。但尽管如此，如果就许氏自己对自己的学说进行的总结来看，他的观点，却是颇能引起本文作者的某种共鸣的，那么，是否谦虚，也就无所谓了吧。譬如说，在许氏看来，"'历史之全'恰如一张有始无终、无边无际的无形立体网络。史学家所染指的，不论是个案史、断代史或专门史，乃至所谓'通史''全史'，从来都是截取这无穷巨网的一部，一体积大小不等的小立体；一史事，一史迹集团，或一历史潮流，也不过是一组形态粗细差等、联系错综复杂的史眼和史结。"当然，他的多元史络分析，还包括了像多层次分析说、多面相、多角度与多焦点一义等指喻。姑且不谈依据他的多元史络

姑且不谈依据他的多元史络分析来从事具体研究的可行与否，仅就整体的历史观描述而言，这些见解也还是很有些意思的。

分析来从事具体研究的可行与否，仅就整体的历史观描述而言，这些见解也还是很有些意思的。

读一本书，可以在全书中处处觅得新知，那当然是一种因书好而带来的境界，但即使达不到这种境界，也无妨仅满足几处的会意与启发，有了后者，便可说不虚此读。阅读《新史学九十年》，至少笔者本人有此感受，当然，其他高人也许会在对许氏著作更加仔细、全面、深入的阅读中，发现更多的新意，不过，那就是人家的事了。

"宏大叙事"的诱惑

□ 江晓原　■ 刘兵

□　刘兵兄，前些时候当我们商量这个专栏的名字是叫"学术品位"还是"学术品味"时，我们一致选择了后者。现在我感到这确实是一个较好的选择。首先，后者的含义可以比前者更广泛；其次，从字面意义上说，还可以双关——既可以谈论学术活动或学术成果本身所具有的品味，又可以对某些事物（哪怕它们本身不是学术的）进行学术性的品味。

也许，我对这种双关意义的兴趣，本身就是一种"品味"——它很可能被某些人认为是"雕虫小技，壮夫不为"，甚至是低级趣味呢。

■　讲品味，虽然可能会被一些人认为算不上什么，甚至于被认为是低级趣味，可是，那不过是以另外一种品味来评判我们这里所要谈的品味而已。也就是说，其实，品味人人皆有，只是彼此有所不同罢了。当然，我们在这里谈学术品味，两个关键词同样重要，其一，是讲学术，讲学术的品味；其二，就是像你所说的，品味学术也是重要的一种学术活动。而且，虽然我们这里强调的是"品味"，但另外一种"品位"，

其实，品味人人皆有，只是彼此有所不同罢了。

却也与之关系甚为密切。

而且，在刚刚设想就此主题来进行对谈时，也还有另外一个原因，那就是在教学的过程中，特别是在像带研究生这样的过程中，我有一个非常深切的体会，就是要让学生能够体会到学术品味，这是一件非常重要但相当困难的事，而且远非一朝一夕就能培养出这种能力的，于是，便萌生了就此展开谈谈的念头。

□　让我们找个具体的例子来试试。前几天，我读到一篇文章，忽然起了"测试"的念头，就问身边一位女士：假定我在课堂上对学生讲白居易的《琵琶行》，如果包括了考证那个歌女是长安第几流的妓女、她当时多大岁数、"移船相近邀相见"到底是她上了白居易的船还是白居易上了她的船……这类内容，你如何看？她鄙夷地指出：这是彻头彻尾的低级趣味，"你这样还像大学教授吗？"然而我告诉她，有人说陈寅恪在课堂上就是这样讲的，"是陈寅恪嘛……"她沉吟着。这个测试很有些意思。本来就事论事，这位女士断然认定那些内容是低级趣味的；但是由于陈寅恪被公认处于学术品味的高端，如果他这么讲《琵琶行》，这位女士就不敢说这是低级趣味了。

假定陈寅恪这样讲《琵琶行》真有其事，你认为这是否有损陈氏的"学术品味"，或者说，陈氏的"学术品味"并不高（至少这次讲课是如此）呢？

我们谈的是"学术品味"，这里面，学术这两个字的定语尤其重要。

■　我觉得，我们当然不应该认为陈寅恪的这种演讲是品味不高。尤其是，我们谈的是"学术品味"，这里面，学术这两个字的定语尤其重要。当然不用说，我们两人会就此话题开谈，应该在学术品味上有着大致的趋同吧，否则，谈起来就要打得不可开交了。因为我们必须承认，我们愿意谈的，愿意接受的，以及愿意实践的，只是我们偏好的那种，或者说那些学术品味。而其他一些人，显然也会有不同的学术品味。在这些不同的学术品味之间，也许是很难有沟通的，其差异甚至可以关乎何为学术、何为高质量的有品位的学术（那自然应该是有品味的学术）的理解问题。就此而言，我自然是认为像陈寅恪的讲课（假如他真的做过这样的讲课的话）是有学术品味，而且是很有学术品味的。而且这种学术品味并不在于他是否一定讲了什么具体的内容，而在于他选题的角度、选题角度的新颖性、选题的立意、他从中可以得出与前人所不同甚至前人从未有过的结论、他独特的研究方法，如此等等。

我们的学术界，逐渐有一些人在随着国外相关理论的引进而谈论对于宏大叙事的消解，而且这种讨论还不好肯定地说是成了主流的声音。可是，我们不是在陈寅恪那里看到他早已在进行着这样的实践了吗？遗憾的是，许多人往往并不关注这些东西，而只是简单化地以一种并未对其进行深思的道德伦理的判断为基础（这种判断本身是否合适还依然很成问题），就可以对其予以否定。当然了，如果站在像以往主旋律那样的正统要求下，这样的讲课就更不会被认为是有品味，甚至不会被认为是有学术价值的了。

□ 对所谓"宏大叙事"的偏好，多年来对许多学者影响甚大。多年以来，我们习惯于空疏浮夸的"学"风，喜欢徒托空言，大发议论。先前有所谓"论从史出"和"以论带史"之争，无论前者还是后者，着眼点都在"论"上。大焉者构建"理论体系"，小焉者发为惊人之说，必出一番宏论而后已。久而久之，许多人已经习惯一定要在文章或著作中"提出自己的观点"，而且一般性地提出观点（比如有所谓"夹叙夹议"）还不行，通常还要摆开一个论断的架势才行。

这里我又想起一个具体的事例。前两年我有一个研究生做了题为《中国当代民间历法改革运动》的毕业论文，这是对中国当代一个主张改革现行历法的群体的文化人类学考察，由大量的实地考察、访谈、问卷调查等，依据第一手资料写成，是一篇近年相当难得的比较扎实的硕士论文。按照我的意图，作者对历法改革的各种方案并不发表意见，因为她要考察的是改历运动本身，这就像《物理与人理》一书并不对理论物理本身发表意见一样。但是有些人士却认为此文"没有自己的观点"，因为他们习惯"宏大叙事"已经太久了，而对于类似文化人类学的视角和方法则感到格格不入。

早先人们在朴素的客观性假定的简单指导下，坚信科学理论必定是建立在观察基础之上的——通过绝对"客观"的观察，才能归纳出理论。然而现代科学哲学的发展早已指明，绝对"客观"的观察是不可能存在的，在观察程序的设计、观察结果的表述等问题上，必定有某种理论的介入。作为一种类比，我们也不难看到，绝对"客观"的描述同样是不可能存在的，在描述对象的取舍，描述语言的选择等等问题上，也必定有某种"观点"——实际上也就是理论——的介入。

再联想到陈寅恪，我有一次曾专门复印了陈的论文目录，特地请研究生们看，他做的那些题目中，有没有所谓的"宏大叙事"，可以说完全没有。有些题目，倒是和刚才举的考证"移船相近邀相见"的例子确实相当类似。然而这就是史学大师，并且被公认居于学术品味的高端。

■ 说到宏大叙事，说到论，我倒是想起来前些时候你曾写过一篇文章，里面有"叙述当头，立论也就在其中了"这样的话。事实上，如果叙述得当的话，确实是可以将"论"有机地包含在其中的。但是，在当下，特别是在一些研究生学位论文的开题、评审以及答辩时，经常会有人问到，你这篇论文自己独有的观点和结论是什么。在这样的提问中，提问者是按照某种当下流行的"学术"价值标准（这里把学术二字打上引号，并不一定就是说邪不是学术，而是指那不一定是很有品味的学术），认为有价值的学术研究一定要有自己的——哪怕是强挤出来、硬凑出来的——观点才行。这确实是一种对于"论"的不恰当的过分强调。由于这样的观念的流行，也在一定程度上导致我们不自觉地受到其影响，以至于有时我们在读一些国外学者写的文章时，也会因为他们没有明确地把其"论"一、二、三、四、五地开列出来，从而有些不知他们要讲什么的感觉。不过，如果仔细地反复阅读的

如果叙述得当的话，确实是可以将"论"有机地包含在其中的。

话，就会发现，其实许多重要的"论"，恰恰是存在于叙述的字里行间的。但当我们也按偏好高论的标准去训练学生、要求学生时，就会把这种没有品味的学风传给他们，让他们以为学问就得那样做，这岂不是很糟的一种教育方式？

与之相应地，在做学问的选题上，也就有了所谓强调"社会意义"之类的要求，在这样的要求下，宏大叙事自然就顺理成章地变成了必需的写作方式。还是说陈寅恪吧。正如你所讲的，他作为一位居于学术品味高端的史学大师，仅就其研究工作的选题而言，他早已超前地采取了不做宏大叙事的选择。但如今，我们一方面在形式上对这样的大师景仰有加，可是在实际操作时我们真的能够做到像陈寅恪那样，进行学术探索吗？

□　真是犀利的见解。在人文学术研究中，对宏大叙事的偏好，多半和当年意识形态的过度影响有关，那时大家认为"文科"就是要为政治服务，这是天经地义的。改革开放以后，拨乱反正，才开始承认人文学术应该有独立的学术理念，就像物理学、天文学有它们独立的学术理念，不能随着政治家的好恶而改变一样。但在这方面，我们还有很长的路要走。对所谓"宏大叙事"的过度偏好，事实上是和空疏的学风、空洞的文风紧密联系在一起的。有不少搞理工科的人士认为，文科的人就是说说空话大话，将别人的、前人的东西抄来抄去而已，这当然是偏见，但很多人文学者的言行也确实很容易引发这种偏见。

在自然科学领域，因为多年的科学传统已经相当强大，而且对来自意识形态影响的抵御能力也明显强于人文学术领域，因此不太容易见到对宏大叙事的偏好——至少在主流的科学共同体那里是如此。但是在所谓的"民间科学爱好者"那里，动不动就要"掀起一场科学革命""改写整个物理学"之类，这不是正可以类比为某种"宏大叙事"吗？

田松的《永动机与哥德巴赫猜想》一书，对国内"民间科学爱好者"的行动特点、思想根源、文风学风等做了很好的分析。这些"民间科学爱好者"当然也自命是在搞"科学研究"，但是他们的东西是不入流（注意："入流"也是陈寅恪喜欢用的一个词）的，甚至是伪科学的。如果我上面的那个类比可以成立，那"宏大叙事"和"不入流"之间就有了一种亲缘关系，这不是很奇妙吗？

■　这种将民间科学爱好者在其"科学研究"中的"宏大叙事"与一般人文社会科学（其实，科学史、科学哲学、科学社会学等也本是属于人文社会科学的）中研究的宏大叙事的比较，倒是确实挺有意思，也很有启发性。的确，当我们翻开那些高水平的科学刊物去看那些前沿的研究论文时，是不大可能会发现"纵论理论物理学"或"宇宙总规律之研究"之类的东西的，但在许多人文社会科学刊物中，动辄上下几千年贯通古今的宏论倒比比皆是。不过，要是将国内与国外的这后一类期刊上刊登的研究论文的题目相比较一下的话，也是可以发现其间有着不小的差异的。因此，我在科学史类课程的教学中，有时会让学生们去浏览一下像《爱雪斯》(*ISIS*)每年收集的国际科学史研究文献目录这样的东西，其目的，也就是想让他们通过这种浏览，去体味一下人家在科学史的研究中是如何选题的，去看看在国际研究的背景中，什么样的问题才是主流的风格。

不过，也许应该指出的是，我们这里谈的主要是一种学术研究的选题。在那些为了满足像教学或面向一般公众的普及传播等需求的著作中，倒确实还是可以看到一些有某种宏大叙事特点的著作的。但问题也恰恰就在这里，我们经常是把那种本来只在教程或大众普及读物中的选题方式，给搬到了学术研究中来，结果搞得学术研究似是而非，显得非常"不入流"。这个不入流，其实也可以理解为是与国际学术研究主流的背离。而且，退一步讲，其实一些非常出色的普及性读物中，一些非宏大叙事的精品也开始随着译介工作的逐步展开进入我们的视野。例如，像《经度》那样的科学史普及读物，只是选取了一个特殊的切入点，不是同样写得引人入胜吗？这样的例子当然还有很多。相比之下，在那种偏爱宏大叙事风格的"学术研究"的影响下，似乎我们的普及读物也在一定程度上沾染了这种不良习气。对于普及读物中的"宏大叙事"，以及它与那些所谓"学术研究"中的宏大叙事的关系，你是怎样看的呢？

一些非常出色的普及性读物中，一些非宏大叙事的精品也开始随着译介工作的逐步展开进入了我们的视野。

□ 这又是一个很值得深谈的问题。在我的感觉中，普及读物中的"宏大叙事"，似乎和某种"辉格倾向"有关，或者直白点说，就是将普及读物写成某种宣传教育的材料。常见的主题有"爱国主义""奉献精神""刻苦精神"等。这些主题当然都是好的，但如果是进行科学普及，那么还是围绕科学进行才好，如果非要将这些主题强加于科学的普及读物身上，甚至认为这些主题在任何读物中都永远是最重要的，那就是不惜歪曲事实，向读者描绘虚假的景象。

世间有一种"真实的谎言"，常见的办法是举出一系列真实的事情（同时当然要隐瞒更多同样也是真实的事情），但让这些事情构成一幅虚假的图景。比如给小孩子讲"科学家的故事"：今天讲两位科学家，一位是爱因斯坦，一位是黄道婆，假定所讲内容都是真实的，却仍然构成一个谎言：我们中国有一个可以和爱因斯坦相提并论的、伟大的科学家黄道婆。这就是某些普及读物中常见的"真实的谎言"模式之一。

实际上所谓的"学术研究"中也有同样的问题。由于许多普及读物是由学术界中人写的，他们既然"宏大"已成习惯，自然一以贯之，处处"宏大"下去了。

■　把普及读物中的宏大叙事与"辉格倾向"联系起来，真的好像很有些道理。不过，我们是不是把这个话题留在后面再详细讨论？否则，在这样一篇刚刚开始的对谈中这样无限再展开下去，我们岂不是也搞起宏大叙事来了？

把普及读物中的宏大叙事与"辉格倾向"联系起来，真的好像很有些道理。